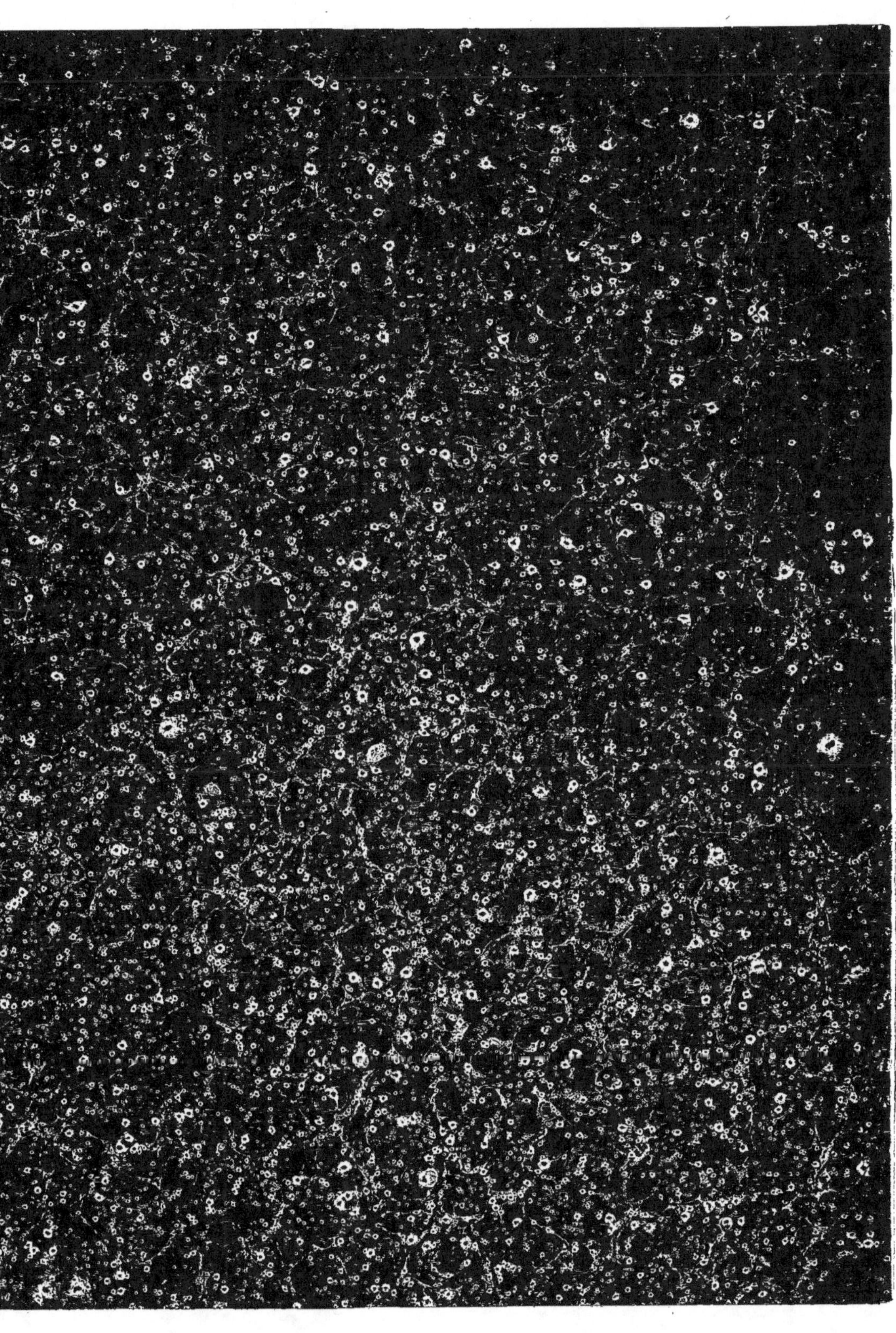

MATÉRIAUX

POUR LA

CARTE GÉOLOGIQUE DE LA SUISSE

PUBLIÉS PAR LA COMMISSION DE LA SOCIÉTÉ HELVÉTIQUE DES SCIENCES NATURELLES

AUX FRAIS DE LA CONFÉDÉRATION

HUITIÈME LIVRAISON

JURA BERNOIS ET DISTRICTS ADJACENTS

AVEC UNE CARTE, UNE PLANCHE DE PROFILS GÉOLOGIQUES ET SEPT DE FOSSILES

PAR

J. Bᵗᵉ GREPPIN

BERNE

EN COMMISSION CHEZ J. DALP

1870

IMPRIMERIE J. SCHWEIGHAUSER A BALE

DESCRIPTION GÉOLOGIQUE

DU JURA BERNOIS

ET DE QUELQUES DISTRICTS ADJACENTS

DESCRIPTION GÉOLOGIQUE

DU JURA BERNOIS

ET

DE QUELQUES DISTRICTS ADJACENTS

COMPRIS DANS LA FEUILLE VII DE L'ATLAS FÉDÉRAL

PAR LE

Dᴿ. J. Bᵀᴱ GREPPIN

AVEC UNE CARTE, UNE PLANCHE DE PROFILS GÉOLOGIQUES ET SEPT DE FOSSILES

BERNE
EN COMMISSION CHEZ J. DALP
1870

APERÇU ET DIVISION DES MATIÈRES.

TABLE DES MATIÈRES.

J. B. GREPPIN Géologie du Jura bernois.   I

INTRODUCTION.

Le relief actuel du Jura ne remonte pas à un âge géologique bien éloigné; il se rattache à la fin de l'époque tertiaire, soit au commencement de la formation diluvienne.

Jusque-là, le Jura, plus ou moins plat, participant au mouvement gigantesque des Alpes principales, prend les formes variées et pittoresques qui sont devenues *classiques* en géologie. — Des élévations, des dépressions, des déchirures profondes avec écartements considérables, des éboulements, des ablations, et mille autres changements d'aspect ont lieu, et ces modifications grandioses reçoivent des noms dont nous mentionnerons les plus importants, en nous attachant plutôt aux définitions des géologues qu'à celles des géographes. L'intelligence de notre travail exige que le sens qu'on attache à ces noms soit bien arrêté.

Le *val* ou *vallon, vallée longitudinale* des géographes, *Längenthal* des Allemands, est une simple dépression du sol existant entre deux chaînes, collines ou plateaux voisins; c'est un bassin à fond plus ou moins accidenté, à bords plus ou moins ouverts, formé de couches restées en place ou simplement redressées, mais point rupturées ni écartées. Pourtant la physionomie primitive de nos vals a été singulièrement modifiée par les eaux diluviennes et par les grands éboulements qui se sont effectués des bords, c'est-à-dire des flancs de nos montagnes; les premières en creusant, ravinant le fond et quelquefois les bords; les seconds en recouvrant de leurs matériaux le fond des bassins et en lui donnant un aspect tout bosselé.

La *vallée, vallée transversale, Querthal* est le couloir d'une rivière ou d'un torrent à travers un pays de montagnes.

Les dépressions ou excavations du sol dans les plaines, creusées par les eaux torrentielles ou diluviennes, sont appelées *vallées d'érosion.*

Ainsi, nous disons *le val* de Delémont pour désigner la dépression du sol existant entre la chaîne de Mouton-Vellerat-Mont-Frénois, et celle de Courroux-Haute-Borne. Nous appelons *vallée* de la Birse le couloir que parcourt cette rivière à travers les *vals, combes, cluses,* depuis Pierre-Pertuis jusqu'au Rhin.

Les *combes, Tobel, Erhebungsthäler, Langspaltenthäler* sont des dépressions longitudinales du sol, formées par la rupture, l'écartement des couches et la mise à jour d'assises marneuses ou marno-calcaires. Ces marnes, par leur friabilité, cèdent à l'action des agents atmosphériques et se laissent enlever en formant des dépressions. Comme nos montagnes, dont elles ne sont qu'une partie constituante, les combes affectent ordinairement une forme longitudinale, quelquefois circulaire; dans ce dernier cas, on les désigne sous les noms de *cirques, ou de creux, Wanne.* Ex.: Combe oxfordienne de Châtillon, combe liaso-keupérienne de Bärschwyler, du Creux du Vorbourg.

On donne le nom de *crêt, Kamm,* à la ceinture de rochers plus ou moins abrupts ou coupés à pic, qui entourent les combes.

Les *cluses, gorges* ou *Klus, Querspaltenthäler* sont les déchirures transversales des chaînes de montagnes. Elles relient les vals et les vallées.

Ces coupures s'appellent *ruz* ou *séro, Runse,* lorsqu'elles n'entament la montagne que sur l'un des flancs. — Lorsqu'il se trouve au fond de ces gorges un couloir creusé par les eaux, M. Desor, pour les désigner, propose le nom de *rofla.*

Les dislocations longitudinales ont déterminé les *chaînes, Kette,* avec leurs *voûtes, Gewölbe,* leurs *plateaux, Platte,* les *crêts,* les *combes* et les *vals;* tandis que les dislocations transversales ont occasionné les *cluses,* les *ruz* et en partie les *vallées.* La coupe Ligsdorf-Soleure donne une idée de ces divers phénomènes.

J. Thurmann, partant du point de vue de l'effet du soulèvement, classe les chaînes jurassico-triasiques en quatre ordres principaux.

Disons-le dès l'abord, cette classification est arbitraire. L'action dislocante était *une* et *continue,* elle a donc produit un seul et unique phénomène qu'on ne peut diviser que d'une manière abstraite. Cependant, la division de Thurmann avait un côté pratique incontestable, ce qui lui a valu des sympathies si générales, nous la relaterons ici.

Voici cette classification, telle que nous la trouvons dans les ouvrages du célèbre géologue de Porrentruy :

Chaînes du premier ordre : la dislocation n'a pas fait affleurer de groupe inférieur au portlando-corallien. Il en résulte des voûtes entières ou brisées, des redressements, avec faille intérieure, terminés par des *crêts* diversement inclinés, verticaux ou rabattus.

Chaînes du deuxième ordre. La dislocation a fait affleurer les groupes oxfordien et oolithique. Il en est résulté une montagne formée d'une *voûte oolithique* entière ou avec faille, flanquée de deux massifs portlandico-coralliens, terminés par des *crêts coralliens*, et interceptant *deux combes oxfordiennes.*

Chaînes du troisième ordre. La dislocation a fait affleurer le groupe liaso-keupérien, sans amener au jour le conchylien. On a dès lors les mêmes accidents symétriques latéraux que dans l'ordre précédent; mais la voûte oolithique y est rupturée, ouvrant une combe *liaso-keupérienne* dominée par deux crêts oolithiques. Sur Mouton, Raimeux et Bellerive sont des chaînes de premier, deuxième et troisième ordre.

Chaînes du quatrième ordre. Du fond de la combe liaso-keupérienne de l'ordre précédent, surgit le conchylien formant voûte conchylienne entière ou avec faille qui met quelquefois à jour le grès bigarré. On y retrouve tous les accidents du troisième ordre, plus le relief conchylien intérieur, longé dès lors de deux *combes latérales liaso-keupériennes.* Voir la coupe Ligsdorf-Soleure.

La cause qui a produit cet effet majestueux, savoir le relief actuel du Jura, nous est aussi inconnue que celles qui dans les temps antérieurs ont si souvent et si profondément modifié l'état de la terre. Devons-nous attribuer ces grandes perturbations à la solidification du globe, aux retraits, aux vides et aux enfoncements qui en sont le résultat (théorie d'Alc. d'Orbigny, Cours élémentaire de Paléont. et de Géol., première partie, page 127); ou au changement qui s'opère dans le centre de gravité de la terre par l'accumulation inégale des glaces aux pôles (théorie de M. Adhémar); ou aux variations de l'axe de la terre (Fréd. Kléc), amenées par l'action des comètes; ou enfin à toutes ces causes réunies?

Comme nous ne voulons pas nous écarter du cadre modeste que nous nous sommes tracé, nous abandonnons aux savants ces questions si vastes et si complexes. Toutefois nos lecteurs verront plus loin que nous donnerons la préférence à la première de ces théories.

Conformément à notre programme nous abordons actuellement notre sujet, c'est-à-dire l'étude géologique des terrains qui affleurent dans le Jura central. La première partie de ce travail comprendra la stratigraphie et la paléontologie, la seconde l'orographie et la carte.

I.

STRATIGRAPHIE ET PALÉONTOLOGIE.

Les dépôts qui affleurent dans notre rayon sont en commençant en bas:

I. Les terrains triasiques;
II. Les terrains jurassiques;
III. Les terrains crétacés;
IV. Les terrains tertiaires et
V. Les terrains quaternaires et modernes.

Il nous manque donc toutes les séries *plutoniques* et *paléozoïques.* Il est vrai que toutes ces séries existent bien dans le Jura, mais à l'état *erratique* ou *remanié.* C'est ainsi que dans les terrains tertiaires, il est facile de collecter, dans les limites du Jura central, les roches *rouges* des groupes euritique et granitique des Vosges et du Schwarzwald, ainsi que celles des assises paléozoïques. Dans les dépôts quaternaires ou diluviens du Jura il sera également possible de réunir une riche collection des roches primitives des Alpes, des granits et des gneiss blancs des chaînes du Valais et du Mont-Blanc; mais comme nous venons de le dire, les terrains les plus anciens qui sont à jour et en place dans la partie du Jura que nous devons étudier sont:

I. LES TERRAINS TRIASIQUES.

Syn. *Terrains du trias* de MM. Dufrénoy et Elie de Beaumont; *Trias* de M. d'Alberti.

La plupart des géologues pensent que les terrains triasiques se sont déposés immédiatement à la suite de l'étage permien, avec les grès bigarrés, et qu'ils se sont terminés par les marnes irisées ou par les calcaires de Saint-Cassian. Pendant la formation des terrains triasiques, la surface du globe a été souvent profondément modifiée.

Rien n'est aussi intéressant à voir que cet antagonisme continuel entre les mers et les continents: les mers deviennent continents, les continents deviennent mers; le littoral des terres fermes, qui aura servi d'asile aux reptiles sauriens, aux tortues, aux oiseaux et à des plantes dicotylédones gymnospermes, sera occupé par une faune purement pélagique.

Cependant les faunes et les flores sont si peu modifiées dans leurs espèces, qu'on a de la peine à partager l'opinion de M. d'Archiac (*Hist. des progrès de la Géol.*, Tom. 8, p. 9), qui considère le trias comme une formation géologique du même ordre que les formations jurassique et crétacée. En effet, prenant pour base de l'étude du trias les travaux de M. d'Alberti, il nous montre dans le tableau des terrains qui le constituent, tableau qu'il emprunte à ce savant, des espèces qui sont à la base de la formation et qui apparaissent encore à la limite supérieure. On serait donc disposé à réunir dans un même étage ces alternances de sédiments marins et continentaux, d'une puissance énorme de 266 à 720 mètres, renfermant, d'après M. d'Orbigny, 872 espèces, non compris les plantes ni les animaux d'ordres élevés, et cette unité triasique ne présenterait plus que des sous-divisions qui, d'après la plupart des auteurs, sont de bas en haut:

1° Le *Grès bigarré*;

2° Le *Conchylien* ou *Muschelkalk*, et

3° Les *Marnes irisées*.

Ces terrains affleurent dans nos environs, comme dans la plupart des Etats de l'Europe et dans les deux Amériques. Ils sont aussi variables, dit M. Alc. d'Orbigny, dans leurs caractères minéralogiques que les terrains paléozoïques, et vouloir se servir de ces caractères pour les distinguer, c'est prendre le plus sûr moyen de se tromper, surtout pour l'assimilation de contrées lointaines. Dans le Jura, les caractères pétrographiques, assez uniformes et bien observés, seront fort utiles à l'orientation du géologue, surtout en présence de ce défaut si fréquent de fossiles. Nous commençons par le grès bigarré.

I. Le grès bigarré.

Syn.: *Bunter Sandstein* de M. Merian.

Le grès bigarré apparaît à la limite nord du Jura, à Riehen, Rheinfelden, Säckingen, Waldshut, et se prolonge dans le duché de Baden, dans les Vosges sur les deux versants de cette chaîne de montagnes. Nous le retrouverons à l'état erratique dans certains dépôts tertiaires et quaternaires jusque dans les vallées intérieures et même jusque sur quelques plateaux du Jura. C'est à ce point de vue que les géologues jurassiens feront bien de se familiariser avec les caractères minéralogiques de ce terrain que nous allons essayer d'esquisser.

Caractères minéralogiques: grès stratifié, rouge, brun-jaune, grisâtre ou violet, différemment tacheté; conglomérat assez grossier, dans lequel on reconnaît des galets, des débris de granit, de porphyre, de gneiss, des grains fins de feldspath et de quartz. Ce conglomérat forme quelquefois des bancs puissants.

En général, vers la base de l'assise, les bancs, formés souvent d'un véritable conglomérat, ont plus d'un mètre d'épaisseur; la couleur de la roche est rouge ou blanchâtre et les grains de quartz sont cristallisés.

Vers le haut, les couches deviennent schisteuses, plus micacées, plus bariolées, et la pâte plus fine.

Enfin, des argiles et des calcaires dolomitiques rougeâtres, jaunâtres, d'une puissance de trois mètres, forment le passage au Muschelkalk.

A Waldshut, ce grès, lié par un ciment de kaolin très-dur, est exploité comme pierre meulière; les tours gothiques des cathédrales de Bâle, de Fribourg en Brisgau, de Strasbourg, sont bâties de pierres du grès rouge.

Il n'est pas rare de rencontrer dans le grès bigarré des veines minces de spath pesant, de malachite, de galène, de cargneule, des cristaux de flusspath et d'oxyde de fer hydraté. Il est quelquefois en contact avec les gneiss, les granits, certains porphyres, et il a subi des métamorphoses très-variables.

Puissance et fossiles: sa puissance est d'après M. Mœsch, de 14 mètres à Rheinfelden, de 30 à Mumpf, et de 40 près de Zeiningen.

Dans les deux grandes carrières de Meyenbühl, sises à l'est de Riehen, en commençant par le haut, on voit successivement les assises suivantes:

Epaisseur
en mètre.

1° Calcaire dolomitique, gréziforme, jaunâtre, nettement stratifié, stérile ; cette assise qui paraît former le passage au calcaire conchylien est bien découverte à la grande carrière au nord d'Inzlingen 4,00

2° Calcaire argileux, dolomitique, cellulaire, schisteux, jaunâtre 4,00

3° Argiles rouges, violettes, jaunes : *rother Thon* 3,00

4°   „   grises : *grauer Thon* 1,00

5°   „   et grès rouge avec bandes grises, se désagrégeant sous l'influence atmosphérique : *Mauerstein* 4,00

6° Argiles rouges avec zones grisâtres et grès rouge : *Mauerstein* 3,00

7° Grès bigarré, exploité comme dalles et pierres de taille, rouge, gris, bariolé, micacé, alternant avec de minces bandes d'argiles : *milde Bank, rother Stein* . 4,00

8° Grès schisteux, gris-jaunâtre (mesuré à la carrière inférieure) 1,70

9° Argiles rouges 1,50

10°   „   grises 0,20

11°   „   rouges 1,30

12°   „   grises 0,50

13°   „   rouges 1,00

14° Grès mollassique gris 1,20

15°   „   semi-compacte, rouge-gris : *Mauerstein* 1,30

16°   „   rouge exploité comme pierre de taille : *rother Stein* 1,50

17°   „   „   schisteux, très-friable 1,50

18°   „   violet, dur, exploité comme pierre de taille : *blauer Stein* à *Labyrinthodon* et *Basileosaurus Freyi*, Mer. 1,50

      (Ces fossiles bien intéressants sont conservés au musée de Bâle.)

19° Galets, rognons, coprolithes : des traces.

20° Grès siliceux très-dur, sans mica, gris-rose à bandes bleues, formant probablement le passage à l'étage permien 1,00

—————
37,20

Si on soustrait les assises 1 et 20 pour les ranger, la première à l'étage conchylien, la dernière au permien, le grès bigarré de notre limite septentrionale aurait une puissance de 32 mètres.

Flore et faune :

Calamites Schimperi, Ett. Recueilli à Rheinfelden par M. le Prof. P. Merian.
Labyrinthodon. Riehen.
Basileosaurus Freyi, Mer. Riehen.
Sclerosaurus armatus, Myr. Warmbach.

Poissons. Riehen, Herthen, Degerfelden. Ces poissons rappellent par la taille, la forme des types de l'époque houillière : *Amblypterus macropterus.*

Cette flore et cette faune, quoique bien pauvres encore, indiqueraient que le grès bigarré de la frontière nord de la Suisse est, comme celui des Vosges et de la Forêt Noire, un dépôt continental.

Le passage du grès bigarré au conchylien s'observe à Meyenbühl, à Inzlingen,
surtout à Herthen et dans le lit du Rhin entre Rheinfelden et Augst.

Voici ce passage d'Herthen, village à 10 minutes de notre frontière nord :

Conchylien.
1° Argiles et gypses;
2° Calcaire compacte ondulé, schisteux;
3° Dolomie ondulée, devenant vers la base marno-compacte, schisteuse, gris-bleuâtre, d'une puissance assez difficile à déterminer, (12 ᵐ) mais très-fossilifère : *Turritella obsoleta, Lima lineata, striata, Myophoria lævigata, Pecten discites, Ostrea difformis.*

Grès bigarré.
                                                      Ep. en m.

4° Calcaires et argiles dolomitiques, jaunâtres, rougeâtres, stériles vers la base :
    Letten des carriers 2,00
5° Argile rouge, verte, violette, bigarrée: *rother Thon* 12,00
6° Grès bigarré rouge, schisteux, exploité 7,00
7° Argile rouge : *rauer wilder Sandstein,* mise à jour par un forage . . . 4,00

Ne sont pas à découvert les couches inférieures de la carrière de Meyenbühl, soit
le *milde Bank,* ni les argiles et grès rouges bigarrés, ni le *banc bleu à Labyrinthodon.*

II. Conchylien.

Syn. *Calcaire conchylien* de M. Brongniart; *Muschelkalk* des Allemands.

Ce terrain, à cause des richesses minérales qu'il renferme, telles que solides pierres de
construction, excellente chaux hydraulique, gypses, sel-gemme abondant, ayant souvent
été et pouvant encore être dans notre rayon le sujet de recherches coûteuses qu'il
importerait de bien diriger, nous ne craindrons pas d'entrer dans quelques détails
en l'étudiant.

Distribution géographique : Le conchylien affleure dans la chaîne du Weissenstein,
au nord de Günsberg, près de Soleure, mais surtout dans la prolongation vers l'est
de la chaîne de Mont-Terrible, à Meltingen, Nunningen, Lauwyl, Reigoldswyl,
Oberdorf. Plus au nord, on le retrouve au sud-est de Neue Welt, sud de Bâle,
ensuite sur la rive gauche du Rhin, à Au, où il y a de vastes et anciennes carrières, à la saline de Schweizerhalle, à Augst, à Rheinfelden. Il occupe encore de
grandes surfaces sur la rive droite du Rhin sur les hauteurs qui dominent Nollingen,
Herthen, Grenzach, Richen et Lörrach.

Division, pétrographie et faune. On reconnaît dans le Muschelkalk trois assises
principales : *inférieure, moyenne* et *supérieure.*

1° *L'assise inférieure*, soit le *conchylien inférieur*, comprend la *dolomie ondulée:* *Wellendolomit* et le *calcaire compacte ondulé: Wellenkalk;* elle se relie au grès bigarré par des argiles jaunâtres, alternant avec des calcaires dolomitiques, cellulaires, stériles, comme nous l'avons observé dans les carrières de Meyenbühl, d'Inzlingen et d'Herthen. Ces calcaires, à leur tour, se relient insensiblement à la *dolomie ondulée* qui est une roche tendre, désagrégeable, d'un gris jaunâtre ou bleuâtre, même noirâtre, alternant avec des marnes dolomitiques stratifiées ou schisteuses, très-fossilifères. La dolomie ondulée forme des affleurements intéressants, d'une puissance de 12 à 20 mètres environ, au-dessus de Kaiser-Augst sur les deux rives du Rhin et à la carrière d'Herthen. Dans ces deux localités nous avons recueilli les espèces suivantes:

Faune de la dolomie ondulée de Kaiser-Augst et d'Herthen:

Nothosaurus mirabilis, Mü. Une dent trouvée par M. Mœsch.	*Myophoria lævigata*, Alb.
Nautilus bidorsatus, Schloth.	*Monotis Alberti*, Gf.
Turritella obsoleta, Schloth.	*Gervillia socialis*, Schloth.
Discina dioscoidea, Schloth. Ordinairement adhérente aux tets de la *Lima lineata*.	*Lingula tenuissima*, associée à la *Lima lineata*
Lima lineata, Schloth. Très-bien conservée et commune dans toute l'assise.	*Pecten discites*, Schloth.
	Hinnites Schlotheimi, Mer.
„ *striata*, Schloth.	*Spirifer fragilis*, de Buch.
„ *regularis*, Klöden.	*Ostrea difformis*, Schloth.
„ *venusta*, Münst.	„ *subspondyloïdes*, d'Orb.
Panopæa Alberti, Voltz.	*Terebratula vulgaris*, Schloth.
	Cidaris longævus, Gf.

Le puits entre ImHof et Grenzach fait en vue du sel-gemme, et qui a découvert une source minérale, a traversé cette assise marno-calcaire de Kaiser-Augst, tout en révélant la faune ci-dessus.

Le *calcaire compacte ondulé*, immédiatement superposé à la dolomie ondulée, est représenté par des dalles schisteuses très-dures, siliceuses, d'un gris de fumée, comparées par M. Mœsch aux schistes ardoisiers de Glaris.

La faune du calcaire compacte ondulé ne semble pas être différente de celle de la dolomie ondulée.

Puissance: 20 mètres.

2° *L'assise moyenne* soit *anhydre: Anhydritgruppe* d'Alberti s'étend, sans de grandes interruptions de l'embouchure de l'Aar jusque vers Bâle. Cette assise par le sel et les gypses qu'elle renferme est de beaucoup la plus importante du conchylien. Aussi a-t-elle été recherchée, mais sans succès à Cornol, à Ober-Bipp, à Grellingen et ailleurs. Ces recherches avec les péripéties curieuses qui les ont accompagnées, ayant été publiées par MM. J. Thurmann et P. Merian, nous n'avons pas à y revenir. Par contre des travaux pratiqués sur la rive gauche du Rhin ont été plus fructueux. Commencés dans cette assise moyenne, en 1836, à Schweizerhalle, entre Bâle et Augst, ils ont traversé une suite de couches horizontales :

		Epaisseur en mètres.
1° De marnes dolomitiques, de calcaires et de gypse de	. . .	126,00
2° Sel-gemme	. . . .	0,22
3° Gypse salifère	. . . .	2,62
4° Sel-gemme	. . . .	0,24
5° Gypse anhydre	. . . .	2,35
6° Sel-gemme	. . . .	3,86
	total	135,39

Un autre sondage à l'est et à un kilomètre environ du premier constata un plus fort dépôt de gypse et neuf mètres de sel-gemme. Le puits de Kaiser-Augst a traversé les terrains suivants :

		Epaisseur en mètres.
1° Alluvions	. . . .	2,00
2° Calcaire conchylien supérieur	. . . .	45,61
3° Argile bleue avec des traces de gypse, ensuite du gypse et de l'anhydrite et des argiles bleues salifères	. . . . . .	39,06
4° Sel-gemme	. . . .	7,30
5° Alternances d'argile, de gypse et d'anhydrite	. . . .	43,83
	total	137,80

On retire annuellement de la saline de Schweizerhalle 145,000 quintaux de sel. (B. Studer, Geologie der Schweiz, Tom II, p. 218.) Celles de Ryburg et de Rheinfelden en fournissent annuellement en moyenne 222,868 quintaux.

Les salines de la Suisse produisent annuellement à peu près un demi-million de quintaux de sel; quantité insuffisante à la Suisse, puisqu'elle en dépense 700,000 quintaux.

Le sel-gemme alterne plusieurs fois avec des couches d'argiles bleues et de chaux sulfatée anhydre. Le gypse est généralement blanchâtre ou peu coloré, mais rarement fibreux. Il se présente en couche ou en amas. Un de ces amas, d'une puissance de plus de 15 mètres, est exploité aux bains d'Oberdorf, nord de Waldenburg, un autre se trouve au nord et tout près de Grenzach. La puissance de l'assise moyenne du conchylien peut s'élever à 100 mètres. M. Mœsch range encore dans l'assise moyenne du conchylien une série de couches subordonnées à l'assise supérieure et se composant de calcaires cellulaires, argileux, dolomitiques avec silex, mais sans fossiles. Cette série observée sur plusieurs points, tel qu'à l'est d'Augst, forme le passage à l'assise suivante.

3° *L'assise supérieure*, soit le *conchylien supérieur, Hauptmuschelkalk*, comprend: *a. le calcaire conchylien* proprement dit, soit *le calcaire à Encrinites; b. la dalle du conchylien; c. le calcaire dolomitique supérieur avec hornstein ou silex* et enfin *d. les gypses infrakeupériens.*

a. Le calcaire conchylien proprement dit, soit *le calcaire à Encrinites, Encrinitenkalke* de M. Mœsch affleure à Meltingen, à Reigoldswyl, à Augst, à Meyenbühl, à Grenzach et à Herthen. Il se reconnait par des bancs tantôt minces, tantôt assez puissants, d'un gris de fumée et remplis d'*Encrinites liliiformis*. Il passe insensiblement aux dalles de l'assise suivante. Puissance: 15 mètres.

b. Dalle du conchylien: Plattenkalke des Hauptmuschelkalkes. Elle est recherchée comme excellente pierre de construction. A l'est de Lörrach, sur la route contre Weidhof, de grandes et superbes carrières sont ouvertes dans ses couches. On l'exploite en outre à Bettingen, à Grenzach et Wyhlen. Elle ne se distingue guère du calcaire à Encrinites que par ses bancs plus minces et plus réguliers. Puissance: 15 à 20 mètres.

c. Le calcaire dolomitique supérieur avec hornstein, oberer Muschelkalkdolomit mit Hornstein, apparaît partout dans le Jura, où affleure l'étage conchylien. C'est un calcaire dolomitique, brun, jaune-grisâtre, assez confusément stratifié et renfermant beaucoup de rognons siliceux. Puissance: 20 mètres environ.

A cet étage se rattache très probablement encore:

d. Les gypses infrakeupériens. Ces gypses blancs, grisâtres, noirs, quelquefois schisteux et fibreux, devenant à la partie supérieure blanc-rosés, saccharoïdes, cristallins (albâtre de Monterri près Cornol), grumeleux, rognoneux, renferment souvent des traces de chlorure de sodium, de sulfate de chaux et de magnésie et des eaux chargées de ces sels. Ils sont probablement le dernier dépôt de la mer conchylienne. Dans le Wurtemberg, comme à Vic, à Dieuse (Meurthe), Salins, le sel-gemme se trouve dans cette zone. Ces couches salifères, souvent de 7 à 10 mètres de puissance, alternant avec des couches d'argiles dont l'ensemble de ces alternances atteint quelquefois une épaisseur de 150 mètres, offrent une exploitation très-importante. Ce sel qui n'est qu'à l'état rudimentaire dans le Jura aura probablement été lavé

— 13 —

par les eaux douces de l'époque keupérienne. Il ne nous est donc resté que des gypses et des argiles gypsifères ou légèrement salées. Ces gypses d'une puissance de 10 à 15 mètres sont très-importants pour le Jura. Ils sont ou ils ont été exploités au nord de Günsberg, à Roche, à Cornol, Bärschwyl, Zullwyl, Bretzwyl, entre Neue Welt et Mönchenstein.

Faune de l'assise supérieure de l'étage conchylien. Les fossiles que nous y avons trouvés sont peu nombreux; cependant partant où elle affleure, on y rencontre des débris organiques qui se rapportent aux espèces suivantes:

Placodus Andriani, Münst. Des calc. à Encrinites de Reigoldswyl.
Pemphix Sueurii, Br. Grenzacherhorn, Schweizerhalle, Augst. Des couches *a, b, c.*
Ceratites nodosus, de Haan. Des couches *a* et *b* de Meltingen, de Günsberg, d'Augst.
Lima striata, Schloth. } Du calc. à Encrinites de Grenzach, de Reigoldswyl, Günsb.
   „ *lineata,* Schloth.
Myophoria Goldfussii, Alb. Des calcaires des bains d'Oberdorf.
Lucina Schmidii, Geinitz. Augst.
Pecten disciles, Schloth.   „
Gervillia socialis, Schloth. } Des couches *a, b* et *c* de Grenzach, Lörrach, Reigoldswyl
Terebratula vulgaris, Schloth   et de Meyenbühl, sud de Lörrach.
Encrinus liliiformis, Schloth.

En général, les couches dolomitiques, cellulaires, gypsifères et salifères ne renferment point de fossiles; tandis qu'avec de la patience et du temps, on réussit à faire quelques récoltes dans les autres couches.

Encore quelques mots sur le développement vertical de l'étage conchylien.

M. le Prof. P. Merian porte la puissance de cet étage à 240 mètres. M. Gressly pense que cette estimation est trop basse, et M. Mœsch l'évalue à 430 mètres. M. d'Alberti qui a étudié le conchylien avec un soin tout particulier, notamment dans la vallée du Neckar, le divise aussi en trois assises; 1° le *Wellenkalk* avec une puissance de 60 mètres; 2° l'*Anhydritgruppe* avec une puissance de 100 mètres et 3° le *Kalkstein* qui mesure 90 mètres. Dans la partie inférieure de cette vallée, il aurait une puissance de 260 mètres. Les données de ce savant viennent corroborer celles de M. Merian qui, d'après nos propres appréciations, s'approchent le plus du vrai. Comme la série complète du conchylien n'a pu encore être mesurée dans un endroit, et vu la grande ressemblance de plusieurs couches conchyliennes, il est très-difficile en en dressant la puissance de ne pas faire double emploi de quelques bancs; ce qui nous expliquerait la différence des chiffres donnés plus haut.

III. Marnes irisées.

Syn. *Terrain Keupérien* de MM. Thirria et Gressly; le *Keuper*; *bunter Mergel* et *Lettenkohle* de M. Alberti.

Etendue: Nous venons de voir la mer conchylienne se retirer en laissant dans le Jura wurtembergeois et français ces puissants dépôts salifères et dans le Jura suisse les gypses infrakeupériens. Le Jura central devenu alors continent, se recouvre d'assises keupériennes qu'on peut voir et étudier dans la chaîne du Weissenstein, à la combe de Balmberg-Farnern, nord de Günsberg; dans la chaîne de Raimeux, à Roche, Envelier et au Passwang; dans celle de Mont-Terrible, à la combe qui s'étend par Vaufrey, Monterri, Bellerive, Bärschwyl, Grindel, Meltingen, Nunningen jusqu'à Reigoldswyl. Elles apparaissent encore dans le bassin du Rhin depuis Neue Welt par Muttenz, Pratteln à Schönthal. Enfin, on les retrouve sur la rive droite du Rhin, au chemin de Grenzach à St. Chrischona. De Grenzacherhorn vers Stetten, elles sont généralement recouvertes par le diluvium.

Division et *pétrographie.* On a établi systématiquement trois assises keupériennes : *inférieure, moyenne* et *supérieure.*

1° L'*assise inférieure* comprend une série de couches d'argiles et de marnes sableuses et stériles, généralement grisâtres et renfermant des rognons de gypse blanc-rosé, cristallin; puis des sables, des grès grisâtres exploités et des marnes noires avec lignites et pyrites *(Lettenkohle)* qui alternent avec des grès à mica blanc, assez riches en débris de végétaux; enfin, une alternance de calcaires gris ou bleuâtres, chailleux et de marnes grises, verdâtres ou noires. Les grès déjà signalés en 1821 par M. P. Merian à Neue Welt, au sud de Pratteln, dans deux endroits entre Bretzwyl et Reigoldswyl, ont été exploités dans la chaîne du Passwang, à l'est de Neuhäusli. Ils renferment des paillettes de mica, des pyrites et une plante terrestre: *Equisetum arenaceum,* Jæg. Ces grès keupériens prennent un plus grand développement vers notre limite orientale, et ils renferment la flore de Neue Welt; c'est ainsi qu'à Hemmiken, à la frontière est de Bâle-Campagne, où ils sont l'objet d'une vaste exploitation, ils sont assez riches en *Pecopteris angusta,* H., *Camptopteris quercifolia,* Schk., *Equisetum columnare,* Brg. *Les marnes noires à lignites,* observées à Neue Welt, Pratteln, Schönthal, Passwang, Günsberg, Bellerive et Cornol, quoique souvent explorées n'ont jamais fourni de combustible exploitable; mais bien une flore terrestre très-intéressante. Les espèces de la zone Neue Welt-Schönthal sont:

Fougères.

Pecopteris Meriani, Brg.	*Teniopteris marantacea,* Brg.
„ *gracilis,* H.	„ *Münsteri,* Gp.
„ *angusta,* H.	*Sphenopteris Rœssertiana,* Stbg.
Clathrophyllum Meriani, H.	*Sclerophyllina furcata,* H.
Neuropteris Rutimeyeri, H.	

Cycadées.

Pterophyllum longifolium, Brg.	*Pterophyllum Jægeri,* Brg.
„ *Meriani,* Brg.	„ *brevipenne,* Kurr.

Equisétacées.

Equisetum arenaceum, Jæg.	*Equisetum Münsteri,* Stb.
„ *Meriani,* Brg.	

Conifères.

Voltzia.	*Widdringtonites Münsterianus,* Stb.

Cette flore terrestre se retrouvant, en partie, au Passwang, à l'est de Neuhäusli, à Bellerive et à Cornol, prouve bien que le Jura central était terre ferme pendant la formation du Keuper, et l'observation qui a été faite que sous les couches de marnes noires à lignites, il existe aussi des argiles grises, plus ou moins réfractaires, confirme l'opinion que ces marnes noires ne sont rien autre chose que d'anciennes tourbières. Nous verrons plus tard que les tourbières du Jura reposent, dans la règle, sur des argiles, grises, réfractaires, appelées par le peuple: *cendres des tourbières;* argiles qui ont la plus grande ressemblance avec nos argiles keupériennes.

Puissance approximative de l'assise inférieure du keuper: 30 mètres.

2° *L'assise moyenne* se reconnait à ses marnes noirâtres, grises qui passent insensiblement à de minces bancs de calcaire gris-jaunâtre, rose, schisteux, dolomitique, rognoneux, géodique, puis aux dolomies cubiques *(horizon d'Elie de Beaumont);* ces dolomies d'un jaune gris, à cellules cubiques, nettement stratifiées, stériles donnent une bonne chaux hydraulique. Puissance: 17 mètres.

3° *L'assise supérieure.* Immédiatement au-dessus des dolomies cubiques, se trouvent de minces bancs jaunâtres, dolomitiques, schisteux qui passent insensiblement aux argiles et marnes rouge tuile; enfin arrivent une couche gréziforme avec cargneules et les marnes irisées proprement dites. Puissance: 40 mètres.

On envisage comme dernier membre du keuper une couche de quelques pouces d'épaisseur, formée par des marnes noires, grisâtres ou jaunâtres et des sables gréziformes, très-fins, friables, jaunâtres, riches en débris de poissons et de reptiles. Cette couche bien intéressante n'a encore été observée que dans la partie orientale de notre rayon, à Schönthal, sur la rive gauche de l'Ergolz, à Grüth, sud de Muttenz, à Lauwylberg, à Marchmatt, ouest de Reigoldswyl et à Bretzwyl, derrière la ferme appelée „Sabel". Les connaissances que nous avons du Bone-bed sont dûes, en partie, à M. Em. LaRoche, pasteur à Zyfen.

Faune du Bone-bed:

Gresslyosaurus ingens, Rütim. Ossements trouvés à Schönthal, nord de Liestal, à un mètre environ plus bas que le Bone-bed et conservés au musée deBâle.
Termatosaurus Alberti, Qu. Jura, Tab. 2, f. 4—8. Quatre dents de la coll. de M. LaRoche. De Schönthal.
Hybodus cloacinus, Qu. Jura, Pl. 2. f. 14 et 15. Coll. de M. LaRoche.

Saurichthys acuminatus, Ag. (Qu. Jura, Pl. 2. f. 42—52). 55 dents de la coll. de M. LaRoche.
Sargodon tomicus, Plein. (Qu. Jura, Pl. 2. f. 34—38). 54 dents de la coll. de M. LaRoche.
Acrodus minimus, Ag. Qu. Jura, Pl. 2. f. 22—25). 22 dents de la coll. de M. LaRoche.

M. Gressly nous a laissé la coupe du keupérien des carrières de Cornol que voici:

		Ep. en m.
1°	Marnes noirâtres	2,10
2°	Grès	90
3°	Marnes vertes	6,00
4°	„ bigarrées et dolomies	16,50
5°	Dolomies poreuses	1,50
6°	Marnes vertes et lignites	6,50
7°	„ irisées et cargneules, marnes rouge tuiles, rognons de gypse blanc	17,40
8°	Marnes schistoïdes	1,80
9°	Dolomies	3,60
10°	Grès et marnes violacés avec traces de lignites	17,40
11°	Marnes et grès	1,50
12°	Gypse rose, bancs de gypse blanc et gris	33,00
13°	Marnes, gypse bigarré, marnes, gypse noir	12,00
14°	Dolomies	1,20
15°	Gypse	3,00
16°	Dolomies compactes, dolomies poreuses et cristallines	6,00
	Hauteur totale du keuper	129,90

Conchylien.

Coupe keupérienne de Bellerive, nord de Delémont, d'après M. Quiquerez.

L'affleurement de l'Ergolz, au nord de Schönthal, est aussi intéressant.

Les marnes irisées, les marnes rouge tuile, les dolomies sont recouvertes par la ferme Giger même; sur la rive droite de la rivière, au-dessous de l'écluse, on voit une jolie alternance de couches de marnes grises, verdâtres, noires, et de calcaires marno-compactes, d'une puissance de 10 mètres. Au-dessous se trouvent les marnes noires à feuilles qui renferment les empreintes si connues de Neue Welt. Cette coupe, quoique plus recouverte que celle de Neue Welt, n'en est cependant que la fidèle reproduction.

Coupe du Keuper à Neue Welt, sud de Bâle.

a. **Terrain quaternaire :** nagelfluh.
b. Calcaire schisteux à *Leptolepis Bronni ;*
c.   » et marnes à *Belem. paxillosus, clavatus, breviformis,* à *Am. armatus, spinatus, margaritatus. Gryphœa cymbium ;*
d. Marnes à *Am. Ziphus, stellaris, oxynotus ;*
e. Calcaire à *Gryphœa arcuata.*

Lias.

Epaisseur
en mètres.

		Epaisseur en mètres
1°	Alternance de calcaires grisâtres, dolomitiques et de marnes grises, verdâtres, rougeâtres	3,00
2°	Argiles rouge tuile, couleur lie de vin avec de minces bandes grises ou jaune pâle	20,00
3°	Calcaire jaune dolomitique	—,50
4°	Dolomies rouges schisteuses	1,00
5°	„ bigarrées schisteuses	1,50
6°	„ schisteuses, bariolées de rouge, de jaune et de gris . . .	4,00
7°	„ „ jaunâtres, cellulaires	2,00
8°	„ compactes, cubiques, cristallines, stratifiées, jaunâtres . .	4,00
9°	Alternance de calcaire gris, bleuâtre avec rognons ou chailles et de marnes grises, bleues, noires	8,00
10°	Alternance de grès gris noirâtre, sableux ou compacte, schisteux, à mica blanc et à nombreuses traces de végétaux, et de marnes verdâtres, noires, schistoïdes renfermant la flore ci-dessus	8,00
11°	Grès à lignites	2,00
12°	Argiles rougeâtres, grumeleuses, gréseuses	20,00
13°	Grès grisâtres, friables	4,00
14°	Argiles, marnes à gypse rosé, sables et gypses gris qui sont recouverts .	0,00
		78,00

Items 1° and 2° are grouped under **Assise sup.**; items 3°–8° under **Assise moyenne.**; items 9°–14° under **Assise inférieure.**

M. Gressly évalue la puissance du keuper de Günsberg à 80 mètres environ. Mesuré ailleurs, même dans les cantons voisins, il atteint une plus forte puissance : 150 à 300 mètres

II. LES TERRAINS JURASSIQUES.

Syn. *Terrain jurassique* de MM. Dufrénoy et Elie de Beaumont; *groupe oolithique* de MM. Roset et Huot; *Juraformation* de M. Oppel.

Ces terrains sont bien représentés dans le Jura, auquel ils empruntent leur nom; ils embrassent tous les étages depuis et y compris la zone à *Avicula contorta*, les grès inférieurs du lias, les marnes à insectes de Schambelen jusqu'aux étages portlandien et purbeckien inclusivement.

Le Jura suisse, la France, l'Allemagne, l'Angleterre donnent un bel ensemble de ces terrains; c'est ce que M. le professeur Oppel a très-bien fait ressortir dans un remarquable travail écrit de 1856 à 1858 [1].

Les chaînes de montagnes qui s'étendent depuis Pontarlier en traversant le Jura neuchâtelois, bernois, soleurois, bâlois et argovien, pour arriver jusqu'auprès de Schaffhouse, sont constituées, en grande partie, par les étages jurassiques. Ces mêmes terrains ont été constatés en Russie, dans l'Asie mineure, dans les deux Amériques et dans les Indes orientales. Ainsi, cette troisième grande époque géologique s'est manifestée sur toute notre planète à la fois.

En prenant des noms consacrés par l'usage ou tirés des lieux où l'étage se trouve le mieux développé, nous avons les divisions suivantes:

1° Etage : *Rhaetien.*		8° Etage: *Oxfordien.*	
2° „ *Lias inférieur.*		9° „ *Rauracien ou corallien.*	
3° „ *Lias moyen.*		10° „ *Séquanien ou astartien.*	
4° „ *Lias supérieur.*		11° „ *Kimméridgien ou ptérocérien.*	
5° „ *Bajocien.*		12° „ *Virgulien.*	
6° „ *Bathonien.*		13° „ *Portlandien.*	
7° „ *Callovien.*		14° „ *Purbeckien.*	

M. d'Orbigny fait observer que la disparité complète, suivant les lieux, qu'on trouve dans la nature minéralogique des différents étages des terrains jurassiques,

[1] *Die Juraformation Englands, Frankreichs, etc.*, Stuttgart, 1858.

en fait le plus mauvais moyen de parallélisme; aussi recommande-t-il, afin d'éviter cet écueil, de ne jamais se servir des seuls caractères minéralogiques qui peuvent, le plus souvent, induire en erreur. Cette maxime largement appliquée est très-juste, cependant dans nos recherches nous avons souvent eu le plaisir de constater certaines assises pétrographiques dans le Jura bernois, et de les retrouver exactement les mêmes dans le Jura soleurois à une distance de plus de 20 lieues. Ainsi, à défaut de fossiles, les caractères minéralogiques, pour des études locales, ont une grande importance, et ils ne peuvent être négligés.

La puissance approximative de la formation jurassique est de 1530 mètres. Dans le Jura, elle ne serait, d'après A. Gressly, que de 1,000 mètres et d'après notre calcul que de 650 à 700 mètres.

Les terrains jurassiques se distinguent de ceux des périodes inférieures et supérieures par le nombre énorme de 3,717 espèces d'animaux mollusques et rayonnés (d'Orbigny), indépendamment de près de 600 espèces d'animaux vertébrés ou annelés.

Sur les restes des mers et terres fermes triasiques, nous trouvons non-seulement des renouvellements de flore et de faune, mais de grands changements dans le régime des dépôts. Nous ne reverrons plus ces grands amas de combustibles, de sels, de gypses; la formation jurassique ne nous montrera guère que des assises marneuses, calcaires et des lumachelles, résultant de débris d'animaux.

Cette gigantesque accumulation de cadavres nous donne une idée de la durée de cette formation.

I. Rhætien.

SYN.: *Zone à Avicula contorta.*

Localité-type: Alpes rhétiques.

Cet étage, étudié en Suisse, en Allemagne, en France, en Belgique et en Angleterre par MM. Moore, Gümbel, Renevier, Dowkins, Jules Martin et Pellat, n'a pas encore été observé dans le Jura occidental.

Il est constitué par des assises gréseuses ou marno-calcaires, plus rarement dolomitiques et marneuses, reposant sur les marnes irisées et recouvertes par des couches d'un grès jaune et des calcaires dans lesquels abondent les fossiles de l'infra-lias, tels que les Cardinies. Puissance: 8 à 12 m.

Il renferme 535 espèces d'animaux, dont 16 seulement se trouvent aussi dans le keuper et 58 dans le lias, plus 50 espèces de plantes, dont 5 ont été rencontrées dans le lias et dans des couches à ossements, connues sous le nom de „bone-bed".

Il établit donc un trait d'union entre le lias et le trias.

La zone à *Avicula contorta* a été observée à notre limite orientale par M. le Prof. P. Merian, près de Beinwyl et de Langenbruck; mais comme elle n'a pas encore été suffisamment étudiée, nous ne pouvons ici que la mentionner.

II. Lias inférieur.

SYN. *Calcaire à Gryphée arquée* de MM. Dufrénoy et Elie de Beaumont; *Gryphitenkalk* de MM. Merian et Rœmer; *Unterer Lias* de M. Oppel.

Division, limites et extension géographique. Dans le Jura suisse, il forme deux assises assez distinctes: *Les marnes de Schambelen*, canton d'Argovie, et *les calcaires à gryphées.*

Les marnes de Schambelen par leur position stratigraphique et leur faune saumâtre, relient la formation triasique à la formation jurassique. Dans le canton d'Argovie, elles reposent directement sur les marnes irisées et servent d'assise aux calcaires à gryphées. Elles n'ont point encore été remarquées dans notre rayon; tandis que l'assise supérieure, soit *les calcaires à gryphées* y présentent de nombreux affleurements. Dans le bassin du Rhin, on les observe sur la zone depuis Neue Welt par Muttenz, Pratteln à Schönthal. Dans la chaîne de Mont-Terrible, ils sont à jour dans les dislocations de troisième ou quatrième ordre de Vaufrey, de Monterri-Cornol, de Bellerive, de Bärschwyl-Grindel et de Meltingen-Reigoldswyl. Dans la chaîne de Raimeux, on peut les étudier à Roche, à Envelier et au Passwang, et dans celle du Weissenstein au cirque triaso-jurassique du nord de Günsberg. A l'est de Böckten, sur la rive gauche de l'Ergolz, on voit les calcaires à Gryphées reposant sur les marnes grises, irisées et rouge tuile du keuper. Des recherches répétées, en vue de rencontrer le dépôt saumâtre de Schambelen, y ont été faites, mais sans arriver à aucun résultat.

Composition minéralogique, utilité technique et puissance du calcaire à gryphées. Il est formé de bancs de calcaires, de 2 à 4 décimètres d'épaisseur, séparés par de très-minces couches de marnes qui constituent un massif de 3 à 6 mètres de puissance, variable quant à la couleur et à la composition minéralogique: gris clair, noirâtre, jaunâtre, même rougeâtre; roches calcaires compactes, très-dures, souvent sablonneuses, dolomitiques, bitumineuses renfermant quelquefois des pyrites ferrugineuses et de la galène. Certains bancs sont un véritable lumachelle formé de Cardinies, de Gryphées, d'Ammonites, de Limes et de Nautiles. Le calcaire à gryphées donne une chaux grasse excellente et une pierre de maçonnerie qui résiste bien à la gelée.

Faune du calcaire à gryphées:

Serpula olifex, Qu. (Jura, Pl. 11. f. 12 et 13). Sur le *Pecten textorius* de Schönthal et de Pratteln

  „ *socialis*, Gf.   Pratteln.

Belemnites acutus, Miller.   „   Roche.

Nautilus striatus, Sow.   „   Schönthal, Bellerive.
Syn. *N. aratus*, Schloth.

Ammonites stellaris, Sow.   „   Schönthal,
  „ *bisulcatus*, Brug.   „   Est de Wartenberg.
Syn. *A. multicostatus*, Sow.
  „ *· Bucklandi*, Sow. Partout.
  „ *Kridion*, Hchl. et d'Orb. Pratteln, Wartenberg, Schönthal.
  „ *planorbis*, Sow.   „
  „ *Johnstoni*, Sow.   „
Syn. *A. confusus*, Qu.

Pleurotomaria polita, Gf.   „ Bellerive.
  „ *anglica*, Defr.   „   „
Syn. *P. similis*, Sow.

Pholadomya glabra, Ag.   „ Schönthal. Cornol.
  „ *Woodwardi*, Oppel,   „   „
Pleuromya liasina, Schubl.   „   „
  „ *striatula*, Ag. Pratteln.   Cornol.
  „ *crassa*, Ag.   „
Syn. *Panopœa liasina*, d'Orb.

Myacites oxynoti, Qu. Schönthal.

Cardinia similis, Ag. Bellerive.
  „ *hybrida*, Sow.   „
  „ *concinna*, Ag. Pratteln.
  „ *gigantea*, Qu. Schönthal.

Unicardium cardioides, d'Orb. (*Corbula cardioides*, Phil.). Cornol, chemin des carrières de gypse.

Lima gigantea, Desh. Pratteln, Bellerive.
  „ *punctata*, Desh. Pratteln, Wartenberg, Bellerive, Schönthal.
  „ *eryx*, d'Orb. Bellerive.
  „ *succincta*, Schloth, Bellerive, Wartenberg, Pratteln, Schönthal, Asuel.
Syn. *L. Hermanni*, Gf.

Avicula Sinemuriensis, d'Orb. Beller. Pratteln.
Syn. *A. inœquivalvis*, Gf.

Mytilus (Modiola) psilonoti, Qu.   „ Schönthal.

Pinna Hartmanni, Ziet.   „

Pecten corneus, Sow.   „   Schönthal. Bellerive.
Syn. *P. Hehlii*, d'Orb.
  „ *priscus*, Gf.   „   „
  „ *œqualis*, Qu.   „   Wartenberg.
  „ *textorius*, Schloth.   „   Schönthal.
  „ *texturatus*, Münst.   „

Spirifer Walcotti, Sow.   „   .   „ Bellerive, est de Böckten.
  „ *verrucosus*, v. Buch. Pratteln,   „ Bellerive.

Plicatula spinosa, Sow.   „

Ostrea irregularis, Münst.   „
  „ *electra*, d'Orb.   „
Syn. *O. arietis*, Qu.
  „ *lœviuscula*, Münst.   „

Gryphœa arcuata, Sow. Partout.
  „ *obliqua*, Gf.   „

Rhynchonella variabilis, Schloth. Partout.
  „ *plicatissima*, Qu. Handb. Tab. 36, f. 3 Pratteln.

Terebratula Rohmanni, v. Buch. Pratteln
„ *vicinalis arietis*, Qu. „
„ *psilonoti*, Qu.
„ *numismalis*, Lam. Wartenberg, où elle est
associée à la *Gryphæa arcuata*.

Cidaris arietis, Qu. Pratteln, Asuel.
„ *liasina*, Marcou, „ La granulation
régulière et forte des radioles le distingue
du *C. arietis*.
Pentacrinus tuberculatus, Mill. Partout.

III. Lias moyen.

Syn. *Liasien* de M. d'Orbigny; *Marnes à Bélemnites et à Gryphée cymbium* de
M. Cotteau; *Belemniten-Mergel* de M. Merian; *mittlerer Lias* de M. Oppel.

Limites et extension géographique. On est généralement d'accord pour fixer les
limites du lias moyen : il repose sur *le calcaire à gryphée arquée* et il est recouvert
par *les schistes à Leptolepis Bronni et à Posidonomya*. Ainsi défini cet étage est à
jour sur un grand nombre de points dans notre rayon. Dans le bassin du Rhin, il
se montre sur la zone Neue Welt, Ruttehardt, Mönchenstein, Grüth, Sultz, Pratteln
et sur la rive droite de l'Ergolz depuis Liestal au nord de Schönthal. Il affleure souvent dans les chaînes de Movelier (Résel), du Mont-Terrible, de Raimeux et dans celle
du Weissentein. L'assise supérieure de cet étage à *Am. margaritatus, spinatus* a été
constatée à notre limite occidentale, au tunnel des Loges.

Division, composition minéralogique, puissance et utilité technique. Si les limites
du lias moyen sont faciles à saisir, sa division présente d'autant plus de difficultés.
Tandis que d'après les géologues anglais MM. Quenstedt et Mœsch lui reconnaissent
deux divisions, M. Marcou lui en reconnaît quatre et M. Oppel six. Cette différence d'opinion tient aux caractères minéralogiques et paléontogiques variables
qu'il présente notamment sur un rayon très-étendu. Cependant dans son ensemble,
il possède des traits assez nombreux et assez constants pour qu'on le reconnaisse
dans la plupart des Etats de l'Europe. Dans le Jura bernois, comme il est, en général, composé d'argiles, de marnes ou de calcaires marno-compactes désagrégeables,
il est ordinairement recouvert, ce qui en rend l'étude encore plus difficile. Examiné
en plusieurs endroits, nous avons cru lui reconnaître les couches suivantes :

a. *Assise inférieure.* Cette assise commence par un calcaire marno-sableux, subo-
cracé, jaune gris à *Terebratula numismalis, Gryphaea cymbium, Pholadomya glabra*
et *ambigua* et finit par des marnes grises, noirâtres, micacées, semi-schisteuses avec

cristaux de gypse et Ammonites souvent pyriteuses, telles que *A. margaritatus, oxynotus, Ziphus, spinatus*. Ces marnes passent:

b. *A l'assise supérieure* (Lias-gamma de M. Quenstedt) qui se compose de marnes, de calcaires marno-compactes, compactes, grumeleux, gris, jaunâtres, avec de nombreuses Bélemnites, Ammonites et Plicatules. Comme nous l'avons vu à la Ruttehardt, sud de Bâle, cette assise est immédiatement recouverte par les *schistes à Leptolepis*.

Le lias moyen, d'une puissance qui ne dépasse guère de 10 à 12 mètres, donne un sol fertile. Ses marnes sont souvent exploitées comme amendement, et comme elles sont assez imperméables, elles ramassent bien les eaux et elles donnent ainsi naissance à des sources plus ou moins importantes. .

Faune du lias moyen. .

Les fossiles de l'assise inférieure sont désignés par 1 et ceux de l'assise supérieure par 2.

Serpula quinquecristata, Gf. 2.   Ruttehardt.
Nautilus intermedius, Sow. 2.   „
Belemnites umbilicatus, Blainv. 2.   „ Vaufrey.
„ *paxillosus*, Schloth., 2. Vaufrey   „
„ *quadricanaliculatus*, Ziet. 2.   „ Vaufrey.
„ *clavatus*, Schloth. 2. Ruttehardt. Vaufrey.
„ *compressus*, Stahl. 2.   „   „
„ *breviformis*, Ziet. 2.   „   Roche. Vaufrey.
„ *longissimus*, Miller. 2.   „
Ammonites spinaries, Qu. 1.   „
„ *Ziphus*, Ziet. 1   „
„ *oxynotus*, Qu. 1   „
„ *margaritatus*, Montf.   „ Est de War-
„ *spinatus*, Brug. 2   „ [tenberg.
„ *capricornus*, Schloth. 2   „
„ *maculatus angulatus*, Qu. 2 „
„ *armatus*, Sow. 2   „ Syn. *A. nodogigas*, Qu.
„ *hybrida*, d'Orb. 2   „
„ *crassus*, Phil. 2   „
Chemnitzia undulata, d'Orb. 2 „
Rostellaria nodosa, Gf.   „
Trochus imbricatus, Qu. 2   „
Pholadomya glabra, Ag. 1. Mönchenstein.
„ *ambigua*, Sow. 1.   „   et Ruttehardt.

Lima acuticosta, Gf. 2.   Ruttehardt.
„ *punctata*, Desh. 2.   „
Limea acuticosta, Gf. 2   „
Monotis inæquivalvis, Qu. 2 et 1.   „
Pecten tumidus, Ziet. 2   „ Syn. *P. velatus*, Qu.
„ *priscus*, Gf. 2   „
„ *textorius*, Schloth, 2   „
„ *strionotis*, Qu. 1   „
„ *æquivalvis*, Sow. 1. Cornol.
Spirifer Walcotti, Sow. 2   „
Posidonomya. 1   „
Plicatula spinosa, Sow. 2 Vaufrey „
Gryphæa cymbium, Lk. 1. Limmern, nord de Mumliswyl, Bruchlein, nord de Granges.
Ostrea arietis, Qu. 2. Ruttehardt.
Rhynchonella variabilis, Schloth. 2. Rutteh.
„ *curviceps*, Qu. 2. Rutteh. (Jura Pl. 179, f. 13—15). Vaufrey.
„ *rimosa*, v. Buch. 2. Ruttehardt, Vaufrey.
„ *Terebratula numismalis*, Lam. 2. Rutteh. Vaufrey.
„ *ovatissima*, Qu. 2. Vaufrey.
„ *Pentacrinus subangularis*, Miller. 2. Rutteh.
„ *puncliferus*, Qu. 2. Ruttch. (Jura, Pl. 52, f. 41—45). Vaufrey.
Cidaris octoceps, Qu. 1. Ruttehardt.
„ *Amalthei*, Qu. 2.   „
„ *liasina*, Marcou. 2.   „

IV. Lias supérieur.

Syn. La partie inférieure de *l'étage toarcien* de M. d'Orbigny; *les marnes supérieures du lias* de MM. Dufrénoy et Elie de Beaumont; zone à *Posidonomya Bronni* et à *Ammonites jurensis* ou *oberer Lias* de M. Oppel.

Limites et extension géographique. Les limites du lias supérieur nous semblent assez bien définies. La limite inférieure se trouve entre le petit massif marno-calcaire à *Ammonites spinatus*, à *Plicatula spinosa* et *les schistes à poissons*, et la limite supérieure entre la couche à *Ammonites jurensis* et celle à *Ammonites opalinus*. Ce terrain par sa valeur technique et paléontologique a été parfaitement étudié chez nos voisins; tandis que dans le Jura central, il est à peine connu. Cependant notre pays ne peut que confirmer les faits acquis depuis longtemps que les mers liasiques ont eu une très-longue durée, attestée par des dépôts très-puissants, très-uniformes et généralement répandus sur toute l'Europe. Nous avons, en effet, observé le lias supérieur à la Ruttehardt, au sud de Bâle, à Neuhäusli, dans la chaîne de Mont-Terrible, ainsi que dans les chaînes méridionales.

Division. Comme au sud de l'Allemagne et dans le Jura oriental, le lias supérieur présente dans le Jura central deux assises :

1. *L'assise inférieure* soit *les schistes calcaires à poissons (Leptena Bett), à Inoceramus dubius* et les *schistes bitumineux à Posidonomya Bronni.* Cette assise est formée de minces bancs de calcaires schisteux, très-durs, gris-noirâtres, bitumineux et de marnes feuilletées, grises ou noires. D'une puissance de 2 à 6 mètres, elle affleure à la Ruttehardt, à la lisière de la forêt sise à l'est de la ferme, où l'on a recueilli une assez grande quantité de poissons: *Leptolepis Bronni*, Ag. Ces schistes à poissons renferment assez fréquemment l'*Inoceramus dubius.* — Nous avons vu les schistes à Posidonomya à découvert à la Résel, au nord de Soyhière et à Cornol. Ces schistes bitumineux sont remplis de *Posidonomya Bronni*, Voltz. Il est assez curieux de constater que ces calcaires schisteux et ces schistes bitumineux qui pourraient être exploités, les uns comme pierres de construction et chaux grasse, les autres comme excellent amendement, ne sont nulle part recherchés.

2. *L'assise supérieure*, soit *les marnes à Ammonites jurensis*, d'une puissance de 6 à 10 mètres, repose sur l'assise précédente, tout en en conservant la physionomie

minéralogique: couches marno-calcaires, argileuses, très-friables, schistoïdes, non ou peu micacées, alternant avec des bancs de calcaires ou de chailles et caractérisées par l'*Ammonites jurensis*. Au-dessus de ces marnes, nous avons remarqué au Creux du Vorburg, nord de Delémont, un mince banc de calcaire bleu, que nous ferons connaître plus loin, rempli de fossiles bajociens: *Am. opalinus*, *Murchisonae*, *Lima proboscidea*, *circularis*, *Pentacrinus pentagonalis opalinus*. Cette observation ne manque pas d'importance. Ainsi que plusieurs géologues, notamment MM. Quenstedt et Oppel, l'ont admis depuis longtemps, le lias n'est pas aussi développé qu'on le croit vulgairement, puisqu'il faudra en retrancher un massif marneux avec chailles et de minces bancs calcaires à fucoïdes *(Zopfplatte)*, d'une puissance de plus de 20 mètres, pour le rattacher à l'étage suivant. Les trois étages liasiques, ainsi envisagés, ne mesureraient guère que 20 à 30 mètres.

V. Bajocien ou Oolithe inférieure.

Syn. *Oolithe ferrugineuse* de M. Thirria; *Dogger* de M. Rœmer; *Unteroolith* de MM. de Buch et Oppel; *Inferior* ou *under Oolithe* des Anglais.

Etendue. L'Oolithe inférieure joue un rôle important dans l'orographie du Jura central. Très-développée et très-puissante, elle ne se contente plus, comme le lias, de se montrer dans les combes, elle apparaît sous forme de voûtes et de crêts et forme ainsi des reliefs considérables. Il serait trop long de les examiner tous, contentons-nous de citer les plus remarquables.

A notre limite orientale: les éboulements très-fossilifères de Böckten, de Dürnen, de Füllinsdorf, de Bubendorf et de Schauenburg.

Dans la chaîne du Blauenberg: le cirque de Grellingen.

Dans la chaîne du Mont-Terrible: Grange-Guéron, au nord des Rangiers, le Creux du Vorburg, au nord de Delémont, et un peu plus à l'est, les Orties et plusieurs autres affleurements plus ou moins importants qui se montrent depuis Grindel, Meltingen, jusqu'à Reigoltswyl.

Dans la chaîne du Mont-Frenois: Les Forges de Choindez, d'Undervelier et plus à l'ouest la Combe de Bollmann.

Dans la chaîne de Raimeux: Roche, le Coulou, Envelier, le Passwang.

Dans la chaîne du Weissenstein: la dislocation de quatrième ordre du nord de Günsberg.

Division. Dans notre „*Essai géologique*" nous divisions l'étage bajocien en quatre assises qui en procédant de bas en haut sont:

1° *Les marnes à Ammonites opalinus;*

2° *Les calcaires oolithiques ferrugineux;*

3° *La zone à Ammonites Sowerby et à Polypiers,* et

4° *Les couches à Ammonites Humphriesianus.*

Comme chacune de ces assises présente des caractères minéralogiques et paléontologiques particuliers, nous allons les examiner séparement en commençant par

1° *Les marnes à Ammonites opalinus.* Ces marnes recouvrent les couches liasiques à *Am. jurensis* et conservent encore un aspect liasique: ce sont des marnes argileuses, noires ou bleues, grisâtres, micacées, feuilletées, souvent dendritiques et gré-zeuses, renfermant des zones de calcaires avec géodes et de minces bancs arénacés, jaunâtres et pyriteux. Ces géodes ovaires même cephalaires, dites aussi *sphérites,* fortement chargées d'oxyde de fer hydraté, sont souvent creuses et contiennent intérieurement de beaux cristaux bleus ou roses de célestine. On trouve intercalé dans ces marnes des minces bancs de calcaires siliceux, bleuâtres, pétris de petits coquillages.

Immédiatement au-dessus des marnes liasiques nous avons remarqué au Creux du Vorburg un de ces bancs dont la surface est incrustée de la faunule suivante: (Voir la coupe plus loin).

Serpula tricristata, Gf.	*Astarte opalina,* Qu.
Ammonites Murchisonæ, Sow., avec les lobes bien conservés, tels que les a figurés M. Quenstedt, Jura, T. 46, f. 4.	*Monotis inæquivalvis opalina,* Qu.
	Lingula Beani, Phill.
Lima proboscidea, Sow.	*Ostrea calceola,* Ziet.
„ *semicircularis,* Münst.	*Rhynchonella jurensis,* Qu.
	Pentacrinus pentagonalis opalinus, Qu.

Cette faunule, qu'on trouve aussi à Böckten dans les mêmes conditions stratigraphiques qu'au Vorburg, n'a pas échappé à l'esprit d'observation de M. Quenstedt. Dans son travail: Der Jura, Tab. 44, f. 11, est figurée une plaque d'une ressemblance frappante avec les nôtres du Vorburg et de Böckten. C'est dans ces marnes micacées noires que nous avons recueilli à l'est de Neuhäusli, chaîne du Passwang, la *Possidonomya Suessi,* Oppel, avec des *Aptychus* indéterminés.

Un horizon constant dans cette assise et très-répandu, puisque nous l'avons observé partout où elle affleure, est *la couche à fucoïdes: Zopfplatte*, Qu. Jura, Tab. 46, f. 1. Ces restes organiques sont connus par le nom de:

Caulerpites liasinus, Heer.
Chondrites Bollensis, Ziet.

Phymatoderma granulatum, Brg.

Au nord et tout près des bains de Bubendorf ces mêmes marnes micacées, sises sous les calcaires ferrugineux, renferment les espèces suivantes:

Ammonites opalinus, von Mandelsloh.
   Syn. *A. primordialis*, Ziet.
Belemnites subclavatus, Voltz.
Trigonia Zwingeri, Merian.
   Syn. *T. costellata*, Ag.

Ostrea calceola, Ziet.
Cidaris plicatilis, Des. Espèce que nous retrouverons dans l'assise suivante.

Au nord de Limmern, chaîne du Passwang, ces marnes micacées sont à jour dans plusieurs endroits. Nous y avons trouvé dans un joli état de conservation:

Serpula convoluta, Gf.
Nucula Hammeri, Defr. Elle a aussi été remarquée dans les marnes à *Am. opalinus* au tunnel des Loges, ainsi qu'au Hauenstein.

Dans ce massif marneux, M. Gressly a remarqué, notamment au tunnel du Hauenstein un calcaire oolithique ferrugineux à *Ammonites Murchisonae, Pecten personatus*.

Ces faits réunis sont bien de nature à démontrer que cette assise est jurassique, malgré son aspect liasique.

Puissance des marnes à Am. opalinus: 30 à 40 mètres. D'après M. Gressly, elles atteindraient au Hauenstein 60 mètres.

  2. *Calcaires oolithiques ferrugineux.* L'assise précédente est recouverte par des calcaires dolomitiques stratifiés, souvent cristallins et marneux, micacés, bleus ou jaunes, d'une puissance de 5 à 9 mètres, avec de rares *Am. Murchisonae*. Au-dessus se trouvent des bancs de calcaires bruns, bleu-noirâtres, plus ou moins compactes, pétris d'oolithes miliaires de fer hydraté et alternant avec de nombreuses couches calcaréo-marneuses de couleur bleu-jaunâtre. A Grange-Guéron, nord des Rangiers, cette assise présente trois couches ferrugineuses, qui sont de haut en bas:

	Ep. en m.
1. Calcaire brun	4.00
2. Couche ferrugineuse	0,50
3. Calcaire brun foncé	4,00
4. Couche ferrugineuse	0,50
5. Calcaire brun foncé à *Cidaris plicatilis* et *Courteaudina*	5,00
6. Calcaire oolithique ferrugineux à *Ostrea sublobata*	1,00
Hauteur totale	15,00

Ce petit massif repose sur des marnes micacées avec géodes.

A l'est d'Envelier se présente aussi une coupe intéressante des calcaires oolithiques ferrugineux. Au bas de l'affleurement, on remarque des marnes micacées bleuâtres avec de minces bancs de calcaires durs avec la faunule et les fucoïdes du Vorburg. Elles sont recouvertes :

1. Par des marnes schisteuses, micacées, renfermant des géodes ferrugineuses ;

2. Par un calcaire gréziforme, stratifié, dolomitique, stérile ; enfin

3. Par l'oolithe ferrugineuse, avec de nombreuses *Am. Murchisonae*, *Belemnites spinatus*, *Pecten personatus*, *P. demissus*, *Ostrea sublobata*.

La puissance est à peu de chose près celle de Grange-Guéron.

L'oolithe ferrugineuse a été exploitée comme minerai et comme castine aux Orties, aux Forges d'Undervelier et à Grange-Guéron ; mais comme elle ne renferme guère que 12 pour cent d'oxyde de fer hydraté, elle a dû céder le pas à la mine de fer en grain du terrain sidérolithique.

Faune des calcaires oolithiques ferrugineux :

Serpula lumbricalis, Gf., Grange-Guéron.
„ *grandis*, Gf. „
Nautilus lineatus, Sow. „
Ammonites Murchisonæ, Sow. „ Orties, Forges d'Undervelier, Envelier.
„ *Sowerbyi*, Miller Grange-Guéron.
„ *opalinus*, v. Mandelsloh „
„ *subradiatus*, Sow. „
„ *jugosus*, Sow. „
Belemnites giganteus, Schloth. „
„ *canaliculatus*, Schloth. „
„ *spinatus*, Qu. „
?Stomatia Buvignieri, M. et L. Ober-Bipp.
Pholadomia Heraulti, Ag. Grange-Guéron.
„ *fabacea*, Ag. „
Panopæa Jurassi, d'Orb. „
Opis similis, Desh. „
Avicula elegans, Münst. „
Couche à *Pecten personatus*, *demissus*.

Lima semicircularis, Münst. „
„ *pectiniformis*, Schloth. „
„ *punctatoides*, Grepp.
MM. Morris et Lycett l'ont figurée et décrite sous le nom de *L. punctata*, espèce du lias inférieur, dont elle se distingue par sa plus grande taille, par sa forme plus arrondie et plus large, par ses côtes plus fines et plus nombreuses, ainsi que par sa lunule plus large et plus longue.

Pecten demissus, Gf. Grange-Guéron, Orties, Ober-Bipp, Undervelier, Envelier.
„ *pumilus*, Lam. Mêmes localités que l'esp. précédente.
Syn. *P. personatus*, Ziet.
„ *Phillis*, d'Orb. „
„ *cinctus*, Sow. Grange-Guéron.
Hinnites.
Inoceramus lævigatus, Münst. Grange-Guér.
Gryphæa sublobata, Desh. „
Böckten, Envelier.
Ostrea flabelloides, Lam. Bubendorf.
Syn. *O. cristagalli*, Schl.
O. Marshi, Gf.
O. subcrenata, d'Orb.
Terebratula simplex, Bachmann. Grange-G.
„ *omalogaster*, Hehl et Ziet. „
„ *perovalis*, Sow. „
„ *Phillipsii*, Morris. „
Orties, Nieder-Bipp, Undervelier.

T. globata, Sow. Orties, Grange-Guéron. | *Hemithyris aculeata*, Gressly. Lochhaus, sud
„ *Meriani*, Oppel. „ „ | de la Scheulte.
Rhynchonella intermedia, Lam. „ Muttenz. | *Rhabdocidaris horrida*, Mer. Bubendorf.
„ *quadriplicata*, Ziet. Vorburg. | *Cidaris plicatilis*, Des. Grange-Guéron.
„ *angulata*, Sow. Grange-Guéron, Roche- | „ *cucumifera*, Ag. „
dessus, Bubendorf. | Syn. *Courtaudina*, Des.
„ *cynocephala*, Richard. Orties. |

Dans l'éboulement au sud-ouest de Dürnen, près Sissach, se trouve, vers ce niveau, une couche de calcaire grisâtre, dur, brêchiforme, rempli de *Posidonomya opalina*, Qu. Jura, Pl. 45, f. 11. M. Quenstedt place cette espèce dans le *brauner Alpha*.

3. La zone à *Ammonites Sowerbyi et à Polypiers*. Elle est très-remarquable par sa constance et son étendue. Elle paraît exister dans tout le Jura central. Les points où nous l'avons observée sont: le creux du Vorburg, au nord de Delémont, dans la combe de Bollmann, à l'ouest de Glovelier, à Vaufrey, au nord de Limmern, chaîne du Passwang et plus au nord dans le canton de Bâle-Campagne. Elle n'est pas limitée en Suisse; on la retrouve avec ses Ammonites, ses Ostréacées, ses Echinides et ses Polypiers caractéristiques en Allemagne, en France et en Angleterre. Elle constitue donc un horizon important. Dans notre rayon, elle est représentée par un massif, de 8 à 10 mètres, de calcaire brun-foncé, noirâtre, grumeleux, alternant avec des marnes grises ou noires. Si les *Am. Sowerbyi, jugosus, Gervillei* n'y sont pas toujours très-communes, les bancs de Polypiers avec des espèces coralligènes, y font rarement défaut: *Pecten tegularis, P. textorius, Ostrea flabelloides, Rhyncho- nella aculeata, Cidaris Zschokkei, Rhabdocidaris horrida*. Nos Polypiers très-bien figurés et décrits dans les ouvrages de MM. Milne Edwards et Heime pour l'Angle- terre, et de Quenstedt pour l'Allemagne (Jura, Tab. 50) se rattachent aux espèces suivantes: *Montlivaltia cupulifera, Thecosmilia gregaria, Thamnastrea Defranciana, Th. M'Coyi*. La faunule de cette assise étant du reste la même que celle de l'assise suivante, nous nous bornerons à ne citer que ces espèces, en nous engageant à faire connaître les autres avec la faunule de l'assise suivante.

4. *Les couches à Ammonites Humphriesianus* sont aussi répandues dans le Jura suisse que dans les pays voisins. Dans le Jura central on peut les étudier partout où l'oolithe inférieure est à jour. Elles reposent immédiatement sur la zone précé- dente, et elles constituent, selon notre opinion, le dernier membre de l'étage bajocien.

Il est vrai que M. le Prof. Oppel réunit encore dans cet étage la *zone à Ammonites Parkinsoni*; mais comme *la zone à Am. Parkinsoni* embrasse à peu de chose près tout l'étage suivant, et que *l'Oolithe subcompacte*, qui recouvre les couches à *Am. Humphriesianus*, possède une faune à cachet bathonien, nous ne nous rangerons pas à la manière de voir de ce savant et nous finissons l'oolithe inférieur par les couches à *Am. Humphriesianus*.

Ces couches intercalées entre la zone précédente et l'oolithe subcompacte présentent des caractères minéralogiques variables. Ce sont tantôt des marnes noires ou grises, tantôt des bancs calcaires, compactes, grumeleux, marno-compactes, souvent oolithiques, d'une couleur généralement foncée. Ces marnes se durcissent parfois et forment un calcaire oolithique, dur, noir, gris, jaune, déliquescent.

La puissance de ces couches ne depasse guère 8 mètres.

Faune de la zone à Am. Sowerbyi et des couches à Am. Humphriesianus.

Hybodus, dent de Tannmattgraben, nord d'Herbetswyl.
Serpula grandis, Gf. Vorburg, Böckten.
  „ *socialis*, Gf. Pratteln, Liestal „
  „ *flaccida*, Gf.
  „ *convoluta*, Gf.   „
Belemnites giganteus, Schloth. Commune.
    Syn. *B. depressus*, Voltz.
  „ *Blainvillei*, Voltz. Scheulte; n'est peutêtre qu'une variété du
  „ *canaliculatus*, M. et L. Scheulte, Schauenburg, Cirque à l'O. de Roche, Böckten
  „ *breviformis*, Blainv.
  „ *spinatus*, Qu. Pratteln.
  „ *fusiformis*, Qu.
Nautilus lineatus, Sow. Füllinsdorf   „
  „ *Baberi*, M. et L.   „
  „ *Mattheyi*, Grepp. Böckten. Coll. de M., Matthey.
    Espèce atteignant la taille du *N. giganteus* très-remarquable par les ornements du test.

Ammonites subradiatus, Sow. Böckten.
  „ *Humphriesianus*, Sow. Commune.
  „ *Sowerbyi*, Miller. Raimeux, Vorburg, Pratteln, Tunnel des Loges.
  „ *cycloides*, d'Orb. Scheulte, Füllinsdorf, Vorburg.

A. Murchisonæ, Sow., Roche, Scheulte.
  „ *Blagdeni*, Sow. Böckten.
  „ *linguiferus*, d'Orb.   „
  „ *Brongniarti*, Sow. Füllinsdorf.
  „ *jugosus*, Sow. Scheulte.
  „ *discus*, Sow. Raimeux.
  „ *Gervillei*, Sow. Böckten, Füllinsdorf.
  „ *opalinus*, v. Mandelsloh. N. d'Envelier, sur la route.
    Syn. *A. primordialis*, Ziet. et d'Orb.
  „ *Braikenridgi*, Sow. Schauenburg, Dürnen.
Turbo ornatus, Sow. Böckten.
    Syn. *Purpurina ornata*, d'Orb.
  „ *quadricinctus*, Ziet. Böckten.
Alaria lœvigata, Muttenz.
Pleurotomaria ornata, Ziet. Böckten, Muttenz, Füllinsdorf.
  „ *armata*, Münst. Pratteln.
  „ *subplatyspira*, d'Orb. Vorburg, Dürnen.
  „ *Blandina*, d'Orb.   „
Tornatella, Pratteln.
Cerithium granulato-costatum, Münst. Pratteln.
Trochus monilitectus, Qu. Hollstein.
Pleuromya tenuistria, d'Orb. Böckten.
  „ *Jurassi*, d'Orb. Füllinsdorf.

Pl. elongata, Ag. Füllinsdorf.
(*Panopœa subelongata*, d'Orb.)
„ *arenacea*, Ag. Böckten.
Myacites linearis, Qu. Füllinsdorf.
Pholadomya fabacea, Ag., Grange-Guéron, Böckten.
„ *fidicula*, Sow. Grange-Guéron, Füllinsdorf, Wartenberg, est de Muttenz.
„ *texta*, Ag. Böckten.
„ *Attica*, d'Orb. Böckten.
Lyonisia abducta, d'Orb. Böckten, Muttenz.
Anatina undulata, Opp. et Sow. Böckten, Muttenz.
Mactromya mactroides, Ag.
Thracia, n. s. Schauenburg.
Opis lunulata, Dfr.
Astarte elegans, Sow.
„ *excavata*, Sow., Füllinsdorf, Oberer Passwang et Böckten, dont un exemplaire avec la charnière.
„ *minima*, Phillips. Pratteln.
Cyprina nitida, d'Orb. Wartenberg.
Pinna cancellata, Bean. Oberer Passwang, Schauenburg.
Trigonia costata, Park. Tunnel des Loges, Hauenstein, Böckten, Füllinsdorf.
„ voisine de la *T. striata*, Sow. Böckten.
„ *signata*, Ag. Füllinsdorf.
Arca cancellina, d'Orb. Böckten.
„ *lineata*, Gf. Füllinsdorf.
„ *elongata*, Sow. Böckten.
Isocardia gibbosa. Münst. Böckten.
Mytilus elatior, Mer. Spitzbühl, Pratteln, Grange-Guéron.
„ *cuneatus*, Sow., Böckten, Füllinsdorf, Schauenburg.
„ *plicatus* Sow. (*M. Sowerbyanus* d'Orb.) Scheulte, Füllinsdorf.
Limea duplicata, Münst., Füllinsdorf.
Lima pectiniformis, Schloth. (*L. proboscidea*, Sow.) Muttenz, Füllinsdorf.
„ *gibbosa*, Sow. Füllinsdorf.
„ *tenuistriata, Münst.* „ Vorburg, Füllinsdorf et
„ *punctata*, Sow. Asuel.
„ *aalensis*, Qu. Scheulte.

L. duplicata, M. et L. Füllinsdorf, Wartenberg.
Avicula Münsteri, Gf. (*A. digitata*, Deslonch.) Vorburg, Füllinsdorf, Böckten.
„ *echinata*, Sow. „
„ *costata*, Sow. „
„ *tegulata*, Gf. Rangiers, Envelier, Füllinsdorf.
Plicatula perechinata, Grepp. Böckten.

Long. 18 millim., 16 millim. ; excessivement recouverte d'épines et d'aspérités. Coll. de M. Matthey.

Perna isognomoïdes, Stahl. Böckten, Füllinsdorf.
„ *Matheyi*, Grepp. Böckten.

Long. 48 millim.; larg. 27 mm. ; épaisseur 18 mm.; très-lisse. Coll. de M. Matthey.

Pecten disciformis, Schbl. (*P. demissus*, Phill.) Partout.
„ *personatus*, Ziet. (*P. pumilus*, Lam.) Partout
„ *Saturnus*, d'Orb. Böckten
„ *tegularis*, Mer.
Syn. *P. Dewalquei*, Oppel.
„ *annulatus*, M. et L. Böckten.
„ *undenarius*, Qu. Scheulte.
„ *lens*, Sow. Füllinsdorf, Böckten.
„ *Phillis*, d'Orb. Rangiers, Undervelier, Envelier, Frick, Vorburg.
Syn *P. textorius*, Gf.
„ *cinctus*, Sow. Grange-Guéron.
Ostrea flabelloides, Lam. (*O. subcrenata*, d'Orb.) Partout, mais bien conservée à Böckten et au Vorburg.
„ *Knorri*, Voltz. Böckten, Füllinsdorf.
„ *Kunkeli*, Ziet. „ „
„ *sublobata*, Desh. (*O. Bachmanni*, des Anglais). Partout.
„ *costata*, Sow. Liestal.
„ *acuminata*, Sow. Vorburg, Liestal.

Paraît s'en distinguer par sa forme plus droite, plus large et plus carrée.

„ *Sowerbyi*, M. et L. Roche-dessus.
„ *explanata*, Gf. Wartenberg.

Hinnites tuberculosus, Gf. Raimeux, Böckten, Roche-dessus, Wartenberg.

Lingula Beanii, Phill. Mietesheim, dans le Bas-Rhin.

Rhynchonella quadriplicata, Ziet. Böckten, Füllinsdorf.

„ *acuticosta*, Zieth. Schauenburg.

„ *angulata*, Sow. Raimeux, Orties, Grange-Guéron.

„ *cynocephala*, Richard, Grange-Guéron et Mönchenstein.

„ *intermedia*, Lam. Vorburg, couche à *Cidaris*.

Hemithyris aculeata, Gressly. *(Rhynchonella spinosa*, Schloth.) Commune [1]

Terebratula perovalis, Sow. Grange-Guéron, Böckten, Raimeux, Vorburg.

„ *Meriani*, Opp. Grange-Guéron.

„ *globata*, Sow. *(T. Kleinii*, Sam.) Scheulte, Orties.

Cidaris cucumifera, Ag.

Syn. *C. Courtaudina*, Cott.

C. Cottaldina, Des.

Vorburg, Combe de Bollmann, Monnat, Rosenberg, Füllinsdorf, Vaufrey.

„ *Zschokkei*, Des. Vorburg, Grange-Guéron, Combe de Bellerive, Bollmann, Pratteln.

„ *spinulosa*, Roem. Vorburg, Bollmann, Füllinsdorf, Liestal.

Rhabdocidaris horrida, Mer.

Syn. *R. maxima*, Münst.

Vorburg, Grange-Guéron, Combe de Bellerive, Bubendorf.

Pseudodiadema homostigma, Des. Füllinsdorf.

Hypodiadema asperum, Des. Combe de Bollmann, Vorburg.

Trouvé la première fois dans nos environs par L. Greppin.

Diademopsis. Vorburg.

Pygaster pappus, Des. Recueilli à Füllinsdorf par M. Mathey.

Cette espèce, associée au *Rhabdocidaris horrida*, est très-bien caractérisée par sa forme hémisphérique; c'est le plus ancien galéride de la Suisse; c'est pourquoi M. Desor l'appelle *pappus*.

Collyrites. Füllinsdorf.

Asterias prisca, Gf. et Qu.

Syn. *Cremaster prisca*, d'Orb.

Böckten, Füllinsdorf.

Montlivaltia cupuliformis, E. et H.

Syn. *Anthophyllum trochoïdes*, Qu.

Vorburg, Combe de Bollmann.

Thecosmilia gregaria, E. et H.

Syn. *Lithodendron Zollerianum*, Qu.

Jura, Pl. 50, f. 3, 4 et 5.

„ *Montlivaltia gregaria*, M'Coy.

Thamnastrea Defranciana, E. et H.

Syn. *Astrea Defranciana*, Mich.

„ *Zolleria*, Qu. Pl. 50. f. 10.

Combe de Bollmann et Muttenz.

„ *(Isastrea) tenuistriata*, Heime.

Syn. *Isastrea tenuistriata*, Qu.

Vorburg, Combe de Bollmann.

„ *Quenstedti*, Grepp. Vorburg, Combe de Bollmann.

Syn. *Lithodendron Zollerianum*, Qu.

Pl. 50, f. 6.

„ *fungus*, Qu. Pl. 50, f. 8.

Nos individus de cette espèce, qui sont bien les mêmes que ceux de Quenstedt, n'ont pas des caractères assez solides pour les diviser en deux espèces; ce ne sont pas des *Lithodendron*.

„ *M'Coyi*, E. et H.

Pentacrinus cristagalli, Qu. E. d'Envelier, Muttenz, Pratteln, Füllinsdorf et Bubendorf.

„ *nodosus*, Qu. Les mêmes endroits.

Millepora staminea, d'Orb. Muttenz, Pratteln.

---

[1] Si l'on veut prendre en considération les principes développés par M. Alc. d'Orbigny, dans son prodrome de Paléont. I. Vol. p. XXXVII, savoir qu'il faut s'occuper, avant tout, de l'âge stratigraphique des espèces, et surtout ne pas faire passer les rapports de forme les premiers, on arrivera facilement à séparer l'*Hemithyris aculeata* de la *Rhynchonella spinosa*. Si par la forme ces deux espèces ont quelque ressemblance, des assises de plus de 100 mètres les séparent. La ressemblance est, du reste, assez éloignée. L'*H. aculeata* est plus petite, plus aplatie; les aiguillons sont plus longs, plus forts, mais plus rares, et les côtes plus saillantes et plus tranchantes.

Les coupes les plus intéressantes que nous ayons de l'étage bajocien sont celles de Choindez et du Creux du Vorburg.

La dernière, sise dans un cirque liaso-oolithique, mérite d'être connue, malgré les imperfections amenées par le recouvrement partiel et périodique de ses couches. La voici :

Ep. en m.

Bathonien.

Oolithe subcompacte: Calc. oolithiques, miliaires, subcompactes, blancs ou jaunâtres, schistoïdes à *Lima duplicata, Avicula echinata, Serpula socialis, Cidaris Zschokkei, C. aspernata, Pentacrinus cristagalli.*

Les bancs inférieurs, plus foncés, plus marneux, plus puissamment stratifiés, empâtent de nombreuses tiges de fucoïdes et des galets, et ils sont perforés par les Lithodomes. Puissance 50,00

Bajocien.

1. Marnes sableuses, grises, alternant avec de minces bancs de calcaires marno-compactes, sableux, jaunes, gris, stériles ;
Marnes à *Belemnites giganteus, Ammonites Humphriesianus ;*
Calcaires à taches bleues stériles ;
„ et marnes noires à *Ammonites Sowerbyi, Pecten tegularis, P. textorius, Ostrea flabelloides, Hemithyris aculeata, Cidaris Zschokkei, Rhabdocidaris horrida, Monthivaltia cupuliformis, Thecosmilia gregaria, Thamnastrea Defranciana, Th. M'Coyi* 12,00
2. Calcaires ferrugineux à *Belemnites spinatus, Terebratula perovalis, T. intermedia* et
Calcaires marno-compactes, schisteux, micacés, brun-foncés, noirâtres 10,00
3. Marlysandstone ou calcaire grésiforme assez puissamment stratifié, brun-jaunâtre, micacé, spathique, dur ou marno-compacte, se désagrégeant facilement et renfermant de rares *Am. subradiatus, Murchisonæ* . 10,00
4. Marnes micacées, bleuâtres, alternant avec des bancs calcaires de même couleur et
Marnes et calc. bleus, grisâtres, jaunâtres, micacés 5,00
5. Calcaire à Bélemnites 1,00
6. Marnes micacées, schisteuses, bleuâtres ou jaunâtres, noirâtres, avec géodes à sulfate de strontiane et à carbonate de chaux, empâtant des tiges de fucoïdes 15,00
7. Minces bancs de calcaires très-durs, bleuâtres, recouverts d'*Am. Murchisonæ, Lima proboscidea, L. semicircularis, Astarte opalina, Ostrea calceola, Rhynchonella jurensis, Pentacrinus pentagonalis opalinus* et passant au lias 0.10

Hauteur totale de l'oolithe inférieure 53,10

L'*importance technique* de l'étage bajocien est reconnue depuis longtemps. Partout où il affleure, on remarque une belle végétation. Les assises supérieures collectent très-bien les eaux, tandis que les assises inférieures, plus marneuses, les retiennent et produisent des sources. L'utilité des marnes à *Am. opalinus* pour amender les terres est généralement appréciée. Ces marnes, souvent très-argileuses, pourraient sans doute servir à la fabrication de tuiles et de poterie commune ; les sphérites donneraient un ciment hydraulique excellent.

Si l'étage bajocien a été constaté en France et en Angleterrre, il se présente au sud de l'Allemagne, à peu de chose près, avec les mêmes caractères que nous venons de lui reconnaître dans le Jura.

Rapports d'âge. En prenant pour terme de comparaison les études classiques de M. Quenstedt sur la Souabe, nous trouvons que notre bajocien correspond au *Brauner Jura, Alpha, Beta, Gamma, Delta,* de cet auteur.

Alpha est l'équivalent de la zone à *Ammonites opalinus.*

Beta renferme la faune de l'Oolithe ferrugineuse de Grange-Guéron.

Gamma celle des bancs à *Ammonites Sowerbyi,* à *Echinides* et à *Polypiers* du Creux du Vorburg, de la combe de Bollmann ; mais il ne faudrait pas confondre les Polypiers avec ceux de la grande oolithe.

Delta possède la faunule de l'assise à *Ammonites Humphriesianus, Turbo ornatus, Ostrea flabelloides* du Creux du Vorburg, de la Klus de Balsthal et de Böckten.

Il suffirait d'établir la synonymie de la faune du bajocien commune à ces deux régions, pour parfaitement justifier notre manière de voir ; mais comme ce travail est en dehors de notre cadre, nous l'abandonnons à d'autres géologues et nous passons à l'étage bathonien.

VI. Bathonien.

Localité-type : La ville de Bath, en Angeleterre.

Syn.: Pour la France : *Etage bathonien* d'Omalius et d'Orbigny.
Pour l'Allemagne : *Bath-Oolite* de L. de Buch ; *Bathgruppe* d'Oppel.
Pour l'Angleterre : *Bathooliteformation, Greatooliteformation.*

Aperçu général et division : Cet étage, dont la puissance varie de 100 à 160 mètres suivant les pays, présente des subdivisions très-importantes. Si l'on en examine les caractères minéralogiques, de même que les caractères paléontologiques, on arrive à la conclusion qu'il a eu une bien longue durée, et qu'il a subi de grandes perturbations. Les preuves ne manquent pas pour s'assurer que tel ou tel point a été successivement côtier, subpélagique et pélagique. Tels bancs de rochers, après avoir été longtemps la demeure de polypiers incrustants, d'échinides, de bivalves perforantes, sont enfin recouverts par les vases des hautes mers. Telle lagune, après avoir nourri et abrité une quantité de petits coquillages, s'est trouvée envahie par des courants charriant de gros cailloux. Aucun autre âge géologique ne présente des révolutions aussi grandioses et aussi fréquentes, ce qui a réagi d'une manière non moins sensible sur la faune. On voit, dans cet étage, non-seulement des formes organiques naître, se développer et mourir, mais on en voit d'autres y apparaître à la base, disparaître momentanément et reparaître plus tard.

C'est que, les conditions biologiques étant plus ou moins subordonnées à ces changements, les animaux ont dû se modifier ou émigrer et chercher ailleurs des éléments de vie. (V. les travaux de M. Ebray, Bull. de la Soc. géol., Tom. 19, p. 30—43.)

Comme exemple, nous citerons l'*Holectypus depressus*, que nous avons recueilli dans *les marnes à Ostrea acuminata*, et que nous n'avons plus retrouvé dans les fortes assises qui les recouvrent, tandis que cette espèce devient, par sa fréquence, caractéristique du *calcaire roux sableux*, dernière assise du bathonien.

Ces faits très-nombreux dans l'histoire de la géologie s'expliquent facilement et naturellement par des perturbations survenues pendant une époque: telles que des oscillations du sol, un changement d'exposition, de température, de niveau des eaux, qui ont déterminé la migration des espèces.

Aussi l'étude des horizons géologiques basée sur les faunes, comme l'a fait avec tant de talent M. le prof. Oppel, a-t-elle son utilité locale, mais il faut se garder de lui donner trop d'étendue, de prendre des zones pour des facies, un âge pour un autre.

Dans le Jura central l'étage bathonien est composé d'une alternance d'assises calcaires et marneuses d'une couleur foncée, généralement d'un jaune roux ou brun, qui contraste avec la couleur des étages jurassiques supérieurs. Les calcaires sont aussi, dans la règle, moins homogènes, moins compactes, moins résistants, plus oolithiques, plus lumachelliques.

Cet étage joue, dans son ensemble, un rôle orographique très-important. Il forme des affleurements aussi variés qu'étendus. Les plateaux, voûtes, cirques et crêts oolithiques étant suffisamment connus, nous n'en parlerons pas.

Utilité technique. Il donne des pâturages et des terres propres à la culture, excellents même, s'ils sont un peu secs. La roche, généralement perméable, absorbe parfaitement les eaux et alimente ainsi plusieurs de nos belles sources.

Le bathonien donne encore des marnes recherchées, de la chaux grasse et de bonnes pierres de construction. Les pierres de taille des églises et des beaux bâtiments de nos environs sont sorties des carrières bathoniennes de Bourrignon. Sur certains plateaux, les terres en culture sont entourées de murs secs dont les pierres proviennent également de cet étage. La dalle nacrée sert même de couverture aux toits.

Le château, l'église, un grand nombre de bâtiments de la ville de Delémont, les églises de Courtételle, de Courfaivre et beaucoup de constructions dans les Franches-Montagnes fourniront au besoin des preuves de l'utilité pétrographiques de l'étage bathonien.

Les subdivisions de cet étage sont au nombre de quatre :

    1. L'*Oolithe subcompacte ;*
    2. les *Marnes* à *Ostrea acuminata ;*
    3. la *grande Oolithe* et
    4. le *Calcaire roux sableux* y compris la *dalle nacrée.*

1. L'*Oolithe subcompacte ; Unterer Hauptrogenstein* des Allemands.

Puissance et étendue. Ce terrain a un grand développement dans le Jura bernois (40 à 60 mètres), dans les cantons de Neuchâtel (40 m.), de Bâle-Campagne, d'Argovie, de Soleure (puiss. du Bajocien et du Bathonien, d'après M. Lang : 166 m.), ainsi que dans le grand-duché de Baden : à Burgheim près Lahr, Müllheim, Badenweiler, Stetten près Lörrach et ailleurs.

Cependant près d'Aarau il semble manquer, car les marnes à *Ostrea acuminata* reposent sur l'oolithe ferrugineuse ; il en est de même en Souabe et dans le Jura français. Il est pourtant possible que le *calcaire à polypiers* de Salins, de Besançon jusqu'à Metz, ne soit qu'un facies de cette subdivision.

Dans le Jura bernois, il offre de beaux affleurements à la seconde métairie du

Vorburg, dans les cirques de Choindez, d'Undervelier, de Grellingen, de la Klus et de la chaîne du Passwang.

Limites. Il repose sur *les couches à Ammonites Humphriesianus* et il est recouvert par les *marnes à Ostrea acuminata.* Ainsi, pour le Jura central, les limites de l'oolithe subcompacte sont assez faciles à saisir; mais elles présentent plus de difficultés dans le Jura argovien et ailleurs. M. Mœsch renferme dans cette assise sous la dénomination de „ *Unterer Hauptrogenstein* “ tout le massif qui se trouve entre les couches à *Am. Blagdeni,* soit la partie supérieure de l'assise à *Am. Humphriesianus,* et les marnes à *Homomya.* Ce massif, généralement calcaire, d'une puissance de 65 mètres, possédant le *Belemnites giganteus* et l'*Ostrea acuminata,* comprendrait a) l'*Oolithe subcompacte,* b) les marnes à *Ostrea acuminata,* et c) les calcaires intercalés entre les marnes à *Ostrea acuminata* et les marnes à *Homomya.* Notre division serait moins pratique pour le Jura argovien qu'elle ne l'est pour le Jura central.

La coupe de l'étage bathonien, prise dans les gorges de Moutier, au N. de Choindez, fera voir la position relative de cette assise. Les couches presque verticales de cet étage bordent d'abord le côté est de la route et s'inclinent ensuite insensiblement pour former la belle voûte liaso-oolithique de Choindez.

Etage Callovien, recouvert.

1. Les calcaires et les marnes à *Ammonites macrocephalus* sont peu développés; la dalle nacrée manque.

2. Calc. roux sableux et marnes à *Holectypus depressus* et à *Ostrea Knorri;*
Marnes jaunes et grises à *Rhynchonella concinna, varians, spinosa;*
Calc. roux sableux à *Mytilus imbricatus; Pholadomya texta;*
Calc. à taches bleues, alternant avec des marnes grises;
Marnes grises, noirâtres, avec concrétions calcaires et *Terebratula intermedia* et *Ostrea Knorri* . . . . — Ep. en m 12,00

3. Calc. roux perforé de *Lithodomes* et recouvert d'*Ostrea Knorri planata* 2,00

4. Marnes grises à *Anabacia orbulites;*
Calcaire compacte gris;
„　　„　oolithique, grisâtre, à taches bleues;
Marnes grises 4,00

5. Calc. à taches bleues 3,00

6. Marnes jaunes, grises, bleues, stériles, sableuses, à concrétions calcaires 3,00

7. Calc. compacte, roux, brêchiforme, à taches bleues et à *Terebratula intermedia* 4,00

transport　28,00

(en marge à gauche:) 4. Calc. roux sableux, 28 m.

	Ep. en m.
transport	28,00

3. Grande oolithe — 26 m.

8. Marnes et calcaires gris, roux, bleus, noirs, schistoïdes à *Clypeus sinuatus* et à *Polypiers*;
 · Assise marneuse 10,00
9. „ calcaire à taches bleues, perforée par les *Lithodomes* et recouverte d'*Ostrea Sowerbyi* 6,00
10. Marnes et calcaires sablonneux, roussâtres; marnes grises, bleues, noirâtres avec *Homomya gibbosa* 10,00

2. Marnes à Ostrea acum. — 2 m.

11. Marnes lumachelliques à *Ostrea acuminata*, *Terebratula maxillata*, *Rhynchonella obsoleta* 2,00

1. Oolithe subcompacte — 54 m.

12. Calc. et marnes à *Rhynchonella obsoleta*;
 Banc marno-calcaire à *Trichites nodosus*;
 „ „ *Holectypus depressus*;
 Calc. oolithique;
 Marnes bleuâtres;
 Assise marno-calcaire, grisâtre; à taches bleues;
 Calcaire grisâtre, oolithique à *Serpula socialis*;
 „ „ „ *Rhynchonella obsoleta*, Sow.
 „ compacte, blanchâtre;
 Dalles calcaires à *Encrinites* et à *Lima duplicata*;
 Calc. et marnes plus foncés: bruns, noirâtres, à grands fucoïdes
 et à galets passant à l'étage bajocien 54,00
 Hauteur totale . . . 110,00

Etage bajocien.

La puissance totale de l'étage bathonien s'élèverait à 110 mètres, dont près de la moitié appartiendrait à l'oolithe subcompacte.

Pétrographie. Ce massif de l'oolithe subcompacte se compose donc, à la partie inférieure, d'une roche dure, marno-compacte, empâtant de nombreux galets, de calcaires et de marnes d'un brun foncé renfermant de grandes tiges de fucoïdes.

Localités-types: Bébrunnen, à l'embranchement de la route de Liesberg, Creux du Vorburg et Choindez. Il se compose ensuite de bancs calcaires oolithiques, miliaires, rarement canabins, subcompactes, généralement très-spathiques, variables en puissance, d'une dureté et cohésion assez grandes, d'une cassure rude et raboteuse, d'une couleur brune ou jaunâtre, quelquefois avec taches bleues; enfin, il se termine par une assise marno-calcaire, grumeleuse, brun-grisâtre avec de petites taches bleues, d'une puissance de 6 mètres et renfermant des *Holectypus depressus*, ainsi qu'une couche de grandes *Trichites nodosus (Pinnigena Bathonica*, d'Orb.), qui forme le passage aux marnes à *Ostrea acuminata*.

Les bancs de l'oolithe subcompacte atteignent leur maximum de puissance dans la partie supérieure; vers le milieu, elles s'amincissent, affectent la forme de dalles régulières, séparées par des lits de schistes marneux. Ces lits prennent du développement dans le bas et l'emportent sur les calcaires, qui, de leur côté, perdent de leur consistance pour ne plus former que des couches onduleuses, composées d'une agglommération de rognons empâtés dans les marnes.

Quand les oolithes sont distinctes , et que la roche est tâchetée de bleu, elle est difficile à distinguer de la *grande oolithe*. — Les oolithes sont quelquefois transformées en un calcaire compacte, homogène, gris-clair, à cassure conchoïdale, mais imparfaitement lisse, comme celle des calcaires de l'étage kimméridgien.

Comme accidents, nous citerons des géodes, ou chailles calcaires ou semi-siliceuses, dont le milieu renferme souvent des restes organiques, des filons ou bancs de spath calcaire.

Certains bancs sont formés presque exclusivement de débris roulés d'Encrinites, d'Echinides et de Polypiers; mais les fossiles y sont ordinairement mal conservés.

Ils sont souvent tellement liés à la roche, qu'ils forment avec elle une masse homogène. Ceux que nous avons pu y reconnaître sont:

Serpula socialis, Gf. Elle forme un banc à Choindez.	*Lima duplicata*, Sow.
Ammonites Parkinsoni, Sow.	*Pecten disciformis*, Gf.
Pleurotomaria ornata. Dfr.	*Rhynchonella obsoleta*, Sow.
Turbo ornatus, Sow.	*Cidaris Zschokkei*, Des.
Mytilus elatior, Mer.	„ *Gingensis*, Waagen.
Trichites nodosus, Lycett.	„ *aspernata*, Des. Creux du Vorburg, près Delémont.
Avicula Münsteri, Br.	*Isocrinus Andreæ*, Des.
„ *echinata*, Sow.	*Pentacrinus cristagalli*, Qu.
„ *costata*, Sow.	

2. *Marnes à Ostrea acuminata.*

Ces marnes, constantes dans le Jura bernois, offrent un horizon assez sûr. On peut les étudier à la Todtwog, au S. de Movelier, au N. des Rangiers, à l'E. de Saulcy, au Pichoux, à Tramont, à l'ouest de Roche, à Choindez, sur la route de Cornol aux Rangiers, sur celle de St. Ursanne à Montenol et ailleurs.

La distinction des assises bathoniennes présentant souvent des difficultés que peut vaincre l'étude *des marnes à Ostrea acuminata* , il importe d'en bien saisir les caractères.

Leur puissance dépasse rarement trois mètres ; elle est plus forte dans les cantons de Bâle et d'Argovie.

Ce sont des marnes jaunâtres, bleuâtres, très-friables, alternant irrégulièrement avec des calcaires marneux, grumeleux, de même couleur, qui ne sont souvent qu'une lumachelle composée de tests et de moules de petites huîtres, de céphalopodes, de myes et d'échinides. — Ces marnes sont très-fossilifères. Les espèces les plus abondantes sont :

Nautilus, sp. Todtwog.
Ammonites Parkinsoni, Sow. Partout.
Belemnites giganteus, Schl.   „
Lima cordiiformis, Gf. et Sow. Movelier.
„   *impressa*, M. et L. Todtwog, à l'est de Soyhière.
„   *duplicata*, Sow. Partout.
Pholadomya ovalis, Sow. Châtillon.
Avicula costata, Sow. Movelier.
„   *echinata*, Sow.   „
Myacites Jurassi, Brgn. Commune.
Mytilus compressus, Gf.   „
„   *Sowerbyanus*, d'Orb. Todtwog.
„   *pulcherrimus*, Roem Pichoux, au sud d'Undervelier.
Pecten vagans, M. et L. Châtillon.
„   *annulatus*, Sow. Todtwog.
„   *lens*, Sow.   „

P. hemicostatus, M. et L. Tramont, à la montagne de Moutier.
Perna rugosa, M. et L. Pichoux.
Ostrea acuminata, Sow. Partout.
„   *costata*, Sow. Pichoux.
„   *gregaria*, Sow.   „
Rhynchonella obsoleta, Sow.
Terebratula maxillata, Sow. Partout.
„   *subbucculenta*, Chap. et Dew. Partout.
Holectypus depressus, Des. Movelier, Todtwog.
Pseudodiadema homostigma, Des. Movelier, Todtwog, Pichoux.
Clypeopygus Hugii, Des. Movelier.
Pygaster lagenoides, Ag. Todtwog. Graitery.

C'est le premier pygaster oolithique de la Suisse, connu de M. Desor.

3. *Grande Oolithe ; Great Oolith ; mittlerer und oberer Rogenstein* des géologues allemands.

Cette division bathonienne prend un grand développement géographique non-seulement dans le Jura bernois, où sa présence est constante, mais encore dans les pays voisins.

MM. Desor et Gressly l'ont étudiée avec beaucoup de succès dans le canton de Neuchâtel, et lui attribuent une puissance de 36 à 38 mètres. Dans le Jura bernois, elle ne dépasse guère 26 mètres, et dans les cantons de Soleure et de Bâle-Campagne elle paraît même inférieure à ce dernier chiffre. Son importance comme pierre de construction à été reconnue depuis des siècles, et elle est encore exploitée sur un grand nombre de points : Movelier, Bourrignon, Saulcy, Todtwog, Grellingen, Dorneck, Münchenstein, Wartenberg, Sultz au sud de Muttenz.

Ses limites sont assez tranchées. Elles se trouvent entre les *Marnes à Ostrea acuminata* et le *Calcaire roux sableux.* Cependant la limite supérieure est souvent très-difficile à saisir, et quelquefois arbitraire.

Si nous prenons la route de Movelier comme localité-type pour l'étude de la grande oolithe, nous y remarquons trois assises qui sont de bas en haut:

a) L'*assise inférieure.* Cette assise comprend:

Des calcaires stratifiés, compactes, empâtant des oolithes miliaires ou canabines et de nombreux fragments de fossiles; parfois les oolithes diminuent dans la masse, d'autrefois elles y sont rares et même manquent complètement; alors elles se fondent dans la pâte calcaire qui devient lisse et de couleur blanc-grisâtre. La cassure est inégale, à relief oolithique. La couleur est grisâtre, jaunâtre, subrosâtre, bleue. Les grandes tâches bleues n'ont rien de caractéristique: elles se trouvent à tous les niveaux de l'étage bathonien.

Les bancs, de 2 à 8 décimètres, sont souvent fissurés et recouverts de spath calcaire. Puissance variable: 2 à 9 mètres.

La faune de ces calcaires n'est guère reconnaissable, et elle n'a rien, semble-t-il, de particulier.

A la base de l'assise, nous avons recueilli à Movelier:

Holectypus depressus.	*Clypeopygus Hugii*, Des., et un
Pseudodiadema homostigma, Des.	*Pygurus.*
Cette espèce passe dans les bancs supérieurs.	

b) L'*assise moyenne* soit les *Marnes grises de Movelier à Hemicidaris Luciensis* ou les *Marnes à Homomyes* de MM. Desor et Gressly.

Ces marnes, que nous avons étudiées avec M. Mathey à Movelier, au droit de la Chaîve N. de Delémont, au S. de la tuilerie de Liesberg, au Pichoux; que L. Greppin a observées à Nuglar, à l'est de Zunzgen, à l'ouest de Gempenfluh est de Dorneck, au Kahl sud de Metzerlen, sur la route entre les Malettes et St. Ursanne et à Grellingen, établissent un bel horizon géologique encore peu connu. Elles ne dépassent pas trois mètres en puissance. Dans le canton de Neuchâtel, les *Marnes à Homomyes* de MM. Desor et Gressly atteignent 5 à 6 m.

Ce sont des marnes grises, blanchâtres ou légèrement jaunâtres, confusément stratifiées et intercalées dans les calcaires de la grande oolithe.

Le plus beau type de cette assise se trouve sur la route au S. de Movelier. Il vaut la peine d'être reproduit. Malheureusement, les *marnes oxfordiennes*, le *fer sous-oxfordien* et une partie des couches à *Ammonites macrocephalus* sont recouverts, et il ne nous reste que la série suivante, recueillie de haut en bas :

Ep. en m.

4. Calc. roux-sableux. 15 m.

1. Calc. roux sableux à *Serpula arata*, Mer., *Ammonites triplex*, Ziet., *Ostrea Knorri*, *Pecten vagans*, *Rhynchonella varians*, *concinna*, *spinosa*, *Terebratula intermedia ;*
Marnes jaunes et grises avec les fossiles ci-dessus et les suivants : *Pholadomya Murchisonæ*, *Trigonia costata*, *Mytilus imbricatus*, *striatulus*, *Holectypus depressus*.
Calc. jaune à fucoïdes 15,00

3. Grande Oolithe. 24 m.

2. Calc. jaune perforé par les *Lithodomes* et recouvert d'*Ostrea Knorri planata*, Qu.
Calc. oolithique blanchâtre ou blanc ;
„ „ roux à taches bleues à *Nerinea Basileensis*, *Pecten subspinosus* et *Clypeus sinuatus* 3,00
3. Marnes à *Pholadomya Murchisonæ*, *Myacites gregarius*, *Collyrites analis*, *Anabacia orbulites* 1,00
4. Calc. blanchâtre, compacte, perforé par les *Lithodomes* 1,00
5. Calc. jaune clair, oolithique à *Echinobrissus clunicularis*, *Anabacia*, *Terebr.* et *Rhynch.* ci-dessus, *Clypeopygus Hugii*, *Hemicidaris texta* 1,00
6. Marnes grises, stériles.
7. Calc. jaune perforé à *Nerinea Basileensis*, *funiculus ;*
„ „ à taches bleues ;
„ grisâtre à belles et fortes dalles ;
„ jaune brêchiforme ;
„ „ marno-compacte, oolithique et à tâches bleues . . 5,00
8. Marnes grises à *Hemicidaris Luciensis*, *Ammonites Parkinsoni*, *Homomya gibbosa*, *Mytilus furcatus*, *Ostrea Marshi*, à nombreux Polypiers et Échinides. (V. la faune ci-après) 3,00
9. Calc. jaune grisâtre à fucoïdes ;
„ „ „ à taches bleues ;
„ compacte stratifié et utilisé comme pierre de construction et chaux grasse ;
Calc. à taches bleues ;
„ marno-compacte à *Pseudodiadema homostigma*, *Clypeopygus Hugii* 10,00

2. Marnes à Ostr. acum. 2 m.

10. Marnes à *Ostrea acuminata* 2,00

1. Ool. sub-compacte.

11. Oolithe subcompacte, en partie recouverte.

Ces marnes grises à *Hemicidaris Luciensis* de Movelier possèdent une faune remarquable par la richesse de même que par la belle conservation des espèces. Comme elle est peu connue, nous allons l'énumérer, sans nous inquiéter du reproche qu'on pourra nous adresser, de tomber dans les répétitions.

Faune de l'assise moyenne de la grande oolithe.

Strophodus personati. Qu. Movelier.
Serpula socialis, Gf.   „
„ *arata*, Mer.   „
Ammonites Parkinsoni, Sow. Movelier, Grellingen, Pichoux.
„ *calvus*, Sow.   Movelier.
„ *aurigerus*, Oppel,   „
Phasianella Leymerii, M. et L.   „
Nerinea Basileensis, Th. Movelier, Muttenz, Niederweiler.
    Syn. *N. Dufrenoyi*, d'Arch.
„ *Eudosii*, M. et L. Movelier.
„ *funiculus*, Desl.
Pleurotomaria clathrata, Gf. Movelier.
„ *scalaris*, Desl.   „
Alaria armata, M. et L. Movelier.
„ *parvula*, M. et L.   „
Trochotoma tabulata, M. et L. Movelier, Grellingen, Nuglar.
„ *discoidea*, Roem. Movelier, Grellingen, Nuglar.
Monodonta imbricata, M. et L. Movelier.
Turbo Leopoldi, Grepp. Movelier, Grellingen, Nuglar.
    Espèce très-voisine du *T. Julii*, du corallien de la Caquerelle.
Chemnitzia Wetherellii, M. et L. Movelier.
Natica canaliculata, M. et L.   „
„ *Stricklandi*, M. et L.   „
Pinnigena Bathonica, d'Orb.   „
Trichites minutus, Grepp.   „
    (Essai géol. p. 54.)
Pholadomya Seemanni, M. et L.   „
„ *Heraulti*, M. et L.   „
„ *lyrata*, Sow.   „
„ *ovulum*, Ag.   „
Corimya plicata, Ag.   „
„ *concentrica*, Sow.   „
Arca minuta, Sow.   „

Homomya gibbosa, Ag.
    Syn. *Myacites Vezelayi*, Lajoye.
    Espèce caractéristique de Bath et commune à Movelier, au Pichoux, à Choindez, à Grellingen et dans le canton de Neuchâtel.
Arcomya sinistra, Ag. Movelier.
Cucullaea Goldfussi, Roem. Movelier.
Unicardium varicosum, M. et L.   „
Myacites compressus, M. et L.   „
Cyprina Loveana, M. et L.   „
Avicula echinata, Sow.   „
„ *Braamburiensis*, Sow.   „
Mytilus Leckenbyi, M. et L   „
„ *Binfieldi*, M. et L. Grellingen, Movelier.
„ *compressus*, Gf.   „
„ *furcatus*, M. et L. Movelier, Pichoux, Grellingen.
„ *pulcherrimus*, Roem. Pichoux.
Lima subcordiiformis, Grepp.   Movelier.
„ *helvetica*, Oppel. (*l. gibbosa*, Sow.) „
„ *pectiniformis*, Schloth.   „
    Syn. *proboscidea*, Sow.
„ *ovalis*, M. et L. Nuglar,   „
„ *bellula*, M. et L.   „   „
„ *impressa*, M. et L. Grellingen.   „
„ *duplicata*, Sow.   „
Lithodomus parasiticus, Desl.   „
„ *inclusus*, Phil. Movelier, Pichoux.
Pecten demissus, Gf. „   „
„ *annulatus*, Sow.
„ *vagans*, M. et L. „   „
„ *lens*, Gf.   „   „
„ *clathratus*, M. et L. Movelier.
„ *hemicostatus*, M. et L.   „
Hinnites abjectus, M. et L. Pichoux, S. de Malettes, Movelier, Kahl, au sud de Metzerlen.
„ *velatus*, Gf. Pichoux, Kahl.
Exogyra auriformis, Gf. Movelier.

Plicatula fistulosa, M. et L. Movelier.
Ostrea Knorri planata, Qu. „
„ *gregaria*, Sow. „ Malettes.
„ *costata*, Sow. „ „
„ *Marshi*, Sow. „
„ *subrugulosa*, M. et L. „
Terebratula maxillata, Sow. Var. *ovalis.*
Gempenfluh, Malettes, Movelier.
„ *longicollis*, Grepp. Movelier, Grellingen.

Facile à reconnaître à sa forme ovale, aplatie, et à son rostre très-allongé. Elle a presque la taille de la précédente.

Rhynchonella obsoleta, Sow. Partout.
„ *acuticosta*, Ziet. Movelier. „ Commun.

On trouve dans ces marnes toutes les formes que M. Quenstedt figure sous les noms: *R. quadriplicata*, Ziet. et *R. acuticosta*, Ziet.

Cidaris Zschokkei, Des. Movelier, Route des Malettes à St. Ursanne.
„ *Desori*, Cott. Movelier.
Espèce positivement bathonienne.
„ *Köchlini*, Cott.
Syn. *Hemic. texta*, Des. Movelier, Pichoux, St. Ursanne, Gempenfluh.
Hemicidaris Langrunensis, Cott. Movelier.
Syn. *H. Luciensis.*
„ *granulosa*, Whrigt. Movelier.
„ *Matheyi*, Des. „
„ *Greppini*, de Lor. „

Pseudodiadema homostigma, Ag. Movelier.
„ *pentagonum*, Wright. Pichoux. „
„ *depressum*, Ag. „
Stomechinus Michelini, Cott. „
„ *serratus*, Des. „
„ *Schlumbergeri*, Cott. Droit de la Chaîve, Malettes, Movelier.
Acrosalenia spinosa, Ag. Movelier.
Echinobrissus Goldfussi, Ag. „
Anabacia orbulites, E. et H. „
Isastrea serialis, E. et H. „
„ *Bathonica*, Grepp. „
„ *explanulata*, E. et H. „
„ *Matheyi*, Grepp. „
„ *limitata*, E. et H. „
Pentacrinites cristagalli, Qu. Malettes.
Tragos torquiforme, Grepp., etc. Movelier.
„ *rimosum*, Grepp. „
„ *subtorquiforme*, Grepp. „
„ *infundibuliforme*, Grepp. „
Cnemidium Bathonicum, Grepp. „
„ *ramosum*, Grepp. „
Millepora straminea, Phil.
Heteropora, sp.
Ceriopora, sp.
Briozoaires, un assez grand nombre d'espèces dont la plus commune est la *Diastopora compressa*, Qu. V. *Essai géologique* p. 56.

c) L'*assise supérieure* de la grande oolithe se compose d'une suite de couches calcaires plus ou moins compactes, schistoïdes, gelives, le plus souvent oolithiques, blanches, jaunâtres, très-semblables à celles de l'oolithe astartienne. Ces calcaires forment un horizon constant, étendu et bien précieux, car, non-seulement on les a observés dans tout le Jura central, mais dans les pays voisins. MM. Piette et d'Archiac nous les ont fait connaître en France dans d'excellentes monographies, et MM. Moris et Lycet les ont décrits en Angleterre avec le plus grand soin sous le nom de „*Great Oolite*".

Faune de l'assise supérieure de la grande oolithe.

Glyphea ornata, Qu. St. Jacques.
Serpula socialis, Gf. „ Bubendorf.
„ *sulcata*, Sow. „ „
Nerinea Basileensis, Th. Movelier, Muttenz.
„ *funiculus*, Desl. St. Jacques, Bubendorf.
„ *punctata*, Voltz. „ „

N. Voltzii, Desl. St. Jacques, Bubendorf.
„ *Dufrenoyi*, d'Arch. „
Cerithium strangulatum, d'Arch. St. Jacques, Bubendorf.
„ *Nystii*, d'Arch. St. Jacques, Bubendorf.
„ *Brongniarti*, d'Arch. „
„ *Petri*, d'Arch. „
„ *thiariforme*, Piette. „
Ceritella acuta, M. et L. „ „
Trochus anceus, Gf. „ „
„ *Zenobius*, d'Orb. „ „
Turbo Calliope, d'Orb. „
Monodonta imbricata, M. et L. „ „
„ *Lyellii*, d'Arch. „
Cylindrites acutus, Sow. „
„ *altus*, M. et L. „
Neritopsis sulcosa, M. et L. St. Jacques.
Nerita minuta, Sow. „
Patella arachnoidea, M et L. St. Jacques, Bubendorf.
Emarginula scalaris, Sow. St. Jacques, Bubend.
Trigonia costata, Sow. „ „
Pholadomya Heraulti, Movelier.
Tancredia brevis, M. et L. St. Jacques, „
Pleuromya decurtata, Ag. Movelier.
Arca minuta, Sow. St. Jacques.
„ *pulchra*, Sow. Bubendorf.
Astarte squamula, d'Arch. St. Jacques, Bubend.
„ *depressa*, Gf. „ „
„ *minima*, Phil. „ „
„ *Wiltoni*, M. et L. „

A. interlineata, Lycet. Bubendorf.
Opis similis, Sow. St. Jacques, „
Lima duplicata, Sow. „ „
„ *modesta*, Mer. „
Syn. *L. bellula*, M. et L.
Pinna ampla, Sow. St. Jacques.
Gervillia subcylindrica, M. et L. „
Mytilus furcatus, M. et L. „
Hinnites velatus, Gf. „
Pecten lens, Sow. „
„ *hemicostatus*, M. et L. „
Perna rugosa, Gf. „
Ostrea rastellata, Schloth. „
„ *acuminata*, Sow. „
„ *auriformis*, M. et L. „
„ *Knorri costata*, Sow. „
Terebratula intermedia, Ziet. „
Rhynchonella concinna, Sow. „
Cidaris Zschokkei, Des. „
Hemicidaris Langrunensis, Cott. „Muttenz.
Pseudodiadema homostigma, Ag. „
Clypeus sinuatus, Lesk. „
Asterias prisca, Gf. „
Pentacrinus nodosus, Qu. „
Calamophyllia radiata, E. et H. „
Thamnastrea mammosa, M. et L. „
Isastrea serialis, E. et. H. Movelier.
„ *limitata*, E. et H. „
„ *explanulata*, E. et H. „
Anabatia orbulites, E. et H. „

A St. Jacques, on remarque au-dessus de ces calcaires blancs oolithiques un calcaire roux, grisâtre, rempli de *Mytilus striatulus*, de *M. imbricatus*, et d'*Avicula Münsteri*.

Ce calcaire paraît appartenir au calcaire roux sableux.

4. *Calcaire roux sableux et dalle nacrée* de M. Thurmann.

SYN. *Bradfordthon* des Allemands; *Bradfordclay*, *Cornbrash* des Anglais.

Cette subdivision supérieure du bathonien offre deux assises assez distinctes:

a) *Le calcaire roux sableux* et

b) *La dalle nacrée.*

a) *Le calcaire roux sableux* forme un horizon très-répandu. Dans le Jura, il peut être étudié sur un très-grand nombre de points, par exemple au haut de la Chaîve (N. de Delémont), à Movelier, à Ring, au Kahl sud de Metzerlen, sur le chemin de Bebrunnen à Liesberg, aux Rangiers, à la Croix, à Saulcy, sur Graitery, dans les cirques du Vorburg, de Choindez, d'Envelier, d'Undervelier, de Grellingen, du Passwang, de la Klus et sur la zone de Zyfen, Büren, Pantaleon et Nuglar. Il est également bien représenté dans les pays voisins, tel que dans le grand-duché de Baden. Ce facies occupe donc principalement la partie septentrionale et orientale du Jura.

Il se compose de calcaires et de marnes à structure et à couleurs variables.

Les calcaires sont dans leur ensemble sableux, mal stratifiés, oolithiques, souvent plus compactes et mieux stratifiés, rarement hydrauliques; leur couleur est jaune-roussâtre, ochracée, gris-rougeâtre, gris-bleuâtre, bleuâtre par taches ou par places. Ils renferment souvent des nids de marnes bleuâtres durcies et accidentellement des géodes spathiques ou siliceuses.

Les marnes, généralement rudes au toucher, d'une désagrégation facile, souvent oolithiques, présentent la même diversité de couleurs que les calcaires. Dans des endroits l'élément marneux domine l'élément calcaire et les marnes prennent le nom de *Marnes à Ostrea Knorri*, ce petit coquillage y étant très-abondant. Ce facies très-fossilifère est un dépôt côtier ou subpélagique.

Voici la coupe du *calcaire roux sableux*, telle que nous l'avons recueillie sur le chemin de Bebrunnen à Liesberg. En montant ce chemin, on peut voir successivement l'*Oolithe subcompacte* avec *Rhynchonella obsoleta*; les marnes à *Ostrea acuminata*; les calcaires de la *grande Oolithe* avec les *marnes à Hemicidaris Luciensis*, les calcaires à *Nérinées* et à *Clypeus sinuatus*. Ensuite:

Ep. en m.

1. Calcaire marneux à *Lima helvetica;*
   „ „ à *Fucoïdes;*
   „ „ à *Anabacia orbulites, Rhynchonella varians, concinna;*
   Calcaires et marnes à taches bleues à *Terebratula intermedia, Holectypus depressus, Acrosalenia spinosa* 9,00
2. Calc. et marnes à *Trigonia costata, Rhynchonella spinosa, varians;*
   „ „ à *Ostrea Knorri, Gresslya lunulata, Mytilus imbricatas, striatulus, Goniomya V-scripta, Serpula arata, Holectypus depressus, Lima pectiniformis, Collyrites analis* 15,00

Calc. roux sableux 25 m.

La *dalle nacrée* et les *marnes à Am. macrocephalus*, à peine apparentes, passent à l'*étage callovien*, soit aux *marnes à Am. ornatus.*

Le calcaire roux sableux aurait donc une puissance de 30 à 35 mètres. MM. Desor et Gressly assignent à cette assise dans le canton de Neuchâtel à peu de chose près les mêmes caractères qu'il a chez nous et une puissance de 30 m.

Faune du calcaire roux sableux :

Saurien, une dent du Droit de la Chaîve.

Sphærodus, deux espèces d'Ederschwyler et de Tramelan.

„ *personati*, Qu.

„ *tenuis*, Qu.

FycnodusBathoniensis, Grepp. Quelques dents de Movelier, de Zyfen.

Eryma Greppini, Oppel. Vellerat, Movelier, Kahl.

Ce fossile-type est la propriété du progymnase de Delémont.

Mecochirus socialis, Qu. Seltisberg, au sud de Liestal, Coll. de M. le pasteur La Roche.

Serpula arata, Mer.; très-fréquente.

Syn. *S. tetragona*, Qu. *S. tricarinata*, Gf.

„ *socialis* Gf. Hinter Rohrberg, Droit de la Chaîve.

„ *vertebralis*, Sow. Commune.

Ne pas la confondre avec la *S. capitata* Gf., qui est du Jura supérieur.

Belemnites Fleurianus, d'Orb. Muttenz, Pratteln.

„ *canaliculatus*, Schl. Envelier.

„ *Wurtembergicus*, Oppel. Movelier.

Nautilus, Sp.

Assez grande espèce lisse, à dos arrondi, du S. d'Envelier, de Liesberg, dans les marnes et calcaires à *Rhynchonella spinosa*.

„ *subbiangulatus*, d'Orb. Ring.

Ammonites Parkinsoni, Sow. Vorburg, Movelier, Pratteln, Schauenburg, Wartenberg et dans le canton de Neuchâtel.

„ *coronatus*, Brug. Wartenberg.

„ *Bakeriæ*, Sow. (d'Orb. Pl. 148) Partout.

Syn. *A. triplex*, Ziet., *A. triplicatus*, Qu., *A. funatus*, Oppel.

„ *discus*, Sow. Ederschwyler.

A. lunula, Ziet. (Qu. Jura, Tab. 72, f. 7) S. de Liesberg.

„ *arbustigerus*, d'Orb. Movelier, Châtillon.

„ *hecticus*, Hartm., Büren.

Nerinea Basileensis, Ph. Movelier, Wartenberg et dans la dalle nacrée du canton de Neuchâtel.

„ *funiculus*, Desl. Movelier.

„ *Eudesii*, M. et L. „

„ *Dufrenoyi*, M. et L. Pichoux.

Chemnitzia Wetherellii, M. et L. Büren.

Halaria herinacea, Wolfsberg, au sud de Scheltenmühle. Des couches supérieures du bathonien.

„ *lævigata*, M. et L. Vorburg, où elle est associée à la *Gervillia subcylindrica*, au *Cylindrites excavatus* et à l'*Hemipedina perforata*.

„ *hamus*, M. et L Roggenburg.

Turbo Hamptonensis, M. et L. Vorburg.

„ *capitaneus*, M. et L. Büren.

Trocholoma tabulata, M. et L. Movelier.

Pleurotomaria discoidea, M. et L. Pichoux.

„ *ornata*, Gf. Droit de la Chaîve.

„ *scalaris*, M. et L. Movelier.

„ *Anglaia*, d'Orb. „

Natica Stricklandi, M. et L. Partout.

Syn. *N. Crithea*, Qu. et d'Orb.

„ *Verneuili*, d'Arch. Sceut.

„ *adducta*, M. et L Pratteln.

Cylindrites excavatus, M. et L. Vorburg.

Var. *subovalis* Cette variété est de moitié plus grande, plus ovale, plus trapue que l'espèce anglaise.

„ *Thorenti*, Buv. Movelier.

Var. *ovalis*. Deux tiers plus grande, plus ovale, plus ramassée que l'espèce de M. Buvignier.

Purpuroidea nodulata, M. et L. Pratteln.

„ *glabra*, M. et L. Movelier.

Rimula tricarinata, M. et L. Movelier.
Pholadomya texta, Ag. Movelier, Petit-Lucelle.
„ *Phillipsii*, Lycet. (*P. Murchisoni*, Phil.)
Movelier.
„ *oblita*, M. et L. Movelier, Droit de la
Chaîve, Graitery.
„ *lyrata*, Sow. „
„ *Heraulti*, M. et L. „
„ *Seemanni*, M. et L. „
„ *ovulum*, Ag. „
„ *ovalis*, Sow. et M. (Pl. 15, f. 14. Pi-
choux.)
„ *fabacea*, Ag. Petit-Lucelle.
„ *acuticosta*, Sow. Movelier.
Homomya gibbosa, Ag.
Commune dans les couches de ce nom à Mo-
velier, au Pichoux, à Grellingen et passe au
calcaire roux sableux.
Ceromya concentrica, Sow. Movelier.
„ *plicata*, Ag. „
Syn. *C. striata*, d'Orb.
Isocardia tenera, Sow. „
„ *nitida*, Phil. „
Thracia curtansata, M. et L. „ Grellingen.
Quenstedtia (Psammobia) lævigata, M. et L.
Movelier.
Anatina plicatella, M. et L. Movelier, Droit
de la Chaîve.
„ *pinguis*, d'Orb.
Collection du progymnase de Delémont.
Astarte depressa, Gf. Schauenburg, Movelier.
„ *minima*, Sow. Movelier.
„ *elegans*, Sow. „ route entre Wah-
len et Grindel.
„ *Leckenbyi*, Wright. Movelier.
„ *Parkinsoni*, Qu. Wartenberg, Schauen-
burg.
Cyprina depresciuscula, M. et L. Movelier.
„ *Jurensis*, M. et L. „
Syn. *Venus Jurensis*, Gf.
„ *trapeziformis*, M. et L. Movelier, Esp. oxf.
Var. *subrotunda*.
Lucina despecta, Phil. „
Syn. *L. cardioides*, d'Arch.
„ *Bellona*, d'Orb. „
Trigonia costata, Sow. Commune.
„ *Cassiope*, d'Orb. Movelier.

T. pulchella, M. et L. Pratteln.
„ *interlævigata*, Qu. Petit-Lucelle.
„ *Scarburgensis*, Lycet.
„ *suprabathonica*, Grepp.
Voisine de la *T. clavellata*, Qu.; mais elle s'en
distingue par sa plus grande taille, par sa forme
plus aplatie, par un plus grand nombre de
côtes et de tubercules et par sa lunule plus allongée et plus étroite.
Ces deux dernières espèces ont été recueillies
à Scout dans les couches supérieures du bathonien à *Echinobrissus clunicularis*, à *Anabacia
hemisphærica*.
Arcomya sinistra, Ag. Movelier.
Pleuromya gregaria, Mer. (*P. Alduini*, Ag.,
Myacites recurvum, Phil.)
„ *Beanii*, M. et L. Movelier.
„ *decurtata*, Ag. „
Myacites Matheyi, Grepp. „
Cette espèce a quelque ressemblance avec le
M. striato-punctatus, Qu. Cependant la forme
beaucoup plus allongée, les ornements de l'espèce
de Movelier l'en distinguent. La *Panopea punc-
tifera*, Buv. du coral-ray lui ressemble quant aux
ornements; mais notre espèce bathonienne est
beaucoup plus grande et plus déprimée.
Gresslya ovata, Ag. Movelier.
„ *lunulata*, Ag. „
Goniomya V-scripta, Sow. „
„ *scalprum*, Ag. Graitery, „
Corbis Bathonica, M. et L. „
„ *Neptuni*, Lycet. „
Unicardium varicosum, M. et L. Movelier,
très-commune partout.
Cardium Stricklandi, M. et L.
Nucula Bathonica, Grepp. Movelier.
Petite espèce assez semblable à la *N. medio-
jurensis*, cependant plus arrondie.
Arca minuta, Sow. Movelier.
Cucullea concinna, Phil. Petit-Lucelle, War-
tenberg.
„ *Goldfussi*, Phil. Movelier.
Pinna cuneata, Phil. „
„ *ampla*, Sow. „ Petit-Lucelle.
„ *triangularis*, Grepp.
Grande et jolie espèce de la couche à *Rhyn-
chonella spinosa* de Movelier, longue de 200 mm.,
large de 110 mm., épaisse de 90 mm. Coquille
triangulaire, recouverte d'un grand nombre de

côtes plates et sinueuses avec des côtes intermédiaires vers la région paléale. Sa forme seule
suffit pour la distinguer de la *Pinna ampla*
de M. et L.

Mytilus (Modiola) *hillanus*, Ziet. Movelier.
„ *plicatus*, Sow. (*M. Sowerbyanus*, d'Orb.)
Movelier, Pichoux.
„ *compressus*, Gf. Movelier.
„ *furcatus*, M. et L. Commun dans les
couches à Echinides et dans le calcaire
roux sableux de Grindel, Grellingen,
Wartenberg.
„ *imbricatus*, Münster, Scheulte, Movelier.
Syn. *Mod. bipartita*, Sow.
„ *Lonsdalei*, M. et L.
Les Anglais distinguent cette espèce du *M.
imbricatus* par sa forme plus allongée et moins
large à la partie inférieure.
„ *striatulus*, Qu. et Gf. (*Myoconcha striatula*, d'Orb.) Commun.
Lithodomus inclusus, d'Orb. Movelier, Ederschwyler.
Lima impressa, M. et L. Movelier.
„ *pectiniformis*, Schloth. Commune.
„ *cordiiformis*, Sow. Movelier.
„ *subcordiiformis*, Grepp. Movelier, Muttenz, Todtwog.
Elle se distingue de la *L. cordiiformis* par
ses côtes plus nombreuses et par sa forme plus
voûtée et plus arrondie.
„ *bellula*, M. et L. Movelier, Muttenz.
Syn. *L. modesta*, Mer.
„ *interstincta*, Phil. Schauenburg.
„ *ovalis*, d'Orb. Movelier.
„ *Helvetica*, Oppel. Commune.
Syn. *L. gibbosa*, Sow.
„ *tenuistriata*, Gf. Schauenburg.
„ *duplicata*, Sow. Commune.
Limea duplicata, Münst. Movelier.
Avicula echinata, Sow. Commune.
„ *Münsteri*, Gf. Pratteln, St. Jacques.
„ *costata*, Sow. Commune.
Aucellea contracta, Qu. St. Jacques.
Gervillia acuta, Sow. Combe d'Eschert.
„ *subcylindrica*, M. et L. Vorburg, Mo-
velier.

Hinnites abjectus, Phil. Malettes, Movelier,
Kahl, au sud de Metzerlen, nord de
Tannmatt.
Perna rugosa, M. et L. Ederschwyler,
Pichoux.
Trichites nodosus, Lycet. Wartenberg, où
elle est associée à la *Lima pectiniformis*
et à la *Rhyn. concinna*.
Pecten vagans, M. et L. Partout et probablement syn. du *P. fibrosus*, d'Orb. et du
P. squammosus, Mer.
„ *hemicostatus*, M. et L. Pichoux, Wartenberg, route de Wahlen à Grindel.
„ *lens*, Gf. Partout.
„ *demissus*, Phil. Movelier, Vorburg, Wartenberg.
Le *P. Rhyphaeus* d'Orb. n'est probablement
qu'une variété de cette espèce.
„ *subspinosus*, Schloth. Partout.
Syn. *P. Bouchardi*, Oppel.
La forme du *P. subspinosus* passe dans le terrain à chailles et même dans l'hypoptérocérien.
Dans l'*Essai géologique* p. 41, nous avons voulu
distinguer les formes affectées par cette espèce
dans ces divers terrains. Actuellement que nous
avons des exemplaires plus nombreux et mieux
conservés, nous les avons encore comparés. Impossible d'arriver à des caractères distinctifs
constants.
Les lignes granulées sur les côtes ont été remarquées dans les exemplaires de ces trois terrains. Les autres caractères distinctifs, ne paraissent reposer que sur le mode de conservation
et de fossilisation.
„ *clathratus*, M. et L. Movelier.
„ *annulatus*, M. et L.   „ route entre
Grindel et Wahlen.
„ *articulatus*, Schloth. et Lycet. Movelier.
Cette forme relie le *P. tegularis* du bajocien au
P. vimineus de l'hypocorallien.
Ostrea Knorri costata, Qu. (*O. Knorri*, Voltz.)
Commune.
„ *Knorri planata*, Qu. Pl. 66, f. 45. Com-
mune.
„ *Sowerbyi*, M. et L. Movelier, Zyfen, rare.
Syn. *O. Knorri obscura*, Qu.
„ *Marshi*, Sow. Partout.
Syn. *O. crista galli*, Schloth.

O. costata, Sow. Movelier, route de Wahlen à Grindel.

Exogyra auriformis, M. et L. Movelier.

Rhynchonella spinosa, Phil. Commune.

„ *varians*, Ziet. „

„ *concinna*, Sow. Movelier.

„ *Badensis*, Oppel. „

„ *angulata*, Sow. Wartenberg.

„ *Cardium*, Lam. Movelier.

Waldheima cadomensis, Desl. Pratteln.

Terebratula lagenalis, Schloth. Châtillon.

„ *longicollis*, Grepp.

„ *bullata*, Sow. Graitery, Vellerat.

„ *subbucculenta*, Dev. et Chap. Movelier.

„ *ornithocephala*, Sow.

Nous l'avons aussi recueillie près de Kandern, dans le duché de Baden.

„ *intermedia*, Sow. Très-commune.

Syn. *T. anserina*, Mer.

„ *corvina*, Mer. Movelier, Schauenburg.

Syn. *T. Phillippsi*, Sow.

Cidaris Guerangeri, Cott. Droit de la Chaîve, Tramelan.

„ *Zschokkei*, Des. Movelier, Pratteln, Pichoux, St. Jacques, Schauenburg, Füllinsdorf.

„ *Bradfordiensis*, Whrigt. Thalhaus, près Bubendorf.

Deux radioles de la coll. de Mr. le pasteur La Roche.

„ *Schmidlini*, Des. Waldenburg.

„ *aspernata*, Des. Ederschwyler.

Syn. *C. perplexa*, Des.

„ *longicollis*, Des. Ederschwyler.

„ *Köchlini*, Cott.

Syn. *Hemicidaris texta*, Des.

Movelier, St. Ursanne, Pichoux, Grellingen, Büren, Muttenz.

Polycyphus Deslongchampsii, Wr. Tramelan.

Pedina arenata, Ag. Guldenthal (Soleure).

Hemipedina elegans, Des. Movelier, Schauenburg, Vorburg.

„ *perforata*, Wright. Vorburg.

„ *granulata*, de Lor. Vellerat.

Stomechinus Michelini, Cott. Movelier, Droit de la Chaîve, S. de Grellingen.

S. Caumonti, Des. Waldenburg.

„ *serratus*, Des. Carrières de Wartenberg.

Acrosalenia granulata, Mer. Vellerat.

„ *spinosa*, Ag. Commun à Schauenburg, à Movelier, au Ring, à Graitery, à Tramelan.

„ *hemicidarroïdes*, Wright, Droit de la Chaîve, Schauenburg.

Holectypus depressus, Des. Commun.

Pygaster lagenoïdes, Ag. Todtwog et Graitery.

Collyrites analis, Desm. Commun.

Echinobrissus clunicularis, Llhw. Commun.

„ *elongatus*, Ag. Ederschwyler.

„ *Griesbachii*, Wright. Schauenburg.

„ *amplus*, Ag. Schauenburg, Schönmatt.

Hyboclypus gibberulus, Ag. Schauenburg.

Clypeopygus Hugii, Des. De Wartenberg, Zyfen, Graitery.

Clypeus sinuatus, Lesk. Commun.

„ *Solodorinus*, Ag. Droit de la Chaîve.

Pygurus Michelini, Cott. Vellerat, Schauenburg, Graitery, Wartenberg.

Asterias prisca, Qu. Movelier, Pratteln.

Pentacrinus Nicoleti, Des. Commune dans la dalle nacrée.

Mespilocrinites macrocephalus, Qu. Movelier.

Petite espèce dont le calice globuleux n'a que 9 mm. de diamètre.

Montlivaltia trochoïdes, E. et H. Très-commune.

„ *Delabechii*, E. et H. Movelier.

„ *globosa*, sp. „

„ *subangulata*, sp. „

Anabacia (Cyclolites) orbulites, E. et H. Movelier.

„ *hemisphærica*, E. et H. Movelier.

Isastrea agaricitoïdes, sp. „

„ *serialis*, E. et H. „

„ *limitata*, E. et H. „

„ *octogona*, sp.

Huit calices sur un pied d'un diamètre de 20 mm. sur 15 de h. Cloisons: 24 environ.

„ *conica*, sp.

Cette espèce pyriforme ou globuleuse, au lieu d'être concave ou plate, a le sommet du calice relevé et conique. Les cloisons, larges et nombreuses vers le pied, diminuent vers le sommet

<table>
<tr><td>

et se terminent par un léger ombilic. Diamètre pour la h. et la l. : 35 mm.

Les cinq espèces se rencontrent au bois du Treuil, près Soyhière, associées au *Clypeus sinuatus*.

l. explanulata, E. et H.

„ *Conybearii*, E. et H. Grellingen.

„ *Matheyi*, sp.

</td><td>

Cloisons grosses, confluentes, au nombre de 20 environ.

Agaricia granulatoides, Grepp.

Assez difficile à distinguer de l'*A. granulata* du terrain à chailles, s'en distingue cependant par sa structure plus fine, ses calices plus petits, moins profonds. Couches à *Clypeus sinuatus*.

Cnemidium Bathonicum, Grepp.

</td></tr>
</table>

Tous ces polypiers ont été recueillis dans la station bathonienne du bois du Treuil. Quoique la stritification de cette localité soit peu nette, nous n'hésitons pas à la classer dans le *calcaire roux sableux*, puisque ces polypiers sont associés aux espèces suivantes : *Pholadomya ovulum*, Ag. *Ostrea Knorri costata*, *Rhynchonella spinosa*, *R. varians*, *Terebratula intermedia*, *Clypeus sinuatus* etc. En outre les caractères minéralogiques sont ceux du calcaire roux sableux.

La station coralligène du bois du Treuil serait donc plus récente que celle de Movelier.

b) *La dalle nacrée* est un calcaire schistoïde, rocailleux, de couleur ochracée, avec de grandes taches bleues, alternant avec de petits lits de marne jaune. Les bancs tout à fait supérieurs de ces calcaires pétris de débris d'échinides, d'encrinites (*Pentacrinus Nicoleti*, Des.) se reconnaissent par leur cassure spathique et rhomboïdale, qui leur donne un aspect nacré assez caractéristique.

La dalle nacrée se remarque surtout dans la partie occidentale et méridionale de notre rayon, au Fer-à-cheval, à l'est des Rangiers, sur la route de St. Ursanne à Montenol, dans les Franches-Montagnes, à Goumois, dans le canton de Neuchâtel, dans les chaînes de Chasseral et du Weissenstein. Dans cette région elle constitue un massif de 15 à 20 mètres, souvent exploité, qui diminue insensiblement vers l'est, tout en prenant un aspect plus marneux. C'est ainsi que dans le canton de Soleure, aux carrières du nord d'Hägendorf, elle n'a plus que 5 à 10 mètres. Elle semble même manquer entièrement dans le district de Laufon et dans certaines régions des cantons de Soleure, de Bâle-Campagne, comme à Grellingen, Schauenburg, Büren, Passwang, où l'on voit le calcaire roux sableux passer immédiatement aux couches à *Am. macrocephalus*. Les nombreux fossiles incorporés à ces dalles sont rarement reconnaissables, cependant quelques espèces que nous avons pu y reconnaître, notamment dans les Franches-Montagnes, telles que : *Gervillia subcylindrica*, *Rhynchonella varians*, *Holectypus depressus*, *Echinobrissus clunicularis*, nous autorisent à n'envisager la dalle nacrée que comme le dernier membre du calcaire roux sableux. D'après MM. Desor et Gressly la dalle nacrée du canton de Neuchâtel renferme encore l'*Ammonites Perkinsoni*. Au Fer-à-cheval, à l'est des Rangiers, sur la route de St. Ursanne à Montenol et ailleurs, la dalle nacrée, d'une puissance de 5 à 15 mètres, recouvre le calcaire roux sableux.

Nous avons voué une attention particulière à l'étude de l'étage bathonien. La forme qu'il a prise pendant le cours de cette étude est copiée sur nature. Nous avons cru d'abord qu'il constituait deux étages; mais après avoir recueilli un grand nombre de données sur des localités différentes, établi plusieurs points de comparaison, nous sommes arrivés à la réunion de ces diverses assises en un étage.

Sans nous en douter nous avons obtenu le même résultat que M. Quenstedt, qui range notre bathonien dans son „*Brauner Epsilon et Delta*".

Il est vrai que l'une ou l'autre de nos subdivisions lui manquent; mais ces lacunes ne sont probablement qu'apparentes, car la puissante zone à *Ammonites Parkinsoni* de l'Alp de Souabe peut bien remplacer nos assises inférieures, puisque cette Ammonite avec ses espèces coassociées passe aussi dans le Jura dans un massif considérable, dans les marnes à *Ostrea acuminata*, dans la grande oolithe et même plus haut.

VII. Callovien.

SYN. *Kelloway-Gruppe* de M. Oppel; *Kelloway-Rock* et *Oxford-Clay*, pars, de M. de Buch; *Eisenoolithe* et *Ornatenthone* de M. Quenstedt.

Limites, définition et division. Il commence par la *zone à Ammonites macrocephalus*, continue avec *le fer sous-oxfordien à Ammonites athleta, ornatus*, et il finit avec *les marnes à fossiles pyriteux*. Dans la partie nord-est de notre rayon, il recouvre immédiatement le *calcaire roux sableux* et la *dalle nacrée* dans notre région sud-ouest. Il est recouvert, dans les chaînes méridionales, par *le calcaire à Scyphies inférieur*, et dans les chaînes septentrionales, par *les couches marneuses à Cidaris læviuscula*.

Nous comprenons ainsi dans l'étage callovien deux assises :

> 1. *La zone à Ammonites macrocephalus* et
>
> 2. *Le fer sous-oxfordien*, soit *la zone à Am. athleta et ornatus*, y compris *les marnes à fossiles pyriteux.*

1. *La zone à Ammonites macrocephalus.*

Limites. Cette zone repose, comme nous venons de le dire, soit sur le calcaire roux sableux, soit sur la dalle nacrée, et elle recouvre le fer sous-oxfordien. Ainsi limitée, elle constitue une étape géologique bien marquée qui relie le Jura brun au Jura blanc, soit le bathonien au callovien. Elle est, en effet, bien reconnaissable et par sa faune et par ses caractères minéralogiques. Si la presque totalité de ses espèces lui sont transmises par le calcaire roux sableux, un assez grand nombre, par les formes particulières qu'elles prennent, par l'association qu'elles affectent, lui donnent un cachet caractéristique, et imitant les assises précédentes, elles peuplent à leur tour le fer sous-oxfordien.

Coupe de Tannmatt, ouest d'Aedermannsdorf.

1. Marnes grises et bleues à fossiles pyriteux, recouvertes;
2.   „   rousses, grumeleuses ou sableuses à *Am. macrocephalus, A. Herveyi, A. Duncani, Turbo bijugatus, Pholadomya ovulum, Nucula Cæcilia, Mytilus imbricatus, Rhynchonella minuta, Terebratula undulata, Pentacrinus pentagonalis.* Ces fossiles, non mélangés, se trouvent dans une couche qui ne dépasse pas trente centimètres. Immédiatement au-dessous, on remarque :
3. *Le calcaire roux sableux* renfermant l'*Holectypus depressus*, la *Terebr. intermedia*, la *Rhynch. varians*, etc.

Etendue. La *zone à Am. macrocephalus* est assez constante dans le Jura central. On l'observe dans toutes les chaînes de cette région. Nous avons eu occasion de l'étudier à la Clus de Pfeffingen, à Schauenburg, au Kahl sud de Metzerlen, sur la route qui relie Larg à Levoncourt, à Movelier, entre Soyhière et Bärschwyler, à Hinter-Rohrberg, à Châtillon, à Vellerat, sur la route au sud d'Envelier, à Graitery, au Balmberg et plus à l'Est dans la Clus de Ballstall. Elle devient moins apparente, elle semble même disparaître dans nos districts sud-ouest, où la dalle nacrée prend un grand développement.

Pétrographie. Calcaire marno-compacte, grumeleux, sableux, roux, gris, noirâtre, alternant avec des marnes de même couleur et empâtant de nombreux céphalopodes et bivalves.

Puissance : 1 à 2 mètres.

Faune de la zone à Am. macrocephalus :

Oxyrhina ornati, Qu. Seltisbg. au sud de Lstl.
Serpula conformis, Gf. Ederschwyler.
„ *limax*, Gf. „
„ *convoluta*, Gf. Hinter Rohrberg.
„ *ilium*, Gf. Clus de Pfeffingen.
„ *cingulata*, Gf. Sud-est de Soyhière.
„ *arata*, Mer. Schauenburg.
Syn. *S. tetragona*, Qu.
Belemnites canaliculatus, Schloth. Clus de
Pfeffingen.
„ *subhastatus*, Blain. et Ziet. Clus de Pfef-
fingen.
Var. *B. subhastatus compressus*, Qu.
Syn. *B. Calloviensis*, Oppel.
Nautilus agariticus, Schloth. Schützenhof,
Clus de Pfeffingen.
Aptychus hectici, Qu. Partout.
Ammonites macrocephalus, Schloth. Commune
partout.
„ *Herweyi*, Sow. „
„ *Jason*, Ziet. Clus de Pfeffingen.
„ *tumidus*, Rein. Movelier.
„ *bullatus*, d'Orb. „
„ *microstoma*, d'Orb. „ Schauenburg,
Clus de Pfeffingen.
„ *Backeriæ*, Sow.
Syn. *A. triplicatus*, Qu. Jura, Pl. 64.
f. 17-19.
Comme M. Quenstedt en a fait l'observation dans
la Souabe, cette Ammonite est à la Clus de Pfef-
fingen la compagne de l'*Am. macrocephalus.*

„ *calvus*, Sow. Châtillon.
„ *hecticus*, Hartm. Wartenberg, Clus de
Pfeffingen.
„ *Lamberti*. Clus de Pfeffingen.
„ *fuscus*, Qu. (Jura, T. 64. f. 5.)
„ *Duncani*, Sow. (d'Orb. P. 162., f. 6)
Tannmatt.
„ *convolutus parabolis*, Qu. Partout.
Syn. *A. curvicosta*, Oppel.
„ *anceps*, Rein. Movelier.
„ *plicatilis*, Sow. Clus de Pfeffingen.
„ *oculatus*, Bean „
Syn. *A. denticulatus*, Ziet.

A. coronatus, Brug. Commune.
„ *Greppini*, Oppel. Commune à la Clus de
Pfeffingen, à Hegiberg, près d'Olten.
Elle est peut-être identique à l'*Am. dubius*, Qu.,
Jura, T. 72, f 3.
Pleurotomaria Colteana, d'Orb. Hint. Rohrbg.
Syn. *Pl. macrocephalus*, Qu. T. 65, f. 18.
„ *subfossiata*, d'Orb. Sud de Seewen.
„ *granulata*, Qu. Greyerlin à l'est de Mont-
sevelier.
Trochus bijugatus, Qu. Jura, T. 65, f. 9.
Hinter Rohrberg.
Turbo bijugatus, Qu. Jura, T. 65, f. 16. Tann-
matt, Schauenburg.
Rostellaria Gagnebini, Th. Clus de Pfeffingen.
Pholadomya oblita, M. et L. Schauenburg.
„ *ovulum*, Ag. „
„ *texta*, Ag., Clus de Pfeffingen.
Lima pectiniformis, Schloth.
„ *ovalis*, Sow. Schauenburg, Clus de Pfef-
fingen.
„ *duplicata*, Sow. „ „
Greyerlin.
Isocardia tenera, Ag. „ „
Trigonia interlævigata, Qu. Schbg. „
„ *clavellata*, Qu. Greyerlin.
Anatina Bellona, d'Orb. Clus de Pfeffingen.
Pleuromya gregaria, Mer. Très-commune
partout.
„ *tenuistria*, Ag. Clus de Pfeffingen.
Astarte elegans, Sow. Hinter Rohrberg.
„ *undata*, Gf., Clus de Pfeffingen.
Lucina zonaria, Qu., Jura, Tab. 68. f. 4.
Avicula inæquivalvis, Sow. Schauenburg,
Greyerlin, Clus de Pfeffingen.
Nucula Cæcilia, dOrb.
Syn. *N. ornata*, Qu. Tannmatt.
„ *compressa*, Mer. Schauenburg.
Syn. *N. Palmæ*, Qu.
Mytilus imbricatus, Münst. Schauenburg, Tann-
matt, Hinter Rohrbg.
„ *striatulus*, Gf. „
„ *Sowerbyanus*, d'Orb. Clus de Pfeffingen.
Syn. *M. plicatus*, Gf.

Gervillia acuta, Sow. Schauenburg.
Pecten clathratus, Rœm. „
„ *vagans,* Sow. Clus de Pfeffingen.
„ *articulatus,* Gf. Schauenburg.
„ *lens,* Gf. „
Gryphœa Alimena, d'Orb. Clus de Pfeffingen.
Ostrea Marshi, Sow. Partout.
„ *Knorri costata,* Qu. Schauenburg.
Plicatula (Ostrea) subserrata, Gf. Châtillon,
    Greyerlin (V. Qu. Jura, Pl. 73, f. 45 et 46,
    où elle se trouve dans la couche à *Am.
    anceps.)*
„ *armata,* Gf. Clus de Pfeffingen.
Rhynchonella varians, Ziet. Schauenburg.
„ *minuta,* Buv. Tannmatt. M. Gilliéron l'a
    aussi recueillie dans le haut de la gorge
    de Villeret dans un calcaire qui repose
    sur la dalle nacrée.
„ *triplicosa,* Qu. Movelier, ouest de Saint-
    Ursanne, Clus de Pfeffingen.
„ *Thurmanni,* Voltz. Clus de Pfeffingen.

Terebratulina mediojurensis, Grepp. Châtillon.
    V. Essai géol. p. 59.
Terebratula subcanaliculata, Oppel.
„ *pala,* v. Buch. Châtillon.
„ *dorsoplicata,* Suess. Tramelan. Clus de
    Pfeffingen.
„ *Mandelslohi,* Oppel. Movelier, Clus de
    Pfeffingen, Oel sud d'Envelier.
    Syn. *T. impressa,* Ziet.
„ *undulata,* Lam. (Waldh.). Tannmatt,
    Schauenburg.
Acrosalenia spinosa, Ag. Clus de Pfeffingen.
Echinobrissus clunicularis, Llhw.
Hyboclypus gibberulus, Ag.
Collyrites analis, Desm.
Holectypus Ormoisianus, d'Orb. „
    Tramelan.
„ *depressus,* Des. Tuilerie de Liesberg,
    Clus de Pfeffingen.
Pentacrinus pentagonalis, Gf. Schauenburg,
    Tannmatt.

2. *Le fer sous-oxfordien.*

Définition et *limites.* Cette assise comprend donc la zone *à Ammonites athleta,
ornatus,* et les *marnes à fossiles pyriteux;* c'est dans ce dépôt qu'on observe des
traces continentales non équivoques. Y aurait-il eu vers la fin de cette période une
interruption de la mer jurassique pendant laquelle aurait existé une terre ferme ?
Des lignites, des fruits de palmiers recueillis sur quelques points du Jura central,
ne laissent pas de doute à cet égard; c'est donc avec ces restes terrestres que nous
finirons l'étage callovien. Le fer sous-oxfordien aura ainsi pour point de départ la
zone à *Am. macrocephalus* et il arrivera jusqu'au *calcaire à Scyphies inférieur* de
l'étage oxfordien.

Distribution géographique. Cette assise apparaît avec les mêmes caractères faciles
à saisir sur toute l'étendue de notre rayon. Elle constitue donc un horizon bien
précieux. A la limite est, on la remarque au sud et tout près de Langenbruck;
nous donnerons la coupe de cette localité. A l'ouest, M. C. Nicolet l'a observée
depuis longtemps à Pouillerel, nord de La Chaux-de-Fonds. Au sud, elle existe au
Weissenstein, au nord, à la Clus de Pfeffingen, au Kahl et à Blauen, au centre, à

Movelier, Bourrignon, Châtillon, Graitery, au Clos du Doubs, au sud-ouest de Montenol.

Pétrographie. Cette sous-division est formée à la base de marnes calcaires, grises ou jaunes, à cohésion faible, empâtant de nombreuses oolithes ferrugineuses, lenticulaires ou miliaires. Ces marnes sont quelquefois représentées par une roche assez compacte, possédant les mêmes caractères minéralogiques que les marnes, et renfermant dans de certains endroits de 9 à 15 pour cent d'oxyde de fer hydraté. Vers la partie supérieure, ces marnes, moins ferrugineuses, deviennent bleues, quelquefois noires, onctueuses, très-effervescentes et facilement désagrégeables ; elles renferment de nombreux fossiles pyriteux, souvent des cristaux de gypse, des lignites et de jolis fruits.

Puissance et *utilité technique.* Cette assise est peu développée dans le Jura central: elle n'a qu'un à deux mètres d'épaisseur. Elle est un peu plus puissante dans les cantons voisins: à Pouillerel, à Günsberg, canton de Soleure, à Bötzen, canton d'Argovie. Le bord de la route au N.E. de Movelier est une intéressante localité pour l'étude du fer sous-oxfordien. Là, la roche est d'une puissance de deux mètres et ses oolithes ferrugineuses la rendent exploitable. Il est à croire que dans plusieurs autres localités cette roche présenterait les mêmes avantages. Les marnes noires, légèrement bitumineuses, très-calcaires et gypsifères, sont partout recherchées comme amendement. La présence du gypse dans ces marnes confirmerait-elle l'idée émise ci-dessus que la mer a momentanément abandonné le Jura central? Notre tâche n'est pas ici de nous livrer à des questions physico-chimiques; mais nous rappelerons seulement que le retrait de la mer conchylienne est aussi marqué par des dépôts gypsifères. Nous verrons encore plus loin que le retrait de la mer jurassique, ainsi que celui de la mer tongrienne est nettement posé par des marnes gypsifères, *marnes purbeckiennes, marnes tongriennes.* Ainsi par simple voie d'analogie, nous soutiendrions encore notre opinion assez bien étayée, du reste, par les débris de végétaux terrestres dont nous avons parlé.

Justification du rapprochement du fer sous-oxfordien avec les marnes à fossiles pyriteux : A Movelier, à Langenbruck, à Châtillon, où cette assise était nettement découverte, il a été impossible d'y saisir des caractères minéralogiques ou paléontologiques différentiels importants. Les couches supérieures, quoique plus marneuses, moins ferrugineuses, renferment les fossiles des couches inférieures et vice versa. Les données recueillies ailleurs sont conformes à celles-ci. Nous réunissons donc ces couches et nous arrivons à leur faune.

Faune du fer sous-oxfordien et des marnes à fossiles pyriteux.

Crocodile, une dent de Graitery.
Oxyrhina ornati, Qu. Châtillon, Langenbruck.
Clytia ventrosa, Myr. Commune.
Aptychus Berno-jurensis, Th. Commune.
Serpula Deshayesi, Qu. Châtillon, Soyhière, Pleigne.
  „ *gordialis*, Schloth.   „   „ Pleigne.
  „ *arata*, Mer.
Belemnites latesulcatus, d'Orb. Commune.
  „ *Sauvanosus*, d'Orb. Châtillon.
  „ *Puzosianus*, d'Orb. ..
Nautilus granulosus, d'Orb. „ Graitery, Soyhière.
Ancyloceras Matheyi, Grepp. Graitery.
    Les côtes de cette espèce se bifurquent bien; mais les deux aiguillons ou tubercules supérieurs, le sillon manquant, cette espèce nous paraît différente de l'*A. calloviensis*, Morr.
Ammonites crenatus, Bruguière. Commune.
    Syn. *A. dentatus*, Ziet., *A. cristatus*, Sow., *A. Renggeri*, Oppel.
  „ *hecticus*, Hartm. Commune.
  „ *Hersilia*, d'Orb. Châtillon.
  „ *plicatilis*, Sow. et d'Orb. Commune.
    Syn. *A. annularis*, Rein., *A. convolutus interruptus*, Qu.
  „ *convolutus parabolis*, Qu.
    Syn. *A. curvicosta*, Oppel. Commune.
  „ *Lamberti*, Sow. Commune.
  „ *ornatus*, Qu. (*A. Duncani*, Sow.) Graitery.
  „ *Mariæ*, d'Orb. Châtillon.
  „ *Goliathus*, d'Orb. „ Lajoux.
  „ *Sutherlandiæ*, Murchis. Commune.
  „ *cordatus*, Sow.
    Sous forme pyriteuse au Pré-Dame.
  „ *tumidus*, Ziet. Châtillon.
    Exemplaire pyriteux dans la collection du progymnase de Delémont.
  „ *Babeanus*, d'Orb. Commune.

A. perarmatus, Sow. Châtillon.
    Syn. *A. biarmatus*, Ziet.
  „ *oculatus*, Bean. et d'Orb. Commune.
  „ *arduennensis*, d'Orb. Très-commune.
  „ *Eugenii*, Raspail. Châtillon.
    Voisine de l'*A. Constanti* et de l'*A. athleta*.
  „ *athleta*, Mill. Movelier, Pouillerel.
  „ *tortisulcatus*, d'Orb. Movelier, Châtillon, Bourrignon.
  „ *tatricus*, d'Orb. Lajoux. Rare.
    Syn. *A. Puschi*, Oppel.
  „ *Henrici*, d'Orb. Lajoux. „
  „ *biflexuosus*, d'Orb. Schauenburg.
  „ *Eucharis*, d'Orb. Lajoux. Rare.
  „ *canaliculatus*, Münst. Reussilles.
  „ *euryodos*, Qu. Tramelan.
  „ *Jason*, Rein. Clus de Pfeffingen.
Natica elongata, Grepp. Graitery, Châtillon.
    (V. Essai géol. p. 62.)
  „ *formosa*, Grepp. „ ..
    (V. Essai géol. p. 62.)
  „ *nigra*, Grepp. „ :·
Melania Hoferi, Th. „ .. Soyhière.
  „ *Garcini*, Th. Graitery, Tramelan.
Trochus Cartieri, Th. „ Châtillon.
  „ *Ritteri*, Th. „ „
  „ *Stalderi*, Th. „ „
Turbo Magneti, Th. „ Tramelan.
  „ *Bourgeti*, Th. „ Châtillon.
Turritella Moschardi, Th. Graitery, „
  „ *Bennoti*, Th. „ „
  „ *Ebersteini*, Th. „ „
  „ *vicinalis*, Th. „ „
Cerithium Russense, d'Orb. „ Pleigne, Blauen.
    Syn. *C. muricatum*, Sow.
Turbo Meriani, Gf. Sow. Les Cerlatez, près Saignelegier, St-Braix, Liesberg.

Rostellaria Danielis, Th. Cerlatez.
  Syn. *Muricida semicarinata alba ,* Qu.
„ *Gagnebini,* Th. Cerlatez.
  Syn. *R. bicarinata ,* Qu.
Pleurotomaria Münsteri , Roem. Châtillon,
  Bourrignon.
„ *Cypris,* d'Orb. Bourrignon.
„ *clathrata,* Münst. Derrière Château, au
  sud de Courfaivre.
Delphinula squamata, Qu.
Bulla Matheyi, Grepp. Châtillon.
Pholadomya acuminata, Hart. Movelier.
Cucullea parvula, Ziet. Très-commune.
Nucula musculosa, Koch.   „
  Syn. *N. acuta,* Mer.
„ *mediojurensis,* Th.   „
„ *lacryma,* Qu.   „
„ *compressa,* Mer.   „
„ *hordeum,* Mer.   „
  Voisine de la *Leda Phillippsi,* Morris.
Astarte undata, Münst. Commune.
„ *nucleus,* Mer.   „
„ *squamuloides,* d'Arch.   „
  Elle ressemble à l'*A. squamula,* d'Arch. de la
  grande oolithe.

Pecten vagans, M. et L. Commune.
Inoceramus obliquus, M. et L. Movelier.
Mytilus Matheyi, Grepp. Graitery.
  (V. Essai géol. p. 62.)
Plicatula subserrata, Gf. Partout, sans être
  très-commune.
Terebratula impressa, Br. Commune.
Rhabdocidaris copeoides , Ag. Les Enfers,
  Pouillerel.
CidarisMonasteriensis, Th. Graitery, Soyhière.
Holectypus Ormoisianus , d'Orb. Tramelan,
  Pfeffingen, Pouillerel.
„ *planus,* Des. Movelier.
Collyrites dorsalis, d'Orb. Tramelan, Pouil-
  lerel.
Asterias jurensis, Gf. Commune.
Pentacrinus pentagonalis, Gf.
„ *cingulatissimus,* Qu. Les Enfers.
Carpolithes Ivernoisi, Th. Châtillon.
„ *Halleri,* Th.   „
„ *Rousseaui,* Th.   „
  (V. Gagnebin, fig. 27.)
  M. le Prof. Heer pense que ces Carpolithes
  sont des fruits de Palmiers qui se rapprochent
  du genre *Euterpe.*

M. Mathey a encore observé le fer sous-oxfordien et les marnes à fossiles pyriteux
à Stallberg, ouest du Weissenstein. Là, cette assise, de 4 à 5 mètres de puissance,
possède les caractères minéralogiques qu'on lui connaît ailleurs. M. Mathey y a
recueilli les *Am. Lamberti, oculatus, coronatus* et *hecticus.* Elle y est immédiatement recouverte par le calcaire à Scyphies inférieur.

Ce mode d'être du callovien se modifie peu ou point à notre limite occidentale.
Voici, en effet, comment il se présente sur Pouillerel dans les carrières sises sur
la route de la Chaux-de-Fonds à Joux-derrières :

Ep. en m.

1. Calcaire à *Ammonites plicatilis,* à *Pholadomya,* etc.   3,00
2. Assise marno-calcaire à Scyphies et à *Eugeniacrinites Hoferi, Pentacrinites
  subteres,* etc.   1,00
3. Fer oolithique sous-oxfordien à *Belemnites latesulcatus, hastatus, Ammonites
  Lamberti, hecticus, crenatus, Rhabdocidaris copeoides, Holectypus Ormoi-
  sianus,* etc.   0,30
4. Dalle nacrée à *Millepora staminea, Pentacrinus Nicoleti, Pecten demissus,* etc.   6,00

Coupe de l'étage callovien, prise au sud de Langenbruck.

		mètres.
	Calc. gris	4, „
	Marnes grises	1, „
	Calc. bleuâtres	„ 30
Oxfordien.	Marnes grises	3, „
	Calc. bleuâtres	„ 50
	Marnes	1, „
	Calc. à *Am. biplex*, Qu.	„ 40
	Marnes	1, „
	Calcaires	„ 40
	Marnes	„ 40
	„	„ 30
	Calc. marneux à *Scyphies* : *Tragos acetabulum*, Gf., *Spongites reticulatus*, Qu., *S. poratus*, Qu., *Scyphia obliqua*, Gf., *Serpula convoluta*, Gf., *Belemnites hastatus*, *Am. hecticus*, d'Orb., *Am. alternans*, v. Buch, *Am. convolutus*, Qu.	1, 50
Callov.	Marnes bleues, jaunâtres et fer sous-oxfordien à *Oxyrhina ornati*, *Belemnites latesulcatus*, *Am. hecticus*, *A. Lamberti*, Sow., *Terebratula Mandelslohi*, *Collyrites annalis*	1, „
	Calc. roux à *Rhynchonella triplicosa*, Qu., *Am. athleta*, Mill.	„ 40
Bathonien.	Dalle nacrée.	

Cette coupe, recueillie au bord est de la route de Hägendorf à Langenbruck, au sud et tout près de ce dernier village, met bien en évidence les rapports stratigraphiques et paléontologiques qui existent entre les étages bathonien, callovien et oxfordien, et trouve naturellement sa place ici.

Les calcaires coralliens et oxfordiens supérieurs sont recouverts.

VIII. Oxfordien.

Limites, division et *aspect orographique.* Cet étage recouvre immédiatement le callovien et il finit avec *les Calcaires à Pholadomyes.* Il commence par une zone de Polypiers connues depuis longtemps sous le nom de *Calcaire à Scyphies inférieur,* et il se continue avec une puissante assise marno-calcaire qui se termine par des calcaires hydrauliques. Ces calcaires sont recouverts par une seconde zone à Polypiers dite: *terrain à chailles siliceux, calcaire à Scyphies supérieur, hypocorallien.* Ainsi envisagé, l'oxfordien se divise assez naturellement en deux assises:

1. Le *calcaire à Scyphies inférieur* et
2. Le *terrain à chailles marno-calcaire.*

La réunion de ces deux assises examinée au point de vue orographique, forme un contraste frappant avec les étages voisins. En effet, tandis que ceux-ci, par leurs roches compactes, donnent lieu à des reliefs souvent grandioses et pittoresques, en constituant des falaises abruptes, des voûtes et des crêts, dont l'ensemble est recouvert d'une maigre végétation, les marnes et les calcaires oxfordiens se font remarquer par des dépressions connues sous le nom de „*Combes oxfordiennes*", que recouvre un tapis de verdure très-riche. Ces combes oxfordiennes sont suffisamment connues; aussi nous bornerons-nous à en citer quelques unes, dont les noms sont déjà inscrits dans le plus grand nombre des musées de l'Europe: Châtillon, Graitery, Bourrignon, Fringuelet, les pâturages de la Croix. Vers le sud-ouest du Jura, ces combes perdent beaucoup de leur développement; c'est ainsi qu'aux environs de la Chaux-de-Fonds, elles sont à peine accentuées. L'élément marneux ou vaseux y est remplacé par l'élément calcaire qui a mieux soutenu le relief. Néanmoins les combes oxfordiennes avec leurs allures caractéristiques si régulières et si constantes, puisqu'elles se soutiennent depuis la limite est à la limite ouest de notre rayon, piloteront toujours le géologue dans ses recherches. Outre cette physionomie particulière qu'affecte l'étage oxfordien, il possède encore des formes organiques et des roches qui permettent de le distinguer toujours avec assez de facilité des autres terrains; c'est ce que nous allons essayer de démontrer.

1. *Calcaire à Scyphies inférieur.*

SYN. : *Birmensdorfer Schichten; Scyphienkalke* de quelques géologues allemands.

Division et *étendue*. Les limites de cette assise nous étant connues, nous passons à sa division et à son extension géographique. On reconnaît dans le calcaire à Scyphies inférieur deux facies, un facies littoral et un facies vaseux; le premier s'observe dans les chaînes méridionales, le second dans les chaînes septentrionales.

a) *Facies sableux ou calcaire à Scyphies proprement dit.* Dans les chaînes méridionales ce calcaire à Scyphies se maintient avec une rare constance depuis les bords du Rhin jusqu'au delà du Rhône et offre ainsi un point de départ précieux pour l'étude de l'étage oxfordien. M. Gilliéron l'a signalé dans la chaîne de Chasseral à Meiseschlag; M. Mathey à Stallberg, à l'ouest de Weissenstein, où il a recueilli les espèces suivantes: *Ammonites plicatilis, A. dentatus, hecticus, alternans, Lima pectiniformis, Terebratula orbis,* Qu., *T. bisuffarcinata,* Schloth., *Cidaris propinqua, C. læviuscula, C. Parandieri, Scyphia obliqua.* Il y a plus de 25 ans que M. Gressly l'a étudié dans le cirque au nord de Günsberg, et il a rendu attentif de ne pas le confondre avec le *Calcaire à Scyphies supérieur,* soit *le terrain à chailles siliceux.* Nous venons d'en donner une coupe prise au sud de Langenbruck. Il traverse donc notre rayon de l'ouest à l'est.

b) *Facies vaseux.* Dans les chaînes septentrionales, on observe au-dessus des marnes calloviennes à fossiles pyriteux, des marnes grises ou noires assez fossilifères: *Cidaris Hugii, laeviuscula, Parandieri, Pseudodiadema superbum, Turbinolia Delcmontana, Anthophyllum Erguellense, Spongites alatus, Sp. perforatus,* Qu., *Pentacrinus cingulatissimus, Cerithium Russense, Rhynchonella spinulosa,* etc. Nous ne craignons pas de les assimiler au calcaire à Scyphies inférieur. D'abord parcequ'elles nous paraissent occuper le même niveau géologique, et qu'ensuite elles renferment une faune assez analogue.

Il est vrai que nous n'avons pas remarqué dans ce facies *vaseux* les grands et lourds Spongiaires du calcaire à Scyphies inférieur. Leur poids aurait pu les empêcher de s'y implanter. Ce facies existe dans toutes les chaînes septentrionales. Au *Blauenberg:* à Blauen, à l'est de Hobel. Au *Bueberg:* au Ring. *Dans la chaîne de Movelier:* Pleigne, Bourrignon. Au *Mont-Terrible:* aux pâturages de la Croix, à l'est de Soyhière. A *Vellerat-Mont:* Châtillon. La ligne de démarcation de ces deux facies serait tracée par la chaîne du Raimeux.

Caractères minéralogiques et puissance. Pour le facies sableux : minces bancs de calcaires et de spongiaires, grisâtres, jaunâtres, cariés, cassants, empâtés dans des marnes de même couleur et formant une assise qui ne dépasse guère un mètre de hauteur. *Pour le facies vaseux :* marnes noires, bitumineuses ou grises, d'une puissance difficile à apprécier, mais qui ne nous paraît point dépasser celle du facies sableux.

La faunule des marnières, sises à la jonction des routes de Hobel, Gempen et Dornach, est pour les chaînes septentrionales un des plus beaux types du calcaire à Scyphies inférieur : elle mérite d'être connue.

Faune du calcaire à Scyphies inférieur à Hobel, sud de Bâle :

Serpula Deshayesi, Qu.
„ *ilium,* Gf.
„ *gordialis,* Gf.
„ *delphinula,* Gf.
„ *vertebralis,* Sow.
Belemnites hastatus, Blain.
„ *Beaumontianus,* d'Orb.
Ammonites cordatus, Sow.
Pleurotomaria Münsteri, Roem.
Turbo Meriani, Gf.
Pecten vagans, M. et L.
Avicula Münsteri, Gf.
Gryphœa dilatata, Sow.
Ostrea spiralis, d'Orb.
„ *rastellaris,* Gf. (*O. gregaria,* Sow.)
Rhynchonella Thurmanni, Voltz.
„ *reticulata,* Schloth.
„ *pectunculus,* Schloth.

R. spinulosa, Oppel.
„ *trigonella,* Schloth.
Cidaris Hugii, Des.
Syn. *C. venusta,* Ag.
„ *oculata,* Ag.
Apiocrinus echinatus, Qu.
Pentacrinus cingulatus, Münst.
Asterias jurensis, Gf.
Ceriopora striata, Gf.
„ *rugulosa,* Gf.
„ *alata,* Gf.
„ *favosa,* Gf.

Ces Spongiaires, quoique très-semblables aux formes données par M. Goldfuss, sont beaucoup plus grands et non bifurqués. Ils sont constamment associés aux Echinides que nous venons de nommer. En outre ces marnes de Hobel sont remplies de jolies Briozoaires.

Nous donnerons plus loin la faune générale du calcaire à Scyphies inférieur en la mettant en parallèle avec celle de l'assise suivante.

2. Terrain à chailles marno-calcaire.

SYN. : *Argovien* (la partie supérieure) de M. Marcou ; *Oxfordthon* de plusieurs géologues allemands.

Distribution géographique et *unité du terrain à chailles marno-calcaire.* Cette puissante assise existe sur toute l'étendue du Jura central. Nous nous sommes souvent demandé s'il ne serait pas possible d'y reconnaître des sous-divisions? Une étude locale semble les admettre, mais dès qu'il s'agit de les généraliser, les caractères minéralogiques et paléontologiques s'y opposent. Aussi, bien que cette assise existe avec un ensemble à peu de chose près analogue sur toute l'étendue du Jura, plus de vingt géologues ont entrepris d'y établir des divisions différentes, mais ils ne sont jamais tombés d'accord. Tandis que M. Moesch y reconnaît deux sous-divisions dans le canton d'Argovie, MM. Desor et Gressly, pour le canton de Neuchâtel, lui en attribuent cinq. Cette divergence d'opinion est basée sur la nature de l'objet même: le terrain à chailles marno-calcaire, examiné à un point de vue général, se ressemble tellement dans toutes ses parties, que toute sous-division tombe dans l'arbitraire. Ainsi pour le moment nous n'en admettrons point.

Toutes les chaînes du Jura central offrent des affleurements, où il est possible d'étudier cette assise. Dans la chaîne du Blauenberg, nous citerons les marnières à l'est de Hobel, le puissant massif marneux de la cluse qui relie Grellingen à Himmelried. Dans les chaînes du Bueberg et de Movelier, mentionnons les affleurements de Klein-Lützel, vers le Klösterlein et de l'est du Ring et les marnières de Pleigne. Dans la chaîne du Mont-Terrible, les stations des pâturages de la Croix, de Bourrignon, de l'est de Soyhière, nous sont déjà connues. On peut recueillir des fossiles oxfordiens dans les chaînes de la Caquerelle et du Doubs, à la Combe Chavatte, au sud de St-Ursanne et au nord-ouest de St-Braix.

Les beaux massifs découverts et très-fossilifères de Châtillon et de l'est de Mont-faucon, qui appartiennent à la chaîne de Vellerat-Courtételle, sont connus depuis longtemps. Comme localités oxfordiennes très-intéressantes, nous citerons dans les Franches-Montagnes: le Moulin des Royes et la Paturatte, à l'est de Saignelegier. C'est dans la chaîne de Raimeux que notre assise oxfordienne a transformé ses marnes en calcaires. A la place des marnes que nous avons vues jusqu'ici, nous trouvons le massif colossal de calcaire hydraulique de la scierie Gobat à Moutier, de Monnat à la Muelten. Les touristes ont souvent admiré les mêmes calcaires hydrauliques des gorges de Court dans la chaîne de Moron. Dans la chaîne de Chasseral, mentionnons l'intéressant profil au nord-est de Rondchâtel, où les calcaires à Pholadomyes sont recouverts par *le calcaire à Scyphies supérieur*, soit par le *terrain à chailles siliceux*.

En parlant de notre assise oxfordienne du Günsberg, chaîne du Weissenstein, voici comment MM. Desor et Gressly s'expriment: *„les deux terrains,* „c'est-à-dire le calcaire à Scyphies inférieur et le calcaire à Scyphies supérieur (hypocorallien) *y existent séparés par le massif des calcaires et marnes hydrauliques.“* Etudes géol. sur le Jura neuchâtelois, p. 80.“

Pétrographie. Le terrain à chailles marno-calcaire commence par des massifs marneux, noirs, grisâtres, jaunâtres, alternant avec des bancs calcaires de même couleur, marno-compactes, durs, se désagrégeant ou s'exfoliant facilement à l'air, et renfermant des *sphérites* ou *chailles.* Dans les chaînes centrales, notamment dans celles de Raimeux et de Moron, l'élément calcaire domine l'élément marneux; alors cette assise se compose d'alternances de marnes schisteuses, grises, et de calcaires bleuâtres, gris, jaunâtres, schisteux ou stratifiés, subcompactes, compactes, souvent hydrauliques. Ce massif calcaire, dont la puissance peut s'élever de 50 à 80 mètres, a reçu les noms de *calcaires hydrauliques, Lettenmergel, Lettenkalk.*

Au-dessous de la première galerie du Pichoux, sud d'Undervelier, l'oxfordien est bien à découvert. (Voir la coupe plus loin.) A la partie inférieure, il présente ses marnes, ses chailles, ses calcaires avec ses fossiles habituels : *Ammonites plicatilis, A. cordatus, Pholadomya parcicosta, Gryphæa dilatata,* ensuite ses massifs de calcaires plus compactes, enfin un calcaire blanchâtre, bréchiforme, très-fendillé, mesurant trois mètres et recouvert par le corallien.

Cette dernière assise de trois mètres, c'est-à-dire, le calcaire blanchâtre, possède une faune oxfordienne très-étendue. Nous l'avons constatée au Peltz, sud de Courtelary; elle est connue dans le canton de Neuchâtel; MM. Thurmann et Etallon l'ont appelée dans la Franche-Comté : *calcaire à Pholadomyes;* ce sont les *couches du Geisberg* de M. Moesch pour le canton d'Argovie.

Cette assise constituant une zone importante, il est utile d'en établir la faune pour le Jura central.

Faune du calcaire à Pholadomyes du Pichoux.

Crustacés, de nombreuses pattes.
Belemnites hastatus.
Ammonites plicatilis, Sow.
„ *convolutus*, Qu.

Patella tenuistriata, Lonchamps.
Pholadomya cor, Ag.
„ *parcicosta*, Ag.
„ *pelagica*, Ag.

9

Corinya pinguis, Ag.
Goniomya sulcata, Ag.
„ *major*, Ag.
Pleurotomya recurva, Ag.
Anatina striata, Ag.
    Ces 5 dernières espèces sont fréquentes dans les couches de Geisberg.
Trigonia Greppini, Et.
Modiola tulipea, Lam. (*Mytilus imbricatus*, d'Orb.)

Lucina aspera, Buv.
Isoarca texata, Gf.
„ *transversa*, Gf.
Arca texata, Sow.
„ *œmula*, Phill.
Hinnites velatus, Gf.
Ostrea dilatata, Desh.
Terebratula insignis, Ziet.

Le terrain à chailles siliceux, à Polypiers, à Echinides, a été vainement cherché au Pichoux, on ne l'a point trouvé ; cette roche calcaire passe directement au Corallien, qui, dans cette localité, revêt, comme l'Oxfordien, une forme pélagique, privée de Polypiers.

Même observation à la scierie Gobat, nord de Moutier, et ailleurs dans les chaînes méridionales.

Au nord de la Bosse, M. Mathey a recueilli une association d'espèces calloviennes et oxfordiennes à cachet *pyriteux*. Ces espèces sont : *Ammonites crenatus, A. plicatilis, Rostellaria Gagnebini, Rhynchonella acarus, R. Thurmanni, Terebratula impressa*.

Cette observation tend à démontrer combien peu la théorie des étages tranchés se justifie sur le champ de l'observation.

A l'est de Montfaucon, sur la route, les *Pholadomya parcicosta* et *Trigonia monilifera* sont siliceuses et associées aux espèces suivantes : *Lima Streitbergensis, Terebratula nutans, T. Galliennei, T. Delemontana, Echinus lineatus*, ce qui établit encore un trait d'union entre le calcaire à Pholadomyes et le terrain à chailles siliceux, soit l'hypocorallien.

Coupe du terrain à chailles et de l'*étage oxfordien* de Seewen ; les couches oxfordiennes inférieures sont recouvertes :

		Ep. en m.
Terrain à chailles ou hypocorallien	1. Calc. jaune, dolomitoïde, stratifié, alternant avec de minces bandes de marnes jaunes, grumeleuses, peu fossilifères	3,00
	Et marnes jaunes, grumeleuses, gélives, très-fossilifères : *Serpula Deshayesi, S. gordialis, Delphinula funata*, Gf., *Turbo tegulatus*, Gf., *Pholadomya parcicosta, P. cor, Lima Streitbergensis, Pecten vimineus, P. Verdati, Ostrea gregaria, Megerlea pectunculus, Rhynchonella helvetica, R. trigonella, Terebr. bisuffarcinata, Cidaris Blumenbachii, C. cervicalis, Hemicidaris crenularis, Glypticus hieroglyphicus, Stomechinus perlatus, Diplopodia Anonii, Hemipedina Guerangeri*, Cot., *Pedina sublævis, Dysaster granulosus, Pygurus tenuis, Holectypus arenatus, Montlivaltia dispar, Agaricia granulata, Parendea gracilis*, Et.	0,30

Ep. en m.

transport   3,00

Oxfrd.
2. Calc. à *Am. plicatilis;*
3. „   puissamment stratifié et exploité   9,00
4. „   et marnes à *Rhynchonella Thurmanni*, recouverts.

La coupe du Thiergarten, près de Vermes, est plus complète; elle présente successivement du haut en bas :

Corallien.
1. Oolithe corallienne puissamment stratifiée;
2.   „   „   grumeleuse, à stratification confuse, légèrement siliceuse et brunâtre   15,00

Hypocorallien.
3. Assise marno-compacte, grumeleuse, silicéo-calcédonieuse, à couches peu puissantes, passant du gris jaune au noir foncé, à *Pecten Verdati, P. vimineus, P. inæquicostatus, P. Ducreti, Lima Bernouilli, Terebratula Delemontana, Rhynchonella inconstans, Gryphæa dilatata, Glypticus hieroglyphicus, Cidaris cervicalis, Hemicidaris crenularis, Pseudodiadema placenta, Montlivaltia dispar, Agaricia granulata*   10,00
4. Banc à *Pinna fibrosa;*
5. Assise comme nº 3   10,00
6. Assise marno-calcaire à *Gervillia aviculoïdes, Mytilus tulipeus*, espèces mélangées à celles des nºˢ 3 et 4   10,00

Oxfordien.
1. Alternances, au nombre de 6 à 7, de marnes et de chailles stériles .   20,00
2.   „   de calcaires brun-jaunâtres, marneux ou compactes, avec des marnes grisâtres ou noires à *Am. plicatilis, Pholadomya parcicosta, Gryphæa dilatata*   14,00

Hauteur de l'étage oxfordien .   34,00

Puissance et utilité technique. La puissance moyenne de cette assise peut être évaluée à 80 mètres. Le rôle orographique de cet important massif nous est déjà connu; son rôle hydrographique n'est pas moins considérable. Les couches marneuses étant plus ou moins imperméables, ramassent très-bien les eaux que reçoivent les terrains qui lui sont superposés; c'est ainsi que l'étage oxfordien donne le jour à un très-grand nombre de sources. Parmi les plus considérables, nous citerons celles de Biaufond, du Pichoux, du rocher de la chapelle du Vorburg, celle de Pelzmühle, sud de Grellingen, d'Angenstein, des Terras, nord de Raimeux, etc. Une connaissance exacte du gisement des marnes oxfordiennes et de l'inclinaison des assises calcaires qui les recouvrent, est toujours le plus sûr moyen de découvrir encore de nouvelles sources. Quant à l'utilité technique de l'oxfordien, elle a été reconnue depuis longtemps. Les calcaires compactes sont employés comme pierre de construction; les assises marno-calcaires sont utilisées comme chaux hydraulique, et les marnes comme amendement.

Faune de l'étage oxfordien.

	Assise infér.	Assise supér.
Aptychus lævis latus, Qu. Montfaucon	—	1
Nautilus Gravesianus, d'Orb. Châtillon	—	1
» *hexagonus*, Sow. Paturatte	—	1
Serpula limata, Münst. Fringuelet	—	1
» *filaria*, Gf. »	—	1
» *gordialis*, Gf. Partout	1	1
» *vertebralis*, Sow. „	1	1
» *Deshayesi*, Qu. „	1	1
» *ilium*, Gf. „	1	1
» *delphinula*, Gf. „	1	1
» *planorbis*, Sow. Langenbruck	1	—
Belemnites hastatus, Rein. Pichoux, Moulin des Royes, Châtillon, Pleigne	1	1
» *Beaumontianus*, d'Orb. „ Langenbruck, Pleigne, „	1	1
Ammonites plicatilis, d'Orb. Partout.	1	1
» *cordatus*, Sow. „ Paturatte, Thiergarten, Langenbruck	1	1
» *perarmatus*, Sow. Paturatte et Montfaucon, Sud du signal de Bölchenfluh au sud d'Eptingen	1	1
» *Christollii*, Beaud. Paturatte (Bull. de la Société géol. 1851, p. 596 Tb. X. f. 12)	—	1
» *canaliculatus*, Münst. Moulin des Royes	—	1
» *flexuosus*, „ „	—	1
Syn. *A. flexuosus costatus*, Qu.		
» *complanatus*, Ziet. Oberbuchsiten	1	—
Syn. *A. nudisipho*, Oppel.		
» *Delemontanus*, Oppel. Paturatte, Nord d'Hägendorf	1	1
» *Oegir*, Oppel. Bois du Treuil à l'est de Soyhière	—	1
» *polyplocus*, Rein. Envelier, Oberbuchsiten	1	1
» *crenatus*, Brug. La Bosse	—	1
» *Henrici*, d'Orb. Paturatte	—	1
» *lingulatus*, Qu. „	—	1
» *inflatus*, Rein. Châtillon	—	1
» *Goliathus*, d'Orb. Roche, est de St-Braix et à Châtillon où elle est pyriteuse	1	1
» *alternans*, v. Buch. Langenbruck, Oberbuchsiten	1	—
» *convolutus*, Qu. „	1	—
» *virgulatus*, Qu. Sud du signal de Bölchenfluh au sud d'Eptingen, Moulin des Royes	1	1
Chemnitzia Heddingtonensis, Sow. Partout.	—	1
Phasianella striata, d'Orb. „	—	1
Trochus sublineatus, Gf. Thiergarten	—	1
» *Leopoldi*, Grepp. Bois du Treul (V. Essai géol. p. 68)	—	1
Pleurotomaria Orion, d'Orb. Châtillon	—	1

	Assise infér.	Assise supér.
P. Buchana, d'Orb. Châtillon, Thiergarten	—	1
„ *Münsteri*, Roem. „ „ Bourrignon, Moulin des Royes	—	1
„ *Germainii*, d'Orb. Chemin de Himmelried à Grellingen	—	1
„ *Cypris*, d'Orb. Paturatte, Ring	—	1
Rostellaria Gagnebini, Th. Nord de la Bosse	—	1
Syn. *R. bicarinata*, Qu.		
Turbo Meriani, Gf. Paturatte, Goumois, Hobel	1	1
Delphinula funata clathrata, Qu. Montbovet	—	1
Pholadomya exaltata, Ag. Partout	—	1
„ *parcicosta*, Ag. „	—	1
„ *cor*, Ag. „	—	1
„ *pelagica*, Ag. „	—	1
„ *concinna*, Ag. Fringuelet	—	1
„ *læviuscula*, Ag. Partout	—	1
„ *flabellata*, Ag. „	—	1
„ *hortulana*, d'Orb. „	—	1
„ *pulchella*, Ag. Montfaucon	—	1
„ *cingulata*, Fringuelet	—	1
Syn. *P. hemicardia*, Roem.		
„ *acuminata*, Hart. Schauenburg	1	—
Pleuromya varians, Ag. Paturatte	—	1
Syn. *Panopœa peregrina*, d'Orb.		
„ *recurva*, Ag. Montfaucon, Paturatte, Fringuelet	—	1
Syn. *Panopœa subrecurva*, d'Orb.		
„ *donacina*, Gf. Fringuelet	—	1
Cercomya antica, Ag. Derrière Château au sud de Courfaivre, Moulin des Royes	—	1
„ *inflata*, Ag. Bel exempl. du ruz entre Grellingen et Baumgarten	—	1
Gresslya sulcosa, Ag. Partout	—	1
Syn. *Lyonisia sulcosa*, d'Orb.		
Goniomya sulcata, Ag. Paturatte, Pichoux, Scierie de Moutier, Grub au sud de Courtelary	—	1
„ *litterata*, Sow. Pichoux	—	1
„ *major*, Ag. „	—	1
Mactromya globosa, Ag. Hobel, couche à *Am. cordatus*	—	1
Syn. *Unicardium globosum*, d'Orb.		
Corimya pinguis, Ag. Pichoux, Grellingen	—	1
Syn. *Thracia pinguis*, d'Orb.		
Opis cardissoides, Qu. Fringuelet	—	1
„ *lunulata silicea*, Qu. Montfaucon, Wasserberg	—	1
„ *Virdunnensis*, Buv. In der Bächle au sud d'Envelier, avec les Pholadomyes ci-dessus	—	1
„ *Arduennensis*, d'Orb. et Buv. Clus de Pfeffingen	—	1

	Assise infér.	Assise supér.
Cardita ovalis, Qu. Thiergarten	—	1
„ *tetragona*, Qu. „ Paturatte, Moulin des Royes	—	1
Anatina striata, Ag. Paturatte, Pichoux, Grub sud de Courtelary	—	1
Astarte subnucleus, Grepp. Moulin de Bollmann	—	1
„ *nucleus*, Mer. „	—	1
Nucula cordiformis, Qu. Châtillon	—	1
„ *variabilis silicea*, Qu. Vellerat	—	1
Trigonia monilifera, Ag. Partout	—	1
„ *costata silicea*, Qu. Vellerat .	—	1
„ *parvula*, Ag. Pleigne	1	—
Cardium intextum, Münst. Montfaucon	—	1
„ *integrum*, Buv. Combe du Moulin des Seignes .	—	1
Arca æmula, Phil. Paturatte, Moulin des Royes, Thiergarten, Pichoux	—	1
„ *Helecita*, d'Orb. „	—	1
Isoarca transversa, Münst. Pichoux .	—	1
„ *texata*, Gf. „	—	1
Posidonia tenuistriata, Grepp. Bourrignon, Pleigne	1	—
Avicula tenuicostata, Grepp. „ „	1	—
„ *angularis*, Grepp. „ „	1	—

Associée aux deux espèces précédentes, elle n'est probablement qu'une forme particulière de l'*A. Münsteri*.

	Assise infér.	Assise supér.
„ *peralata*, Grepp. Bourrignon (V. Essai géol. p. 62)	1	—
Mytilus subpectinatus, d'Orb. Montfaucon	—	1

Syn. *M. pectinatus*, Sow.

	Assise infér.	Assise supér.
„ *tulipeus*, Lam. Commun	—	1

Syn. *M. imbricatus*, d'Orb.

	Assise infér.	Assise supér.
Gervillia aviculoides, Sow. Commune	—	1
Pinna verrucosa, Grepp. Bavelier	—	1

Espèce très-rapprochée de la *P. ampla*.

	Assise infér.	Assise supér.
Lima probosciformis, Grepp. Partout	—	1

Elle ressemble beaucoup à la *L. pectiniformis*.

	Assise infér.	Assise supér.
Pecten vimineus, Sow. Partout	—	1
„ *inæquicostatus*, Phil. Moulin des Royes	—	1

Syn. *octocostatus*, Roem.

	Assise infér.	Assise supér.
„ *solidus*, Roem. Partout	—	1
„ *subintertextus*, Roem. Fringuelet .	—	1
„ *cornutus*, Qu. Moulin des Royes	—	1
„ *rotundus*, Grepp. Bourrignon et Pleigne	1	—

N'est, peut-être, qu'une variété rabougrie du *P. subspinosus* (Essai géol. p. 62.)

	Assise infér.	Assise supér.
„ *Rauraciensis*, Grepp. Partout	—	1

Probablement identique au *P. subspinosus*, Schloth. de l'étage bathonien.

	Assise infér.	Assise supér.
„ *erinaceus*, Buv. Thiergarten	—	1
„ *Ducreti*, Grepp. (Essai géol. p. 70.)	—	1
Hinnites velatus, d'Orb. (Essai géol. p. 70.)	—	1
Ostrea Roemeri, Qu. Bourrignon	—	1

	Assise infér.	Assise supér.
O. gregaria, Sow. Commun	—	1
„ *dilatata*, „	1	1
„ *spiralis*, d'Orb. .,	—	1
Plicatula subserrata, Gf. Commun	1	1
Terebratula indentata, Qu. „	—	1
„ *impressa*, Bronn. „	1	—
„ *insignis*, Ziet. Pichoux	—	1
„ *Galliennei*, d'Orb. Partout	—	1
„ *bisuffarcinata*, Ziet. Pichoux, sud du signal de Bölchenfluh	1	1
„ *orbis*, Qu. Commune à la Oel, „	1	1
Rhynchonella Thurmanni, Voltz. Partout	1	1
„ *acarus*, Mer. „	1	1
„ *helvetica*, Schloth. „	1	1
„ *reticulata*, Schloth. Hobel, Chemin de Flühen à Maria Stein	—	1
„ *spinulosa*, Oppel.	1	1
Megerlea pectunculus, Schloth. Hobel	1	1
Cidaris Hugii, Des. Soyhière, Hobel, Châtillon, Graitery	1	—
Syn. *C. venusta*, Des.		
„ *Monasteriensis*, Th. Soyhière, „	1	—
„ *propinqua*, Gf. Waldenburg, Fringuelet	1	—
„ *Matheyi*, Des. Pleigne	1	—
„ *spinosa*, Ag. Soyhière, Graitery	1	—
„ *Cartieri*, Des. Oberbuchsiten	1	—
„ *Oppeli*, Moesch. Soyhière	1	—
„ *oculata*, Ag. Hobel	1	—
„ *coronata*, Gf. Bourrignon, Châtillon	1	—
„ *læviuscula*, Ag. „	1	—
„ *filograna*, Ag. Graitery ou combe d'Eschert, Clos du Doubs	1	—
Rhabdocidaris Spathula, Ag. Graitery soit la Combe d'Eschert	1	—
„ *Thurmanni*, de Lor. „ „	1	—
Pseudodiadema superbum, Ag. Châtillon, Bourrignon, Soyhière, Pleigne	1	—
Dysaster granulosus, Mu. Ring, Châtillon, Clus de Pfeffingen, Flühen	1	1
„ *propinquus*, Ag. „ „ „ et ailleurs	1	1
„ *capistratus*, Ag. Sud du signal de Bülchenfluh	1	1
Magnosia decorata, Ag. Oberbuchsiten	1	—
Asterias Jurensis, Qu. Partout	1	1
Apiocrinus echinatus, Qu.	1	1
Pentacrinus cingulatus, Münster, Partout	1	1
Turbinolia Delemontana, Th. Châtillon, Bourrignon, Soyhière	1	—
Syn. *T. impressa*, Qu.		
Scyphia obliqua, Gf. Langenbruck, Oberbuchsiten	1	—
Syn. *S. Ferrariensis*, Th.		

Si notre rapprochement est exact, elle se trouverait aussi d'après M. Thurmann à Montvoubay, dans la chaîne du Mont-Terrible et à la Combe d'Eschert soit à Graitery.

	Assise infér.	Assise supér.
Anthophyllum Erguelense, Th. Châtillon, Bourrignon, Soyhière . .	1	—
Spongites perforatus, Qu. Dans la zone à *C. Hugii* de Pleigne . .	1	—
„ *reticulatus*, Qu. Langenbruck	1	—
„ *poratus*, Qu. „	1	—
Tragos acetabulum, Gf. „	1	—
Ceriopora striata, Hobel, Fringuelet	1	—
„ *rugulosa*, Gf. „	1	—
„ *alata*, Gf. „	1	—
„ *favosa*, Gf. „	1	—
Briozoaires, non déterminés.		

JURA SUPÉRIEUR.

Division et observations préliminaires. MM. Thurmann et Etallon, après s'être occupés quelques années des étages jurassiques supérieurs, ont fini par admettre la division suivante:

Groupe Virgulien. Puiss.: 51 mètres.	Zone épivirgulienne.	1. Calc. compactes stériles. Marno-calcaires stériles; Calc. à Nérinées, calc. à Madrépores . . . 14
	„ virgulienne.	2. Marnes à *Ostrea virgula*, schistes et lumachelles à *Ostrea virgula*. Lumachelles à Astartes; Marnes virguliennes 5
	„ hypovirgulienne.	3. Calc. à *Isocardia orbicularis* et *Pterocera Abyssi;* Calc. blancs et jaunes à *Trigonia concentrica* et *Venus Saussurii;* Calc. jaunes à *Pholadomya multicosta* et *Mactromya rugosa* 10
		4. Calcaires fissiles à *Venus parvula;* Calc. compactes à *Homomya hortulana;* „ „ blancs et stériles; „ caverneux stériles; „ grumeleux à taches verdâtres . . . 8
		5. Calc. blancs à *Rhyn. inconstans, Lima virgulina;* Calc. blancs à Polypiers. Calc. fissiles stériles; calc. caverneux stériles 10
		6. Marnes brunes à *Tellina incerta;* Marno-calcaires stériles; Sablo-calcaires stériles 4

Groupe strombien. Puiss. 51 m.

Epistrombien.

7. Calc. à *C. subclathrata* et *Nerinea subpyramidalis;*
Schistes à *Avicula* et *Melania Bronni* . . . 9
8. Calc. à *Ner. suprajurensis* et *bruntrutana;*
Calc. compactes stériles 16
9. Marno-calcaires et marnes schisteuses;
Calcaires compactes jaunes stériles;
10. Calc. compactes à *Nerinea bruntrut.* et *supraj.*
Calcaires compactes stériles; calcaires fissiles à
Venus parvula 10

Zone strombienne.

11. Marnes à *Pterocera Oceani* 7

Hypostrombien.

12. Calcaires à *Trigonia Parkinsoni;*
„ stériles 7
13. Calc. sablo-grumeleux à *Homomya hortulana, Pholadomya Protei, Hemicidaris Thurmanni* . . 2

Groupe astartien. Puiss. 73 m.

Epiastartien.

14. Calc. compactes stériles;
„ „ à *Ner. bruntrutana;*
15. „ stériles, calc. blancs à *Ner. Gosæ,* calc. oolithiques;
16. „ stériles, calc. à *Pinna granulata;* calc. bréchiformes à *Mytilus plicatus* 30
17. Calc. et lumachelles à *Apiocrinites Meriani* et *Pentacrinus Desori* 4
18. Calcaires et schistes à *Terebratula humeralis* et *Pecten Beaumontanus,* calc. stériles . . . 28

Zone astartienne.

19. Marnes et calc. à *Polypiers;* marnes et calc. stériles; lumachelle à *Ostrea bruntrutana* et *sequana* 5
20. Lumachelle à *Ostrea gregarea;*
Marnes et lumachelles diverses 4

Hypoastartien.

21. Marno-calc. oolithiques; marno-calc. dolomitoïdes
schistes à *Natica turbiniformis* et *Lucina Elsgaudiæ;*
Marnes stériles; alternances de calc. com. et
grumeleux 7
22. Calc. violâtres stériles;
„ blancs à *Astarte minima;*
„ oolithiques très-fins 3

Groupe corallien. Puiss. 65 m.

Epicorallien.

23. Calc. compactes stériles; calc. à *Terebratula insignis* 15
24. Calc. crayeux à *Diceras arietina* et *Nerinea bruntrutana;*
Calc. oolithiques; calc. substériles, calc. à Polypiers 15

Zone corallienne.

25. Calc. à Polypiers; calcaires à *Cidaris Blumenbachii;*
marno-calcaires à *Parendea* et *Astrospongia;*
marno-calcaires à *Microsalenia expansa* . . 15

Hypocorallien.

26. Arg. à sphérites, arg. grumeleuses à Pholadomyes 10
27. Argiles à chailles; argiles à *Millecrinus echinatus*
et *Rhynchonella Thurmanni;* marno-calc. stériles 10

MM. J. Thurmann et Etallon ont reconnu dans ces quatre groupes 798 espèces, dont 318 sont coralliennes (y compris les espèces du terrain à chailles), 190 astartiennes, 208 kimméridgiennes et 209 virguliennes. Un assez grand nombre d'espèces passent d'un groupe à l'autre.

Ces chiffres ne doivent être admis que sous toutes réserves; car nous avons acquis la conviction qu'ils seront un jour modifiés par une révision générale de ces espèces, qui serait fortement à désirer.

Quant à la division, nous la trouvons plus méthodique que naturelle; cependant nous n'y apportons pas de grands changements. Dans notre „ *Essai géologique* ", à l'exemple de plusieurs géologues, nous en avions détaché le terrain à chailles siliceux, soit l'hypocorallien, pour le réunir à l'étage oxfordien; car si, par ses échinides (échinides qui passent jusque dans l'étage kimméridgien) l'étage corallien proprement dit rappelle le terrain à chailles siliceux, il s'en distingue suffisamment par ses caractères stratigraphiques, pétrographiques et paléontologiques. Le géologue le plus maladroit ne confondra jamais l'assise et la faune du terrain à chailles siliceux du Thiergarten, du Fringuelet, avec les calcaires à Nérinées de la Caquerelle ou de Bure. Un rapprochement de ces terrains d'une manière ou de l'autre est également possible et nous n'attachons pas une grande importance quant au choix. Si nous abandonnons notre manière de voir pour admettre la classification ci-dessus, c'est surtout par la raison que celle-ci a été plus généralement admise. Nous aurons cependant une adjonction à faire à cette classification.

Comme nous l'observerons encore plus loin, la mer jurassique a eu un retrait gradué du NE. vers le SO. Il en est résulté vers la partie SO. de notre champ d'étude un dépôt jurassique qui n'existe point dans le rayon étudié par MM. J.Thurmann et Etallon. Ce dépôt, superposé *aux calcaires et aux marnes à Ostrea virgula,* et recouvert par les *couches de Purbeck* a été l'objet d'études approfondies de la part de M. P. de Loriol, et il a proposé avec plusieurs géologues de le nommer : „ étage *Portlandien.* " Le Jura supérieur renfermerait donc les étages : *Rauracien, Séquanien, Kimméridgien, Virgulien* et *Portlandien.* Les *couches de Purbeck,* dépôts saumâtres et fluvio-terrestres qui recouvrent immédiatement les terrains jurassiques, sont encore rangées parmi les étages jurassiques. En les désignant sous le nom d'étage *Purbeckien,* le Jura supérieur comprendrait ainsi six étages qui existent tous dans notre rayon.

IX. Rauracien ou Corallien.

Localité-type. M. Gressly envisageait l'ancienne Rauracie comme un des points les plus favorables pour l'étude complète de ce terrain, et il proposait de l'appeler étage *rauracien.*

Syn. *Groupe corallien* de MM. Marcou, Thurmann et Etallon; une partie de l'*étage corallien* de M. d'Orbigny; *Korallenkalk, die Schichten der Diceras arietina* des géologues allemands; *Coral rag* des Anglais.

Limites. Il commence au-dessus des *calcaires à Pholadomyes* de l'oxfordien et il finit avec les *calcaires à Nérinées* aux bancs marno-calcaires à *Lucina Elsgaudiæ, Nerinea Bruckneri* de l'étage séquanien.

Physionomie et distribution de l'étage rauracien. Si MM. Thurmann et Etallon par leurs *Etudes sur les terrains jurassiques supérieurs* ont fait avancer la géologie du Jura, M. Gressly a bien mérité de la géologie en général par ses vues profondes et originales sur l'étage corallien.

Il y a trente ans environ que ce géologue, rappelant un anachorète par son extérieur et par son mode de vivre, couchant à la belle étoile, se nourrissant de baies de sorbier, de feuilles de sainfoin, s'écriait, sous l'inspiration des magnifiques bancs de Coraux, de Bivalves et de Gastéropodes de la Caquerelle : „Ici, il y a autre chose que les restes d'un déluge ! "

Après quinze jours de recherches et de méditations sur cette montagne, Gressly poursuivit ses investigations dans le Jura et les pays voisins, et il reconnut les dépôts d'une ancienne mer, possédant tous les caractères de ceux que nous voyons actuellement se former dans les mers modernes. Il proclama ici un facies pélagique, là un facies subpélagique, dans un troisième endroit un facies côtier; il indiqua dans tel lieu un îlot coralligène, dans tel autre une terre ferme. Cette idée a été reproduite dans le bel ouvrage de M. le prof. Heer: „*Urwelt der Schweiz* " . Il nous montre pendant l'âge corallien comme terre ferme les Vosges et la Forêt-Noire; comme point littoral le bassin alsatique et le Jura septentrional, et comme région pélagique le Jura méridional. Il nous rend ainsi compte des riches et puissants sédiments coralliens dans ces chaînes septentrionales, de leur diminution dans le Jura central, de leur pauvreté ou même de leur disparition vers le Jura méridional, y compris une partie des cantons de Neuchâtel, de Soleure et d'Argovie.

„Déjà, ajoute ce savant, dans les gorges de Court la présence de l'étage corallien est plus que douteuse, et dans les chaînes extérieures qui bordent le littoral suisse il paraît ne plus exister du tout, tout au plus son annexe, le terrain à chailles supérieur, indique-t-il encore sporadiquement la place qu'il occupe dans la série des terrains jurassiques. Il en résulte que, dans ce cas, l'astartien inférieur repose plus ou moins directement sur les dépôts de l'étage oxfordien. Il en est autrement dans les régions littorales précitées: on voit s'y développer, parmi les îlots des coraux, les nombreuses colonies de mollusques, des roches calcaires d'une puissance de plus de 100 mètres, pour la plupart oolithiques, crayeuses, qui, d'habitude, ressemblent tellement aux diverses oolithes blanches de l'Astartien, que, sans une attention toute particulière, rien n'est plus facile que de les confondre.“

Des recherches nombreuses et suivies n'ont fait jusqu'à présent que confirmer les observations de M. Gressly, en leur faisant cependant subir quelques modifications.

L'étage corallien existe bien dans les chaînes centrales et méridionales du Jura, indépendamment du terrain à chailles. Il est très-développé dans celle de Vellerat-Mont. Les calcaires à *Pecten solidus* existent dans la chaîne du Raimeux. Nous avons aussi remarqué l'oolithe corallienne dans la chaîne du Chasseral, au sud de Liegerzberg, aux Joux derrières, nord de la Chaux-de-Fonds et ailleurs.

L'étage rauracien est étudié depuis longtemps dans la Franche-Comté. MM. P. Merian, Frommherz, Sandberger, Schyll, Quenstedt, l'ont fait connaître dans le grand-duché de Bade et dans le Wurtemberg.

Ces recherches nouvelles n'ont point infirmé les idées de M. Gressly. Pendant l'époque rauracienne le Jura septentrional a conservé la physionomie littorale ou coralligène qu'il avait déjà affectée vers la fin de l'époque oxfordienne. Les bancs de coraux de la Caquerelle, de Soyhière, de Montmelon, qu'on peut poursuivre en remontant le Doubs jusqu'à Biaufond, et qui sont peuplés de genres coralligènes: *Ostrea, Hinnites, Diceras, Nerinea, Echinus, Cidaris*, le prouvent de la manière la plus évidente. Vers le centre du Jura, à la montagne de Moutier, la mer devenant plus profonde, le facies corallien tend à disparaître pour reparaître vers le S-E., comme nous l'avons dit.

Si les caractères généraux de la mer corallienne nous sont déjà un peu connus, nous possédons aussi quelques connaissances sur sa faune, qui est bien loin d'être aussi circonscrite, aussi constante qu'on l'a cru autrefois. Nous la voyons, en effet, dans ses allures vagabondes, dépendre moins de l'âge que des dispositions des mers, et quant à leur profondeur et quant à la nature de leur bassin.

Ce phénomène n'est point particulier à l'étage corallien. Dans notre étude précédente nous avons vu en effet des espèces, une faunule même apparaître dans l'étage bajocien, se mélanger avec celle du bathonien, manquer dans le callovien, les conditions de vie ne leur convenant pas, et reparaître dans l'étage oxfordien.

Le Jura supérieur paraît nous donner la même leçon.

En effet, la faune suivante, sans trop s'embarrasser des temps géologiques, ne se trouve-t-elle pas à la fois dans le terrain à chailles siliceux (rarement dans le corallien) et dans la zone astartienne, terrains minéralogiquement parlant identiques et ayant en conséquence été formés dans des mers analogues et pourtant différentes d'âge?

Parmi les espèces communes au *terrain à chailles oolithique* et aux assises astartiennes oolithiques nous comptons:

Phasianella striata, d'Orb.	*Terebratula Delemontana,* Oppel. *(T. Moravica.)*
Pholadomya parcicosta, Ag.	„ *bisuffarcinata,* Ziet. *(T. Bauhini,* Et.)
Pecten vimineus, Sow.	*Cidaris Blumenbachii,* Münst.
„ *rigidus,* Gressly.	„ *Parandieri,* Ag.
„ *Rauraciensis,* Grepp.	*Hemicidaris crenularis,* Ag.
Mytilus subpectinatus, Sow.	„ *intermedia,* Forbes.
Ostrea cotyledon, Ctj.	„ *cervicalis,* Ag.
„ *spiralis,* d'Orb.	*Glypticus hieroglyphicus,* Ag.
„ *gregaria,* Sow.	*Stomechinus lineatus,* Gf.
Exogyra conica, sp.	„ *perlatus,* Desm.
Rhynchonella inconstans, d'Orb.	*Pedina sublævis,* Ag.

Les calcaires blancs crayeux du *corallien* et les calcaires oolithiques blancs et crayeux de l'*Astartien* offrent le même phénomène.

Ces bancs sont donc *isolithes* et *isozoïques*, c'est-à-dire qu'ils possèdent des caractères pétrographiques et paléontologiques semblables, bien qu'ils soient très-différents quant à l'âge.

D'autres fois les choses se passent plus simplement.

Des espèces apparaissent dans une localité et s'y maintiennent pendant quelques étages. Nous citerons comme exemple Elay, où M. Mathey a recueilli dans la même assise des espèces oxfordiennes, coralliennes et astartiennes!

En poursuivant ce genre d'observation, mais toujours dans des stations isolithes, et en sortant d'un point d'étude restreint pour en comprendre un plus étendu, *on arrivera* probablement *à admettre pour le Jura supérieur une même et unique faune, un seul étage*, se reliant au Jura moyen et même au Jura inférieur; puisque M. Desor en parlant de l'*Echinobrissus Bourgeti* de l'astartien et de l'*Echinobrissus clunicularis* du bathonien, dit: „N'était la différence de gisement, on n'hésiterait peut-être pas à les identifier." Il serait assez intéressant de distinguer *à coup sûr* la *Terebratula lagenalis* du bathonien de la *Terebratula Delemontana* du terrain à chailles siliceux, si l'on tient compte encore des variétés qu'affectent souvent ces espèces. Il nous serait facile de multiplier ces exemples.

Cette manière de voir admise, on arriverait à résoudre bien des difficultés, à excuser bien des erreurs. Ainsi sur des points différents, des assises astartiennes contemporaines affecteront ici un cachet corallien, et là elles garderont le type astartien. Le premier point sera décrit comme corallien et l'autre comme astartien. Pourtant, une étude stratigraphique aurait bien vite fait justice d'une erreur de cette nature, que la paléontologie aurait été impuissante à reconnaître!

Nous nous expliquons ainsi une foule de données en apparence contradictoires et dont notre théorie donne une explication facile; c'est ainsi que MM. Roemer et Buvignier placent telles ou telles espèces dans le corallien, tandis que dans le Jura ces mêmes espèces sont astartiennes. La *zone à Ammonites cordatus* se présentera en Allemagne, d'après M. Waagen [1], dans le fer sous-oxfordien, tandis que, dans le Jura bernois, elle se trouvera *dans le terrain à chailles marno-calcaire* de la Paturatte.

Ces faits mettent au jour le côté faible du système des zones fossilifères de la jeune école d'Allemagne.

Ces quelques lignes suffiront aussi pour faire ressortir l'importance, la nécessité même, des recherches stratigraphiques et paléontologiques locales, de même que la réserve qu'il faut apporter dans la généralisation de certains faits.

En attendant que la paléontologie ait dit son dernier mot sur cette question, que l'on ait recueilli assez de matériaux pour arriver à la simplification de l'étude des terrains jurassiques supérieurs, nous maintiendrons notre division, dont le côté scientifique peut être attaqué, mais qui a cependant l'avantage incontestable d'être très-pratique.

[1] *Der Jura in Franken, Schwaben und der Schweiz*, von Waagen, München 1864.

L'étage corallien comprendra donc trois assises, appelées d'après les anciennes dénominations de J. Thurmann:

1. *Terrain à chailles siliceux,*
2. *Oolithe corallienne* et
3. *le calcaire à Nérinées.*

1. *Terrain à chailles siliceux.*

SYN. *Calcaire à Scyphies supérieur* de M. Gressly; *Hypocorallien* de MM. Thurmann et Etallon.

Pétrographie. Calcaires marno-compactes, souvent très-dûrs, sableux, silicéo-calcaires, grenus; dans le haut de la série les calcaires sont oolithiques, jaunâtres, lumachelliques; les marnes de la même couleur sont en plaquettes ou en masse grumeleuse.

Cet ensemble renferme des sphérithes, des concrétions spathiques, souvent calcédonieuses, et de nombreux fossiles à pâte siliceuse, saccharoïde. On y rencontre aussi plusieurs stations coralligènes, qui sont recouvertes d'innombrables Echinides, Polypiers, Pectinacées, Mytilacées et de grands Gastéropodes: *Phasianella striata, Trochus Leopoldi.*

Distribution géographique. Les localités intéressantes de terrain à chailles siliceux sont:

Le *Fringuelet,* lieu classique, auquel on doit un si grand nombre d'observations, de coupes publiées, et un si honorable contingent de beaux fossiles.

Le *Thiergarten,* à l'O. de Vermes, remarquable par le bel affleurement que nous venons de faire connaître.

Develier-dessus. Au nord de ce village, dans le haut du chemin des Sarasins, se trouve un calcaire à oolithes miliaires, jaune, se désagrégeant facilement. Ce calcaire nous a fourni plus de deux milles Echinides, se rattachant à 22 espèces. Cette belle colonie d'Oursins est associée aux espèces habituelles du terrain à chailles siliceux: *Malania striata, Pecten Verdati, octoplicatus, Ducreti, erinaceus, Terebr. Galiennei.*

Soyhière, Ring, Bourrignon, Châtillon, la Combe de Bonambé, Saignelegier, nous ont fourni de jolies espèces.

La partie E. du cirque de la *Reuchenette* offre un affleurement assez complet du terrain à chailles siliceux et de l'étage corallien proprement dit. Nous y avons recueilli les fossiles propres aux assises chailleuses: *Pholadomya pelagica, Lima Bernouilli, Ostrea dilatata, Rhynchonella inconstans, Stomechinus lineatus.*

Si cette subdivision corallienne a de nombreux et de beaux affleurements dans le Jura bernois, elle n'est pas moins remarquable dans le canton de Soleure. Comme nous l'avons dit, il y a plus de vingt ans que M. Gressly a reconnu au *Günsberg* le calcaire à Scyphies inférieur et supérieur, et qu'il avertissait les géologues de ne pas les confondre.

Le plateau de Hobel, la Clus entre Baumgarten et Grellingen, la Clus de Pfeffingen sont aussi d'intéressantes stations du terrain à chailles siliceux. Enfin M. Mœsch l'a observé et décrit dans le canton d'Argovie sous le nom de *Crenularisschichten.*

Le terrain à chailles siliceux constitue bien un horizon fort étendu dans le Jura central, mais il n'est point général. Comme nous l'avons déjà dit, nous l'avons vainement cherché dans les gorges du Pichoux, de Court et de Moutier; nous venons d'en donner la raison. Il reste encore un problème important à résoudre. Le terrain à chailles siliceux est sans contredit un faciès coralligène, peut-être littoral, mais où est son faciès pélagique dans notre champ d'étude ou ailleurs? Serait-il dans ces calcaires du Pichoux, que leur faune assimilerait aux *couches de Geisberg* du canton d'Argovie, ou dans les calcaires stériles qui les recouvrent? Nous posons la question sans la résoudre. Au Golat, nord du village d'Undervelier, le terrain à chailles calcaire et siliceux est très-caractérisé; au sud de ce village, au Pichoux, on ne rencontre plus le dernier; c'est donc sur ce point, malheureusement recouvert, que de nouvelles recherches devraient être dirigées.

Puissance : 20 à 30 mètres.

Faune du terrain à chailles siliceux.

Lepidotus gigas, Ag. Nord de Delémont.	*Belemnites hastatus*, Blainv. Commune.
Serpula spiralis, Münst. Commune.	*Ammonites plicatilis*, d'Orb. Bois du Treuil, au nord de Soyhière.
„ *limata*, Münst. „	*Chemnitzia Heddingtonensis*, Sow. Partout.
„ *subangulosa*, Qu. „	„ *athleta*, d'Orb. Pleigne.
„ *gordialis*, Gf. „	*Phasianella striata*, d'Orb. Partout.
„ *vertebralis*, Sow. „	*Trochus sublineatus*, Gf. Thiergarten.
„ *Deshayesi*, Qu. „	„ *Leopoldi*, Grepp. Bois du Treuil.
„ *heliciformis*, Gf. „	(V. Essai géol. pag. 68.)
„ *ilium*, Gf. „	*Turbo Meriani*, Gf. Thiergarten.
„ *delphinula*, Gf. „	

Turbo tegulatus, Gf. Seewen.
Delphinula funata, Gf. „
Pleurotomaria Münsteri, Roem. Thiergarten.
Pholadomya parcicosta, Ag. Montfaucon.
„ *cor*, Ag. Seewen.
„ *exaltata*, Ag. Brelincourt.
„ *pelagica*, Ag. „
Opis cardissoides, Qu. Fringuelet, Clus de
Pfeffingen, de Grellingen.
„ *lunula silicea*, Qu. Clus de Pfeffingen.
„ *Arduennensis*, d'Orb. et Buv. „
Astarte subnucleus, Grepp. Scheltenmühle.
V. Essai géol. p. 69.
„ *nucleus*, Mer. Etang de Bollmann, à
l'ouest de Glovelier.
„ *Rauracica*, Grepp. Scheltenmühle.
„ *elegans*, Ziet. (Qu. Jura, Tab. 93, f. 31)
Clus de Pfeffingen.
Nucula subacuta, Grepp. Scheltenmühle.
Trigonia monilifera, Ag. Montfaucon.
„ *costata silicea*, Qu. Vellerat.
„ *echinophila*, Grepp. Develier - dessus,
couche à Echinides.
Arca æmula, Phil. Thiergarten.
„ *Helecita*, d'Orb. „
„ *Meriani*, Grepp. Develier-dessus.
Isoarca transversa, Münst. Fringuelet.
„ *texata*, Gf. „
Monotis pulchella, Grepp. Cras de Benesse,
à l'ouest de Develier.
Avicula angularis, Grepp. Fringuelet, Bo-
nambé, au sud de Glovelier.
Mytilus subpectinatus, d'Orb. Partout.
Nos exemplaires beaucoup plus grands que
dans le Kimméridgien.
Syn. *M. pectinatus*, Sow.
„ *tulipeus*, Sow. Commun.
Syn. *M. imbricatus*, d'Orb.
„ *carinatus*, Grepp. Vorburg.
Lithodomus siliceus, Qu. I.d.Bächle, s.d'Envlr.
Gervillia aviculoïdes, Sow. Commun.
Pinna fibrosa, Mer. „
Syn. *Trichites giganteus*, Qu.
„ *verrucosa*, Grepp. Bavelier, sud de St.
Ursanne, chemin de Montenol.
Très-voisine de la *P. ampla*, Gf.
J. B. GREPPIN. Géologie du Jura bernois.

Lima Streitbergensis, d'Orb. Partout.
„ *Bernoullii*, Mer. „
„ *Münsteriana*, d'Orb. Bonambé.
Syn. *L. elongata*, Münst.
„ *pectiniformis*, Schloth. Partout.
Syn. *L. prosbosciformis*, Grepp.
„ *duplicata*, d'Orb. Knet, près de Bellerive.
Pecten vimineus, Sow. Partout.
„ *inæquicostatus*, Phil. „
Syn. *P. octocostatus*, Roem. Partout.
„ *subarmatus*, Münst. „
Syn. *P. didymus*, Mer. *P. Lauræ*, Et.
„ *solidus*, Roem. Partout.
„ *subintertextus*, Roem. Thiergrtn., Fringlt.
„ *Rauraciensis*, Grepp. Partout.
„ *Verdati*, Voltz. Partout.
Syn. *P. globosus*, Mer. et Qu.
P. sphæricus, Bronn.
„ *erinaceus*, Buv. Develier-dessus.
Collection de M. Mathey.
„ *Ducreti*, Grepp. Partout.
Non *P. lens*, Sow. Confondu avec le *P. lens*
du Bathonien, il s'en distingue par sa forme plus
allongée, plus aplatie à la partie antérieure et
par ses ailes beaucoup plus étroites.
„ *ingens*, Grepp. Pleigne, Ederschwyler,
Paturatte, Cerniers de Rebévelier.
C'est la plus grande espèce de Pecten que
nous connaissions. Long. 240 mm., larg. 200 mm.,
épais. 60 mm. Elle est munie de 10 à 12 côtes
très-larges et presque plates.
Hinnites velatus, d'Orb. Cras de Benesse,
Fringuelet.
Ostrea Roemeri, Qu. Bourrignon, à la Perche,
près Montbéliard.
„ *conica*, Grepp. Develier-dessus, Ederschwyler, Saignelegier.
„ *gregaria*, Sow. et d'Orb. Partout.
„ *dilatata*, Desh. Partout.
Syn. *Gryphæa dilatata*, Sow.
„ *duriuscula*, Bean. et d'Orb. Ederschwyler, Thiergarten, Rondchâtel.
Syn. *O. planaria*, Mer.
Nous possédons des exemplaires de cette espèce qui ont une long. de 170 mm., une larg.
de 150 mm., et dont l'épaisseur n'est que de
25 mm. Elle a quelques rapports avec l'*O. caprina*, Mer., des couches de Geissberg.

11

C. Marshiformis, Grepp. Thiergarten, Cras de Benesse.

Syn. *O. Marshi*, d'Orb. *O. dextrorsum*, Qu.

M. d'Orbigny, qui a tant eu de répugnance à faire passer un fossile par divers étages, réunit, en effet, cette huître à son *O. Marshi.* Elle nous paraît cependant s'en distinguer par sa taille plus petite, ses côtes plus minces, plus finement plissées, plus nombreuses et non dychotomes, ainsi que par sa forme plus voûtée, plus arrondie, moins allongée.

Nous possédons encore quelques espèces trèsvoisines de celles de l'étage séquanien qui sont:

" *spiralis*, d'Orb. Thiergarten, Saignelegier.
" *quadrata*, Et.   "   "
Rütimatt, à l'O. de la Burg.
" *subnana*, Et. Thiergarten,   "
" *cotyledon*, Ctj.   "   "
Plicatula semiarmata, Et. Fringuelet, Soyhière.
" *subserrata*, Gf.   "
" *tubulifera*, Lk. Ring.
Terebratula Delemontana, Oppel. Partout.

Syn. *T. lagenalis*, Schloth.
" *sublagenalis*, Sow. Thiergarten.
" *bucculenta*, Sow. Partout.

Plus ramassée que la précédente.

" *indentata*, Qu. Pl. 91, f. 8. Chemin Bourquin, au nord de Delémont.
" *insignis*, Ziet. Partout.
" *Galliennei*, d'Orb. Partout.
" *nutans*, Mer.   "

Quoique plus petites, ces deux dernières espèces ne sont peut-être rien d'autre que:

" *bisuffarcinata*, Ziet.

Commune à Seewen et associée aux espèces des t. à chailles siliceux, qui sont toutes plus grandes que dans les environs de Delémont.

" *orbis*, Qu. Sur Chêtre, au nord de Delémont.
" *gutta*, Qu.   "   "   "
Rhynchonella Thurmanni, Voltz. Partout et très-caractéristique.
" *acarus*, Mer. Partout.

Syn. *R. subrimosa*, Münst.
" *helvetica*. Partout.

Syn. *R. pinguis*, Oppel. *R. inconstans*, Sow.
" *R. pectinata*.

L'espèce anglaise *R. inconstans* est kimméridgienne.

R. reticulata, Schloth. Sur Chêtre, Ring, Flühen, Istein,
" *trigonella*, Schloth. Seewen, c. à Echinides.
" *trilobata*, Ziet. Châtillon.

Espèce des couches à *Hemicidaris crenularis* du canton d'Argovie.

" *spinulosa*, Oppel. Partout.

Elle est siliceuse au Raimeux.

Megerlea pectunculus, Schloth. Thiergarten, Oberbuchsiten, Seewen.

Syn. *Rhynchonella pectunculoïdes*, v. Buch et Qu. Tab. 90, f. 47-51.

Cidaris florigemma, Phil.

Syn. *C. philastarte*, Thurm.
Var. *monilifera*, Gf.
" *digitata*, Des.

Fringuelet, Thiergarten, Ring, Flühen, Clus de Pfeffingen, Saignelegier, Rondchâtel, etc.

" *Blumenbachii*, Gf.

Syn. *C. Parandieri*, Ag.
Develier-dessus, Fringuelet, Thiergrtn., Ring, Clus de Pfeffingen, Goumois, etc.
" *cervicalis*, Ag. Fringuelet, Ederschwyler, Liesberg, Ring, Develier-dessus.
" *coronata*, Gf. Thiergarten, Delémont, Châtillon.
" *oculata*, Ag. Vellerat.
" *Ducreti*, de Lor. Ring, Fringuelet, Liesberg, Thiergarten.
" *propingua*, Gf. Thiergarten.
" *Drogiaca*, Cott. Bois du Treuil, à l'est de Soyhière.

Joli exemplaire trouvé en Suisse pour la première fois par L. Greppin.

Rhabdocidaris cylindrica, Qu. Fringuelet, Thiergarten.

" *megalocantha*, Des. Develier-dessus.
" *nobilis*, Ag. Thiergarten.
" *caprimontana*. Wahlen, Fringuelet.
Diplocidaris gigantea, Des. Fringuelet, Arbortswyl.
" *Etalloni*, de Lor. Fringuelet.
Hemicidaris crenularis, Ag. Partout.
" *intermedia*, Forbes.   "

H. undulata, Ag. Clus de Pfeffingen, Fringuelet, Wahlen.
Heterodiadema Matheyi, de Lor. Fringuelet.
Pseudodiadema princeps, Ph. Seewen.
„ *priscum*, Ag. Seewen, Ring, Fringuelet.
„ *aciculatum*, Cott. Thiergarten.
„ *tetragramma*, Ag. Develier-dessus.
„ *bipunctatum*, Des. Sur Chêtre, Nord de
Delémont.
„ *versipora*, Phil. Fringuelet, Thiergarten,
Saignelegier, Châtillon.
„ *gratiosum*, Des. Ring, Wahlen.
„ *Thurmanni*, Des. Montfaucon.
„ *subangularis*, Mcoy. Niederdorf.
„ *Anonii*, Des. Fringuelet, Seewen.
Hemidiadema Gagnebini, Des. Develier -
dessus.
Pedina sublævis, Ag. Très-grands exem-
plaires de Seewen, Graitery, Fringuelet,
Combe d'Eschert.
Hemipedina rotula, Des. Oberbuchsiten.
Hypodiadema florescens, Des. Blauen.
Glypticus hieroglyphicus, Ag. Commun.
Magnosia decorata, Ag. Fringuelet, Ober-
buchsiten.
Stomechinus perlatus, Desm. Fringuelet, See-
wen, Bonambé, Combe d'Eschert, Thier-
garten.
„ *gyratus*, Des. Fringuelet, Seewen, Mer-
velier, Thiergarten.
Phymechinus mirabilis, Ag. Develier-dessus.
Acrosalenia angularis, Ag.   „
Oberbuchsiten.
Syn. *A. decorata*, Whrigt.   „
Pygaster tenuis, Ag. Seewen,   „
Laufon, Mont-Terrible.
Holectypus arenatus, Des.
Syn. *H. Argoviensis.*
Fringuelet, Seewen.   „
„ *Meriani*, Des.   „
„ *giganteus*, Des. Val de Laufon.
Collyrites bicordata, Des. Partout.
Syn. *Dysaster propinquus*, Ag.
Dysaster granulosus, Ag. Fringuelet, Ring,
Seewen.
Syn. *Nucleolites granulosus*, Münst.

Se rencontre aussi dans le terrain à chailles
marno-calcaire de Seewen, de Günsberg, d'Oberbuchsiten, de Waldenburg, de même que dans
les couches d'Effingen.

Echinobrissus scutatus, Lam. Develier-dess.
„ *dimidiatus*, Phill.
Variété probable de l'espèce précédente.
Clypeopygus sandalinus, Des. Develier-dessus.
Clypeus subulatus, Whr.   „
Trouvé en Suisse pour la première fois.
„ *gibbosus*, Mer. Develier-dessus.
Pygurus Icaunensis, Cott.   „
Recueilli en Suisse pour la première fois par
M. Mathey.
„ *Gagnebini*, Des. Develier-dessus.
Comatula Matheyi, Grepp. Develier, couche
à Echinides.
Apiocrinus rosaceus, Gf. Commune.
Syn. *Apiocrinus polycyphus*, Th. et Et.
Millericrinus Münsterianus, d'Orb.
„ *Milleri*, Schloth, Fringuelet.
Syn. *Millericrinus Milleri*, d'Orb.
          „   *Greppini*, Oppel.
„ *echinatus*, Qu. Commune.
Syn. *Rhodocrinites echinatus*, Schloth.
„ *mespiliformis*, Schloth. N. de Movelier.
Syn. *Millericrinus mespiliformis*, d'Orb.
„ *Goldfussi*, d'Orb. Bel exempl. d'Eder-
schwyler.
„ *nodotianus*, d'Orb. Thiergarten, Vellerat.
Pentacrinus subteres, Münst. Sur Chêtre, au
nord de Delémont, Clus de Pfeffingen.
„ *cingulatus*, Münst. Sur Chêtre, Fringue-
let, Istein.
Thamnastrea concinna, E. et H.
Commune dans le t. à chailles siliceux et voi-
sine de l'espèce astartienne : *T. portlandica*, Et.
„ *genevensis*, Edw. Thiergarten.
Syn. *Astrea cristata*, Gf.
Astrea helianthoïdes, Gf. Commune.
Syn. *Isastrea Goldfussana*, Edw.
„ *microconos*, Gf. Clus de Pfeffingen.
Thecosmilia laxata, Et. Sur Chêtre.
Montlivaltia dispar, Ed. Mervelier, Seewen.
Syn. *Anthophyllum obconicum*, Münst.
„ *subcylindrica*, E. et H. Bonambé, Sur
Chêtre, Thiergarten.

M. dilatata, E. et H. Assoc. à la *M. dispar.*
„ *turbinata*, Edw. Thiergarten.
Ces espèces de *Montlivaltia* doivent être révisées.
Protoseris Waltoni, E. et H. Magnifique exemplaire de la Clus de Pfeffingen.
Agaricia granulata, Münst.
Syn. *A. foliacea*, Qu.
Commune partout et forme un bon horizon géologique.
Quelques espèces de la forme des *Cnemidium*, dont les plus communes sont :
C. mamillare, Gf.
„ *corallinum*, Qu.

Achillum costatum, Gf.
Spongites glomeratus, Qu.
„ *astrophorus caloporus*, Qu.
Ceriopora striata, Gf. Fringuelet, Thiergarten, Seewen.
Syn. *Neuropora striata*, Et.
„ *radiata*, Gf. Thiergarten.
Alecto dichotoma, Qu. Seewen, couches à Echinides.
Ceriospongia Bernensis, Et. Hobel.
Parendea amicorum, Et. Partout.
„ *gracilis*, Et.
„ *floriceps*, Et.
Manon marginatum Gf. Clus de Pfeffingen.

2. Oolithe corallienne.

Pétrographie. Elle est formée de calcaires oolithiques, blanchâtres, grisâtres ou même bleuâtres, empâtant de nombreux fragments de coquilles ou de coraux roulés, cependant souvent reconnaissables; bancs épais, assez réguliers, grumeleux; même fissiles. — *Puissance :* 5 à 10 mètres.

Fossiles nombreux, souvent brisés et usés par le frottement.

Distribution géographique. Cette roche se reproduit avec les mêmes caractères dans les chaînes du Blauenberg, du Bueberg, du Mont-Terrible, de Vellerat-Courtetelle. Les points sur lesquels nous l'avons particulièrement observée sont à Pleigne, à Courfaivre: dans le haut du Peu-Bie, au côté sud du pré de Chenal de Soulce; dans le district de Laufon, dans les cantons de Soleure et de Bâle.

Zwingen peut être envisagé comme type de cette assise, tant pour la beauté, la puissance (10 m.) du gîsement, que pour la richesse de ses fossiles. Nous en donnerons la coupe plus tard. Les calcaires à *Cerithium corallense*, *Arca reticulata*, *Pecten solidus*, *Ostrea dilatata* nous paraissent encore représenter l'hypocorallien dans les chaînes méridionales, ainsi que nous l'avons observé à la Scierie Gobat, nord de Moutier, dans les gorges de Court, à Chasseral et aux Joux derrières, nord de la Chaux-de-Fonds.

Les fossiles habituels à ce facies sont :

Des dents de *Crocodiles* et de *Poissons*, ensuite les espèces suivantes :

Ammonites plicatilis, d'Orb. Blauen.
Coll. de M. Matthey.
Chemnitzia athleta, d'Orb.

Ch. Laufonensis, Th.
Nerinea elegans, Th.
„ *Visurgis*, d'Orb.

N. Laufonensis, Th.
„ *Roemeri,* Phil.
„ *Defrancei,* Desh.
„ *Mandelslohi,* Br.
Cerithium corallense, Buv.
„ *limiforme,* Roem.
Trochus angulatoplicatus, Münst.
Trigonia Meriani, Ag.
„ *geographica,* Ag.
Cardita squamicarina, Buv.
Astarte percrassa, Et.
„ *pseudolœvis,* d'Orb.
„ *robusta,* Et.
Opis semilunulata, Et.
Lucina Ruppellensis, d'Orb.
„ *Delia,* d'Orb.
Corbis Collardi, Et.
Arca Laufonensis, Et.
„ *bipartita,* Roem.
Lima corallina, Th.
„ *Meriani,* Et.
Pecten solidus, Roem. Gempenstollen.
„ *subtextorius,* Mü. „
„ *vimineus,* Sow. *(P. articulatus,* Mü.)
„ *Pagnardi,* Et.
„ *septemcostatus,* Roem.

P. subfibrosus, d'Orb.
Pinna verrucosa, Grepp. Zwingen.
Lithodomus Sowerbyi, Th. „
Mytilus Rauracicus, Grepp.

Long. 120 mm., larg. 65 mm., cunéiforme, test très-mince, 1/2 mm., lisse, avec plis d'accroissement assez grands; on remarque sur le moule les empreintes de lignes longitudinales fines et nombreuses. La partie antérieure de la coquille est comprimée latéralement et relevée, et forme ainsi deux carènes et un dos presque plat. — De Blauen; collection de M. Matthey.

Gervillia sulcata, Et.
Ostrea suborbicularis, Roem.
„ *subnana,* Et.
„ *quadrata,* Et.
Exogyra conica, Grepp.

Crochets recourbés, saillants, infléchis latéralement; le bord opposé aux crochets est assez large, presque vertical, muni de côtes longitudinales assez nombreuses: 35 à 40; long. 14 mm., larg. 10 mm.

Rhynchonella acarus, Gempenstollen.
Terebratula insignis, Schüb. Pleigne, Istein dans le grand-duché de Bade.
„ *Moravica,* Glöck. Gempenstollen.
Glypticus hieroglyphicus.

Ces espèces ont été recueillies à Zwingen, Tittingen, Blauen, au Peu-Bie et à Pleigne.

3. *Calcaire à Nérinées.*

Pétrographie. Calcaire à texture compacte, lithographique, saccharoïde ou crayeuse, même tufeuse, de couleurs claires, d'une désagrégation facile, formant des bancs très-puissants. Ces caractères pétrographiques varient d'une localité à l'autre.

Distribution géographique. Cette zone à Nérinées est très-répandue dans le Jura, ainsi que nous l'avons démontré ci-dessus. On peut l'étudier dans toutes les chaînes septentrionales. Dans la chaîne de Blauen, elle se montre à Tittingen, Blauen, Zwingen, sur le plateau de Hobel, au sud de Winkel. Les carrières à Nérinées de Soyhière étaient probablement déjà connues des Romains. Les calcaires crayeux, faciles à tailler, qu'on exploite à la Caquerelle depuis quelques siècles, se poursuivent dans le bassin du Doubs par Montmelon, Tariche jusqu'à notre limite occidentale, Gourgouton, Bief d'Etoz. Les calcaires à Nérinées et à Polypiers s'observent encore à Montfaucon et au Rosselet. Dans cette dernière limite, on voit au tournant de la route vers les Breuleux un calcaire gris, blanchâtre, grumeleux rempli de Nérinées et de Polypiers habituels à cette zone corallienne; mais dans cette région, cette assise corallienne est réduite à des proportions bien minimes, à quelques mètres seulement. Un peu plus au sud, nous avons bien cru reconnaître encore la roche à Nérinées du Rosselet, mais sans fossiles. Ces observations sur le plateau des Franches-Montagnes seraient donc conformes à ce que nous avons dit plus haut, savoir que la zone corallienne à Nérinées et à Polypiers diminuerait insensiblement vers le sud et se transformerait en une assise de rochers grisâtres, grumeleux et presque stériles. Les mêmes résultats ont été obtenus par M. le curé Cartier dans le prolongement du Weissenstein vers l'est. Ce savant nous a montré des fragments de Polypiers et de Nérinées qu'il a recueillis au nord d'Oberbuchsiten vers la base du massif du Jura supérieur, et qui sont bien des indices de la présence de l'étage rauracien dans cette contrée.

Les Pl. 94 et 95 de l'ouvrage classique de M. Quenstedt, *weisser Epsilon*, pars, prouvent assez que le facies à Nérinées existe dans le Wurtemberg. Il est très-bien représenté dans le Jura occidental, dans la Franche-Comté, dans le département de l'Ain. A Nantua, ses fossiles caractéristiques sont d'une conservation parfaite.

Puissance: 20 à 80 mètres.

Utilité technique. Le calcaire à Nérinées, se laissant facilement tailler, scier et sculpter, a été et est encore exploité en bien des endroits.

Des tombeaux et diverses constructions d'art de l'époque romaine sont faits de cette roche. Les pierres de taille de certains châteaux du moyen-âge sont sorties des couches à Nérinées, et ont jusqu'à ce jour résisté aux influences atmosphériques.

Les carrières de Tittingen, d'Hoggerwald près de Klein-Lutzel, de l'est de Soyhière, de la Caquerelle, de Villars-le-Sec, de Boncourt, de Buix et surtout celle de Bure, fournissent encore une pierre de taille assez estimée.

Les bancs inférieurs de l'étage corallien, plus puissants, plus durs, plus compactes, ont aussi été exploités dans quelques endroits; mais à cause de la nature écailleuse, vitreuse de cette roche, elle n'est pas recherchée des tailleurs de pierre. Elle rendrait cependant de bons services pour des constructions grossières, mais solides.

Voici la coupe de cette subdivision prise au Vorburg:

Terrains modernes, quaternaires et sidérolithiques : des lambeaux.

		Ep. en m.
Hypoptérocér.	Couche marno-calcaire à *Hemicidaris Thurmanni ;*	
	Calcaire compacte à cassure conchoïdale, vitreuse, exploité, riche en *Pinnigena Saussurii, Nautilus giganteus ;*	
	Calc. jaunâtre à fucoïdes	10,00

Etage : Séquanien.	Rocaille arrondie, en forme de galets ;	
	Bancs calc. minces ;	
	„ „ mal stratifiés, (rocaille) de couleur jaunâtre avec taches ou places rougeâtres, violettes	8,00
	Bancs de calcaires minces	4,00
	Bancs calc. puissants, fendillés, blanchâtres, compactes ou oolithiques à *Pygurus tenuis, P. Blumenbachii*	9,70
	Calc. blancs, oolithiques	2,50
	„ „ „	1,00
	„ compactes, jaunes, dolomitiques	0,70
	„ „ grumeleux	1,00
	„ „ brèchiformes	1,20
	„ „ suboolithiques	4,40
	„ grisâtres, formant aves les oolithes une masse subcompacte, parfois rosée	4,00
	„ compactes, oolithiques	6,00
	„ „ „ rosés	5,00
	„ noir de fumée	2,60
	„ jaunâtres, bruns, très-durs, à cassure squameuse ;	
	Rocaille grisâtre à *Terebratula humeralis*	5,00
	Groise grise à *Rhynchonella helvetica, Terebratula humeralis, Ostrea spiralis*	2,60
	Calc. jaune-clair, très-oolithique	0,80
	„ puissamment stratifié, oolithique, jaune-pâle à taches bleues	8,00
	„ perforé ;	
	Marnes et calcaires	8,00
	Assises calcaires à *Melania striata, Astarte minima, Hemicidaris stramonium ;*	
	„ marneuses „ „ „ „ „	
	Marnes grises à *Nerinea Bruckneri, Lucina Elsgaudiæ, Echinobrissus Bourgeti*	16,00
	Puiss. totale de l'Astartien	90,50

Etage : Rauracien.	Rocaille ;	
	Bancs calcaires compactes, grisâtres, stériles	4,00
	Banc calc. brèchiforme	1,00
	„ „ subcompacte avec les *Nérinées* habituelles au Corallien	4,00
	„ „	2,50
	Calc. brèchiforme, désagrégeable par places et se creusant en cavernes : *Corallien caverneux* à nombreux *Polypiers*, qui, tel que le *Rhabdophyllia flabellum,* forment des bancs entiers	50,00
	Calc. oolithique	1,00
	transport	62,50

<table>
<tr><td rowspan="9" style="writing-mode:vertical-lr">Etage: Rauracien.</td><td></td><td>transport . . </td><td>Ep. en m.
62,50</td></tr>
<tr><td>Calc. oolithique . . . . </td><td></td><td>5,00</td></tr>
<tr><td>„   „ . . . . </td><td></td><td>5,50</td></tr>
<tr><td>Calc. brèchiforme . . . . </td><td></td><td>8,00</td></tr>
<tr><td>„   „ . . . . </td><td></td><td>1,50</td></tr>
<tr><td>„   „ . . . . </td><td></td><td>3,00</td></tr>
<tr><td>„   „ . . . . </td><td></td><td>6,00</td></tr>
<tr><td>„   „ . . . . </td><td></td><td>1,50</td></tr>
<tr><td>„   oolithique brun . . . . </td><td></td><td>3,00</td></tr>
</table>

Terrain à chailles ou hypocorallien avec ses roches et ses fossiles habituels   16,00

Puiss. totale du corallien .   106,00

Etage : Oxfordien.

La faune du calcaire à Nérinées est surtout remarquable par ses nombreuses *Nérinées*. A la Caquerelle, la *N. nodosa* forme seule tout un banc. Certains Bivalves habituels aux stations coralligènes, telles que les *Anomya foliacea, Mytilus triqueter* pullulaient aussi dans la mer corallienne, dont voici la faune :

Faune du Calcaire à Nérinées :

Goniodromites rostratus, Et.
Serpula quadristriata, Gf. Caquerelle.
> M. Etallon l'a appelée *S. lacerata*, réservant le nom de *S. quadristriata* à une espèce callovienne.

„   *Deshayesi*, Qu. Caquerelle, Blauen.
„   *alligata*, Et.   „
„   *limata*, Mü.   „
„   *radula*, Et.   „   „
Spirorbis clathratus, Et.   „
Nerinea Defrancei, Desh. Caquerelle, Blauen, Soyhière, Tariche près St-Ursanne.
„   *nodosa*, Voltz. Caquerelle, Boncourt.
„   *Ursicina*, Th.   „   „ Tariche
„   *suprajurensis*, Voltz. „   Blauen.
„   *Laufonensis*, Voltz. „   „ Tariche
„   *Gaudryana*, d'Orb. „
„   *turritella*, Voltz. „   „
„   *elegans*, Th.   „ Boncourt, Buix. Tariche.
„   *preciosa*, Voltz. Tariche „   „
„   *Roemeri*, Phill. Caquerelle, Blauen.
„   *Kohleri*, Et.   „   „
„   *perextensa*, Grepp.   „
> Sa forme très-allongée, la hauteur des tours, leur peu de largeur et leur concavité, la dis-

tinguent de toutes les Nérinées rauraciennes. Long. 175 mm., larg. 15 mm.

N. Bruntrutana, Th. Caquerelle, Soyhière, Buix, Tariche.
„   *Mustoni*, Ctj.   „   „
„   *sexcostata*, d'Orb. Blauen „   „
„   *Clymene*, d'Orb.   „
„   *depressa*, Voltz.   „   „
„   *Castor*, d'Orb.   „   „
„   *pyramidalis*, Grepp.   „   „
> Elle a quelque ressemblance avec la *N. Sequana*, d'Orb, pl. 269, f. 3, et avec la *N. Visurgis*, Roem., pl. 11, f. 28; mais elle se distingue de cette dernière par un bourrelet tuberculeux, situé un peu au-dessus du milieu de chaque tour. Elle diffère aussi de la *N. Sequana*.

„   *amata*, d'Orb. Caquerelle.
    Syn. *N. albella*, Th.
Chemnitzia Pollux, d'Orb. Blauen.
„   *corallina*, d'Orb.   „
„   *Cornelia*, d'Orb.   „
Ditremaria quinquecincta, d'Orb. Caquerelle.
„   *mastoidea*, Et.   „
Turbo princeps, Roem. Fringuelet, Blauen.
„   *Julii*, Et. Caquerelle.
„   *tegulatus*, Münst.   „

T. epulus, d'Orb. Caquerelle.

„ *subfunatus*, d'Orb. „

Pleurotomaria Antoniæ, Et. Caquerelle.

Trochus angulato-plicatus, Münst. Caquerelle, Tittingen.

   Syn. *T. monilifer*, Qu. Pl. 95, f. 1 et 12.

„ *crassicosta*, Buv.

   Coll. du progymnase de Delémont.

„ *discoideus*, Roem. Caquerelle, Blauen.

   Syn. *Ditremaria discoidea*, Et.

„ *rotella*, Grepp. Villars le Sec.

   Petite espèce lisse, très-déprimée, long. 9 mm. larg. 6 mm., haut. 4 mm.

„ *pyramidalis*, Grepp. Caquerelle.

   Petite espèce lisse, pyramidale, à 6 ou 7 tours, long. de 9 mm., larg. de 5 mm.

Scalaria minuta, Buv. Blauen.

   Citée par J. Thurmann dans l'Astartien.

Purpurina Michaelensis, Et. Caquerelle.

Purpura Lapierrea, Buv. Caquerelle.

Acteonina acuta, d'Orb.

„ *Dormoisiana*, d'Orb.

   Musée de Bâle, bel exempl. recueilli à Noirmont.

Nerita canalifera, Buv. Tariche, près Saint-Ursanne.

   Coll. du progymnase de Delémont.

„ *sigaretina*, Buv. Caquerelle.

Natica Ruppellensis, d'Orb. Caquerelle, Villars le Sec.

Neritopsis cancellata, Gein. „ Tariche.

   Recueillie aussi par M. le pasteur La Roche sur les hauteurs d'Arboldswyl.

„ *decussata*, d'Orb. Caquerelle.

Cerithium pulchellum, Th. Villars le Sec, Caquerelle.

„ *limæformæ*, Roem. Blauen.

„ *Rinaldi*, Et. Caquerelle.

„ *buccinoideum*, Buv. Bure, Villars le Sec, Blauen.

„ *pentagonum*, d'Arch. „ „ Blauen.

„ *corallense*, Buv. „ „

Rostellaria Mosensis, Buv. „ Blauen.

   Syn. *R. alba*, Qu.

„ *Deshayesea*, Buv. Boncourt.

Pterocera polypoda, Buv. Caquerelle.

Rotella dubia, Buv.

„ *Ursicina*, Th. Tariche.

Bulla cylindrella, Buv.

   Syn. *B. planospira*, Th. Blauen.

Emarginula paucicosta, Et. Caquerelle.

Patella minuta, Roem. „

„ *Mosensis*, Buv. Tittingen.

Gastrochœna granifera, Et. Laufon.

„ *ampla*, Et. „

Diceras arietina, Lk. Commune partout.

Pholadomya parcicosta, Ag. Caquerelle.

„ sp., voisine de la *P. Protei*, Undervelier.

Cardita squamicarinata, Buv. Bure, O. de Porrentruy, Boncourt.

Cardium corallinum, Leym. Partout avec les calc. à Nérinées.

„ *septiferum*, Buv. Caquerelle.

Astarte robusta, Et. De Blauen, où elle est associée à la *Nerinea Laufonensis*.

Cyprina Orbignyana, Et. Blauen.

Unicardium apicilabrum, Et. Caquerelle.

Opis semilunulata, Et. Blauen.

Trigonia geographica, Ag. Blauen.

„ *Julii*, Et. Tariche.

„ *Gresslyi*, Th. „

Corbis Collardi, Et. Caquerelle. Bure.

„ *mirabilis*, Buv. „ „

„ *concentrica*, Buv. „

„ *scabinella*, Buv. Bure.

Isoarca multistriata, Et. Blauen.

Arca Laufonensis, Et. Bure, Blauen, Tariche.

„ *subtexata*, Et. Mt. de Courroux.

„ *bipartita*, Roem. Blauen.

Mytilus triqueter, Buv. Caquerelle, espèce commune et caractéristique.

„ *subpectinatus*, d'Orb. Caquerelle.

Lithodomus socialis, Th. „

Lucina Goldfussi, Des. „ Boncourt.

„ *turgida*, Et. Blauen.

Lima corallina, Th. Caquerelle, Soyhière.

„ *Meriani*, Et. „ „

„ *Renevieri*, Et. „ „

„ *semielongata*, Et. „ „

„ *Picteti*, Et. Blauen, „ „

„ *aviculata*, „ „

„ *densipunctata*, Roem. Boncourt.

Pecten Pagnardi, Et. Caquerelle, Pont d'Able,
près Porrentruy.
„ *ingens*, Grepp. Blauen.
„ *inæquicostatus*, Phill. „
„ *vimineus*, Sow. „
„ *Leopoldi*, Grepp. „
N'est peut-être qu'une variété plus arrondie,
plus voûtée du *P. subarmatus*, Münst.
„ *qualicosta*, Et. Boncourt.
Opisenia difformis, Et. Blauen.
Avicula supracorallina, Et. Pont d'Able, près
Porrentruy.
Gervillia sulcata, Et. Blauen.
Perna rhombus, Et. Peut-Bie, au S. de Courfaivre, Tariche.
Hinnites velatus, d'Orb., Caquerelle, Undervelier, Blauen.
„ *Kœchlini*, Mer. „
Atreta imbricata, Et. Caquerelle.
„ *corallensis*, Grepp. Tittingen.
Un peu plus grande, plus élargie à la région
cardinale, que la précédente; elle est garnie de
6 côtes principales et de côtes intermédiaires
très-fines qui, avec les lamelles d'accroissement,
forment un réseau assez serré.
Anomya foliacea, Et. Caquerelle, où elle
forme un banc.
„ *nerinea*, Buv. Fréquente à Boncourt.
Ostrea solitaria, Sow. Caquerelle, Boncourt.
„ *hastellata*, Sch., Blauen.
„ *rastellaris*, Mü. „ Caquerelle.
„ *alligata*, Et. „
„ *coralligena*, Grepp.
Long. 110 mm., larg. 70 mm.; surface lamelleuse, sans côtes; coquille épaisse, assez
profonde, rappelant l'*Ostrea callifera* de l'étage
tongrien.
„ *quadrata*, Et. Blauen.
„ *subreniformis*, Et., „
Exogyra conica, Grepp. Caquerelle.
Pinnigena Saussuri, d'Orb. Forges d'Undervelier.
Espèce de la taille et de la forme du *P. Saussuri*, mais plus aplatie.
Terebratula insignis, Zict. Pleigne, Istein.
„ *Moravica*, Glock. Liesberg.
„ *Bourgeti*, Et. Caquerelle.

T. Biskidensis, Zeuschn. Blauen.
„ *Bauhini*, Et. Caquerelle, Vorburg, Blauen.
„ *ovulum*, Grepp. „
Probablement la *T. gutta*, Qu.
„ *anatina*, Mer.
Forme large, ovale, plate. Elle est commune
à Soyhière, à la Caquerelle, à Undervelier, à
Boncourt. Le musée de Bâle la possède d'Efringen, duché de Baden.

Cidaris Blumenbachii, Münst. Istein, Caque-
relle.
Syn. *C. Parandieri*, Ag.
„ *florigemma*, Phill. Partout.
Rhabdocidaris tricarinata, Ag. Istein, Caquer.
„ *mitrata*, Qu. „
Diplocidaris cladifera, Des. „
Hemicidaris crenularis, Ag. „
„ *intermedia*, Forbes. Istein „
„ *Lestocquii*, Th. „
Hemidiadema prunella, Des. „
Hypodiadema florescens, Des. Blauen, „
Zwingen, Graitery.
Acrocidaris nobilis, Ag. „
Glypticus hieroglyphicus, Ag. „
Montmelon, Zwingen et Soyhière.
Pseudodiadema radiata, Whright. Burc.
Acrosalenia Matheyi, Des. Caquerelle.
Pygaster tenuis, Ag. „
Ophiura Leopoldi, Grepp. „
Apiocrinus rosaceus, Gf. „
Pentacrinus cingulatus, Münst. Blauen.
Aplosmilia semisulcata, d'Orb. Caquerelle,
Cul du Pré, combe de Biaufond.
Montlivaltia grandis, Et. Caquerelle.
„ *vasiformis*, Et. „
„ *subcylindrica*, E. et H. „ Istein.
Leptophyllia depressa, Et. „ Tittingen.
Comoseris irradians, E. et H. „ Pleigne.
Nos exemplaires de Pleigne à cloisons plus
grossières et moins nombreuses, se rapprochent
de la *C. meandrinoides*, d'Orb.

Thecosmilia sublævis, Et. Caquerelle.
„ *annularis*, E. et H. Blauen.
Favia Michelini, „
Rhipidogyra flabellum, E. et H. Seewen, Zyfen, Caquerelle.

— 91 —

Thamnastrea concinna, E. Caquerelle, Zwingen, Soyhière, Blauen.
„ *microconos*, Et. „ „ La Croix.
„ *Coquandi*, Et. „
Microphyllia contorta, Et. „
Dendrogyra rastellina, Et. „
Stylina decipiens, Et. „
„ *Bernensis*, Et. „
„ *tubulifera*, E. et H. „
„ *castellum*, E. et H. „ Blauen.
Stephanastrea mamulifera, Et. „

Pleurosmilia Marcoui, Et. Cul du Pré.
Dendrohelia coalescens, Et. Caquerelle.
Stylohelia coalescens, Et. „
Thecosmilia irregularis, „
Allocœnia trochiformis, Et. „
Rhabdophyllia flabellum, Et. „
Stolosmilia Michelini, E. et H. „
Leptophyllia depressa, Et. „
Bryozoaires : Heteropora capilliformis, J. H.
„ *tenuissima*, Et.

X. Séquanien ou astartien.

Localité-type : Ancienne Séquanie.

Syn. *Groupe séquanien ou astartien* de MM. Thurmann, Etallon, Marcou; *étage corallien, pars,* de M. d'Orbigny; *la partie inférieure de l'étage kimméridgien* de M. Contejean; *étage séquanien* de M. Jourdy; *Astartenstufe* des Allemands; *une partie probable du Jura blanc, epsilon et zéta, à Astarte minima, Strophodus reticulatus* et à *Reptiles,* de M. Quenstedt.

Définition et limites. L'étage séquanien! Qu'entend-on par étage séquanien?

C'est l'oxfordien supérieur, c'est le rauracien ou le corallien, c'est encore le kimméridgien et le portlandien; c'est tout cela, excepté l'étage séquanien même.

Il n'est cependant pas un sujet insaisissable, car non-seulement il existe en Suisse, où, pour nous servir des expressions de J. Thurmann, il joue un rôle capital dans tout l'horizon jurassique, mais M. E. Jourdy n'a pas craint de le reconnaître comme étage indépendant dans la Franche-Comté. (V. Etude de l'étage séquanien aux environs de Dôle, par E. Jourdy, 1865.) — En outre, un terrain limité en bas par le *Calcaire à Nérinées,* et en haut par un dépôt cailloutoux et par les Calcaires à fucoïdes de l'étage kimméridgien, un terrain comprenant une puissance de 65 mètres dans nos environs, de 78 dans le Porrentruy, de 98 près de Montbéliard et de 100 à 140 dans le canton de Neuchâtel, un terrain formant des crêts, des cirques, souvent des combes, où la végétation rabougrie des étages kimméridgien et virgulien prend un beau développement, et où quelques grandes sources apparaissent, ne peut être un mythe. Il existe bien, et dans le fait de son existence nous trouvons toutes les preuves d'une ancienne mer. Rien n'y manque : Bas-fonds sableux, vaseux, peu profonds, semblables à ceux de nos lagunes, et servant d'asyle à une faune petite, fragile, mais riche en espèces et en individus; des régions avec une flore marine, remarquable par ses fucoïdes à tiges épaisses; des bancs de coraux hébergeant de nombreux Lithodomes, d'innombrables Echinides, des colonies d'Ostréacés, de Mytilacés, de Myacés et de Gastéropodes; bref, nous y retrouvons des facies côtier, subpélagique et pélagique avec tous leurs accidents, et l'ensemble fréquemment visité par de grands poissons et d'énormes reptiles courant après leur proie. A ce tableau ajoutez des révolutions, telles que des oscillations du sol souvent répétées, qui ont amené de grandes perturbations dans le régime des mers, comme la destruction partielle ou du moins l'émigration des faunules, la reproduction d'autres faunules, et vous aurez une faible idée de l'état des mers de cette époque.

Maintenant, s'il plaît à des géologues de ne pas même faire à ce terrain l'honneur de l'admettre dans leur cadre stratigraphique, nous ne croyons pas devoir suivre leur exemple, en raison de l'intérêt que présentent ces couches puissantes et variées.

Il est vrai que la faune séquanienne n'a pas un caractère tout particulier, comme nous en avons déjà fait la remarque; cette faune se trouve morcelée dans les étages voisins, et cela peut-être d'une manière d'autant plus sensible qu'on s'éloigne davantage du Jura bernois. Cela n'empêche pas ces divers matériaux de se rapprocher, de se grouper, de s'associer et de donner avec la roche qui les contient un aspect bien caractéristique à cet étage. Une visite dans les localités suivantes le démontrera.

Distribution géographique. A l'Angolat, localité sise au NO. de Soyhière, l'étage séquanien se présente de haut en bas comme suit :

		Ep. en m.
Banc calcaire		6,00
"		5,00
" compacte, bréchiforme, gris clair, rosé . . .		6.00
Puissance totale . .		17,00

(Étage kimméridgien, bancs inf.)

Etage séquanien.

Oolithe astartienne blanche à cavernes, désagrégeable, avec *Lima astar-*
tina, L. pygmæa, Pecten rigidus;   Ep. en m.
Rocaille jaune clair, oolithique, empâtée dans une masse compacte;
Calc. bréchiformes;
  „ compactes, homogènes, 1.50 m. de puiss., donnant une assez
    bonne pierre de taille 16,00
  „ oolithiques, jaunes, rosés ;
Marnes jaunes, rougeâtres, à *Terebratula humeralis*, *Mytilus subpectinatus* 3,00
Calc. oolithiques, suboolithiques, grenus, gris jaunâtre, grisâtres, avec
  quelques taches bleues 2,00
Galets calcaires empâtés dans une masse compacte 1,00
Calcaire oolithique, compacte, bréchiforme, détritique, à cassure rabo-
  teuse ou vitreuse. 3,00
Rocaille;
Calc. marneux oolithique 3,00
Marnes jaunes, bleuâtres, blanc jaunâtre, feuilletées, schistoïdes, avec
  géodes;
Marnes vertes à *Astrea, Pentacrinus Desori, Apiocrinus similis, Hemicidaris*
  stramonium, crenularis;
  „ vertes à *Phasianella striata, Natica turbiniformis, Lima astartina, Car-*
    dium fontanum, Pecten rigidus, Ostrea spiralis, Terebratula humeralis . 2,00
Calc. gris brun, très-durs, à cassure raboteuse, lithographiques; pierre
  à aiguiser, *Wetzstein*, stérile. 1,00
  „ oolithiques, durs, jaunes, grisâtres, micacés, fissiles, se désagrégeant
    en fragments cuboïdes. 4,00
  „ recouverts 3,00
Rocaille, calc. grisâtre à couches de 10 à 40 centimètres . . . 3,00
Calc. jaune, dolomitique;
  „ compacte, rosé, fendillé, bréchiforme 2,00
  „ oolithique, gris jaune, dolomitique à cassure écailleuse, raboteuse 1,00
  „ jaune, marno-compacte. feuilleté, très-désagrégeable, avec paillettes
    de mica blanc 3,00
Marnes micacées, jaunes, grisâtres, schistoïdes avec grès fin, micacé 2,00

    Obs. Ici finit l'affleurement; mais on peut le compléter, un peu plus haut, à
l'entrée de la Combe au Loup.

Marnes grises, rougeâtres, à *Natica turbiniformis*, passant à des marnes
  jaunes ou grises et à des calcaires auxquels est subordonnée une
  couche mince de marnes. grises renfermant de nombreuses *Nerinea*
  Bruckneri, des *Lucina Elsgaudiæ,* etc. (Certaines couches astartiennes
  à oolithes et à taches bleues ressemblent quelquefois tellement à
  celles de l'étage bathonien qu'on ne parvient à les distinguer que
  par leurs bancs généralement plus puissants, par la faune et par
  la position stratigraphique.) 12,00

                Puiss. totale . 61,00

Ep. en m.

<table>
<tr><td rowspan="5" style="writing-mode: vertical-rl">Etage rauracien</td><td>Calc. à Nérinées</td><td>20,00</td></tr>
<tr><td>„ bréchiforme, rocaille;</td><td></td></tr>
<tr><td>„ caverneux</td><td>40,00</td></tr>
<tr><td>Oolithe corallienne</td><td>30,00</td></tr>
<tr><td style="text-align:right">Puiss. totale</td><td>90,00</td></tr>
</table>

Terrain à chailles siliceux.

Le monticule de Montchaibeut, placé vers le milieu du val de Delémont, couronné par l'oolithe astartienne blanche, et montrant à son flanc occidental un affleurement de marnes astartiennes avec une faune très-riche, affecte les mêmes caractères minéralogiques et paléontologiques que l'Angolat. Dans le district de Delémont, l'étage séquanien est encore à découvert près des Pics, au sud de Courfaivre, à Glovelier sur la route de St-Braix, au nord d'Ederschwyler sur la route du Moulin Neuf. Le Chenal de Soulce est remarquable par ses nombreux Gastéropodes.

Il est très-développé à Laufon. Voici la coupe que nous en a laissée Gressly :

Etages séquanien et rauracien de Laufon, mesurés du haut en bas :   Ep. en m.

<table>
<tr><td rowspan="23" style="writing-mode: vertical-rl">Etage séquanien.</td><td>1. Calc. blanc et jaunâtre à Diceras Münsteri</td><td>5,00</td></tr>
<tr><td>2. Oolithe blanche crayeuse, friable</td><td>4,00</td></tr>
<tr><td>3. Calc. dolomitiques, spathiques, gris, jaunes</td><td>5,00</td></tr>
<tr><td>4. „ bréchiformes</td><td>2.00</td></tr>
<tr><td>5. „ compactes et subcompactes à oolithes fines</td><td>6,00</td></tr>
<tr><td>6. Pisoolithes crayeuses, à fossiles du facies corallien</td><td>1.00</td></tr>
<tr><td>7. „ compactes à taches rouges</td><td>1.00</td></tr>
<tr><td>8. Calc. compacte</td><td>3.00</td></tr>
<tr><td>9. „ „ à cassure écailleuse à Sphærodus</td><td>1,00</td></tr>
<tr><td>10. „ blanc bréchiforme</td><td>6,00</td></tr>
<tr><td>11. Oolithe jaunâtre</td><td>1,00</td></tr>
<tr><td>12. „ „ à Terebratula humeralis, Ostrea</td><td>1,00</td></tr>
<tr><td>13. „ friable à Mytilus subpectinatus, Pecten rigidus, Hemicidaris stramonium, Pygaster</td><td>1,00</td></tr>
<tr><td>14. Calc. jaunes très-oolithiques, ensuite bruns et subferrugineux à Pholadomya truncata</td><td>3,00</td></tr>
<tr><td>15. Calc. blanc, bréchiforme</td><td>5,00</td></tr>
<tr><td>16. „ „ par assises minces</td><td>3,00</td></tr>
<tr><td>17. Marnes jaunes</td><td>1,00</td></tr>
<tr><td>18. Calc. dolomitiques, gris</td><td>2,50</td></tr>
<tr><td>19. Marnes jaunes à Hemicidaris stramonium, Terebr. humeralis</td><td>3,00</td></tr>
<tr><td>20. Calc. gris, jaunâtres</td><td>1,00</td></tr>
<tr><td>21. Marnes jaunes et grises souvent bigarrées.</td><td>1,00</td></tr>
<tr><td>22. Calc. marneux à Natica turbiniformis</td><td>1,00</td></tr>
<tr><td>23. Oolithes marneuses, brunes, à Terebr. humeralis</td><td>0,50</td></tr>
<tr><td style="text-align:right">Puiss. totale de l'étage séquanien</td><td>58,00</td></tr>
</table>

Immédiatement au-dessous on voit :

Étage rauracien.

	Ep. en m.
1. Calc. à *Diceras arietina* et à Natices	3,00
2. „ compacte ou suboolithique à Nérinées et à *Eulima* . . .	9,00
3. Oolithe confluente fine ou grossière à *Nerinea Laufonensis* . .	10,00
4. Oolithe grossière bréchiforme à *Trigonia Meriani, geographica, Pecten solidus, Opis semilunulata, Chemnitzia athleta*	10,00
5. Tufs, oolithes et calcaires à Madrépores, *Cidaris, Glypticus* . .	6,00
6. Marnes calcaires, crayeuses, pulvérulentes, calcaires subcompactes, fissiles, presque stériles	7,00
Hauteur totale de l'étage rauracien .	45,00

Les affleurements astartiens très-fossilifères du sud de Röschenz, près de Laufon, méritent d'être visités. Deux carrières, l'une au sud de ce village, l'autre au sud-est et tout près du Moulin de Röschenz, présentent tout le développement de l'étage, depuis l'hypoptérocérien à l'épicorallien. L'oolithe astartienne, par ses oolithes fines et blanches, par ses minces dalles en plaquettes, a la plus grande ressemblance avec certaines assises oolithiques. Il faut souvent les plus grands soins pour ne pas les confondre. La faune de cette localité est la même que celle de l'Angolat.

Moutier est aussi très-bien partagé par ses stations astartiennes fossilifères. Le chemin d'Eschert au Graitery offre des éboulements astartiens riches en fossiles. Le pâturage de la montagne, au N.-O. de Perrefitte, a été exploité avec succès par M. Mathey. Cet infatigable géologue y a recueilli dans une zone coralligène une grande quantité de très-beaux Echinides.

Les marnes et les calcaires à *Melania striata, Pecten rigidus, Hemicidaris stramonium* présentent de larges affleurements sur le plateau des Franches-Montagnes. Nous signalerons ceux au sud des Breuleux, qui s'étendent aux Vacheries, Derrière Chalery et plus loin; ceux de la Montagne de St-Imier. Dans le haut de la charrière de St.-Imier se trouve la ferme de Paret avec une carrière hypoptérocérienne. Un peu plus loin, on arrive chez Elois, ferme où l'on voit successivement l'oolithe astartienne et les marnes sous-jacentes dans lesquelles se trouvent plusieurs emposieux. Les fermes de Delémont, sur la Chaux-d'Abel, chez Stutz, les Peux du Cerneux-Veusil, Cerneux-Veusil-dessus, chez Brossard, reposent sur l'astartien. Au sud de la ferme de Delémont, une tranchée faite dans les marnes astartiennes, en vue d'obtenir un réservoir d'eau, nous a donné la certitude que ces marnes ne se distinguent point de celles des districts de Moutier, de Delémont et de Laufon. L'étage astartien se montre aussi plus à l'ouest à la Haute Ferrière, de même que dans la chaîne de Chasseral, au nord de Bugnenet, sur la route des Pontins.

L'étage séquanien a été étudié avec le plus grand soin en Ajoie et aux environs de Montbéliard par MM. Thurmann, Contejean et Etallon. Aux environs de Dôle, où la faune présente une grande homogénéité et une ressemblance frappante avec celle du Jura bernois, il atteint une puissance de 70 m.

L'astartien neuchâtelois est connu depuis longtemps. Les chaînes qui encaissent le bassin de Locle renferment toutes les assises astartiennes reconnues dans le Jura central. L'épiastartien de cette région est même pétrographiquement et paléontologiquement parlant d'une ressemblance frappante avec celui de Ste-Vérène. (Voir les collections et les travaux de MM. Nicolet et Jaccard.) Plus au nord, en montant les côtes du Doubs depuis la Maison Monsieur vers la Blanche Roche, le Fournet, Joux-la-Vaux, la Chapelle, on voit successivement les assises marno-calcaires à *Nerinea nodosa*, *N. Bruckneri*, *Lima astartina*, *Lucina striatula*, *Terebratula humeralis*, *Cidaris philastarte*, *Apiocrinus Meriani*, ensuite les calcaires à Polypiers : *Stylina octonaria*, *Confusastrea Burgundiæ*, enfin les calcaires épiastartiens avec leur faune habituelle : *Nerinea Gosæ*, *Lima Montbeliardensis*, *L. Greppini*, *Cardium corallinum*, *Pecten rigidus*.

Dans le bassin alsatique, et surtout à notre frontière nord, la zone à Polypiers de Roedersdorf a souvent été explorée par le regrettable J. Koechlin. Avec M. P. Merian nous l'avons constatée au sud de Bâle, à Ettingen, à l'est de Dornach, sur le plateau de Gempen, de Hobel; elle existe également au sud et à l'est de Zyfen, à Gorisson au nord de Reigoldswyl, à Zunzger Hardt, au sud de Sissach.

Le petit massif calcaire de la cluse de Ste-Vérène, recouvert par l'hypoptérocérien, doit encore être rangé dans l'étage séquanien et non dans l'étage rauracien.

M. Gressly a d'abord pris le calcaire oolithique de Ste-Vérène pour de l'astartien. Plus tard ce géologue ayant recueilli dans ce terrain un certain nombre d'espèces coralliennes, et embrassant encore la théorie de MM. Agassiz et d'Orbigny sur la succession des faunes, a été un moment dans l'hésitation; mais en 1859, après une étude critique de l'assise de Ste-Vérène (voir „*Les Etudes géologiques sur le Jura neuchâtelois*, par MM. Desor et Gressly, p. 75) il s'exprime avec M. le Prof. Desor comme suit: „Cela étant, il n'y a plus aucune raison de maintenir le calcaire blanc de Ste-Vérène dans le corallien". La question du calcaire de Ste-Vérène paraissait jugée, lorsque M. le Prof. Lang l'ayant reprise, arrive après une étude de la faune à un résultat opposé à celui de MM. Desor et Gressly. (V. *Die fossilen Schildkröten von Solothurn*, p. 17 et 18.) Parmi 22 espèces que M. le Prof. Lang soumet à un examen, 15 lui semblent appartenir au groupe corallien.

En relatant dans notre „*Essai géologique*", l'opinion de M. le Prof. Lang sur l'âge du calcaire de Ste-Vérène, nous nous étions bien promis de l'examiner aussi, et c'est ce que nous fîmes l'année dernière.

Ces dernières études nous ont conduit à l'opinion que le calcaire de Ste-Vérène se rattachait à l'épiastartien de M. Thurmann. Cette opinion est étayée par les observations suivantes:

a) Le dicératien, tel qu'il existe dans les chaînes septentrionales, au Blauenberg, au Mont-Terrible, à la Caquerelle, à la chaîne du Mont, ne se présente point dans les chaînes méridionales. Ce facies dicératien ne dépasse pas la chaîne du Raimeux. Nous l'avons vainement cherché dans les gorges de Court, de la Reuchenette, du sud de Balsthal, dans les ruz de la chaîne de Chasseral, de Weissenstein, nous ne l'avons point remarqué. Nous ne pouvons donc que confirmer les idées émises ci-dessus page 75 et 76.

b) L'étage qui a succédé au corallien est l'astartien. L'astartien, ainsi que nous venons de le dire, se soutient sur toute l'étendue du Jura. La puissance, les caractères pétrographiques et paléontologiques que nous lui avons reconnus dans le Jura septentrional, se retrouvent constamment dans le Jura méridional. Ces données n'ayant jamais été contredites, nous n'insisterons pas la-dessus. Concluons donc que si l'astartien a un grand développement dans le Weissenstein, il doit en être de même dans la cluse de Ste-Vérène. Ainsi point de lacune, comme semble l'admettre M. Lang: les zones astartiennes y existent.

c) Constatons encore que les assises astartiennes de la chaîne du Weissenstein sont en tout point semblables à celles de toutes les autres chaînes du Jura. En voyant les roches et les fossiles de Ste-Vérène, du nord d'Oberbuchsiten, d'Egerkingen, on croit voir ceux de l'oolithe astartienne de Laufon, de Delémont et des Franches-Montagnes: la ressemblance est donc frappante. Un oeil un peu exercé confondra rarement ce calcaire blanc, légèrement jaunâtre, oolithique, avec le calcaire crayeux à Polypiers et à Nérinées de la Caquerelle. La différence qui existe entre ces calcaires n'a pas échappée à l'esprit observateur de M. Gressly. Dans son *„Rapport géologique sur les terrains parcourus par les lignes du réseau des chemins de fer jurassiens"*, page 9, en étudiant les gorges de la Reuchenette, voici comment il s'exprime: „Le *ptérocerien inférieur* (au-dessus de Frinvilliers) repose sur des calcaires saccharoïdes et des oolithes blanches qu'on classe généralement dans l'astartien supérieur. Ces roches correspondent parfaitement à l'oolithe blanche de l'Ermitage de Ste-Vérène, près de Soleure et du Weissenstein. Elles se retrouvent encore généralement répandues dans les cantons de Neuchâtel et de Vaud. Il y a même dans cette localité les *oolithes astartiennes* proprement dites avec quelques couches submarneuses, à grandes taches bleues et brunes qui recèlent un grand nombre de Térébratules, d'Echinodermes et d'autres coquillages très-caractéristiques pour ce niveau." Les caractères minéralogiques du calcaire de Ste-Vérène ne sont donc point ceux des calcaires dicératiens.

d) L'étude stratigraphique est aussi en faveur de la thèse que nous soutenons. Le calcaire de Ste-Vérène est non-seulement minéralogiquement parlant identique au calcaire épiastartien, mais il en occupe la place stratigraphique. Il est, en effet, subordonné au groupe ptérocérien et il repose sur un massif qui, quoiqu'un peu moins marneux, n'est rien autre que celui que nous avons désigné d'après J. Thurmann par les noms d'*astartien*, d'*hypoastartien*. Voir à cet égard les cluses de la Reuchenette, celles au nord de Soleure, d'Egerkingen et surtout la collection et les observations de M. le curé Cartier. Sous ce massif astartien de la chaîne du Weissenstein qui a dans cette région la puissance que nous lui connaissons ailleurs, se trouve le corallien comme nous avons appris à le connaître dans les chaînes méridionales. V. page 66 et 76.

Le même phénomène stratigraphique s'observe à notre limite occidentale. Dans les puits et les galeries du Mont-Sagne et de la montagne des Loges, au Crezot, près du Locle, sur la route entre Maiche et les Breseux, on remarque sous les calcaires hypoptéroceriens à *Trichites Saussuri* une puissante assise de calcaires blancs, oolithiques, souvent crayeux, connue dans le canton de Neuchâtel sous le nom de *„pierre franche"*. (V. Matériaux pour la carte géol. de la Suisse, 6e livr. p. 195.) Cette assise ainsi que j'ai pu m'en convaincre par mes propres observations et surtout par l'inspection de la collection de M. Jaccard possède les espèces de Ste-Vérène, et elle repose sur l'assise marneuse de l'étage astartien. Dans cette région, au-dessous de l'étage astartien, se trouve également un calcaire grisâtre, bréchiforme, rempli de *Pecten solidus*, de *Cerithium corallense*, d'*Ostrea dilatata*; ce calcaire est bien le corallien des chaînes méridionales.

e) *Faune du calcaire de Ste-Vérène.*

Serpula medusida, Et.
Espèce aussi fréquente dans les assises astartiennes de Laufon, de Delémont que dans les calcaires hypostrombiens d'Egerkingen.

Nerinea Gosae, Roem.
Espèce très-habituelle à nos calcaires épiastartiens.
Syn. *N. Desvoidyi*, d'Orb.
„ *Bruckneri*, Th.
Espèce très-habituelle à nos calcaires épiastartiens.
„ *Kohleri*, Et.

Cerithium Humbertianum, Buv.
C'est la première fois que nous avons vu ces deux espèces dans le Jura central.

Diceras Munsteri, Gf.
Syn. *D. St. Verenæ*, Gressly.
Paraît manquer dans nos calcaires dicératiens, mais très-fréquente dans l'étage séquanien.

Cardium corallinum, Leym.
Cette espèce se trouve dans les calcaires à Nérinées et dans les calcaires épiastartiens de la chaîne de la Caquerelle. Les exemplaires astartiens sont généralement plus petits que ceux des calcaires à Nérinées.
„ *septiferum*, Buv.
Se rencontre à Blauen, val de Laufon, dans les marnes astartiennes.

Lima astartina, Th.
C'est une de nos espèces astartiennes les plus communes.
„ *suprajurensis*, Ctj.
Fréquente dans nos calcaires épiastartiens, apparaît aussi plus bas dans les assises marneuses.
„ *Greppini*, Et.
Voisine de la *L. Bonanomii*. Nous en possédons plus de 50 exemplaires, recueillis dans les assises astartiennes des Franches-Montagnes, de Moutier, de Delémont et de Laufon.

Trigonia Parkinsoni, Th.
De l'astartien du val de Delémont. Elle est peut-être identique à la *T. geographica*. Ag.
„ *suprajurensis*, Ag.
Partout dans l'astartien; c'est cette espèce que M. Lang a appelée : *Trigonia Meriani*, Ag.

Corbis subdecussata, Buv.
„ *concentrica*, Buv.

Astarte robusta, Et.

Arca Choffati, Th.
Forme identique de l'astartien du val de Delémont.

Avicula gervilloides, Ctj.
Du virgulien.

Gervillia tetragona, Roem.
De l'astartien de Montchaibeut.

Pecten articulatus, Schloth.
„ *rigidus*, Gressly. (*P. varians*, Roem.)
„ *Beaumontanus*, Buv.
„ *solidus*.
Ces 4 espèces de Pecten sont très-fréquentes dans les stations astartiennes du Jura central.

Hinnites velatus, Et.
Forme commune dans les calcaires épiastartiens du Jura.

Ostrea solitaria, Sow.
Se trouve partout dans l'astartien du Jura.

Rhynchonella inconstans, d'Orb.
Passe du terrain à chailles au virgulien.

Terebratula suprajurensis, Th.
„ *Moravica*, Glock.
„ *Bauhini*, Et.
Ces 3 espèces sont très-fréquentes dans l'astartien du Jura.

Cidaris florigemma, Phill.
Cette forme cylindrique des radioles est bien le *C. philastarte*, Th. de l'étage astartien.

Pygurus.
Les quelques fragments de test de ce genre rappellent le *P. tenuis,* espèce si fréquente dans l'épiastartien du Jura.
Apiocrinus Meriani, Des.

Montlivaltia cuneata. Et.
Stylina tubulifera, E. et H.
Syn. *S. tenax,* Et.
Ces 3 espèces sont également astartiennes.

Sur ces 34 espèces 27 ont été rencontrées dans nos stations astartiennes, les autres dans les étages du Jura supérieur. Plusieurs, il est vrai, sont coralliennes et donnent à ce calcaire un faux air dicératien. [1] Mais en tenant compte des principes formulés ci-dessus, p. 36 et 77, on n'hésitera pas à l'envisager, paléontologiquement parlant, comme astartien. Si l'assise de Ste-Vérène et celle des calcaires de la Caquerelle sont jusqu'à un certain point *isolithes* et *isozoïques,* ces derniers calcaires avec leurs nombreux *Diceras arietina, Nerinea nodosa, N. elegans, N. Bruntrutana, Anomya foliacea,* associées à ces nombreux coraux, ne pourront jamais être confondus avec l'épiastartien de Ste-Vérène.

Ainsi l'étendue géographique, la stratigraphie, la pétrographie, la faune de Ste-Vérène, tout nous tient le même langage: le calcaire de Ste-Vérène est épiastartien.

L'astartien se développe évidemment davantage du côté de l'Est, au nord d'Oberbuchsiten, d'Egerkingen, de Wangen, d'Olten, de Baden et dans d'autres localités du canton d'Argovie. Car les calcaires exploités au nord d'Egerkingen, d'Hägendorf, de Wangen, à *Nautilus giganteus, Serpula medusida, Natica turbiniformis, Pholadomya Protei, Ceromya orbicularis, C. excentrica, Trigonia suprajurensis, Pinna Banneiana, Pinnigena Saussuri, Lima astartina, Rhynchonella inconstans, Terebratula humeralis, Holectypus Meriani, Pygurus tenuis, Apiocrinus Meriani,* etc., sont hypoptérocériens ou épiastartiens. Ils constituent la zone des carrières de Soleure, de Laufon, de Delémont, de Courgenay. Sous ces calcaires on rencontre dans toutes les déchirures de l'Egerkingenfluh le massif astartien bien développé; d'abord les calcaires épiastartiens de Ste-Vérène, ensuite les assises astartiennes, moyenne et inférieure, enfin le facies corallien, particulier aux chaînes méridionales du Jura. La conséquence de ces observations est que l'oolithe astartienne, soit l'épiastartien a été, dans la prolongation de la chaîne du Weissenstein, confondu avec

---

[1] Dernièrement M. le Prof. Merian a encore soumis à une étude critique les espèces de Ste-Vérène. Il les envisage, en général, commes dicératiennes, opinion que nous recueillons avec plaisir, confirmant les idées émises ci-dessus page 77.

le dicératien , qui , tel qu'il se montre dans nos chaînes septentrionales, n'y existe point.

L'astartien s'étend encore au Randen et dans la Souabe. Il résulte de toutes ces données que l'étage séquanien, indépendamment du corallien et du kimméridgien, constitue un étage aussi étendu qu'important.

Pétrographie et puissance. Voir les coupes ci-dessus.

Faune séquanienne. Voici la liste des fossiles que nous avons recueillis dans ces divers affleurements astartiens avec MM. F. Mathey et L. Greppin :

Reptiles, une belle dent recueillie dans les marnes à Echinides de l'Angolat, chemin du Mettemberg, probablement du *Machimosaurus Hugii,* Ag.

Pycnodus affinis, Ag. Court et nord de Delémont.

„ *Nicoleti,* Ag. Glovelier.

„ *gigas,* Ag. Perfitte , Montchaibeut , Laufon.

Oxyrhina macer, Qu. T. 96, f. 45 et 46,
ou espèce très-voisine des marnes à Astartes du Chenal de Soulce.

Strophodus reticulatus, Ag. Laufon, Angolat.

Orthomatus astartinus, Et. Graitery, Montchaibeut, Angolat, Porrentruy.

Eryma Thurmanni, Et. Angolat.

Aptychus, Soyhière.

Belemnites astartinus, Et. Moulin de Liesberg. Montchaibeut, Graitery, Roedersdorf.

Ammonites Lehmanni, Th. Où le chemin de Glacenal joint la route de Glovelier.

„ *eupalus,* d'Orb. Graitery.

Serpula simplex, Et. Bure. Ederschwyler.

„ *medusida,* Et. Montchaibeut, Angolat, Blauen.

„ *Laufonensis,* Et. Ruz du Moulin de Séprais.

„ *turbiniformis,* Et. De la Perche, près Porrentruy, Ederschwyler.

„ *canalifera,* Et. Ederschwyler.

„ *Thurmanni,* Et. Commune.
Syn.. *S. philastarte,* Th.

S. ilium, Gf. Pics, près Courfaivre, Angolat, Montchaibeut.
Paraît différente de la *S. ilium* de l'Oxfordien.

„ *quinquangularis,* Gf. Pics.

Chemnitzia Danaë, d'Orb. Montchaibeut, épiastartien de Porrentruy.

„ *Clio,* d'Orb. Commune aux environs de Montbéliard.

„ *Matheyi,* Grepp. Epiastartien de Laufon.
Possède la taille de la *C. Pollux,* d'Orb. de l'étage corallien ; mais elle s'en distingue par son dernier tour relativement beaucoup plus allongé, ses premiers tours plus courts, ce qui donne à la coquille une bouche plus oblongue, une forme plus raccourcie et un angle plus développé.

Nerinea fasciata, Voltz. Laufon.

„ *Visurgis,* Roem. „

„ *Calypso,* d'Orb. ..

„ *nodosa,* Voltz. Montchaibeut, Chenal de Soulce, Maison Monsieur sur le Doubs.
Au Chenal de Soulce, elle est associée à la *N. Bruckneri,* au *Cerithium Moreanum,* à la *Nerita sigaretina.*

„ *Bruntrutana,* Th. Montchaibeut, Ajoie dans l'épiastartien.

„ *Santonensis,* d'Orb. „

„ *Gosæ,* Roem. Epiastartien du Vorburg, du Moulin de Séprais, des environs de Laufon, de Porrentruy et de Soleure.

„ *Bruckneri,* Th. Soyhière, Chenal de Soulce, Environs de Porrentruy, Blauen.

„ *fallax,* Th. Paturage de la Caquerelle et d'après J. Thurmann dans l'épiastartien de l'Ajoie.

N. tabularis, Ctj. Pont d'Able (Thurmann).

„ *Mustoni*, Ctj. „ „

„ *Elea*, d'Orb. Montchaibeut.

„ *sexcostata*, d'Orb. Moulin de Liesberg.

Assez commune dans les diverses assises astartiennes de l'Ajoie.

„ *Laufonensis astartina*, Grepp. Laufon.

Long. 50 mm., larg. 10 mm.; 11 à 12 grands plis par tours traversés par 8 à 12 fascicules.

Cerithium Moreanum, Buv. Chenal de Soulce, Ziegelhof, au sud de Hobel. Hypoastart.

Phasianella striata, d'Orb. Commune.

Turritella astartina, Grepp. Chenal de Soulce, sur les plaquettes calcaires ou marneuses.

Très-petite espèce, très-abondante, associée à l'*Astarte minima*.

Pterocera anatypes, Ctj. Soyhière, Ermont, près Courgenay.

Rostellaria Buvignieri, Et. Blauen.

Ditremaria discoidea, Et.

Syn. *D. amata*, d'Orb.

„ *Trochus discoideus*, Roem.

Scalaria minuta, Buv. Pont-d'Able, près Porrentruy.

Trochus Jurassi similis, Roem.

Syn. *Pleurotomaria Solodurina*, Th. Angolat, Montchaibeut, Ziegelhof, au sud de Hobel, Blauen.

„ *scalaris*, Roem.

Syn. *Pleurotomaria percarinata*, Grepp. Blauen, Chenal de Soulce.

Diceras Munsteri, Gf.

Syn. *D. St. Verenæ*, Gressly. Chenal de Soulce, Ste-Vérène, près Soleure.

Trochus Sequanus, Grepp. Oolithe astartienne de Montchaibeut.

Long. 8 mm., larg. 6 mm., 4 à 6 côtes longitudinales, dentelées; les tours, au nombre de 5 à 6, sont tellement serrés qu'ils paraissent être tout d'une pièce. Coquille conique.

Turbo princeps, Roem. Graitery, Oel s. d'Envelier, Ajoie, Roedersdorf, Röschenz, Zunzger Hardt.

„ *globulus*, d'Orb. Laufon.

Natica Elea, d'Orb. S. de Bassecourt.

„ *grandis*, Münst. Chenal de Soulce, Montchaibeut, Laufon.

„ *turbiniformis*, Roem. Commune.

„ *hemisphærica*, Roem. „

„ *Eudora*, d'Orb. Chenal de Soulce.

„ *semiglobosa*, Et. Pichoux, Graitery.

„ *microscopica*, Ctj. Bure.

Nerita sigaretina, Buv. Chenal de Soulce, Montchaibeut.

„ *pulchella*, Buv. Béridié, au N. de Delémt.

„ *jurensis*, Münst. Figuré par M. Roemer, Pl. X. f. 5.

Syn. *N. ammonitiformis*, Grepp. Angolat.

Neritopsis astartina, Grepp. Graitery.

Long. 15 mm., larg. 10 mm. 2 1/2 tours. Le test est recouvert de 10 à 12 grosses côtes longitudinales coupées par d'autres côtes transversales, qui donnent à la coquille un aspect grossièrement treillissé; bord calumellaire échancré. Des marnes astartiennes de Graitery.

Eulima elegans, Grepp.

Long. 31 mm., larg. 15 mm.; 7 tours lisses, serrés.

Bulla suprajurensis, Roem. Angolat, Montchaibeut, Röschenz.

„ *spirata*, Roem. Blauen.

Patella Sequana, Mer.

Forme ovale, conique, à sommet aigu, recourbé en arrière, excentrique postérieur et situé vers le cinquième de la longueur de la coquille. Côtes rayonnantes nombreuses croisées par des stries concentriques très-fines et par quelques stries d'accroissement plus prononcées, disposition qui donne à la coquille un aspect granulé.

Les dimensions plus fortes, la forme plus déprimée, les côtes aplaties de la *P. Mosensis*, Buv., distinguent cette espèce de la nôtre. Long. 32 mm., hauteur 20 mm., larg. 16 mm. Angolat, Roedersdorf.

Gastrochœna gracilis, Et. Blauen.

Pholadomya paucicosta, Roem. Montchaibeut.

„ *neglecta*, Th. Blauen.

„ *recurva*, Ag. Soyhière, „

„ *complanata*, Roem.

„ *canaliculata*, Roem. Soyhière. „

Ces 3 dernières espèces, très-voisines, sont associées à Blauen.

Ph. pectinata, Ag. Montchaibeut.
„ *hortulana,* d'Orb. „
„ *pudica,* Ctj. Soyhière.
Mactromya rugosa, Ag. Soyhière, St-Brice,
au sud-ouest de Fahy, Montchaibeut.
Pleuromya Voltzii, Ag. Graitery, „
„ *tellina,* Ag. Perfitte, „
„ *donacina,* Ag. St-Brice, au sud-ouest
de Fahy, ouest de Rocourt.
Arcomya gracilis, Ag. Angolat. -
Goniomya parvula, Ag.
Syn. *Pholadomya Contejeanni,* Et.
Paturage de la Caquerelle, où elle est associée
à la *Nerinea fallax, Isocardia inflata, Mytilus
subpectinatus.*
„ *constricta,* Roedersdorf.
Ceromya inflata, Ag. Pics, au sud de Cour-
faivre, Montchaibeut.
Syn. *C. obovata,* d'Orb.
Cyprina parvula, d'Orb. Reclère, Fahy.
Corimya Studeri, Ag. Montchaibeut.
Syn. *Thracia suprajurensis,* Desh.
„ *incerta,* Desh.
Astarte supracorallina, d'Orb. Commune.
Syn. *A. minima,* Gf.; *A. gregaria,* Th.
„ *Sequana,* Grepp. Elay.
Long. 25 mm., larg. 25 mm., épaisseur 17
mm.; 18 à 20 grandes côtes concentiques. Coll.
de M. Mathey.
„ *submultistriata,* d'Orb. Hypoastartien de
l'Ajoie et de Blauen.
Lucina plebeia, Ctj. Epiastartien de l'Ajoie.
Lucina Elsgaudiæ, Th. Commune.
Syn. *L. substriata,* Roem. Epiastartien
de l'Ajoie.
Corbula Deharpesea, Buv. Burc, Courte-
maiche.
„ *Thurmanni,* Et.
Citée par J. Thurmann au fossé des Chenaz,
près Porrentruy. Nous l'avons trouvée à la gare
de Delle.
Trigonia subconcentrica, Et. Thiergarten.
„ *Parkinsoni,* Ag.
„ *suprajurensis,* Ag. Montchaibeut, Laufon,
Blauen, Roedersdorf, Röschenz, Schä-
ferie, au sud-ouest de Fahy.

T. Greppini, Et. Combe, Mormont, près
Porrentruy, Blauen.
„ *concinna,* Roem. Montchaibeut et environs de Porrentruy dans les calcaires
épiastartiens.
Cardita astartina, Th. Calc. épiastartien de
l'Ajoie et du Locle.
Cardium fontanum, Et. Commune.
„ *eduliforme,* Roem. Calc. épiastartien de
l'Ajoie.
„ *corallinum,* Leym., épiastartien de Glovelier, Montavon, du Porrentruy, de
Ste-Vérène, du Locle.
„ *septiferum,* Buv. Blauen, Ajoie.
Arca sublata, d'Orb. Pics.
„ *texta,* d'Orb. Route d'Ederschwyler au
Moulin Neuf.
„ *Choffati,* Th. Calc. épiastartien de l'Ajoie.
„ *rhomboidalis,* Ctj. „ „
Pinna ampla, Gf. Laufon, Caquerelle,
Montbéliard, Montchaibeut.
Syn. *Mytilus amplus,* Sow.
Mytilus subpectinatus, d'Orb. Commun.
„ *longævus,* Ct. Montchaibeut, Angolat,
St-Braix, Blauen.
„ *perplicatus,* Et. Pics, Roggenburg, Blauen,
Fahy.
„ *astartinus,* Th. Montchaibeut, Ajoie.
„ *subæquiplicatus,* Gf. Roedersdorf, Buix.
Gervillia tetragona, Roem. Montchaibeut,
Ste-Vérène, Schäferie, près Fahy.
Perna subplana, Et. Montchaibeut.
Lithodomus socialis, Th. „
Diceras Munsteri, Gf.
Syn. *D. Verenæ,* Gressly. Partout.
„ *suprajurensis,* Th. Chenal de Soulce.
Variété probable de l'espèce précédente.
Lima astartina, Th. Montchaibeut, Angolat,
Cernil, Combe de Maran, Ziegelhof,
près Hobel.
„ *Greppini,* Et. Montchaibeut, Blauen,
Moulin Neuf.
„ *Monsbeliardensis,* Ctj. Roedersdorf.
„ *pygmæa,* Th. Montchaibeut. Oolithe as-
tartienne, au-dessus de Montavon.

L. æquilatera, Buv. Montchaibeut.

„ *suprajurensis,* Ctj.　　„

„ *Ottonensis,* Th. Moulin Neuf.

„ *rotundata,* Buv.　　„

„ *Magdalena,* Buv. Angolat.

Pecten varians, Roem. Commun.

> Le *P. rigidus,* Sow., est une espèce batho-
> nienne. M. Gressly comprenait sous ce nom : le
> *P. astartinus,* Et., *P. Kœchlini,* Mer., *P. Beau-
> montanus,* Buv., et le *P. varians,* Roem.

„ *vimineus,* Sow. Montchaibeut, Soyhière,
Blauen.

„ *Rauraciensis,* Grepp. Elay, Zunzger Hardt.
Collection de M. Mathey.

„ *semiplicatus,* Et.

> Espèce virgulienne, recueillie sur la route de
> la Caquerelle à l'Ordon et à Bure.

„ *intertextus,* Lesueur, Montchaibeut.

„ *Buchi,* Roem.　　„

Avicula spondiloides, Roem. Angolat.

„ *Gessneri,* Th. Epiastartien du Porrentruy.

„ *Sequana,* Grepp. Montchaibeut.

> Long. 12 mm., larg. 12 mm. ; test recouvert
> de 22 à 25 côtes longitudinales granulées, pré-
> sentant dans leurs interstices des côtes rudimen-
> taires, reliées par des stries concentriques très-
> fines. Espèce assez voûtée.

Hinnites Astartinus, Grepp.

> Long. 80 mm., larg. 74 mm. : valve supérieure
> recouverte de plus de 40 grosses côtes sinueuses,
> imbriquées, dont les sillons du milieu sont ornés
> de 2 à 3 petites côtes. Espèce plus arrondie,
> plus voutée que l'*H. velatus* du terrain à chailles.
> Pas rare à l'Angolat, à Graitery et à Soulce.

Anomya obliqua, Grepp. Angolat.

> Long. 12 mm., larg. 10 mm.; coquille ovale,
> oblique, assez voutée ; bord inférieur de la valve
> supérieure relevé.

„ *nerinea,* Buv. Environs de Porrentruy.

„ *Monsbeliardensis,* Ctj. Courtemaiche,
Porrentruy.

Ostrea cotyledon, Ctj. Montchaibeut, Roedersdorf, Blauen.

„ *Sequana,* Th.　　„　　„

„ *Dubiensis,* Ctj. Pics.　„　　„

„ *multiformis,* K. et D.　„　　„

„ *spiralis,* d'Orb.　　„　　„

„ *rastellaris,* Mu.　　„　　„

O. pulligera, Goldf. Montchaibeut, Roedersdorf.

„ *nana,* Et.　　„　　„

„ *subreniformis,* Et. (*Exogyra reniformis,*
Gf.) Blauen.

Terebratula humeralis, Roem. Commune dans
le Jura soleurois, bernois et neuchâtelois.

> Var. *elongata,* forme voisine de la *T. Dele-
> montana.*

„ *suprajurensis,* Th. Commune.

„ *Gessneri,* Et. Montchaibeut, Angolat.

„ *Gagnebini,* Et. Soyhière, Blauen.

„ *Moravica,* Glöck. Pics,　　„

„ *bicanaliculata,* Schl. Montchaibeut.

„ *Bauhini,* Et. Blauen,　　„

> Voisine par la forme et la grandeur de la *T.
> bisuffarcinata,* Zict., de l'étage oxfordien.

Rhynchonella inconstans, d'Orb. Commune.
Syn. *R. semiconstans,* Et.

Cidaris Blumenbachii, Münst. Montchaibeut,
Perfitte, Pics, Oel. S. de Vermes.

„ *florigemma,* Phil.

> Syn. *C. philastarte,* Th.

Graitery, Perfitte, Zyfen, Oel, Angolat,
Moulin Neuf, Montchaibeut, Blauen,
Roedersdorf.

„ *baculifera,* Montchaibeut.

„ *spinosa,* Ag. Hobel.

„ *cervicalis,* Ag. Graitery.

Diplocidaris gigantea, Ag. Graitery.

Hemicidaris Cotteaui, Et. Porrentruy, Blauen.

„ *intermedia,* Forb. Liesberg, Angolat, Mervelier, Graitery, Elay, Montchbt., Hobel.

„ *Lestocqui,* Th. Ocourt.

„ *diademata,* Des.

> Syn. *Cartieri,* Des.

Hobel, Perfitte, Angolat, Canton de
Neuchâtel.

Rhabdocidaris Clavator, Des. Montchaibeut,
Hobel.

Acrocidaris nobilis, Ag. (Var. *formosa*) Hobel, Angolat, Moutier, Corcelles.

Acropeltis concinna, Mer. Hobel.

Hemidiadema stramonium, Des. Commun.

„ *Gagnebini,* Des. Hobel.

Pseudodiadema Orbignyanum, Cott. Undervel.

P. mamillanum, Roem. Montchaibeut, Hobel.

„ *complanatum*, Ag. Laufon.

„ *Matheyi*, de Lor. Elay, Blauen.

„ *neglectum*, Th. Angolat, Montchaibeut, Pics, au S. de Courfaivre, Vorburg.

„ *hemisphæricum*, Ag. Hobel. Locle, Angolat.

„ *priscum*, Ag. Montchaibeut, Laufon, Elay.

Acrosalenia angularis, Des. Angolat, Montchaibeut, Greifel, au nord de la Verrerie de Laufon.

Glypticus sulcatus, Ag. Elay.

„ *integer*, Des. Montchaibeut, Graitery, Angolat, Elay.

Pedina sublævis, Ag. Montchaibeut, Perfitte, et S. de la chapelle du Vorburg.

„ *aspera*, Ag.

„ *gigantea*, Ag. Graitery.

Hemipedina Nattheimensis, Qu. Soyhière.

Stomechinus gyratus, Des. Elay, Perfitte, Graitery, Oel.

„ *perlatus*, Desman. Graitery, Oel.

Pygaster Gresslyi, Ag. Montchaibeut, Roedersdorf, Moulin Neuf, Verrerie de Laufon, Neuchâtel.

„ *lævis*, Des. Graitery, Montchaibeut.

„ *subtilis*, Des. „

„ *patelliformis*, Ag. Laufon.

„ *dilatatus*, Des. Greifel, près Laufon.

Echinobrissus Bourgeti, Des. Montchaibeut, S. de Pleigne, Blauen.

„ *major*, Ag. Laufon, Oberbuchsiten.

„ *gracilis*, d'Orb. Bure.

Pygurus tenuis, Des. Laufon, „

„ *Blumenbachii*, Ag. „

Syn. *P. Desori*, Grepp. Route entre Mettemberg et Pleigne, Zunzger Hardt. Angolat. Dans l'Hypoastartien.

Apiocrinus Meriani, Des. Soyhière, Moulin Neuf, Pics, Hobel.

Pentacrinus Desori, Th. Soyhière, Moulin Neuf, Hobel, Zunzger Hardt.

Comatula Gresslyi, Et. Soyhière, Moulin Neuf, Bure.

Elle n'est très-probablement que l'intérieur du calice de l'*Apiocrinus Meriani*.

Asterias Sequana, Grepp. Soulce, Montchaibeut.

Marnes et Oolithes astartiennes.

Goniolina hexagona, d'Orb. Montchaibeut, Liesberg, S. de Courfaivre.

Espèce très-répandue en France et en Allemagne, où M. Oppel l'a aussi rencontrée avec la *Melania striata*.

„ *geometrica*, Buv. Montchaibeut.

Confusastrea Burgundiæ, d'Orb.

Syn. *C. rustica*, Et.

Montchaibeut, Pics, Rebeuvelier, Hobel, Perfitte, Blauen, entre Mont-Pré et La Chapelle, au sud-est de Maiche, Vielle-Route, près Porrentruy.

Thecosmilia irregularis, Et. Moulin de Röschenz.

Rabdophyllia flabellum, Et. Moulin Neuf, Hobel, Soulce.

Stylina octonaria, E. et H. Pics, Perfitte.

„ *tubulifera*, E. et H. Courcelon, où elle est associée à l'*Acrocidaris nobilis.* Syn. *S. tenax*, Et.

Thamnastrea concinna, E. et H. Mervelier.

Montlivaltia grandis, Et. Montchaibeut, Perfitte, Angolat.

Syn. *Anthophyllum variabile*, Th.

Bryozoaires: Berenicea densata, Et., *B. Thurmanni*, Et.

Caulerpites Sequanus, sp. Röschenz.

Se trouve à la base de l'étage dans les calcaires dolomitiques schisteux à *fucoïdes*. Ressemble au *C. liasinus*.

XI. Kimméridgien ou Ptérocérien.

Type: La ville de Kimmeridge, en Angleterre.

Syn. : *Groupe ptérocérien* ou *strombien* de MM. Thurmann et Etallon ; la partie moyenne de l'*étage Kimméridgien* de M. Contejean ; *Kimmeridgegruppe, Pteroceren-stufe* des Allemands ; *Kimmeridgeclay* des Anglais.

Distribution et *puissance.* La mer Kimméridgienne a laissé dans le Jura des dépôts considérables et bien connus. Les stations ptérocériennes de Porrentruy, le Banné, la nouvelle route de Courgenay, le Haut de Coeuve ont été rendus célèbres par les traveaux de J. Thurmann. En Ajoie, la puissance de cet étage est de 51 mètres. M. Contejean a étudié avec un soin particulier l'étage kimméridgien des environs de Montbéliard ; il comprend dans cet étage le Séquanien, le Kimméridgien et le Virgulien avec une puissance de 240 m. — Glovelier, 97 m., le Pichoux, 83 m., le Vorburg, à l'est de Delémont, 9 m. reproduisent assez fidèlement les roches et les fossiles ptérocériens de Porrentruy.

Les marnes et les calcaires du Banné, de la route de Courgenay se retrouvent sur le plateau des Franches-Montagnes, au Moulin de Plaine Saigne, au nord des Breuleux et ailleurs. Les recherches de M. C. Nicolet sur le ptérocérien des environs de la Chaux-de-Fonds ont été publiées. D'après MM. Gressly et Desor, il atteint dans le canton de Neuchâtel une épaisseur de 130 à 150 m. Dans la région centrale et méridionale du Jura, les assises ptérocériennes sont également très-développées, mais comme elles y sont représentées par des calcaires généralement compactes et que les fossiles y sont difficiles à extraire, leur étude est plus ingrate. Cependant A. Gressly nous les a fait connaître avec des détails intéressants dans les gorges de Court (50 m.), au col de Pierre Pertuis (v. la coupe), dans le val de St.-Imier, ainsi que dans les gorges de Rondchâtel. — Vers la partie orientale et septentrionale de notre rayon, cet étage diminue, disparaît même. M. le Prof. Lang ne lui attribue aux environs de Soleure que 14 m. Il peut avoir la même puissance à Delémont et à Recollaine. M. le curé Cartier a encore constaté la zone hypoptérocérienne à *Nautilus giganteus, Pinnigena Saussuri, Isocardia excentrica*, à Oberbuchsiten. D'après M. Moesch, elle s'étend par Wettingen, Wangen jusqu'à la chute du Rhin. Les derniers bancs hypostrombiens à *Nautilus giganteus, Ammonites rotundus, Pygurus tenuis* existent encore à Laufon, où ils sont exploités comme pierre de taille. L'hypoptérocérien a été observé entre Winkel et Ligsdorf; mais il semble disparaître à l'est de ce dernier village. Plus de traces au nord et à l'est du district de Laufon. Cette zone, devenue terre ferme, était probablement la demeure des grands reptiles de cette époque jurassique.

La diminution de cet étage s'est donc opérée du N-E. au S-E. Nous reviendrons sur ce fait dans l'étude de l'étage virgulien.

Physionomie de l'époque Kimméridgienne dans le Jura. La première organisation de cet âge géologique s'y est manifestée par l'apparition de plantes marines. Des tiges de fucoïdes, empâtées dans une roche calcaire formant plusieurs bancs assez puissants, nous donnent une idée de cette luxuriante végétation marine. Des grandes Ammonites, des Nautiles géants, des Tortues énormes viennent bientôt interrompre cette monotonie végétale, en fondant de véritables colonies.

Apparaissent ensuite des Madrépores avec une quantité considérable d'Echinides, dont nous connaissons au moins vingt-sept espèces ; enfin toute cette pléiade de Poissons, de Reptiles, de Mollusques, dont les restes entrent pour une bonne partie dans la constitution de ces bancs d'une puissance de plus de 85 mètres.

Si on se représente encore une partie du Jura septentrional comme terre ferme, servant d'asile à de grandes tortues d'eau douce qui venaient y pondre leurs œufs et les mettre ainsi à l'abri de la voracité des monstres marins, on aura une idée de la physionomie de l'époque kimméridgienne dans le Jura.

Pétrographie. Si dans les pays voisins l'étage kimméridgien affecte des caractères minéralogiques bien différents, ils sont, en général, assez uniformes dans le Jura; aussi pour les faire connaître, nous contenterons-nous de copier les coupes de Glovelier et du Pichoux.

En quittant le village de Glovelier pour suivre la route de St-Braix, le groupe se déroule successivement comme suit :

L'étage virgulien manquant, nous avons de haut en bas :

<table>
<tr><td colspan="2"></td><td align="right">Ep. en m.</td></tr>
<tr><td rowspan="38" style="writing-mode: vertical-lr">Etage kimméridgien.</td></tr>
</table>

	Ep. en m.
Calc. bréchiforme, blanchâtre, à cassure conchoïdale, coufusément stratifié, stérile	3,00
„ subcompacte ou fissile	1,00
„ „ „ à *Nerinea depressa* [1]	1,00
„ compacte à *Venus*	9,00
Dalles blanchâtres, fissurées, compactes	7,00
Calc. grisâtres à *Nerinea fallax, depressa, Hinnites inæquistriatus, Mactromya rugosa, Pholadomya hortulana, Mytilus subpectinatus, Ostrea subsolitaria, Rhynchonella helvetica, Terebratula suprajurensis*	6,00
„ grisâtres à *Ceromya excentrica, inflata, Natica hemisphærica*, „Nerineenbänke"	1,00
„ „ *Pygurus Jurensis;*	
„ „ avec la faune du Banné	5,00
Marnes du Banné: grises, jaunâtres, fissiles, grumeleuses, sableuses à *Nautilus inflatus, Pterocera Oceani, Trichites Saussuri, Mytilus Jurensis, Hinnites inæquistriatus, Terebratula subsella*	2,00
Calc. très-fossilifères: faune du Banné	3,00
„ à Nérinées;	
„ lamelleux;	
„ à Fucoïdes	2,00
„ dalles; schistes lithographiques fendillés	3,00
„ grisâtres, fissiles ou compactes;	
„ bréchiformes ou grumeleux	14,00
Marnes à *Hemicidaris Thurmanni*	0,20
Calc.	4,00
„ compactes, exploitables, semblables à ceux des carrières du Vorburg, de Courgenay: *Nautilus giganteus, Ammonites rotundus, Isocardia excentrica, Fucoïdes.* Probablement la couche à Tortues de Soleure.	
„ et strates de 1 à 3 m., gris clair, compactes, grumeleux, détritiques avec faune hypostrombienne;	
Bancs à fucoïdes et galets jurassiques informes passant à l'oolithe astartienne	15,00
Puissance totale	84,20

Technologie. Dans le Jura, l'étage kimméridgien joue un rôle de la plus grande importance par son puissant développement, par ses affleurements aussi fréquents

[1] Nous avons vu les Nérinées associées aux bancs de Polypiers dans le bathonien, le corallien, l'astartien; nous retrouvons le même phénomène dans le Kimméridgien, à Soulce, où l'on voit les nombreuses *N. depressa* empâtées dans les bancs des *Thamnastrea.*

De gros rognons calcaires silicifiés qu'on observe dans l'étage kimméridgien à Develier et ailleurs se reproduisent plus à l'Est dans le canton d'Argovie et dans la Souabe.

Ces bancs de rocaille, de galets à fucoïdes qu'on trouve à la base de cet étage, sont assez constants dans le Jura; nous les avons remarqués à la sortie S. du petit tunnel au N-E. de Frinvilier et ailleurs. La zone à *Hemicidaris Thurmanni*, les marnes ptérocériennes du Banné, de Courgenay, les couches à Nérinées „*Nerineenbänke"*, de M. Lang, s'étendent aussi à peu de chose près avec les mêmes caractères depuis le Porrentruy à Soleure. — V. *Die fossilen Schildkröten von Solothurn,* von Prof. *F. Lang* und *L. Rütimeyer,* page 11.

qu'étendus, par ses reliefs aussi hardis que pittoresques, et surtout par son utilité technique.

Les bancs inférieurs, *hypostrombien* de M. Thurmann, sont exploités avec avantage à Soleure, à Laufon, à Courgenay, à Delémont, à Glovelier, sur la hauteur de Pierre-Pertuis, et dans plusieurs autres endroits. Il est intéressant de voir ces bancs exploitables se reproduire avec les mêmes caractères dans une grande partie du Jura.

Onze carrières de Soleure, pratiquées dans cette assise, occupent, d'après M. le prof. Lang, 300 ouvriers. Elles ont fourni et elles fournissent encore de solides matériaux à un grand nombre de bâtiments et de monuments de la Suisse et de l'étranger.

Les carrières de Laufon et de Delémont occupent aussi un grand nombre d'ouvriers. 80 ouvriers travaillent dans celles de Laufon, qui sont au nombre de 10. Celles de Delémont et de Glovelier ne seraient pas moins importantes. Elles n'attendent qu'une voie ferrée pour prendre un beaucoup plus grand développement et alimenter les pays voisins d'excellentes pierres de tailles, de beaux et gigantesques bassins de fontaine.

Un grand nombre d'autres carrières pourraient encore être ouvertes dans l'hypostrombien et présenteraient les mêmes ressources.

Coupe de la carrière de Delémont.

Ep. en m.

Calc. à *Pinnigena Saussuri, Isocardia excentrica* 3,00
Marnes à Echinides: *Hemicidaris Thurmanni, Acrosalenia aspera, Holectypus Meriani, Terebratulina Matheyi, Terebratula Leopoldi, T. subsella, Ostrea semisolitaria, Lima spectabilis;*
Calc. puissamment stratifiés, exploités, à *Nautilus giganteus, Holectypus Meriani* (ces Nautiles se trouvent à 3 m. au-dessous de la couche à Echinides);
Calc. compactes à Fucoïdes 6,00
Rouge lave (*rothe Blatte*) perforée et incrustée d'*Ostrea Sequana;*
Rocaille.

(Hypostrombien.)

Astartien.

Les affleurements kimméridgiens de nos environs ont été, ces dernières années, le but de fréquentes visites, notamment de la part de M. Mathey et de L. Greppin; c'est avec leur concours que nous avons pu réunir une faune assez riche, que nous allons passer en revue.

Faune de l'étage kimméridgien :

Muchimosaurus Hugii, Ag.
Dracosaurus Bronni, Myr.
Madriosaurus Hugii, Myr.

> Ces trois espèces, associées aux tortues suivantes, ont été recueillies dans l'Hypoptérocérien de Soleure, la première au Vorbourg et au Banné.

Tortues.

> D'après les recherches de M. le prof. Rütimeyer, elles appartiennent à la famille des Elodites, tortues d'eau douce, et il les a divisées en trois groupes :
> I. *Thalassemys*, avec trois espèces.
> II. *Platemys*, avec quatre espèces.
> III. *Helemys*, avec deux espèces. — Ces tortues se trouvent dans les bancs à Fucoïdes, qui, dans le Jura bernois, renferment le *Nautilus giganteus* et de grandes Ammonites.

Gyrodus Jurassicus, Ag. Vorburg, Soleure.
„ *Cuvieri*, Ag. Vorburg, Soleure.
Pycnodus gigas, Ag. Soleure, Vorburg et le Banné.
„ *Hugii*, Ag. „
„ *microdon*, Ag. „
Strophodus reticularis, Ag. Vorburg.
Serpula medusida, Et. Vorburg, Courgenay, Recollaine.
Eryma pseudo-Babeani, Dollfus. Vorburg.
Nautilus giganteus, d'Orb. Vorburg, Courgenay, Laufon, Egerkingen.

> Il forme une zone bien soutenue dans l'hypostrombien inférieur de tout le Jura central.

„ *subinflatus*, d'Orb. Vorburg, Courgenay.
„ *Marcouanus*, d'Orb. „ „

> Ces deux dernières espèces sont probablement identiques.

Ammonites Gravesianus, d'Orb. Collége de Delémont.
„ *Lallieranus*, d'Orb. Marnes strombiennes du Banné.
„ *Lestocqui*, Th. Environs de Porrentruy.
„ *Achilles*, d'Orb. Vorburg. Environs de Porrentruy (Thurmann), Obergösgen (Gressly).

A. lapicidarum, Th. Environs de Porrentruy et d'Olten (Gressly).
„ *rotundus*, Sow. Recollaine.
Syn. *A. giganteus*, d'Orb.
„ „ *Wetzeli*, Th.

> Thurmann distingue l'*A. giganteus*, qui est bien l'*A. rotundus*, Sow., de l'*A. Wetzeli*. Ces deux espèces doivent être réunies. D'Orbigny, Pal. fr., p. 558, admet aussi que le dos des derniers tours est lisse.

Nerinea fallax, Th. Cernil, Glovelier dans l'épistrombien.
„ *Bruntrutana*, Th. S. de Soulce : Epistrombien, même zone en Ajoie.
„ *Gosœ*, Roem. Vorburg, carrières de Soleure, Recollaine : Hypostrombien.
„ *Mustoni*, Ctj. Recollaine.
„ *Elsgaudiœ*, Th., Sud de Soulce, Epistrombien. Carrières à l'E. de Fahy, E. de Burc.
„ *grandis*, Voltz. Vorburg, Soleure, Glovelier.
„ *depressa*, Voltz. Glovelier, Boécourt, Soulce, carrières de Soleure, cluse au-dessus d'Oberdorf.
„ *Salinensis*, d'Orb. Glovelier.
„ *Monsbeliardensis*, Ctj. Epistrombien de Porrentruy
Phasianella striata, d'Orb. Vorburg.

> Recueillie par M. Mathey dans les calc. hypostrombiens.

Acteonina Waldeckensis, Et. Vorburg.
Natica gigas, Br. Vorburg, Les Places.
„ *hemisphœrica*, d'Orb. „ „ Ajoie, Pierre-Percée.
„ *prœtermissa*, Ctj. „
„ *vicinalis*, Th., Vorburg, carrières de Soleure.
„ *globosa*, Roem. „
„ *veriotina*, Buv. „
„ *Eudora*, d'Orb. „
Pleurotomaria Philea, d'Orb. Vorburg, Cernil, Glovelier, les Places, Ajoie, Soleure.

P. Monasteriensis, Th. Soleure.

„ *Solodurina*, Th. „

„ *Banneiana*, Th. Vorburg.

Pterocera Oceani, Delab. Commun dans l'Evêché, les carrières de Soleure.

„ *Thirriai*, Ctj. Courgenay.

„ *Monsbeliardensis*, Ctj. Moulin de Séprais.
Cette espèce est bien celle de M. Contejean. Le labre de notre exemplaire, plus complet que celui figuré par cet auteur, présente cependant six digitations dont les moyennes sont fortement noduleuses. M. Contejean n'en figure que quatre.

P. Thurmanni, Ctj. Vorburg, Glovelier.

„ *Ponti*, Delab. „ „

Buccinum Jurense, Grepp. Vorburg.
Est-ce un Buccin ? La bouche, l'ensemble de la coquille l'indiqueraient. Long. 11 mm., larg. 8 mm. Plis sur le dernier tour au nombre de 10 à 12; côtes longitudinales tuberculées au nombre de 9 sur le dernier tour.

Rostellaria Wagneri, Th. Vorbg., Courgenay. Pierre-Percée, Cernil.
Syn. *Pterocera suprajurensis*, Ctj.

Cerithium Kimmeridgensis, Grepp. Vorburg.
Côtes granulées, au nombre de 3 sur les premiers tours, de 4 sur l'avant-dernier et de 8 à 10 sur le dernier. Long. de 10 à 12 mm. larg. de 3 à 4 mm. Il est très-voisin du *Cerithium pulchellum* du Corallien.

Chemnitzia Delia, d'Orb. Vorbg. Montbéliard.

„ *Phanori*, Et. Moulin Neuf, Porrentruy.

Purpurina Moreana, Buv., ou forme très-voisine. De l'hypoptérocérien de l'ouest de Grandfontaine.
Elle est beaucoup moins allongée que la *P. gigas*, Et.

Trochus virgulianus, Th. Vorburg.

„ *Ermontianus*, Th. Ermont près Courgenay, Cœuve.

„ *plebeius*, Th. Mêmes loc. que la préc.

Capulus Pileopsis suprajurensis. Mêmes loc. que la précéd., Banné.

Neritoma Hermanciana, Et. Cœuve.

Nerita cancellata, Ziet. Glovelier.

Neritopsis delphinula, d'Orb. Courgenay.

Bulla suprajurensis, Roem. Vorburg, Banné.

„ *planospira*, Th. „ „

B. Mattheyi, Grepp.
Long. 60 mm., larg. 34 mm ; forme oblongue, sillonnée, bouche effilée. Recueillie par M. Mathey dans les marnes kimméridgiennes de Courgenay.

Patella Humbertina, Buv. Banné, Cœuve.

Pholadomya myacina, Ag. Vorburg, Glovelier, Courgenay, Banné, Cœuve.

„ *acuticosta*, Sow. Vorburg, Glovelier, Courgenay, Cernil, les Places.
Syn. *P. multicosta*, Ag.

„ *pudica*, Ctj. Sud et tout près de Charquemont.

„ *parcicosta*, Roem. Vorburg.

„ *contraria*, Ag. „

„ *hortulana*, d'Orb. Vbg., Glovelier, Ajoie, Soleure.

„ *Protei*, Ag. „ Baune. Cœuve, etc.

„ *sinuata*, d'Orb. Progymnase de Delémont.
Voisine de la *P. flexuosa*, Buv., du Coral-rag.

Ceromya excentrica, Ag. Fréquente.

„ *inflata*, Ag. „

Corimya Studeri, Ag. „
Syn. *Thracia incerta*, Desh.

Capsa Thurmanni, Et. O. de Courgenay, à Ravière d'Ermont.

Thracia tenuistria, Desh. Develier, Vorburg, Glovelier.

Anatina helvetica, d'Orb. Cernil.

„ *expansa*, d'Orb., Banné, Cœuve.

„ *insignis*, Ctj. „ „

„ *gibbosa*, Et. „

Pleuromya Voltzii, Ag. Glovelier, Vorburg.

Mactromya rugosa, Ag. Vorburg, Courgenay, Boécourt.
Syn. *M. concentrica*, Et.

Mactra Zwingeri, Th. Banné.

Arcomya gracilis, Ag. Glovelier, Courgenay.

„ *helvetica*, Ag.

Trigonia Parkinsoni, Ag. S. du Moulin Neuf.

„ *subconcentrica*, Et. Develier.

„ *muricata*, Roem. „

„ *concinna*, Roem. Vorburg.

„ *suprajurensis*, „ Ajoie.

Lucina Elsgaudiæ, Th. Courgenay, Cernil, les Places.

Astarte pesolina, Ctj. Vorburg.

Cyprina parvula, d'Orb. Banné, Cœuve.

  „ *nuculiformis*, Pict. Des calc. épiptérocériens de l'Ajoie.

  „ *Münsteri*, Et. Banné.

  „ *cornuta*, d'Orb. „

Cardita Bernensis, Et. Hypoptérocérien de l'Horette, près Porrentruy.

Corbis subclathrata, Buv. Vorburg, et cité par Thurmann dans les calc. épiptérocériens de Porrentruy.

  „ *crenata*, Ctj. Epiptérocérien de Porrentruy.

Arca nobilis, Ctj. Vorburg, Glovelier.

  „ *sublata*, d'Orb., Glovelier, Cernil, Cœuve.

Cardium Bannesianum, Th. Fréquent.

    Var. *C. pseudo-axinus.*

      C. axino-elongatum.

      C. axino-obliquum.

  „ *eduliforme*, Roem. Vorburg, Ajoie.

  „ *septiferum*, Buv. Courgenay.

Pinna ampla, Gf. *(Mytilus).* Vorburg.

Mytilus Jurensis, Mer. Commun.

  „ *intermedius*, Th. Vorburg, Banné, Cœuve.

  „ *subpectinatus*, d'Orb. Vorbg. Courgenay, Cernil dans l'hypoptérocérien, et à Montavon dans l'épiptérocérien.

  „ *abreviatus*, Ph. Glovelier, Banné, Cœuve.

  „ *longævus*, Ctj. Vorburg, les Places.

  „ *subæquiplicatus*, Gf. „ Cernil, Ajoie.

  „ *perplicatus*, Et. „ Glovelier, Banné.

  „ *Thirriai*, Et. „ „

  „ *acinaces*, d'Orb. „ Cernil.

  „ *Medus*, d'Orb. Courgenay.

Perna subplana, Et. Commun.

Hinnites inæquistriatus, d'Orb. Commun.

Lithodomus socialis, Th. Vorburg.

Inoceramus suprajurensis, Th. Banné, Courgenay.

Avicula Gessneri, Th. Vorburg.

    Syn. *A. modiolaris*, Mü. et Roem.

Pinnigena Saussuri, d'Orb. *(Trichites.)* Commune.

Diceras suprajurensis, Th. Vorburg.

Lima spectabilis, Ctj. Commune.

  „ *Monsbeliardensis*, Ctj. Vorburg.

  „ *Sequana*, Ctj. „

Pecten Buchi, Roem. Commun.

  „ *Benedicti*, Ctj. Vorburg.

  „ *Billoti*, Ctj. „

  „ *Flamandi*, Ctj. „

  „ *rigidus*, Gressly. „

  „ *vimineiformis*, Grepp. „

Ostrea semisolitaria, Et. Commune.

  „ *Ermontiana*, Et. „

  „ *Bruntrutana*, Th. „

  „ *cotyledon*, Ctj. Vorburg.

  „ *Monsbeliardensis*, Ctj. Courgenay.

  „ *Thurmanni*, Et.

    Syn. *O. Roemeri*, d'Orb.

  „ *spiralis*, d'Orb.

Anomya undata, Ctj. Glovelier.

  „ *nerinea*, Buv. Courgenay.

Rhynchonella inconstans, Sow. et d'Orb. Fréq.

Terebratulina Matheyi, Grepp.

    Petite espèce à forme aplatie, finement striée ; la valve supérieure ne renferme pas moins de 40 à 50 côtes. La coquille mesure en longueur 7 mm., en largeur 6 mm. et 2 mm. en épaisseur. Nous en possédons 22 exemplaires, recueillis au Vorburg dans la *couche à Pseudocidaris Thurmanni.*

Terebratula suprajurensis, Th. Commune.

    Syn. *T. subsella*, d'Orb.

  „ *Leopoldi*, Grepp. Vorburg.

    Coquille ovale, bombée, à bourrelets d'accroissement très-prononcés ; subdiagonale au bord palléal. Long. 5 à 10 mm., larg. 6 mm., prof. 5 mm. ; associée à la *T. Matheyi.*

  „ *humeralis*, Roem. Vorburg.

    Cette espèce, associée à la *Phasianella striata*, rappelle encore l'étage séquanien.

Cidaris, florigemma, Phil. Vorburg.

Hemicidaris diademata, Ag. „ Glovelier.

  „ *Cartieri*, Des. „ „

  „ *Desoriana*, Cott. Porrentruy.

  „ *Gresslyi*, Et. „

  „ *Hoffmanni*, Roem. „

  „ *crenularis*, Ag. Vorburg.

  „ *mitra*, Ag. Vorburg, Soleure, Courgenay, zone strombienne.

Pseudocidaris Thurmanni, Et. Vorb., Soleure, Syn. *Hemicidaris Thurmanni*, Ag. Glovelier, Courgenay, Pierre-Percée.

Rhabdocidaris Orbignyana, Des. Vorburg.
Pseudodiadema neglectum,Th.Vorburg.Pierre-
Percée.
„ *conforme*, Et.
Syn. *P. Bruntrutanum*, Des. Voyebeux,
près Porrentruy, Pierre-Percée, Che-
nevez.
„ *parvulum*, de Lor. Vorburg.
„ *planissimum*, Ag. Soleure·
Hypodiadema Marcoui, Et. Courgenay.
Acrosalenia aspera, Ag. Voyebeux, Vor-
burg, Courgenay et Glovelier.
„ *decorata*, Wright. Voyebeux.
Stomechinus Contejeani, Et· Vorburg.
Syn. *S. semiplacenta*, Des.
„ *gyratus*, Des. Hypoptéroc. d'Egerkingen.
Hemipygus foliaceus, Et. Porrentruy, Glove-
lier, Chenevez.
Pygaster subtilis, Des. Vorburg·
Holectypus Meriani, Vorburg, Courgenay.
Pygurus Jurensis, Marcou. Mêmes loc.
Syn. *P. Greppini*, Des.
Echinobrissus truncatus, Des. Vorburg.
„ *Thevenini*, Et. Porrentruy.
„ *Goldfussii*, Desm. „
„ *avellana*, Des. Oberbuchsiten.
Apiocrinus Meriani, Des. Vorburg.

Montlivaltia Lesueurii, E. et H. Vorburg·
M. Aug. Dollfus, dans son ouvrage „*la faune
Kimméridgienne du cap de la Hève*,“ p. 95,
réunit à la même espèce les *M. astartina*, *cu-
neata*, *incurva*, *virgulina* et *Waldeckensis* de
MM. Thurmann et Etallon.
M. subcylindrica, E. et H. Vorburg.
Convexastrea semiradiata, Et. Vorburg.
Isastrea oblonga, E. et H.
Du sud de Soulce, où cette espèce est as-
sociée aux Nérinées de l'Epistrombien : *Nerinea
depressa*, *N. Bruntrutana*, *N. Elsgaudiæ*. L'ho-
rizon de cette *Isastrea* étant important, méri-
terait d'être mieux étudié·
Microphyllia Thurmanni, Et. Hypostrombien
du Vorburg·
Rhabdophyllia. Hypostrombien du Vorburg,
Goniolina geometrica, Buv. „
Meandrina vallata, Grepp. „
Cloisons fortes, formant des vallées et col-
lines très-accidentées, mais circonscrites, larges
de 4 millim.
„ *tenuivallata*, Grepp. Hypostr. du Vorbg.
Cloisons fines, formant des collines subcon-
centriques, étroites, peu accidentées, larges de
2 millim.
Briozoaires. Hypoptérocérien du Vorburg·
Berenicea Thurmanni, Et. Commun·
Fucoïdes.

XII. Virgulien.

SYN. : *Groupe virgulien* de J. Thurmann et Etallon; *Virgulastufe* des Allemands.

Définition. Nous trouvant, il y a quelques années, à Mulhouse, chez M. Kœchlin-
Schlumberger, il nous est arrivé, dans la conversation, d'employer le mot „*Portlandien*“ pour désigner les *calcaires* et les *marnes à Ostrea virgula* qui constituent
cet étage. En parlant de ces terrains, me fit observer ce savant géologue, n'employez
donc pas le mot *Portlandien*, car le Portlandien n'existe pas dans le Jura septentrional.

Quelle est la valeur de cette affirmation ?

Nous n'avons pas entrepris la tâche d'identifier les terrains sédimentaires de
l'Angleterre avec les nôtres. Tout ce que nous pouvons affirmer, c'est qu'il existe

dans le Jura bernois, neuchâtelois et français un terrain marno-calcaire, d'une puissance de 50 à 77 mètres, avec une faune caractéristique, reposant sur l'étage kimméridgien, sans en dépendre, puisque le Kimméridgien recouvre la plus grande partie du Jura, tandis que ce terrain n'en recouvre que les zones méridionales et occidentales.

En outre ce terrain marno-calcaire à *Ostrea virgula* est recouvert, à la partie S-O. de notre limite, d'une forte série de couches que nous avons souvent cherchées dans le Jura septentrional sans les avoir jamais trouvées. Nous avions pensé que les calcaires épivirguliens de la Combe Voitelier, au sud de Chenevez, se laisseraient peut-être associer aux dépôts jurassiques du Jura neuchâtelois qui recouvrent l'étage virgulien. Mais les caractères minéralogiques, paléontologiques et stratigraphiques ne le permettent point. De manière que l'opinion de M. J. Köchlin que dans la zone septentrionale du Jura, l'étage virgulien est le dernier membre de la série jurassique et que le véritable Portlandien n'apparaît que vers Bienne et Neuchâtel, se confirmerait pleinement.

La faune de l'étage virgulien, il est vrai, est bien ptérocérienne, même astartienne dans d'autres pays, mais dans le Jura central elle n'est que virgulienne, en ce sens que l'*Ostrea virgula*, elle seule, servirait à caractériser ce dépôt, ce fossile y étant limité.

Ainsi, un terrain qui, comme les calcaires et les marnes à Ostrea virgula, prend une existence indépendante, des traits géologiques particuliers, doit bien être traité, au point de vue d'un intérêt local, comme un dépôt à part, sinon comme un étage; cependant il est possible qu'on ne puisse ni l'étendre, ni le généraliser.

Mais, demandera-t-on, quelle est la série jurassique qui affecte un horizon paléontologique absolu très-grand? N'avons-nous pas vu l'étage rauracien devenir, en quelque sorte, l'étage séquanien? — M. Contejean, en présence de ce passage incessant de certaines espèces d'une assise à une autre, même d'un étage à un autre, ne réunit-il pas dans son étage kimméridgien toutes les couches jurassiques qui reposent sur l'oolithe corallienne? — La zone à *Ammonites Parkinsoni* de M. le prof. Oppel ne s'est-elle pas étendue, après un grand nombre de recherches, aux étages bajocien et bathonien?

Au reste, qu'on appelle l'étage virgulien comme on voudra, il n'en constitue pas moins un dépôt très-intéressant par les conséquences qu'on peut en tirer. — Très-intéressant, parce que la mer qui l'a déposé a eu aussi une grande durée, puisqu'elle nous a laissé des couches minéralogiques occupant une place honorable dans la série de nos terrains, et parce que cette mer, comme les précédentes, était très-animée. Elle nourrissait également des Tortues, des Reptiles, des Crustacés, des Céphalopodes, un grand nombre de Mollusques, de Polypiers et de plantes marines. Les Echinides ne nous sont encore guère connus.

Comme le Kimméridgien, le Virgulien nous révèle encore un mouvement grandiose et long, qui a lieu lentement, du moins sans de trop grandes perturbations, pendant les dernières phases de la période jurassique. Déjà pendant l'étage kimméridgien, le Jura septentrional semble s'élever lentement, devenir terre ferme stérile, [1] jusqu'à ce qu'enfin la mer jurassique se transforme en une mer jurassico-virgulienne, en prenant pour limite orientale une ligne sinueuse entre Séprais et Soleure. La justification de cette opinion ressort de l'absence complète des assises à *Ostrea virgula* au N.-E. de cette ligne. Les couches inférieures du Virgulien existent bien dans le Jura central, mais pour rencontrer l'étage complet, il faut aller plus à l'O., vers Montbéliard-Gray et Besançon, dans le canton de Neuchâtel, où il prend une puissance de plus de 120 mètres.

Il est remarquable de rencontrer dans nos environs, déjà à l'époque jurassique, un rivage marin; nous retrouverons plus fréquemment ce phénomène pendant les formations crétacées et tertiaires.

Cette observation mériterait bien de fixer l'attention des savants. .

Distribution géographique. On peut étudier l'étage virgulien en Ajoie, soit à Alle, à Courtedoux et à Chevenez; au Pichoux, au S.-E. de Tramelan, au Mont-Girod, N. de Court, à l'entrée et à la sortie du tunnel projeté entre Tavannes et Sonceboz, à Frinvilier, au N. de Bienne, où il dépasse en puissance 33 m.; au N. de Lommiswyl, à Waldegg, canton de Soleure, de même qu'aux environs de Granges; à Corgémont, au sud de Cortébert, où les calcaires à *Ostrea virgula* et à *Terebratula suprajurensis* arrivent presqu'à la hauteur des prés de Cortébert, de Sonvilier jusqu'au

---

1 *Kimmeridge-Bildung ist im Breisgau durch Petrefacten nirgends angedeutet* (SANDBERGER). Les schistes lithographiques à *Ammonites longispinus*, *Trigonia suprajurensis*, *Exogyra spiralis*, *Terebratula suprajurensis*, *Rhynchonella inconstans*, etc., des cantons d'Argovie, de Schaffhouse, de la Souabe, semblent cependant appartenir à l'étage ptérocérien ou virgulien.

Roc Mil-Deux; sur le plateau des Franches-Montagnes, à la source même du Péché, sud-ouest de Montfaucon. Pour les limites virguliennes, voir la carte.

Caractères minéralogiques et stratigraphiques. Voici comment l'étage virgulien se présente au Pichoux, sud d'Undervelier.

Sornetan-Pichoux, passage de l'étage virgulien aux terrains tertiaires.

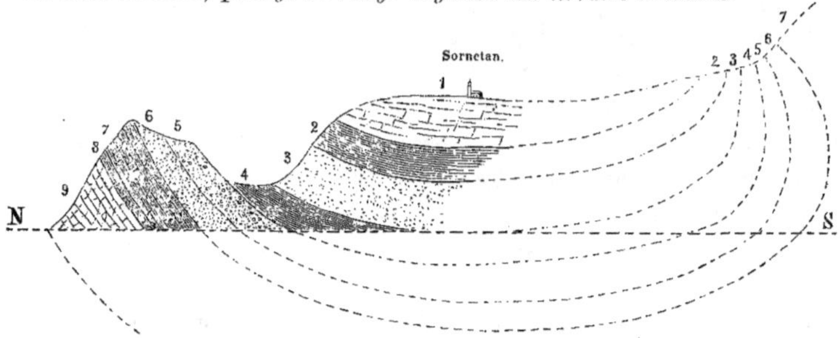

<table>
<tr><td rowspan="3">Delémontien.</td><td>1.</td><td>Assise marno-calcaire;</td><td align="right">Ep. en m.</td></tr>
<tr><td>2.</td><td> „   marneuse;</td><td></td></tr>
<tr><td>3.</td><td> „   de grès sableux avec traces de lignites.</td><td></td></tr>
<tr><td rowspan="3">Eocène supérieur.</td><td>4.</td><td>Argiles brunes, rouges, réfractaires;</td><td></td></tr>
<tr><td>5.</td><td>Nagelfluh avec mine de fer en grains;</td><td></td></tr>
<tr><td>6.</td><td>Sable réfractaire blanc, violacé, manganésifère, exploité pour la confection de briques réfractaires.</td><td></td></tr>
<tr><td rowspan="11">Virgulien.</td><td>7.</td><td>Rocaille et calcaire stratifié à Terebratula suprajurensis, Pterocera Icaunensis: épivirgulien .</td><td align="right">20,00</td></tr>
<tr><td>8.</td><td>Calc. lumachellique à Ostrea virgula</td><td align="right">0,50</td></tr>
<tr><td></td><td>Marnes à Ostrea virgula d'un blanc gris et d'une consistance grumeleuse ou sableuse .</td><td align="right">0,60</td></tr>
<tr><td></td><td>Calc.</td><td align="right">0,80</td></tr>
<tr><td></td><td>Marnes jaunâtres à Ostrea virgula, Aptychus Flamandi, Trigonia concentrica, Pecten suprajurensis et à nombreuses tiges de fucoïdes .</td><td align="right">2,80</td></tr>
<tr><td></td><td>Calc. lumachellique à Ostrea virgula</td><td align="right">0,30</td></tr>
<tr><td></td><td>Marnes grises à Ostrea virgula</td><td align="right">0,30</td></tr>
<tr><td></td><td>Calc. et marnes à Ostrea virgula: virgulien</td><td align="right">0,70</td></tr>
<tr><td></td><td>Calc. perforé par les Lithodomes et incrusté d'huitres plates;</td><td></td></tr>
<tr><td>9.</td><td>Massif calcaire stratifié d'un blanc jaunâtre, compacte: hypovirgulien .</td><td align="right">20,00</td></tr>
<tr><td></td><td align="right">Puissance totale de l'étage virgulien . .</td><td align="right">46,00</td></tr>
</table>

Ep. en m.

Kimméridgien.

Calc. stratifié: *épiptérocérien* 23,00
„ „ 40,00
„ marno-compacte bleuâtre, renfermant la faune *ptérocérienne* du Banné 1,00
„ compacte stratifié: *hypoptérocérien* 33,00
Puissance totale de l'étage kimméridgien . . 97,00

Séquanien.

Oolithe astartienne ou calc. oolithique blanc, stratifié, souvent bréchiforme;
Marnes;
Calcaires;
Marnes;
Marnes à *Phasianella striata, Natica turbiniformis, Hemidiadema stramonium;*
Marnes;
Calcaires;
Marnes grises à *Lucina Elsgaudiæ, Nerinea Bruckneri.*
Puiss. totale de l'étage séquanien . . 60,00

Rauracien.

Calc. blanchâtre, bleuâtre, puissamment stratifié, à *Pecten solidus.* Nous n'avons pas remarqué les zones à Nérinées, à Echinides et à Polypiers.
Puiss. totale de l'étage rauracien . . 30,00

Oxfordien.

Calc. bréchiforme à *Ammonites plicatilis, Pholadomya parcicosta, cor, pelagica, Goniomya constricta, Pleuromya recurva, Modiola tulipea, Corimya pinguis, Anatina striata, Ostrea dilatata, Terebratula insignis, Arca texata, Patella tenuistriata* 3,00
Calc. compacte 7,00
Marnes alternant avec les chailles et des calc. hydrauliques, grisâtres, à *Ammonites plicatilis, A. cordatus, Pholadomya,* et passant aux marnes oxfordiennes qui sont en partie recouvertes 20,00
Puiss. de l'affleurement oxfordien . . 30,00

Puissance : L'étage virgulien, mesuré dans les gorges de Court par M. Gressly, a une puissance plus forte; il atteint 67 mètres.

Si dans le Porrentruy il arrive à 51 mètres, il paraît n'avoir que quelques mètres au-dessus de Séprais, sur la route de la Caquerelle.

Division. Comme la coupe du Pichoux l'indique, la base de l'étage virgulien est formée de bancs assez puissants de calcaires compactes, durs, grenus, blancs, jaunâtres, avec des bancs de coraux tels que Méandrines, qui sont eux-mêmes accompagnés d'une faune à type corallien : *Diceras, Astarte;* c'est l'*hypovirgulien.*

Le milieu de l'étage, la *zone virgulienne,* est facile à reconnaître par ses marnes jaunes, grises, marno-compactes, lamellaires, alternant avec des calcaires grumeleux et schistoïdes.

Cette zone marneuse est surtout riche en fossiles : *Ostrea virgula, Pholadomya multicosta, Trigonia concentrica, Pholadomya donacina, Terebratula suprajurensis.*

Au-dessus de cette zone marneuse, on en trouve une troisième que J. Thurmann a d'abord étudiée au sud de Chenevez et que plus tard nous avons aussi remarquée au Pichoux. Formée d'une suite de bancs calcaires plus ou moins blancs tirant un peu sur le jaune, assez compactes, souvent bréchiformes, elle constitue l'*épivirgulien* de J. Thurmann. Dans ces calcaires de Chenevez, du Pichoux, et qu'on retrouve au-dessus de Boujean, au tournant de la route vers la Reuchenette, on rencontre encore de rares *Ostrea virgula.*

Au-dessus de cette dernière assise virgulienne se remarquent les calcaires dolomitoïdes, compactes, oolithiques de l'étage suivant, comme on peut s'en assurer sur la nouvelle route de Bienne vers Ried.

Faune de l'étage virgulien. Voici les espèces les plus communes de l'étage virgulien. Pour plus de détails sur la faune virgulienne de Porrentruy-Montbéliard, nous renvoyons aux importantes publications de MM. Thurmann, Etallon et Contejean.

Aptychus Flamandi, Th. Galerie supérieure du Pichoux.

Megalosaurus Meriani, Grepp.

Le squelette entier de ce gigantesque reptile a été trouvé dans la carrière hypovirgulienne de la basse montagne de Moutier, d'où l'on a retiré les pierres pour la construction du temple. Les dents, plus grandes, plus droites et plus lisses que celles du *M. Bucklandi,* Owen, semblent aussi s'en distinguer par l'arête postérieure, qui n'est que légèrement dentelée et à peine sur la cinquième partie de la longueur de la dent. Le côté déprimé présente une gouttière longitudinale particulière. Longueur de la dent 60 mm., larg. 18 mm. Une grande partie de ce squelette bien curieux avec une dent bien conservée se trouve au Musée de Bâle.

Mosasaurus Grosjeani, Grepp.

M. le pasteur Grosjean a recueilli dans les marnes à *Ostrea virgula* de Mont-Girod, nord de Court, une dent de ce monstre, émule et contemporain du *Megalosaurus Meriani.*

Pycnodus Hugii, Ag.

Recueilli par M. le prof. Pagnard dans l'Hypovirgulien de la basse montagne de Moutier.

Serpula medusida, Et. Alle.

Nautilus Moreanus, d'Orb. Alle, Barrière entre Fahy et Chevenez.

Ammonites longispinus, Sow. Alle, nord-ouest de Chevenez.

" *orthocera,* d'Orb. Combe de Courtedoux.

" *Contejeani,* Th. Environs de Porrentruy et de Montbéliard.

" *Martis,* Et. De l'Hypovirgulien de Porrentruy, à Outre-Roche de Mars.

" *erinus,* Et.

Nerinea Danusensis, d'Orb. Montbéliard.

" *bicristata,* Et. Croix dessus, près Porrentruy (Thurmann).

N. depressa, Voltz. Perfitte.
Chemnitzia Bronni, d'Orb. Environs de Porrentruy.
„ *multispirata*, Et. Environs de Porrentruy.
Acteonina Waldeckensis, Et. Hypovirgulien
de Sous-Waldeck.
Natica gigas, Bronn. Perfitte, Alle.
„ *grandis*, Münst. Porrentruy.
„ *hemisphærica*, d'Orb. Cité par J. Thur-
mann dans l'Hypovirgulien du Coin-du-
Bois, de Microferme, près Porrentruy.
Trochus virgulinus, Th. Cité par J. Thur-
mann du Coin-du-Bois, près Porrentruy.
Turbo virgulinus, Th. Cité par J. Thurmann
du Coin-du-Bois.
Purpura gigas, Et. Alle.
Bulla perspirata, Th. Environs de Porrentruy.
Patella Castellana, Th. „
„ *pygmæa*, Th. Croix-dessus, près „
Pterocera Oceani, Brong. Alle, Miécourt.
„ *Thirriai*, Ctj. „
„ *Abyssi*, Th. Alle.
„ *subornata*, Et. Porrentruy.
„ *Icaunensis*, Cott. Route du nord-est de
Bellelay.
Diceras suprajurensis, Th. Courtedoux.
Pholadomya multicostata, Ag. Commune.
„ *hortulana*, d'Orb. „
„ *pudica*, Ctj. Alle, Tramelan-dessus,
Barrière.
Pleuromya Voltzii, Ag. Alle, Perfitte, sud-
ouest de Chenevez.
„ *donacina*, Ag. Alle.
Mactromya (Psammobia) rugosa, Ag. Partout.
„ *virgulina*, Environs de Porrentruy.
Anatina (Cercomya) caudata, Ctj. Environs
de Porrentruy.
„ *striata*, d'Orb. Environs de Porrentruy.
„ *gibbosa*, Et. „ „
„ *purvula*, Et. „ „
„ *virgulina*, „ „
Thracia tenuistriata, Desh. Alle.
Corimya Studeri, Ag. „
Syn. *Th. incerta*, Desh.
Ceromya excentrica, Ag. „

C. inflata, Ag. Alle.
Cardium Bannesianum, Th. „ Chenevez.
„ *collineum*, Buv. „ „
„ *eduliforme*, Roem. „ „
Cyprina parvula, d'Orb. Pichoux, Porrentruy.
„ *Brongniarti*, P. et R. Alle. „
„ *cornucopiæ*, Ctj. Croix-dess. près Porrtry.
„ *gregaria*, Et. Courtedoux.
Lucina Elsgaudiæ, Th. Alle, sud de Chenevez.
„ *Vernieri*, Et. Porrentruy.
Astarte suprajurensis, d'Orb. Porrentruy.
„ *patens*, Ctj. „
„ *pesolina*, Ctj. Chenevez, Alle.
„ *cingulata*, Ctj. Porrentruy.
„ *bernojurensis*, Et. Croix-dessus.
Mactra ovata, d'Orb. Alle.
Capsa Bourgeti, Th. Porrentruy.
Cardita tetragona, Et. Hypovirgulien de
Croix-dessus.
„ *virgulina*, Th. Porrentruy.
Opis virgulina, Et. „
Arca texta, d'Orb. Alle, Tramelan-dessous.
„ *Mosensis*, Buv. Porrentruy.
„ *sublata*, d'Orb. Courtedoux.
„ *Contejeani*, Et. Porrentruy.
Trigonia suprajurensis, Ag. Alle, Barrière,
Courtedoux.
„ *muricata*, Roem. „ „
„ *concentrica*, Ag. Pichoux.
„ *granigera*, Ctj. Alle.
„ *Cymba*, Ctj. Montbéliard.
Lima virgulina, Th. Courtedoux.
„ *subregularis*, Th. Porrentruy.
„ *Magdalena*, Buv. Banné.
„ *rhomboidalis*, Ctj. Porrentruy.
Avicula gervilloides, Ctj. Hypovirgulien de
Porrentruy.
Gervillia tetragona, Roem. Pichoux, Alle.
Inoceramus, Péché, S. de Montfaucon.
Pinna ampla, Gf. Bellelay, N. de Lommiswyl.
Syn. *Mytilus amplus*, Sow.
„ *subpectinatus*, d'Orb. Cité par J. Thurmann dans l'Hypovirgul. de Porrentruy.
„ *subæquiplicatus*, Gf. Cité par J. Thurmann
dans l'Hypovirgulien de Porrentruy.

M. acinaces, d'Orb. Cité par J. Thurmann dans l'épivirgulien de Porrentruy.

„ *virgulinus,* Et. Alle.

Pecten suprajurensis, Buv. Pichoux, Alle, Barrière.

„ *Hermanciæ,* Et. Porrentruy.

„ *Nicoleti,*   „

„ *Delessey,* Et. Alle.

„ *Flammandi,* Ctj.   „

Ostrea virgula, d'Orb. Pichoux, Mont-Girod, Tremelan-dessous, Bellelay, Péché, au sud de Montfaucon, Sonceboz, sud de Cortébert, nord-est de Bienne vers Ried, Lommiswyl, Perfitte, Ajoie, Chenevez, Courtedoux, Alle, nord de Charmoille.

„ *auriformis,* Ctj. Alle, Charmoille.

„ *Cotyledon,* Ctj. Nord de Moutier.

„ *Langii,* Et. Porrentruy.

„ *nana,* Et. Bellelay.

Syn. *Gryphea nana,* Sow.

„ *virgulina,* Grepp. Pichoux.

Petite espèce facile à reconnaître par ses 7 à 9 grosses côtes.

Plicatula virgulina, Et. Porrentruy.

Anomya Raulina, Buv. Alle.

Rhynchonella inconstans, d'Orb. Partout.

„ *pullirostris,* Et. Courtedoux.

Variété très-probable de l'espèce précédente.

Terebratula suprajurensis, Th. Partout.

Echinobrissus truncatus, Des. Alle.

Stomechinus Monsbeliardensis, Des. Environs de Porrentruy et de Montbéliard.

Glypticus magniflora, Et. Sous-Waldeck, près Porrentruy.

Pseudodiadema complanatum, Des. Cité dans la Leth. Brunt. du Coin-du-Bois, près Porrentruy.

Diplopodia parvula, Et. Cité dans la Leth. Brunt. du Coin-du-Bois.

Hypodiadema Gresslyi, Et. Cité dans la Leth. Brunt. de Croix-dessus, près Porrentruy.

Hemipygus virgulinus, Et. Cité dans la Leth. Brunt. du Coin-du-Bois.

Hemicidaris virgulina, Et. Cité dans la Leth. Brunt. de Courtedoux, près Porrentruy.

„ *jurensis,* Et. Cité dans la Leth. Brunt. de la Combe-Maillard, près Porrentruy.

Rhabdocidaris Orbignyana, Des. Alle.

Cladophillia Thurmanni, Et.

Thecosmilia Bruntrutana, Et.

Meandranea tuberosa, Et.

Apiocrinus similis, Des.

Ces cinq dernières espèces proviennent de la carrière de la basse montagne de Moutier. Cette intéressante zone de Polypiers, découverte par M. Pagnard et signalée aussi dans le Porrentruy par J. Thurmann, a probablement autrefois servi d'asyle à ces grands reptiles qu'on a trouvés dans cette même localité et à Court.

Fucoïdes, très-nombreux au Pichoux.

XIII. Portlandien.

Syn. *Calcaires portlandiens* de la Meuse; *étage portlandien* de M. de Loriol; *Portland-Stone* des Anglais.

Définition. Ainsi qu'il a été établi plus haut, la mer jurassique a eu une plus longue durée vers notre limite S-O.; ce qui a été reconnu par un massif calcaire assez puissant, qu'on a remarqué depuis longtemps entre les calcaires à Ostrea virgula et l'étage suivant, qui manque dans le Jura septentrional. C'est ce massif que nous appelerons à l'exemple de beaucoup de géologues: *étage portlandien.*

Distribution géographique. Cet étage n'a encore été signalé que dans la partie S-O. de notre rayon, où il apparaît avec les terrains crétacés. Ainsi on peut le poursuivre depuis la route de Bienne vers Ried, en se tenant sur le flanc de la montagne, jusqu'à Neuveville et même plus loin, jusqu'au nord de Neuchâtel où ses calcaires dits *jaluses* sont exploités dans les carrières du petit plateau de Pierre-à-Bot. On le retrouve à Prêles sur les flancs du Chaumont, dans les vals de Ruz, du Locle et à la partie supérieure de celui de St-Imier. Comme nous l'avons dit plus haut, il n'a pas encore été observé au nord-est de ce rayon.

Pétrographie, puissance et faune. Au tournant de la route de la Reuchenette à Bienne, à l'est et tout près de Ried, se trouvent les calcaires et les marnes à *Ostrea virgula*. En descendant vers Bienne, il est facile de s'assurer que cette assise virgulienne est recouverte par des calcaires gris, schisteux, des dolomies compactes, des dolomies pulvérulentes et crayeuses, d'où sourdent les belles sources de la ville, puis par des calcaires boursouflés et bigarrés, ensuite par des marnes violacées ou bigarrées „*Marnes de l'étage purbeckien*" — et enfin par les calcaires valangiens. Ces calcaires dolomitiques, gris jaunâtre, étant souvent recouverts, ne peuvent pas être l'objet d'un mesurement rigoureux; mais leur puissance n'est pas au-dessous de 25 mètres. Ils ne nous ont présenté aucune trace organique. De manière que cette localité ne nous conduit à d'autre résultat qu'à la constatation d'un massif calcaire intercalé entre l'étage virgulien et l'étage purbeckien, massif qui n'existe pas au nord-est de ce point. Ajoutons cependant que les calcaires boursouflés et les dolomies se montrent encore sporadiquement dans la partie supérieure du val de St-Imier.

M. Ch. Hisely a été plus heureux dans ses recherches aux environs de Neuveville, et il a bien voulu mettre à notre disposition une partie des résultats importants qu'il en a obtenus. Non-seulement nous lui devons un des plus beaux profils qui accompagne ce travail (Coupe de Schaltenrain à St-Imier), mais encore les données stratigraphiques et paléontologiques suivantes.

Le profil de M. Hisely part d'un point pris entre Hageneck et le village de Locraz, traverse le lac et arrive sur la rive gauche, en faisant voir les allures des terrains quaternaires, tertiaires et crétacés sur cette zone, se prolonge jusqu'à St-Imier par la Neuve-Métairie de Neuveville, par la Praye, par Nords et par le signal de Chasseral.

Au-dessous du marbre bâtard ou valangien inférieur, base des terrains crétacés, M. Hisely constate les couches et les assises suivantes:

Ep. en m.

a) Assise calcaire dolomitique plongeant sous l'horizon avec un angle de 60°, formée d'abord d'un calcaire gris blanc, compacte, assez dur, bariolé à la surface de taches bleues, susceptible d'un assez beau poli; ensuite, sans être régulièrement stratifié, il change bientôt de nature: il devient crayeux, même terreux en prenant une couleur jaunâtre *(roche pourrie* des carriers), absorbe au moins 5 % d'eau et contient 5 % de magnésie. A cause de sa stratification confuse et irrégulière, de sa nature peu consistante et désagrégeable, ce calcaire ne peut être servi comme pierre de construction.

Cette assise, tout-à-fait stérile, envisagée par M. Hisely comme pouvant être d'origine d'eau douce, a une puissance de 6,00

b) Première assise des jaluses. Elle a à peu près les caractères pétrographiques de l'assise précédente: bancs de 1 à 3 décimètres, dolomitiques, fendillés, absorbant 5 % d'eau et renfermant 5 % de magnésie. Cette assise également stérile mesure 5,00

c) L'assise *c* ressemble beaucoup à l'assise *a*: Calcaire dolomitique, gris cendré, compacte dans le haut, jaunâtre, pourri à la base, confusément stratifié, très-fissile, oolithique, à cassure saccharoïde ou crayeuse, renfermant souvent des géodes d'un diamètre de 2 à 20 centimètres, dont l'intérieur est souvent recouvert de jolis cristaux de chaux carbonatée. Ce calcaire desséché absorbe 5 % d'eau. Cette assise, sans intérêt technique, a fourni à M. Hisely la tige d'un arbuste, de 3 centimètres de diamètre, de 4 décimètres de longeur, intérieurement spathique, mais dont la surface présente une apparence de noeuds, de rameaux brisés et de stries de l'écorce. Ce fait, se confirmant, appuirait l'opinion qui a déjà été émise, notamment par M. de Loriol, que ce calcaire est un dépôt saumâtre ou d'eau douce. Puissance 12,00

d) Deuxième assise des jaluses. Ces jaluses dolomitiques, fendillées, inclinées comme les précédentes, formées de calcaires très-durs et très-compactes, n'absorbent pas l'eau, constituent des bancs d'une épaisseur de 1 à 3 décimètres. Souvent les bancs supérieurs sont désagrégés et les interstices sont remplies par des infiltrations tufeuses et stalagmitiques. Les dalles des bonnes couches sont presque inaltérables, mais malheureusement à cause des veines spathiques qui les traversent, on ne peut en retirer de bien grande dimension. Plusieurs de ces dalles se divisent en feuilles de 1 à 2 lignes d'épaisseur, présentant à leur surface de jolies dendrites et des ondulations analogues à celles qui se forment au bord du lac de Bienne sur le limon sableux. La couleur de cette roche dolomitique est d'un jaune clair passant à un gris jaunâtre avec des taches roussâtres. La forme ondulée que ces dalles affectent, leur nature spathique les rendent impropres comme schistes lithographiques.

Ces jaluses avec des rares bivalves indéterminables ont une puissance de . 5,50

Purbeckien. Puiss. 21 m.

Portlandien. Puiss. 40 m.

Ep. en m.

e) Deux bancs de calcaires subcompactes ou marneux de 4 à 5 décimètres d'épaisseur et renfermant des tiges de *Fucoïdes*, la *Terebratula suprajurensis*, une *Trigonia* et des dents de *Ganoïdes*. Puissance . . . 1,90

f) Les deux bancs précédents recouvrent un calcaire gris, crayeux, onduleux ou rognoneux, mal stratifié, stérile, d'une puissance de . . 9,00

g) Deux bancs de 5 décimètres chacun d'un calcaire compacte, plus blanc que les calcaires précédents, renferment des *Nérinées* indéterminables et la Térébratule ci-dessus 1,00

h) Troisième assise des jaluses qui sont plus belles et plus dures que les précédentes, cependant aussi fissiles et traversées par des veines spathiques; point de fossiles. Puissance 6,00

i) Quatre beaux bancs de calcaire blanc, compacte, de 6, 7, 5 et 8 décimètres d'épaisseur, à cassure lisse, conchoïde, à fossiles empâtés et indéterminables, si on excepte quelques dents de *Ganoïdes* . . . 2,60

k) Rocaille ou roc fragmentaire 1,00

l) Un beau banc de calcaire blanc, compacte 2,00

m) Rocaille 2,00

n) Une assise de calcaire bréchiforme, marno-crayeux, très-fossilifère, d'une puissance de 2,50

M. Hisely y a recueilli les espèces suivantes :

Strophodus subreticulatus, Ag. A la base de l'assise.

Nerinea trinodosa, Voltz.

Pterocera Oceani, Delab. A la surface de l'assise.

„ *Icaunensis,* Cott. Au milieu de l'assise.

Melania striata, Sow. A la surface.

Natica Marcousana, d'Orb. A la base.

„ *hemisphærica,* d'Orb. „

„ *elegans,* Sow.

Purpura gigas, Et. A la surface.

Pholadomya hortulana, d'Orb.

Ceromya excentrica, Ag. A la base.

„ *inflata,* Ag. A la surface.

Cyprina Brongniarti, Pict. et Ren. A la base.

Isocardia Cottaldina, de Lor.

Thracia incerta, Desh.

Plectomya rugosa, de Lor.

Analina gibbosa, Sow. A la base.

„ *Portlandica,* Grepp. „

Trigonia gibbosa, Sow.

„ *Cottaldi,* Munier Chalmoss.

„ *scabra,* Ag. A la base.

„ *Boloniensis,* de Lor. A la surface.

„ *Gillieroni,* Grepp.

Cardium Pesolinum, Ctj. A la base.

Venus Portlandica, Grepp. „

Arca texta, d'Orb.

Mytilus virgulinus, Et. A la base.

Perna Bouchardi, Oppel. A la surface.

Avicula Gessneri, Th.

Pecten suprajurensis, Buv.

Ostrea nana, Sow. A la base.

Comme au Pichoux, elle serait d'après M. Hisely associée à l'*O. virgula.*

Terebratula suprajurensis, d'Orb. A la surface.

Pseudosalenia aspera, Et. A la base.

Cidaris florigemma, Phill. „

Thamnastrea Bouri, de Fromentel. A la surface.

o) Quatrième assise de jaluses, stérile 7,00

Portlandien. Puiss. 40 m.

Ep. en m.

Virgul. P. 30 m.

   p) Une série d'assises de calcaires blancs, compactes, peu fossilifères, d'une puissance de 30,00

Epiptérocérien.

   q) Un banc de calcaire subcompacte à *Hemicidaris mitra*, Ag., *Pseudo-diadema planissimum*, Des. 0,60

   r) Une cinquième assise de jaluses à Natica 4,00

   s) Banc rempli de *Nerinea depressa*, *N. Bruntrutana*, *Terebratula suprajurensis*, *Rhynchonella inconstans*.

Ce sont les bancs jurassiques les plus profonds des environs de Neuveville.

Les différentes assises portlandiennes, telles qu'elles ont été établies avec tant de soin par M. Hisely, se retrouvent plus à l'est. En suivant la route de Neuchâtel à Fenin, on a occasion de voir plusieurs carrières pratiquées dans l'étage portlandien. D'abord dans celles du Plain, on voit les calcaires à *Fucoïdes*, avec *Natica Marcousana*, *Trigonia Gillieroni* et les dents de *Ganoïdes*. Plus haut, à droite de la route en montant, se trouve une autre carrière dont les bancs sont assimilés par les ouvriers à ceux des carrières du Plain. Ces calcaires renferment de nombreuses dents de *Pycnodus Hugii*, *Strophodus subreticulatus*, le *Pecten suprajurensis*. Puissance de ces calcaires: 10 à 12 m. Cinq minutes plus loin, toujours à droite, soit à l'est de la route, un chemin conduit dans une carrière, sise dans la forêt. A la base de la carrière, nous croyons reconnaître les calcaires que nous avons vus plus bas et qui correspondraient aux assises e, f, g, h, i, k de M. Hisely. Au-dessus se trouvent les *calcaires en plaquettes*, schistoïdes, dentritiques, dolomitiques, à pâte fine et homogène, blanc jaunâtre ou gris bleuâtre; d'une puissance de 6 m. Point de reste organique. Ces *calcaires en plaquettes* correspondent évidemment à la couche *d* de Neuveville et ne sont point recouverts dans cette localité. Cependant les calcaires dolomitiques, caverneux qui leur sont superposés et que nous avons classés dans l'étage purbeckien existent dans ce rayon. (V. les travaux des géologues neuchâtelois.) Ils y renferment même une faune que M. de Loriol envisage comme saumâtre et fluviatile.

Au-dessus des ces dolomies se trouvent les marnes noires, bleues, rougeâtres, gypsifères, stériles de l'étage suivant. La même succession d'assises se remarque dans les vals de Ruz, de St-Imier et du Locle. C'est sur cette zone que l'étage portlandien a fourni d'intéressants fossiles qu'on trouve décrits et cités dans les travaux des géologues de la Suisse française. (Voir „ *Les Matériaux pour la carte géol. de la Suisse, par A. Jaccard, p. 187.)*

On y rencontre notamment les espèces suivantes:

Emys Jaccardi, Pict.	*Ammonites irius*, d'Orb.
Lepidotus lœvis, Ag.	*Nerinea trinodosa*, Voltz.
„ *gigas*, Ag.	*Natica Marcousana*, d'Orb.
Pycnodus gigas, Ag.	*Trigonia concentrica*, Ag.
„ *Nicoleti*, Ag.	„ *Gillieroni*, Grepp.
„ *Huyii*, Ag.	*Pecten suprajurensis*, Buv.

Observation rétrospective. En revenant un peu sur nos pas, nous voyons à l'ouest de Glovelier et au sud-ouest de Soulce l'étage ptérocérien finir avec les calcaires épiptérocériens à *Nerinea depressa*, *N. Bruntrutana*. Là, point de trace de virgulien. Un peu plus au sud, à la seconde galerie du Pichoux, au sud d'Undervelier, ces calcaires épiptérocériens sont recouverts d'un puissant massif de calcaires virguliens que termine l'assise marno-calcaire à *Ostrea virgula*. Dans cette localité, point de portlandien. A Bienne, à la Neuveville et au nord de Neuchâtel, le virgulien est à son tour recouvert par le portlandien, qui y finit la série jurassique par les calcaires en plaquettes, comme le bathonien se termine par la dalle nacrée, le conchylien par les calcaires dolomitiques en plaquettes. Cette diminution des dépôts jurassiques du sud au nord est bien une preuve évidente d'un retrait lent de la mer vers le sud, phénomène qui a eu lieu, comme nous venons de le dire, vers la fin de l'époque jurassique et qui se reproduit pendant la formation crétacée.

On rattache encore au Jura supérieur une suite de couches saumâtres ou fluvio-terrestres qui constituent l'*étage purbeckien*.

XIV. Purbeckien.

Syn. *Marnes bleues sans fossiles* de M. Marcou; *Marnes de Villers-le-Lac; Etage Dubisien* de M. Desor; *Wälderbildung* et *Weald-clay* des géologues allemands et anglais.

Localité-type: Purbeck.

Distribution géographique. La Société helvétique des sciences naturelles, réunie à la Chaux-de-Fonds en 1855, a constaté l'étage purbeckien à notre limite occidentale, savoir, à Villers-le-Lac, près des Brenets; plus tard MM. Gressly et Gilliéron l'ont remarqué dans le canton de Berne aux environs d'Alfermé, de Twann, de Vigneules, de Lignières et jusqu'au-delà de Bienne. M. C. Nicolet nous l'a indiqué au nord-ouest de la Chaux-de-Fonds et à Clairmont entre les Convers et Renan. D'après M. Gilliéron, il est aussi à jour dans la gorge du Jorat entre Lamboing et Orvin. Dans le vallon de Gaicht, il forme une combe bien accentuée.

Il a été reconnu ensuite dans le vallon au-dessus du Stand de St-Imier, près de la maison d'école des Convers, au-dessus de Micôte, où il est traversé par la route. M. Desor l'a cité au tunnel de la Luche, au Pertuis-du-Soc et à la Combe-Varin. Il a été étudié sur plusieurs points en France, en Angleterre et dans le nord de l'Allemagne.

Définition, division, pétrographie et puissance. Ces dernières années, MM. A. Jaccard et de Loriol s'en sont occupés d'une manière particulière, et après avoir réuni un bon nombre de fossiles, ils sont arrivés aux conclusions que la formation d'eau douce infracrétacée de Villers est l'équivalent des „*Purbeckbeds*" d'Angleterre, qu'elle se rattache à l'époque jurassique, qu'elle apparaît partout à la limite du Valangien et du Portlandien et enfin qu'elle comprend une série de bancs calcaires avec fossiles saumâtres que l'on avait rangés jusqu'ici dans le Virgulien. (Etude géol. et paléont. de la form. d'eau douce infracrétacée du Jura etc. p. 52.)

Il a été reconnu trois assises dans l'étage purbeckien:

1. *L'assise inférieure* qui se compose de calcaires dolomitiques, compactes, cellulaires, cariés, saccharoïdes, gris jaunâtre, confusément stratifiés, d'une puissance de 3 à 7 mètres et renfermant des espèces saumâtres: *Cardium Villersense, Corbula inflexa, Cyrena.* Cette assise paraît constituer le passage du dernier dépôt jurassique à l'étage purbeckien.

2. *L'assise moyenne* est formée par des marnes noires, bleues, rougeâtres, souvent gypsifères, stériles, d'une puissance de 3 à 6 mètres. Ces marnes étant assez imperméables ont une certaine importance hydrographique.

3. *L'assise supérieure* est constituée par une alternance de marnes et de calcaires bitumineux, de couleur grisâtre, et renfermant une faune fluvio-terrestre: *Chara Jaccardi, Physa, Planorbis, Paludina,* etc.

Cette assise, d'une puissance de 5 mètres environ, se termine par une couche marno-calcaire, oolithique, grisâtre, mesurant 0,50 m., et renfermant la *Corbula Forbesiana*. Ici, se termine l'étage purbeckien par l'arrivée de la mer crétacée.

Sur le bord du lac de Bienne le gypse manque, tandis que les marnes à teintes variées, sans fossiles, y sont représentées. Là, le calcaire fossilifère est assez identique à celui de Villers-le-Lac.

Faune de l'étage Purbeckien. Outre les restes de tortues, de reptiles et de poissons que M. Jaccard a observés dans le dépôt de Villers, on y a recueilli les espèces suivantes.

Cypris Purbeckensis, Forbes.
Cerithium Villersense, de Lor.
Turritella Gillieroni, de Lor.
Auricula Jaccardi, de Lor.
Physa Wealdiana, Coq.
„ *Bristovi,* Forbes.
Paludina elongata, Sow.
„ *Sautierianus,* de Lor.
Carychium Brotianum, de Lor.
Bithinia Dubisiensis, de Lor.
„ *Chopardiana,* de Lor.
„ *Renevieri,* de Lor.
Planorbis Loryi, Coq.
„ *Coquandianus,* de Lor.
Neritina Wealdiensis, Roem.

Valvata Loryana, de Lor.
„ *helicoïdes,* Forbes.
Corbula Forbesiana, de Lor.
„ *inflexa,* Dunk.
Cyrena Pidancetiana, de Lor.
„ *Villersense,* de Lor.
Cardium Purbeckense, de Lor.
Lithodomus Sandbergianus, de Lor.
Gervillia arenaria, Roem.
Nonionina Jaccardi, de Lor.
„ *Villersensis,* de Lor.
Chara Jaccardi, Heer.

La *Physa Wealdiana,* la *Planorbis Loryi* et la *Valvata helicoïdes* ont été recueillies à Vignoules par M. Gilliéron ainsi que la *Corbula Forbesiana* à Lignières.

Comme on le sait, les espèces de cette faune se rattachent à des genres terrestres, fluviatiles et saumâtres.

III. TERRAINS CRÉTACÉS.

Les opinions que nous venons de développer dans le chapitre précédent s'appliquent aussi aux terrains crétacés. En effet, le grand mouvement des mers, que nous avons vu se produire insensiblement pendant la formation jurassique du nord au sud, se continue pendant la formation crétacée, et il nous explique le changement dans le régime des mers, la migration, la modification ou l'anéantissement des espèces. Ainsi, les caractères minéralogiques et paléontologiques changeront, tout en se reliant soit sur le même point, soit sur un autre plus éloigné, mais souvent à un niveau stratigraphique différent, et tous ces changements se sont produits sous l'influence de facteurs lents, brusques parfois. La partie S-O. du Jura est un point favorable pour suivre ces grandes révolutions de la terre. Elle est une estrade des plus avantageuses pour observer : 1º les preuves du retrait de la mer jurassique; 2º le remplacement de cette mer par des nappes d'eau saumâtre et par des terres fermes; 3º l'apparition de la mer crétacée, enfin les diverses oscillations subies par cette dernière mer. Espérons que M. Gilliéron, qui, à la connaissance approfondie de cette région, réunit encore un grand nombre d'observations sur les Alpes, viendra bientôt jeter un jour plus vif sur toutes ces questions et l'étendre même jusque dans les Alpes.

Quant à nous, restant dans les bornes de notre horizon, constatons que la mer crétacée a aussi franchi la partie S-O. du Jura central, qu'elle y a laissé des dépôts littoraux restreints, le plus souvent rudimentaires. Ces dépôts se rattachent aux étages suivants :

1ᵉʳ Etage :	*Valangien;*
2ᵉ ″	*Néocomien;*
3ᵉ ″	*Urgonien;*
4ᵉ ″	*Albien* et
5ᵉ ″	*Cénomanien.*

I. Valangien.

Syn. Néocomien inférieur; Calcaire ferrugineux ou *limonite, calcaire jaune* de M. Marcou.

Localité-type. Valangin, canton de Neuchâtel.

Distribution géographique. Il existe dans le Canton de Berne à Sonvilier et à St-Imier, aux Convers, où il forme d'assez puissantes assises, ce qu'on peut vérifier au-dessus du village de Sonvilier, à la Fourchaux et au stand de St-Imier; on en rencontre de nombreux lambeaux de Bienne à Neuveville et à l'extrémité orientale du Val-de-Ruz.

Il commence à Bienne par deux lambeaux, l'un au nord, l'autre à l'ouest de la ville. De Vigneules à Neuveville, le valangien forme une suite non-interrompue, sauf sur de très-petits espaces à Alfermé et à Douanne.

La limonite ne commence qu'à Vigneules.

L'étage valangien joue un rôle important dans le relief des cantons de Vaud et de Neuchâtel, notamment dans l'ancien comté de Valangin. Il a été constaté dans les Alpes : au Glærnisch, au Sentis, dans les Alpes du Tyrol.

Division, pétrographie, puissance. MM. C. Nicolet, Desor, Gressly, Gilliéron et Hisely nous ont laissé de très-bonnes études sur ce terrain. Ils le divisent en trois assises, qui sont, de bas en haut :

    1. *Les marnes et brèches grises et bitumineuses;*

    2. *Le calcaire compacte ou marbre bâtard;*

    3. *La limonite ou calcaire ferrugineux.*

1. *Les marnes et brèches grises et bitumineuses.* Cette première assise se compose de marnes, de brèches et de calcaires marneux ou dolomitiques régulièrement stratifiés, d'une puissance de 12 mètres. Dans le canton de Neuchâtel, elle forme avec les marnes purbeckiennes de véritables *combes valangiennes.* (Desor.) On peut les voir au village de St-Imier, dans le Val-de-Ruz, au nord-ouest de St-Martin, de Dombresson, et au pied sud de la chaîne du Lac. La *Natica leviathan*, la *Tere-*

bratula acuta, l'*Echinospatagus granosus*, le *Phyllobrissus Renaudi*, caractérisent cette sous-division.

2. Le *calcaire compacte ou marbre bâtard*, très-développé et exploité dans le val de St-Imier, atteint aux environs de Neuchâtel une puissance de 40 mètres et de 18 à 20 dans le val de St-Imier et au pied de la chaîne du lac. Il est formé de bancs calcaires très-compactes, blanc grisâtre, roses, jaunes, ocreux. La finesse de son grain lui a valu le nom de *marbre bâtard*. Il renferme de grandes Nérinées et des Bivalves.

3. La *limonite*, ou assise de bancs calcaires jaunes, friables, très-ferrugineux, d'une puissance de six mètres, est assez pauvre en fossiles dans le Jura bernois, tandis que la faune de la limonite, à Sainte-Croix, renferme plus de 120 espèces.

M. Hisely la dépeint aux environs de Neuveville et du Landeron, comme un calcaire jaune, brun, friable, avec grains ferrugineux, peu riche en fossiles, d'une puissance de 6 à 7 mètres. Cette puissance se soutient assez vers l'E., puisqu'à Vingelz elle a encore 4 m. — Dans ces localités, le calcaire repose sur des marnes gris noirâtre dans le bas et rousses vers le haut, très-friables et sablonneuses, renfermant la *Pholadomya elongata*. Puissance : 1 à 2 m. Il est recouvert par les *marnes de Hauterive*.

La limonite a été assimilée au terrain sidérolithique par quelques géologues du Jura ; nous avons toujours combattu cette opinion et nous la combattrons encore plus tard en parlant de ce dernier terrain.

D'après les dernières études de MM. Pictet et Gilliéron l'étage valangien se soutient bien comme étage à Valangin et dans les environs ; mais considéré sur un rayon plus vaste, il n'en est plus ainsi ; sa faune se fusionne avec celle de l'étage néocomien.

Technologie. Dans un grand nombre de localités les calcaires valangiens sont exploités comme excellente pierre de construction.

Faune de l'étage valangien. Elle est due principalement aux travaux de MM. Gressly, Pictet, Campiche, Nicolet, Gilliéron, Hisely et Jaccard. La série de fossiles réunie par A. Gressly pendant ses travaux en vue des chemins de fer jurassiens n'a pu être utilisée. Mélangée, elle a été distribuée à des établissements d'instruction publique du Jura.

Faune de l'étage valangien.

	Foss. des marnes bitumineuses et du calc. compt.	Fossiles de la limonite.
Pycnodus cylindricus, P. et C. Landeron, Neuveville, Bienne, St-Imier		1
Strophodus sp. „	1	
Galeolaria neocomiensis, de Lor. St-Imier, Gaicht.		1
Nerinea Wealdiensis, P. et C. Neuveville „		1
„ *Marcousana,* d'Orb. „	1	1
„ *lobata,* d'Orb. „		1
„ *Blancheti,* P. et C. „		1
„ *funifera,* P. et C. Vingelz, Prêles	1	
„ *Etalloni,* P. et C. Landeron		1
„ *Favrina,* P. et C. Locle	1	
„ *lobata,* d'Orb. „	1	
Acteon albensis, d'Orb. „		1
Bulla Jaccardi, P. et C. „		1
Tylostoma Laharpi, P. et C. Landeron		1
„ *naticoides,* P. et C. Locle	1	
Strombus Etalloni, P. et C. Landeron		1
Turbo Loclensis, P. et C. Locle		1
Pterocera Desori, P. et C. Landeron, Cressier, Locle, St-Imier	1	1
„ *Jaccardi,* P. et C. Alfermé „		1
Pleurotomaria Zollikoferi, P. et C. „		1
„ *Jaccardi,* P. et C. „		1
Trochus Pertyi, P. et C. „		1
Columbellina brevis, P. et C. Gaicht.		1
„ *Neocomiensis,* P. et C. Locle		1
Natica lævigata, d'Orb. Landeron		1
„ *Sautieri,* Cocq. „ Neuveville, Alfermé	1	1
„ *Wealdiensis,* P. et C. Vingelz, Tuscherz, Alfermé, Locle	1	1
„ *Pidanceti,* P. et C. Landeron, Vingelz	1	1
„ *helvetica,* P. et C. Locle, „	1	1
„ *bulimoides,* d'Orb. Alfermé	1	
„ *leviathan,* P. et C. „	1	
„ *prælonga,* Desh. Vingelz, Locle	1	
Aphorrhais Valangiensis, P. et C. Twann, Alfermé, Vingelz	1	
„ *Santæ-Crucis,* P. et C. „ „	1	
„ *Jaccardi,* P. et C. Locle		1
„ *Dupiniana,* d'Orb. „	1	
Pholadomya elongata, Münst. Landeron, Vingelz	1	1
„ *Santæ-Crucis,* P. et C. „	1	
Panopœa cylindrica, P. et C. „	1	
Venus helvetica, P. et C. Locle	1	
Thracia Nicoleti, d'Orb. Landeron		1
Cyprina Valangiensis, P. et C. Neuveville		1
Cardium Gillieroni, P. et C. „ „	1	
C. Cottaldinum, d'Orb. Locle	1	

	Foss. des marnes bitumineuses et du calc. compt.	Fossiles de la limonite.
Astarte Valangiensis, P. et C. Gaicht		1
Trigonia scapha, Ag. „		1
„ *caudata*, Ag. Vingelz	1	
Arca Villersensis, P. et C. Gaicht		1
„ *Raulini*, d'Orb. Vingelz	1	
Pinna Robinaldina, d'Orb., Landeron.		
Lima Carteroniana, d'Orb. Ligerz		1
Mytilus Gillieroni, P. et C. Prêles, Locle	1	
„ *Carteroni*, d'Orb. Locle	1	
Lithodomus obesus, P. et C. Locle.		
Ostrea Boussingaulti, d'Orb. Landeron.		
Rhynchonella Valangiensis, de Lor. Landeron		1
Terebratula Wealdiensis, de Lor. „ Gaicht, Vingelz.	1	1
„ *Collinaria*, d'Orb. „		1
„ *Villersensis*, de Lor. „ „ Neuveville		1
„ *acuta*, Qu. Vingelz, Pâquier, la Chaux-de-Fonds	1	
Terebrirostra Neocomiensis, d'Orb. Gaicht.		1
Cidaris preciosa, Des.		1
Pygurus Gillieroni, Des. La Chaux-de-Fonds, Vingelz	1	
„ *rostratus*, Ag. Gaicht		1
Echinospatagus granosus, d'Orb. Gaicht. „	1	1
Holectypus Santæ-Crucis, Des. „	1	
Pyrina incisa, d'Orb. „		1
Salenia folium querci, Des. „	1	
Magnosia lens, Des. „		1
Phyllobrissus Duboisi, Des. „	1	
„ *Renaudi*, Des. „	1	
Pseudodiadema miliare, Des. „	1	
„ *nobilis*, Des. „	1	
Acrosalenia patella, Des. „	1	
Goniopygus decoratus, Des. „	1	

II. Néocomien.

Localité-Type: *Neocomum*, dénomination latine de la ville de Neuchâtel.

Distribution géographique, pétrographie et puissance. Cet étage est assez richement représenté dans notre rayon depuis Bienne-Alfermé à Neuveville, depuis Cormoret, St-Imier, Sonvilier à Renan et dans le canton de Neuchâtel, aux environs de cette ville, dans le Val-de-Ruz et à la Chaux-de-Fonds.

Quand on s'avance de Neuveville vers l'est, les marnes bleues disparaissent et le massif marneux est tout entier jaune. Le calcaire supérieur se retrouve encore au-delà de Weingrave.

A Vigneules, il n'y a plus que quelques mètres de marnes jaunes très-riches en fossiles.

Nous supposons même que les calcaires et sables siliceux de Lengnau et Granges appartiennent à cet étage. Les espèces que M. Matthey y a recueillies : *Lima Royeriana*, d'Orb., *Terebratula acuta*, Qu., d'Orb., *Echinobrissus Olfersii*, Des., motiveraient cette opinion, si on ne veut pas attribuer leur présence dans cette roche à un remaniement.

C'est aux environs de la ville de Neuchâtel que le Néocomien atteint la plus grande puissance : 40 mètres; tandis qu'à St-Imier, Neuveville, Ste-Croix, il n'a que 15 à 20 mètres. Au point de vue de la faune, ce terrain est assez uniforme; mais au point de vue pétrographique, il se distingue en dépôts marneux à la base et en dépôt calcaire en haut.

1. Le *dépôt marneux*, connu sous les noms de *Marnes néocomiennes, marnes de Hauterive*, se subdivise de bas en haut en

a) *Marnes jaunes*, d'une puissance de 2 à 3 mètres, et caractérisées par l'*Ammonites Astierianus*, d'Orb.; elles sont intercalées entre la limonite et les marnes bleues homogènes;

b) *Les marnes bleues homogènes* ont une puissance de 10 mètres et possèdent la faune de la subdivision suivante;

c) *Marnes blanchâtres à concrétions calcaires de Hauterive*. Ce sont les marnes de Hauterive proprement dites. Très-riches en Ammonites, en Térébratules et en Echinides; ces marnes mesurent de 4 à 5 mètres.

Ce dépôt marneux est assez développé dans le canton de Neuchâtel pour y former des combes — telle est la combe des Fahys, derrière Neuchâtel —, et il est assez compacte et assez imperméable pour arrêter les eaux et donner le jour à quelques sources dans le val de St-Imier, à Neuveville, à celle de l'Ecluse à Neuchâtel.

2. Le *dépôt calcaire*, appelé *calcaire néocomien* ou *pierre jaune*, se subdivise aussi de bas en haut en

a) *Calcaire marneux jaune*, très-délité, avec rognons siliceux, d'une épaisseur, à Neuchâtel, de 6 mètres;

b) *Calcaire jaune*, assez compacte, suboolithique, exploité à St-Imier et ailleurs comme pierre de construction, d'une épaisseur de 20 mètres.

c) *Calcaire chailleux*, ocreux, terreux, stérile et mal stratifié; c'est la crasse des carriers; 5 mètres.

d) *Calcaire jaune clair*, blanchâtre, lumachellique ou oolithique, dur, fossilifère; 6 mètres.

Technologie. Partout où ces calcaires existent, ils sont utilisés comme excellentes pierres de construction.

Ces deux dépôts sont assez développés aux environs du Landeron et de Neuve-ville. M. Hisely y a reconnu les subdivisions suivantes, qui sont de bas en haut:

a) Marnes bleues, onctueuses, avec concrétions calcaires, et riches en *Nautilus pseudo-elegans, Ammonites radiatus, Leopoldinus, Rhynchonella multiformis*. Puissance: 5 à 6 mètres.

b) Marnes blanchâtres, pétries de *Rhynchonella multiformis*. Puissance: 2 à 3 m.

c) Marne jaune, 1/2 à 1 m.

d) Calcaire jaune, marneux, avec *Nautilus pseudo-elegans, Ammonites Astierianus*; c'est le calcaire à *Toxaster complanatus*, Ag.; un pied cube de cette roche fournit ce fossile par douzaines. Puissance: 6 à 7 mètres. Recouvert par les graviers diluviens, il est à peine visible à la cascade. Il forme une longue bande, avec les mêmes fossiles, sur le chemin au-dessous de Gaicht, où il est en partie couvert de graviers alpins et jurassiques. Ce calcaire à Toxaster est bien à découvert au Landeron, 4 à 6 cents pieds au-dessus des eaux du lac.

e) Plusieurs bancs calcaires, d'un mètre d'épaisseur, alternant avec des couches marneuses rousses, d'un demi-mètre d'épaisseur et renfermant des *Trigonia longa*, des *Toxaster*.

f) Un banc calcaire, blanc, très-dur, rognonneux, dont la surface est incrustée de grains verts et d'*Ostrea macroptera*. Puissance: 1 m.

g) Une couche de minces bancs calcaires, ferrugineux, oolithiques, dont les bancs supérieurs contiennent une *Pinna* de 5 à 8 pouces de long, et l'*Echinobrissus Olfersii*, Ag. Puissance: à 45 m.

h) Plusieurs bancs, de près d'un mètre, sans fossiles; cependant les supérieurs nous ont offert l'*Ostrea Couloni*, et le *Pleurotomaria Neocomiensis*.

i) Un couche, d'un mètre, de marnes rousses, très-ferrugineuses.

j) Enfin une roche siliceuse, mal stratifiée, recouverte par deux ou trois bancs durs et siliceux, mais sans fossiles. Elle se perd sous le diluvium avec un angle de 33°.

Faune de l'étage néocomien. Si M. Gilliéron a puissamment contribué à la constituer dans notre rayon, M. Hisely a aussi fourni d'utiles et de nombreux matériaux. Pour le canton de Neuchâtel, nous renvoyons aux listes plus complètes, publiées par M. G. de Tribolet, dans le Bullt. de la Soc. des Sciences natur. de Neuchâtel, Tom. IV, p. 69 et par M. Jaccard dans les „Matériaux pour la Carte géol. de la Suisse", 6ᵉ· livr. p. 149 et 156. Les espèces suivantes ont été recueillies à Dombresson dans le Val-de-Ruz, au Pâquier, dans le bassin de la Chaux-de-Fonds, aux environs de St-Imier, et surtout à l'ouest de Neüveville.

Odontaspis gracilis, Ag.	*Fusus Neocomiensis,* d'Orb.
Pycnodus Couloni, Ag.	*Columbellina maxima,* de Lor.
Serpula heliciformis, Gf.	*Aphorrhais Dupiniana,* d'Orb.
„ *antiquata,* Sow.	*Natica Hugardiana,* d'Orb.
„ *funiculus,* Mayer.	*Panopæa Neocomiensis,* d'Orb.
„ *Couloni,* Mayer.	„ *arcuata,* de Lor.
„ *filiformis,* Sow.	„ *lateralis,* P. et C.
Galeolaria Neocomiensis, de Lor.	„ *lata,* d'Orb.
Nautilus pseudo-elegans, d'Orb.	„ *cylindrica,* P. et C.
„ *Neocomiensis,* d'Orb.	„ *attenuata,* Trib.
Belemnites pistilliformis, Blainv.	„ *rostrata,* d'Orb.
Ammonites radiatus, Brug.	„ *curta,* Trib.
„ *Leopoldinus,* d'Orb.	*Pholadomya elongata,* Münst.
„ *Astierianus,* d'Orb.	„ *semicostata,* Ag.
„ *Castellanensis,* d'Orb.	„ *Gillieroni,* P. et C.
Acteon Marulensis, d'Orb.	„ *scaphoïdes,* P. et C.
Pseudomelania Germani, P. et C.	„ *Agassizi,* d'Orb.
Scalaria Neocomiensis, de Lor.	*Thracia Robinaldina,* P. et C.
„ *canaliculata,* d'Orb.	„ *Neocomiensis,* P. et C.
Pleurotomaria Bourgeti, de Lor.	*Tellina Carteroni,* d'Orb.
„ *Neocomiensis,* d'Orb.	*Mactromya Couloni,* P. et C.
„ *Pailleteana,* d'Orb.	*Psammobia Gillieroni,* P. et C.
„ *Saleviana,* de Lor.	*Venerupis Landeroniana,* P. et C.
„ *Favrina,* de Lor.	*Venus sub Brongnartiana,* Leym.
„ *Dupiniana,* d'Orb.	„ *Dupiniana,* d'Orb.
„ *Greppini,* P. et C.	„ *Cornueliana,* d'Orb.
Turbo Desvoidyi, d'Orb.	„ *Robinaldina,* d'Orb.
Rostellaria incerta, de Lor.	„ *Escheri,* de Lor.

V. vendoperana, d'Orb.
Cyprina Bernensis, Leym.
„ *Deshayesiana,* de Lor.
Thetis Renevieri, de Lor.
Lucina Cornueliana, d'Orb.
Astarte gigantea, Leym.
„ *helvetica,* P. et C.
„ *Beaumonti,* Leym.
„ *disparilis,* d'Orb.
„ *subcostata,* d'Orb.
„ *elongata,* d'Orb.
Isocardia Neocomiensis, d'Orb.
Opis Neocomiensis, d'Orb.
Fimbria corrugata, P. et C.
Cardium peregrinum, d'Orb.
„ *subhillanum,* Leym.
„ *imbricatarium,* d'Orb.
Trigonia carinata, Ag.
„ *cincta,* Ag.
„ *caudata,* Ag.
Nucula planata, Desh.
„ *simplex,* Desh.
Arca Carteroni, d'Orb.
„ *Raulini,* d'Orb.
„ *Cornueliana,* d'Orb.
„ *Gabrielis,* d'Orb.
Ptychomya Robinaldina, P. et C.
Myoconcha sabaudiana, de Lor.
Mytilus Fittoni, d'Orb.
„ *matronensis,* d'Orb.
„ *subsimplex,* d'Orb.
Pinna sulcifera, Leym.
„ *Gillieroni,* P. et C.
„ *Hombresi,* P. et C.
„ *Robinaldina,* d'Orb.
Lima Tombeckiana, d'Orb.
„ *Carteroniana,* d'Orb.
„ *Royeriana,* d'Orb.
„ *undata,* Desh.
Avicula Carteroni, d'Orb.
Gervilia anceps, Desh.
„ *alaeformis,* Sow.

Perna Muletti, Desh.
Pecten Robinaldinus, d'Orb.
„ *Cottaldinus,* d'Orb.
„ *striato-punctatus,* Roem.
Janina Neocomiensis, d'Orb.
„ *atava,* d'Orb.
Plicatula Carteroniana, d'Orb.
Ostrea Couloni, d'Orb.
„ *Tombeckiana,* d'Orb.
„ *Boussingaulti,* d'Orb.
„ *rectangularis,* Roem.
Terebratula acuta, Qu.
„ *Salevensis,* de Lor.
„ *pseudojurensis,* Leym.
„ *semistriata,* Defr.
„ *tamarindus,* Sow.
„ *sella,* Sow.
Rhynchonella multiformis, Roem.
   Syn. *R. depressa,* d'Orb.
Berenicea polystoma, d'Orb.
Collyrites ovulum, d'Orb.
„ *Jaccardi,* Des.
Holaster cordatus, Du Bois.
„ *intermedius,* d'Orb.
   Syn. *H. L'Hardyi,* Du Bois.
Echinospatagus cordiformis, Breym.
   Syn. *Toxaster complanatus,* Ag.
Pygurus Montmollini, Ag.
Echinobrissus Olfersii, Des.
„ *Campicheanus,* Des.
„ *subquadratus,* d'Orb.
Phyllobrissus Gresslyi, Cott.
Pyrina pygaea, Des.
Holectypus macropygus, Des.
Psammechinus Iliselyi, Des.
Botriopygus minor, Ag.
Pseudodiadema Bourgueti, Des.
„ *rotulare,* Des.
Peltastes stellulatus, Ag. et Des.
Cidaris muricata, Roem.
Pentagonaster porosus, Pict.
„ *Couloni,* Pict.

III. Urgonien.

Division, définition, historique. Les géologues l'ont distingué :

1. En *zone inférieure*, composée de calcaires jaunes, terreux et friables; c'est l'*Urgonien inférieur*, l'*Urgonien jaune*, le *calcaire jaune marneux à Echinodermes,* à *Ptérocères*, la *Pierre de Neuchâtel.*

2. En *zone supérieure* qui est représentée par un calcaire blanc, très-dur, c'est la *première zone des Rudistes*, le *calcaire à Caprotines*, soit à *Chama ammonia*, le *Néocomien blanc*, l'*Urgonien supérieur*, le *calcaire blanc.*

M. Renevier pense que ces deux dépôts appartiennent bien à la même époque, et que leur différence n'est qu'une différence de facies. Selon lui, le *calcaire à Caprotines* serait un dépôt pélagique, tandis que le *calcaire jaune marneux à Echinodermes* serait un dépôt littoral. (Mémoire géologique sur la Perte du Rhône, p. 13.)

L'Urgonien supérieur, formé d'un massif calcaire dur, brun noir, blanchissant sous l'influence atmosphérique, d'une puissance de 10 mètres, souvent riche en fossiles et très-important par les gisements d'asphalte qu'il renferme au Val-de-Ruz et à St-Aubin, n'a pas encore été découvert dans notre rayon. D'après les dernières recherches de M. Jaccard, l'Urgonien inférieur serait, à notre limite occidental, aux Brenets, à Morteau, immédiatement recouvert par le gault.

Nous n'avons donc à nous occuper ici que de l'Urgonien inférieur.

Stratigraphie, pétrographie et puissance de l'Urgonien inférieur. Dans notre rayon sud-ouest, notamment dans les environs du Landeron, le Néocomien moyen est recouvert par une série de marnes et de calcaires très-ferrugineux, très-fossilifères dans certains bancs, riches en Spongiaires et d'une puissance de 17 m. MM. de Loriol et Guilliéron, dans une excellente monographie à laquelle nous emprunterons une partie des renseignements suivants, ont décrit cette série sous le nom de *Pierre de Neuchâtel* ou d'*Urgonien inférieur.* [1] MM. Desor et Gressly l'ont aussi reconnue à notre frontière neuchâteloise et ils la caractérisent par ces mots: pierre jaune pourrie ou calcaire jaune marneux, d'une puissance de 10 mètres. [2]

---

[1] Monographie paléontologique et stratigraphique de l'étage urgonien inférieur du Landeron, 1869.
[2] Etudes géologiques sur le Jura neuchâtelois, p. 80.

J. B. Greppin. Géologie du Jura bernois.　　　　18

Distribution géographique. L'Urgonien inférieur a été observé par M. Gilliéron à l'est de St-Blaise, où il forme un crêt très-prononcé qui s'étend de Souaillon jusqu'au Landeron, où il constitue encore un palier dans les vignes. Les derniers bancs en place de l'Urgonien jaune se trouvent à l'est du ruz de Landeron, près du cimetière. De là, il s'étend probablement jusqu'au Moulin Blanc, à l'est de Neuveville; mais des dépôts quaternaires empêchent de l'observer. La pierre de Neuchâtel, soit l'assise inférieure de l'Urgonien, se montre encore plus à l'est: à Chavannes même, près de l'église de Twann, au bord de la route, à l'ouest de Tüscherz et enfin entre la montagne de Diesse et Orvin. Plus vers l'est, on en trouve plus de trace.

Utilité technique. La pierre de Neuchâtel soit les bancs inférieurs de l'Urgonien sont quelquefois exploités en carrière.

Faune de l'Urgonien inférieur. M. de Loriol qui s'est chargé de l'étude des fossiles recueillis par MM. Gilliéron et Hisely dans ce terrain, y a reconnu 89 espèces déterminables, dont 26 sont nouvelles. Sur ces 89 espèces, 23 ont été citées dans l'étage urgonien inférieur d'autres localités jurassiennes; 41 se retrouvent dans l'étage néocomien moyen de diverses localités jurassiennes; 49 sont connues dans l'étage néocomien de diverses localités étrangères au Jura; 12 se rencontrent dans le Jura à la fois dans l'étage néocomien moyen et dans l'étage urgonien inférieur. Ouvrage cité, p. 90. Outre les 26 espèces nouvelles, il y en a 11 qui dans le Jura sont tout-à-fait spéciales à l'étage urgonien inférieur, mais sur ces 11, il y en a 5 qui se retrouvent dans l'étage néocomien moyen du bassin parisien.

En se basant sur ces résultats, M. Gilliéron envisage ce terrain crétacé comme un dépôt intermédiaire ou transitoire entre le Néocomien moyen et l'Urgonien. Cependant, en s'appuyant sur des considérations stratigraphiques et paléontologiques, M. de Loriol ne craint pas de le rattacher plus particulièrement à l'Urgonien inférieur soit à l'Urgonien jaune.

On n'a point encore remarqué de traces de Caprotines dans les limites de notre carte, mais bien les espèces suivantes:

Faune de l'Urgonien inférieur.

Pycnodus Couloni, Ag.	*Alaria Hiselyi,* de Lor.
Sphœrodus Neocomiensis, Ag.	*Panopœa lateralis,* Ag.
Odontaspis gracilis, Ag.	„ *Neocomiensis,* d'Orb.
Tornatella Marullensis, d'Orb.	*Pholadomya scaphoides,* P. et C.

Analina Marullensis, d'Orb.
Venus Dupiniana, d'Orb.
Cyprina Orbensis, P. et C.
Cardium Landeronense, de Lor.
Trigonia caudata, Ag.
Arca Marullensis, d'Orb.
Mytilus Cuvieri, Martheron.
„ *bellus*, Forbes.
Lithodomus oblongus, d'Orb.
Pinna sulcifera, Desh.
Lima Tombeckiana, d'Orb.
„ *Carteroniana*, d'Orb.
„ *Gillieroni*, de Lor.
Pecten Landeronensis, de Lor.
„ *Robinaldinus*, d'Orb.
„ *Oosteri*, de Lor.
Hinnites Leymerii, Desh.
Ostrea Couloni, d'Orb.
„ *rectangularis*, Roem.
„ *Boussingaulti*, d'Orb.
„ *Leymerii*, Desh.
Terebratula Russillensis, de Lor.
„ *sella*, Sow.
„ *Moutoniana*, d'Orb.
„ *Ebrodunensis*, Ag.
„ *semistriata*, Def.
„ *tamarindus*, Sow.
Rhynchonella Orbignyana, de Lor.
Spiropora Neocomiensis, d'Orb.
Entalophora Salevensis, de Lor.
„ *Neocomiensis*, d'Orb.
Mesinteripora marginata, d'Orb.
„ *Hiselyi*, de Lor.
Reptomulticava Gillieroni, de Lor.
„ *bellula*, de Lor.
Ceriopora dumosa, de Lor.
Echinobrissus subquadratus, Des.
„ *Olfersii*, d'Orb.
Pyrina pygaea, Des.
Peltastes Lardyi, Des.
Goniopyus peltatus, Ag.

Cyphosoma Loryi, A. Gras.
Pseudodiadema Raulini, Des.
„ *rotulare*, Des.
„ *Bourgeti*, Des.
Hemicidaris clunifera, Des.
Cidaris Lardyi, Des.
„ *muricata*, Roem.
Comatula Hiselyi, de Lor.
„ *exilis*, de Lor.
Pentacrinus Neocomiensis, Des.
Centrastræa index, E. de Fromentel.
Siphonocœlia cyathiformis, de Lor.
„ *tenuicula*, de Lor.
Discœlia Perroni, E. de Fromentel.
„ *flabellata*, E. de Fromentel.
„ *glomerata*, E. de Fromentel.
„ *Helvetica*, de Lor.
„ *Gillieroni*, de Lor.
„ *Cottaldina*, E. de Fromentel.
Elasmoierea tortuosa, de Lor.
„ *Sequana*, E. de Fromentel.
„ *crassa*, E. de Fromentel.
Oculospongia irregularis, de Lor.
Sparsispongia brevicauda, de Lor.
„ *varians*, E. de Fromentel.
„ *expansa*, de Lor.
„ *abnormis*, de Lor.
Cribroscyphia Neocomiensis, de Lor.
Chenendroscyphia crassa, E. de Fromentel.
Diplostoma elegans, de Lor.
Elasmostoma Neocomiensis, de Lor.
„ *acutimargo*, E. de Fromentel.
Actinofungia raresulcata, de Lor.
Cupulochonia Couloni, de Lor.
„ *Sabaudiana*, de Lor.
„ *tenuicula*, E. de Fromentel.
„ *cupuliformis*, E. de Fromentel.
„ *spissa*, E. de Fromentel.
„ *Hiselyi*, de Lor.
Amorphofungia cæspitosa, de Lor.
„ *multiformis*, de Lor.

Dans le travail précité de MM. de Loriol et Gilliéron, on trouve l'indication des localités et couches auxquelles chaque espèce appartient. Les espèces mentionnées ci-dessus ont été observées dans les limites de notre rayon.

IV. Albien.

Syn. *Gault, Grès vert supérieur.*

Point-type: Le département de l'Aube.

Historique, distribution géographique et pétrographie de l'Albien. Dans notre rayon, il n'a été encore observé que dans la partie supérieure du val de St-Imier, entre Sonvilier et Renan. Ce point constituant, semble-t-il, la limite N-E. de la mer albienne, est intéressant; aussi a-t-il été le sujet de recherches assidues de la part de nos géologues jurassiens. La station albienne de la Ferme-Gagnebin, près Renan, a été remarquée, il y a 39 ans, par M. le pasteur Grosjean, de Court. En 1835, une tranchée, exécutée dans le cimetière de Renan, mit à découvert une autre station du grès vert peu distante de la première. En 1837, à la prière de M. Thurmann, MM. Weisser et Trouillat dirigèrent une excursion vers la Ferme-Gagnebin, y retrouvèrent en effet la station albienne, où ils recueillirent un certain nombre de fossiles avec quelques données stratigraphiques. A peu près à la même époque, M. C. Nicolet réunissait d'importants matériaux sur l'albien de Renan. Le fruit de toutes ces recherches ayant été mis à la disposition de J. Thurmann, il en fit une lettre remarquable qui a été publiée dans les *Mittheilungen* de la Société d'histoire naturelle de Berne, en 1853, p. 41. Nous en empruntons quelques passages: „Les sables quartzeux qui renferment les fossiles albiens sont meubles, d'un jaune clair, avec des galets de quartz et des nodules divers; les fossiles y ont exactement la constitution minéralogique qu'ils présentent à Morteau, à Ste-Croix, à Marey: ils sont d'une pierre dure, noirâtre, olivâtre, luisante, souvent graveleuse et passant au gravelo-terreux jaunâtre; bref d'un aspect totalement différent de celui des sables au milieu desquels ils gisent, sables qui sont peut-être des mollasses désagrégées. — L'ordre de superposition paraît, du reste, être le suivant:

1. Terrains tertiaires.
2. Sables quartzeux avec fossiles albiens.
3. Marnes bleues et calcaires jaunes ou brunâtres avec *Rhynchonella depressa, Terebratula acuta, Gryphæa Couloni, Toxaster complanatus, Pterocera pelagi, Serpula heliciformis.*

4. Nagelfluh jurassique.

5. Calcaires portlandiens supérieurs avec *Exogyra virgula*, *Bruntrutana*, etc."

Plus tard nous avons observé le grès vert au nord et à 100 mètres environ de la Scierie de Sonvilier. Dans cet endroit, il est recouvert par le diluvium jurassico-alpin, et il repose sur une assise néocomienne marno-calcaire. D'une puissance qui ne dépasse pas un mètre, il est formé de sables jaunes, verts, calcaréo-siliceux, empâtant de nombreux cailloux de quartz blanc ou jaune et des nodules ferrugineux. Cette roche est riche en fossiles dont le test est souvent si bien conservé qu'on leur refuse tout caractère de remaniement. Si ces fossiles ont souvent les caractères minéralogiques que leur a reconnus J. Thurmann, nous en possédons aussi, — et ce sont les mieux conservés, — qui ont le même aspect que la roche. Les stations albiennes les plus rapprochées de Renan, nous ont été indiquées dans le canton de Neuchâtel par MM. Desor et Gressly: elles se trouvent à l'état rudimentaire aux Brenets, au Locle, à la Chaux-de-Fonds et *en place* à la Caroline, au-dessous du tunnel de Fleurier et sur le versant nord de la montagne de Boudry, au-dessus des gorges de la Reuse, près de Rochefort. Les caractères minéralogiques du grès vert de Renan étant bien ceux qu'on lui reconnaît ailleurs, il sera bien difficile d'en attribuer la présence dans cette localité à l'action du remaniement; la jolie conservation des fossiles rejette également cette idée. Il est donc à espérer que de nouvelles recherches découvriront un jour d'autres stations albiennes entre les points que nous avons signalés.

Utilité technique. Les sables jaune verdâtre de Renan ont servi à faire le mortier du tunnel des Loges.

Faune albienne de Renan. En réunissant nos espèces à celles déjà signalées par J. Thurmann nous obtiendrons la faune albienne suivante:

Pycnodus Couloni, Ag.	*Natica Clementina*, d'Orb.
Ammonites Milletianus, d'Orb.	„ *Ervyna*, d'Orb.
„ *latidorsatus*, Mich.	„ *Rauliniana*, d'Orb.
Nautilus Neckerianus, Pictet. (Pl. 4, f. 6.)	*Avellana incrassata*, Mant.
Scalaria Dupiniana, d'Orb. Très-probable.	*Thracia alpina*, P. R.
„ *Rhodani*, P. R. „	*Arca carinata*, Sow.
Turritella Faucignyana, P. R. „	„ *fibrosa*, Sow.
Rostellaria Orbignyana, P. R.	„ *subnana*, P. R.
Trochus Nicoletianus, P. R. Quelque doute.	„ *Campichiana*, P. R.

<table>
<tr><td>

Trigonia aliformis, Parkinson.
„ *Archiaciana*, d'Orb. Probable.
Inoceramus concentricus, Brg.
Cardita Constantii, d'Orb.
Venus Vibraycana, d'Orb.
Astarte Dupiniana, d'Orb.
Isocardia crassicornis, d'Orb.
Thetis genevensis, P. R.
Nucula pectinata, Sow.
Panopæa acutisulcata, d'Orb.

</td><td>

Mytilus Orbignyanus, P. R.
Janira quinquecostata, d'Orb. Fréquente et
  bien conservée.
Hinnites Studeri, P. R.
Plicatula radiola, Lamk.
Ostrea aquila, d'Orb. Très-fréquente.
„ *Arduennensis*, d'Orb. „
Pecten Aptiensis, d'Orb.
Rhynchonella sulcata, d'Orb.
Terebratula Dutempleana, d'Orb.

</td></tr>
</table>

V. Cénomanien.

Localité-type : La ville de Mans, en latin „*Cenomanium*“ présente le type le plus complet de cet étage.

Syn. Une partie de la *Glauconie crayeuse* de M. Brongniart; une partie de la *Craie chloritée ;* la *Craie verte* de M. Beudant; *jüngere Kreide, Secwer Kalk* de quelques géologues allemands.

Cet étage a d'abord été découvert par M. Dubois, près de Souaillon, entre St-Blaise et Cornaux, où il forme une bande peu importante d'un calcaire marneux, jaune et rouge. Cette bande cénomanienne se montre de nouveau à Cressier et à Combe. Plus tard, M. Gressly l'a remarqué au Moulin Forster près Sorvilier et M. Gilliéron sur le petit plateau de Ried, à l'est de Bienne, à quelques pas de l'endroit où le chemin d'Evilard se détache de celui de Ried ; il y a recueilli dans la roche cénomanienne en place le *Holaster subglobosus*, Ag. Des débris d'Ammonites indiquent bien que l'étage cénomanien existe entre Bienne et Neuveville.

De Souaillon au Landeron, le Cénomanien repose sur l'Urgonien, tandis que plus à l'est il semble reposer soit sur le Néocomien soit sur le Valangien ou le Purbeckien. Il est à jour ou seulement recouvert de terrain quaternaire.

M. Desor le cite encore à Joratel et il le caractérise par ces mots: calcaire marneux bigarré ou blanc, d'une puissance de six mètres. Dans le canton de Vaud et en France, il atteint un développement beaucoup plus fort. A Oye, M. Lory l'évalue à 50 mètres. D'après M. Gilliéron, il atteint à Ried 12 mètres environ. Là, il est constitué par un calcaire blanchâtre, panaché de rose, subcompacte ou marneux.

Le Prodrome donne les noms de 809 espèces d'animaux appartenant à cet étage. Celles recueillies dans le Jura central sont:

Faune cénomanienne.

Nautilus elegans, Sow. Souaillon.
Ammonites varians, Sow.   „   Cressier, Combe.
  „ *Cenomaniensis,* Sow.   „
  „ *Couloni,* d'Orb.   „   „
  „ *Mantellii,* Sow.   „   „
  „ *sulcatus,* Mart.   „
Turrilites tuberculatus, Bosc. Combe.
  „ *Bergeri,* Brg. Cressier,   „
  „ *Gravesianus,* d'Orb. Cressier. „

Scaphites obliquus, Sow. Combe.
Inoceramus cuneiformis, d'Orb. Cressier, Combe.
  „ *latus,* Mart., d'Orb. Cressier, Combe.
  „ *striatus,* Mart.   „
Rhynchonella Martini, Mant. „   „
Terebratulina Campaniensis, d'Orb.   „
Holaster Trecensis, Leym. Cressier,   „
  „ *carinatus,* Ag.   „
  „ *subglobosus,* Ag. Ried.

IV. TERRAINS TERTIAIRES.

Historique, division. Malgré les importantes publications géologiques sur le Jura bernois, l'étude des terrains tertiaires de cette contrée n'avait guère fait de progrès jusqu'en 1850. A cette époque, on avait reconnu, comme appartenant à la formation tertiaire, deux dépôts, l'un *continental*, l'autre *marin;* on s'était contenté de les appeler, le premier, *groupe nymphéen*, le second, *groupe tritonien*, mais sans leur assigner des faunes ou des flores particulières. Plus tard, et sans que cette opinion fût justifiée par des faits bien établis, on envisageait encore ces deux terrains comme contemporains. L'un recevait la dénomination de *facies fluvio-terrestre*, et l'autre de *facies marin.*

Profitant de riches matériaux, réunis pendant plusieurs années de recherches assidues faites par un grand nombre de géologues, et guidé par les belles publications sur la période tertiaire, nous avons classé, en 1852, les terrains tertiaires.

Actuellement, nous pouvons présenter sur cette matière un travail plus complet.

Les hommes de science qui se sont plus particulièrement occupés de nos terrains tertiaires sont : M. C. Nicolet, qui, en 1833, faisait connaître la faune du bassin du Locle; M. Cartier, curé à Oberbuchsiten, canton de Soleure, qui, à la même date que M. Nicolet, réunissait une faune remarquable.

Depuis lors, M. Cartier n'a cessé de recueillir les fossiles d'Egerkingen et d'Aarwangen, et, aujourd'hui, il possède des faunes éocènes qui pourraient prendre place à côté des plus riches de l'Europe. Ces dernières années, M. le prof. Rütimeyer a publié les richesses tertiaires du modeste et savant curé soleurois. (*Eocäne Säugethiere aus dem Gebiete des schw. Jura, 1862.*)

La faune éocène de la Suisse française nous a été révélée par MM. F.-J. Pictet, C. Gaudin, Ph. de la Harpe, Renevier et Morlot. (V. le *Mémoire sur les animaux vertébrés, trouvés dans le terrain sidérolithique du canton de Vaud, et appartenant à la faune éocène, 1855-57.*)

M. Casim. Moesch découvrait à Ober-Gösgen, sur la rive gauche de l'Aar, entre Olten et Arau, une faune analogue à celle de St-Loup, du Mormont (Vaud), et à celle du Jura bernois. '

M. Jaccard complétait les recherches de M. C. Nicolet aux environs du Locle, en nous faisant connaître une flore que M. le prof. Heer rattachait à celle d'Oeningen.

MM. Fischer-Oster, Renevier et plusieurs autres savants jetaient une vive lumière sur les terrains tertiaires des Alpes, tandis que M. C. Meyer explorait la plaine avec succès.

MM. P. Merian, Jos. Koechlin et Delbos, déployant leur zèle dans le bassin alsatique, classaient les dépôts tertiaires jusque là condamnés dans leur isolement.

Enfin, les travaux de MM. les prof. Escher, Mousson, B. Studer, O. Heer et J. Bachmann, sont trop connus pour que nous ayons besoin d'en parler.

Si nous faisions l'histoire de la géologie tertiaire de la Suisse, nous aurions encore une foule de noms et de travaux à ajouter à ceux que nous venons d'énumérer ; nous n'avons cité que ceux que nous avions sous la main, et ce nombre suffit pour démontrer que l'étude tertiaire de notre pays est une œuvre complexe, qui ne s'avancera solidement que sous l'influence de forces réunies.

C'est par ce moyen que l'on est arrivé à la connaissance de quelques grands traits de l'histoire des terrains tertiaires, dont voici les plus saillants :

1er Age tertiaire. — La première vue de l'époque tertiaire, en Suisse, est celle-ci :

La partie S.-E. est occupée par une mer peuplée de poissons, de tortues et d'oiseaux, qui a agencé dans son fond pendant des milliers d'années les schistes de Matt, canton de Glaris.

La Suisse septentrionale était probablement déserte, du moins, jusqu'ici, rien ne dément cette supposition.

Aucun fait ne révélant l'existence de cet âge géologique *(éocène inférieur)* dans le Jura central, nous n'aurons pas à nous en occuper.

2e Age tertiaire. — Le 2e tableau est plus complet. — Une mer continue à recouvrir la région occupée par les Alpes; cette mer nourrit une quantité d'animaux et de plantes. Les *Nummulites*, par leur énorme développement, y jouent, avec les couches à *Fucoïdes*, connues sous le nom de *Flysch*, le rôle principal, puisqu'elles ont pu former, en partie, des massifs qui occupent un des premiers rangs dans les couches solides du globe.

Le nord, cette fois, se peuple d'animaux que nous a fait connaître M. Cartier. Ces animaux se rattachent à cinq ordres de mammifères. Parmi eux, nous y voyons les grands troupeaux de *Pachydermes*, les *Lophiodons* qui s'abreuvaient dans la plaine, tandis que les *Dichobunes* se cachaient dans les broussailles, les *Ecureuils* et les *Singes* sur les *Palmiers*, pour éviter les poursuites des *Civettes*. La faune de cette période rappelle celle des plateaux élevés de l'Afrique. *(Rütimeyer.)*

Cette phase de notre globe a été appelée *éocène moyen*.

3e Age tertiaire. — Pendant le 3e âge tertiaire, la physionomie de la Suisse ne semble pas avoir changé beaucoup. Des couches marines, savoir les *schistes à Fucoïdes d'Yberg*, canton de Schwytz, se forment sur le terrain nummulitique, qui est encore en voie de formation; tandis que nos contrées, toujours terre ferme, sont l'asile d'une flore encore peu connue et d'une faune très-remarquable et bien étudiée. Nous voulons parler des animaux éocènes de Mormont, St-Loup, d'Ober-Gösgen, de Moutier, de Delémont, de l'Alp de Souabe, des gypses de Montmartre et de l'île de Wight.

Les assises de cette époque sont connues sous le nom d'*éocène supérieur*.

4e Age tertiaire. — La mer, après avoir abandonné une partie du Jura central pendant une si longue série d'étages, y apparaît de nouveau. Les endroits mêmes qui avaient servi de demeure à la faune précédente, à ces nombreux troupeaux de *Palæotherium*, deviennent la demeure de colonies d'*Huîtres*, de *Peignes*, de *Lucines*, de *Natices*, que viennent souvent visiter de grands animaux marins, tels que des *Lamna* et des *Phoques*.

Cette mer, communiquant avec le bassin du Rhin, la Belgique, etc., n'envahissait qu'une partie du Jura bernois et des cantons de Neuchâtel et de Soleure. (Voir sur la carte la limite de cette mer.)

Quel était alors l'aspect de la Suisse en général? MM. E. Hébert et Renevier répondent à une partie de la question en disant :

„Le Porrentruy et la région nummulitique des Alpes faisaient partie de deux bassins différents. Le premier se rattachait à la mer du Nord, le second à la mer du Sud. Et là évidemment est l'explication de l'apparente anomalie qu'on observe

— 147 —

dans la distribution des fossiles. Dans ces deux bassins séparés les faunes n'étaient point absolument les mêmes à la même époque, et des espèces qui, dans le nord, ont pullulé au commencement des premiers sédiments du terrain tertiaire moyen, ont bien pu, dans le bassin du sud, vivre à une époque antérieure en compagnie des espèces des sables de Beauchamp ou du calcaire grossier. " [1] — Peut-être M. le professeur Heer répond-il à l'autre partie de la question en nous faisant connaître les richesses végétales du Hohe Rhonen pour la Suisse orientale et celles de Monod, de la Rochette à la Paudèze pour la Suisse occidentale. A cette époque, pendant que le S.-E. et le N.-E. de ce pays étaient occupés par la mer, les parties orientale et occidentale étaient probablement terre ferme et se recouvraient de la *„Untere Braunkohlenformation“* et de la *Mollasse rouge*, y compris l'assise à feuilles de la Paudèze : *Aquitanien* de MM. C. Meyer et Heer.

Cette mer et ce continent sont décrits depuis longtemps sous le nom d'étage *Tongrien*.

5e Age tertiaire. — La mer tongrienne disparaît à son tour, en nous laissant des traces non-équivoques d'une longue durée.

Le Jura, devenu encore une fois terre ferme, se recouvre bientôt d'animaux et de plantes qui se dépouillent du cachet d'éocène pour prendre celui de miocène.

Parmi les animaux, les *Anthracotherium*, et parmi les plantes les *Daphnogènes*, donnent à cette période un caractère particulier. Les couches puissantes et variées qui se sont alors formées ont pris le nom d'étage *Delémontien*, soit de *„Mollasse d'eau douce inférieure.“*

6e Age tertiaire. — On dirait que pendant la période tertiaire la nature se faisait un jeu de *créer* et de *détruire*.

Lorsque la faune et la flore de l'étage delémontien ont eu, après une bien longue durée, déployé une richesse et un luxe qu'on ne retrouve que dans les régions subtropicales, la mer, envahissant la plus grande partie de la Suisse, y détruit tout pour y installer des légions d'animaux marins, d'énormes squales, dont le *Carcherias megalodon* semble être le roi.

[1] *Description des fossiles du terrain nummulitique supérieur des environs de Gap, des Diablerets*, par G. Hébert et Renevier. Grenoble, 1854.

Cette mer, avec ses dépôts, a pris le nom d'étage *Helvétien*, soit de *mollasse marine supérieure.*

Enfin la mer helvétienne disparaît aussi, en nous laissant toutefois des assises d'une puissance de 340 à 700 mètres qui attestent sa longue durée. Pour les limites de cette mer, consulter notre carte.

7e Age tertiaire. — Pendant cet âge la mer helvétienne occupait la partie centrale et méridionale de la Suisse, tandis que la partie septentrionale était terre ferme. Pendant que les innombrables Mollusques, les Squales, les Phoques animaient les côtes de cette mer helvétienne, le continent, avec des rivières, des fleuves, des plaines, des collines, se peuplait bien vite de plantes et d'animaux, en fournissant à chacun d'eux les moyens de satisfaire ses besoins, ses instincts. Le *Dinotherium* s'installait aux bords des fleuves ombragés par les Peupliers à larges feuilles; le Rhinocéros commandait dans la plaine; les familles de *Palæomerix*, de *Lagomys* prenaient pied sur les hauteurs, où elles mettaient à contribution pour leur nourriture les feuilles d'Erables, de Laurinées et de Chênes à feuilles toujours vertes. Plus tard, la mer helvétienne se retirant vers le sud, ce continent gagnait de l'espace. Alors des dépôts continentaux considérables, appelés *œningiens*, se formaient, lorsqu'arriva le soulèvement jurassique, qui paraît avoir terminé cet âge géologique tout en inaugurant l'époque actuelle.

Comme déduction des faits brièvement posés ci-dessus, le Jura central renfermerait les terrains tertiaires suivants :

1er Etage : *Eocène moyen.*

2e   „   „ *supérieur* ou *terrain sidérolithique.*

3e   „   *Tongrien.*

4e   „   *Delémontien* ou *mollasse d'eau douce inférieure.*

5e   „   *Helvétien* ou   „ *marine supérieure.*

6e   „   *Oeningien* ou   „ *d'eau douce supérieure.*

Le *terrain éocène inférieur* n'ayant pas été constaté dans notre rayon, nous passons à l'éocène moyen.

I. Eocène moyen.

Pendant que le Flysch et le terrain nummulithique se formaient dans la Suisse centrale et méridionale, le Jura, devenu terre ferme, avait une physionomie qui nous est encore peu connue, mais qui cependant était celle des continents en général.

Des sources déposaient des argiles, des marnes, des sables siliceux, des pisoolithes calcaires et peut-être ferrugineux. Les eaux charriaient ces matières en entraînant souvent des roches jurassiques et des débris d'animaux de l'époque, et en remplissant les fentes, les crevasses des rochers (brèches à ossements).

Si nous en exceptons les calcaires pisoolithiques, bréchiformes, rougeâtres, stériles, du Moulin de Bourrignon, qui reposent entre le terrain jurassique supérieur et l'étage suivant, et qui ont une puissance de quelques mètres, ces dépôts ne sont nulle part importants dans le Jura.

Le Jura ne nous a encore rien fait connaître sur la flore de cette époque, mais bien de riches matériaux sur la faune.

M. Cartier a exploité les carrières d'Egerkingen avec un zèle soutenu et un bonheur rare, et il a découvert 30 espèces de mammifères et 3 espèces de reptiles caractéristiques de cette époque.

G. Cuvier, H. de Meyer, L. Rütimeyer ont successivement étudié ces espèces et ils sont arrivés à des résultats extrêmement remarquables. (V. l'intéressant travail de M. le prof. Rütimeyer que nous venons de citer.)

Les espèces d'Egerkingen les plus curieuses sont :

Cænopithecus lemuroides, Rütimeyer.	*L. rhinoceroides*, Rütim.
Cynodon helveticus, Rütim.	*Lophiotherium cervulus*, Gerv.
Proviverra typica, Rütim.	„ *elegans*, Rütim.
Sciurus.	*Chasmotherium Cartieri*, Rütim.
Dichobune Mülleri, Rütim.	*Hyopotherium Gresslyi*, Myr.
„ *robertiana*, Gerv.	*Propalæotherium isselanum*, Gerv.
Lophiodon Prevosti, Gerv.	*Anchitherium siderolithicum*, Rütim.
„ *Cartieri*, Rütim.	*Palæotherium crassum*, Cuv.
„ *medius*, Cuv.	„ *curtum*, Cuv.
„ *parisiensis*, Gerv.	*Emys*.
„ *tapiroides*, Cuv.	*Crocodilus*.
„ *buxovillanus*, Cuv.	*Lacerta*.

M. le prof. Rütimeyer, en étudiant la faune d'Egerkingen, se demande si elle n'aurait rien d'analogue sur notre globe, et il arrive aux points de comparaison suivants :

Le singe d'Egerkingen, s'il est réellement un Maki, nous rappellerait Madagascar, les îles de la Sonde, l'Afrique orientale — contrées qui sont bien la patrie de cette subdivision de singes.

Les *Dichobunes*, les *Anaplotherium* recueillis par M. le curé Cartier ont une grande analogie avec le *Moschus aquaticus* de l'Afrique occidentale. Les nombreux *Lophiodon* d'Egerkingen, qui donnent à l'étage éocène moyen sa véritable physionomie, ne sont nulle part aussi bien représentés que par leurs congénères, les nombreux pachydermes des plaines élevées de l'Afrique.

Le Jura, à cette époque, aurait donc eu le climat et la faune que possède actuellement la partie la plus chaude du globe.

Avant que d'aller plus loin, nous devons encore mentionner un dépôt dont nous avons déjà parlé dans nos „ *Notes géologiques* " publiées dans les „ *Mémoires de la Soc. helvét. des Sc. natur.* " en 1855, p. 58. Ce dépôt est une roche siliceuse, très-dure, blanche ou noirâtre, fossilifère, que nous avons remarquée à Delémont et à Develier sous le terrain sidérolithique. Il remplit avec des rognons silicéo-calcaires ou gypseux les crevasses des rochers jurassiques. Il n'a pas encore été étudié avec soin.

Les fossiles qu'il renferme sont à l'état de moule pour la plupart et ce sont des Natices, des Cérites et de petits Bivalves *tertiaires.*

MM. Hébert et Deshayes, qui ont bien voulu les examiner, ont cru reconnaître parmi eux le *Cerithium plicatum.*

Cette roche devra être mieux étudiée. Vu l'importance qui se rattacherait à sa connaissance exacte, nous la recommandons tout spécialement aux observateurs jurassiens.

II. Eocène supérieur ou terrain sidérolithique.

Syn., *Bohnerz* de M. P. Merian; *Gypse et argiles à Palæotherium* de Montmartre;
Parisien supérieur de M. d'Orbigny; le *terrain sidérolithique* y compris le *Nagelfluh
jurassique* des géologues du Jura bernois et neuchâtelois, mais non le *Jura-Nagel-
fluh* des géologues du Jura oriental, qui est probablement *œningien;* le *calcaire à
Palæotherium* de Brunstatt, près Mulhouse; le calcaire à *Melania Lauræa*, à *Cyclostoma mumia* de Kleinkems, près Istein.

Les dépôts marins de cet étage, tels que *les sables de Beauchamp*, le *terrain
nummulitique* des Alpes, n'étant pas représentés dans le Jura, nous ne nous en
occuperons pas dans ce travail; nous passons donc au facies fluvio-terrestre, c'est-
à-dire au *terrain sidérolithique* proprement dit, dont la double importance géologique et technique est généralement connue.

Étendue, utilité technique, historique et origine du terrain sidérolithique, limites.
Ce terrain apparaît, avec des caractères bien tranchés, dans la plus grande partie
des Etats de l'Europe. Les beaux gypses, les riches sables vitrifiables, l'excellente
mine de fer en grains, les argiles de ce terrain, le font rechercher en France, en
Allemagne et en Suisse. Nous n'avons pas de districts dans le Jura qui ne jouissent
des avantages du terrain sidérolithique. Granges et Longeau exploitent le huper si
réfractaire; le val de Mumliswyl ne demande que des capitaux pour mieux utiliser
ses sables vitrifiables; les verreries de Bellelay et de Moutier tirent un très-bon
parti des sables des Franches-Montagnes, des bassins de Tavannes et de Moutier;
les vals de Matzendorf et surtout de Delémont fournissent depuis quelques siècles
de la mine aux hauts-fourneaux du Jura, et on craint bien moins son épuisement
que la pénurie de combustibles et le manque de voies faciles de communication. Il
se passera, en effet, bien des années encore jusqu'à ce que le vaste bassin de Delémont soit entièrement fouillé. L'Ajoie doit aussi au terrain sidérolithique la fabrication de sa poterie réfractaire très-estimée; Laufon saura un jour employer ses
argiles, ses sables, que nous avons remarqués dans son bassin sous les marnes tongriennes. Un grand nombre de nos tuileries transforment ses argiles en tuiles et en
briques; la maçonnerie aime aussi à se servir de ses sables pour la confection du
mortier. Un jour ou l'autre, les bassins suisse et alsatique seront le sujet de re-

cherches de ces matières si utiles à l'industrie. En attendant, les gypses et les calcaires de cet étage sont exploités, les uns à Rixheim, aux environs de Mulhouse, les autres à Kleinkems, à Huttingen et au nord d'Efringen.

En présence de ces ressources incalculables, on est étonné de voir que la place occupée par le terrain sidérolithique dans l'échelle géologique et déterminée depuis longtemps en Angleterre et dans le bassin de Paris, n'a été, dans le Jura et les environs, qu'un sujet d'anachronisme choquant.

Rangé, jusqu'en 1850, à la base des terrains crétacés par nos géologues, il a été considéré comme un produit des éjections semi-plutoniques résultant de la grande catastrophe qui aurait déterminé la fin de la formation jurassique ; il nous a fallu les nombreuses fouilles faites dans le val de Delémont, en vue de la recherche du minérai de fer, pour démolir ces idées qui avaient passé jusque dans les ouvrages classiques. Il nous a fallu présenter des couches, en tout semblables à celles qu'on retrouve dans les assises *sédimentaires* les plus évidentes. Il nous a fallu découvrir dans ces couches des associations d'espèces qui excluent toute idée de remaniement. Et ces espèces une fois déterminées, il nous a alors été permis de dire que le terrain sidérolithique était *tertiaire,* et que sa véritable place *se trouvait entre l'étage parisien moyen et le tongrien.* Enfin, après une étude conciencieuse au double point de vue minéralogique et paléontologique de cet âge géologique, nous sommes arrivés à rétablir sa véritable physionomie.

Le terrain sidérolithique n'était donc plus, comme l'avait enseigné, avec une verve si poétique, M. A. Gressly, un trait d'union entre les formations jurassique et crétacée, une réaction gigantesque du soulèvement jurassique, — rien de cela. Le terrain sidérolithique devenait un *dépôt continental particulier,* mais authentique ; ce dépôt nous montrait : ici, des sources minérales qui amoncelaient des sables siliceux, du fer pisoolithique, des argiles, des gypses, des calcaires et des marnes, là, des bassins d'eau douce dans lesquels pullulaient les *Characées,* des *Mollusques aquatiques* et des *Reptiles.* Ailleurs, des reliefs terrestres variés étaient sillonnés par de forts courants, qui dénudaient les terrains sousjacents, en emportaient une partie et formaient les grands amas de cailloux roulés dits *Nagelfluh jurassique;* c'est dans ces lieux que vivaient ces innombrables troupeaux de *Palæotherium,* dont les riches débris ont été si généralement signalés.

De ce qui précède, on voit que les caractères minéralogiques de l'étage éocène supérieur doivent être très-variés. En effet; mais comme ils ont été étudiés avec les soins les plus minutieux par un très-grand nombre de géologues, MM. Thirria, Gressly, Mousson, Alb. Müller, Sandberger, Deffner, Quiquerez et l'auteur de ces lignes, nous ne les rappelerons que brièvement.

Division et pétrographie. Déjà en 1853, nous avions reconnu avec notre ami, G. Loviat, dans le terrain sidérolithique les assises et couches qui, de bas en haut, sont:

a) *La mine de fer en grains* ou *Bohnerz*, et les *sables siliceux*. Ce minérai, composé d'oxide de fer hydraté, 71 p. 100, de silice, 13 p. 100, d'alumine, 6 p. 100, et de traces de manganèse, de plomb, de zinc, se présente en grains globuleux, miliaires, pisaires et même ovaires; quelquefois il apparaît en masse amorphe compacte ou subcompacte, incohérent ou terreux, d'autres fois encore sous forme de gros blocs plus ou moins sphériques, de 1 à 8 décimètres de diamètre, que les mineurs nomment *mère* ou *Mutter*. Ces mères indiquent la fin ou le commencement d'amas considérables. — Ces pisolithes ouvertes présentent plusieurs couches concentriques très-minces, configuration favorable à l'idée souvent émise que le minérai de fer en grains à été formé par la voie aqueuse. La mine de fer amorphe rempli ou recouvre les crevasses et les cavernes des terrains jurassiques.

La mine, en *nids* ou *chaudières* plus ou moins restreints, en *nappes* ou *couches* plus ou moins étendues, a une puissance de 0 à 5 mètres. Elle est *riche*, lorsque les argiles ne remplissent que les interstices qui séparent les grains accolés, *maigre*, lorsque les grains ne sont que disséminés dans les argiles. Elle rend en moyenne 60 pour 100 au lavage et 40 à 50 pour 100 à la fusion.

Ces dépôts de minérai sont, dans la règle, recouverts par une couche de quelques centimètres d'épaisseur d'argile blanchâtre ou bleuâtre, renfermant quelquefois des pisoolithes argileux, toujours réfractaires. Cette argile, connue sous le nom de *fleur de mine*, sert aussi souvent d'assise au minérai.

C'est cette mine qui fournit un fer d'une réputation bien méritée; c'est elle qui alimente tous les hauts-fourneaux du Jura et quelques-uns à l'étranger. On en exploite annuellement environ 150,000 hectolitres.

L'hectolitre ou le cuveau de mine pèse 200 kilogrammes.

Les sables siliceux vitrifiables, le *huper,* semblent affecter les mêmes caractères stratigraphiques que la mine de fer en grains, et ils la remplacent même dans le Jura central et méridional. Dans le Val-de-Moutier, au Pichoux, à Bellelay, au Fuet, à la Joux, on remarque, en effet, ces sables à la base du terrain sidérolithique, et là, ils sont souvent recouverts par des argiles réfractaires. Ce sont donc ces sables qui alimentent les verreries de Moutier, de Roche et de Bellelay. Le huper de Longeau et Granges, très-estimé dans la fabrication de creusets et exploité depuis longtemps, semble aussi être à la base de ce dépôt.

MM. de Mortillet et Chamousset pensent que les sables vitrifiables de Désert et d'Arith, qui sont intercalés dans le nummulithique, sont contemporains de nos sables sidérolithiques. *(Bull. de la Soc. géol.* T. 17, p. 121.)

b) *Bolus ou argiles inférieures.* Ces argiles se distinguent des argiles supérieures par leur caractère plus réfractaire, par leur plus grande dureté, par leur couleur rouge ou jaune; ces deux couleurs peuvent alterner; elles sont plus rarement grisâtres et bariolées de blanc, de jaune et de rouge.

Les argiles rouge-tuile, violacées, mouchetées de blanc, riches en sables quartzeux et très-chargées de fer hydroxydé, n'indiquent point de richesse minérale; il en est de même des bolus gris pâle, bleus, lisses et savonneux, sableux grésiques, à cassure mate et raboteuse, ressemblant assez à un sable mollassique, surtout par les grains anguleux de quartz qu'ils contiennent. Puiss. 1 à 8 mètres.

Dans certaines minières les bolus manquent complètement.

c) *Les morceaux.* Ils sont également formés par des argiles jaunes, calcaires, quelquefois réfractaires à la base. Les taches ou points blancs ou bleus sont plus rares que dans les assises supérieures; ils sont aussi moins durs et moins friables: ils ne se détachent que par grandes masses ou blocs que les mineurs ont appelés *Stücker, Möcke.*

Les morceaux sont plutôt jaunes que rouges; ils passent insensiblement au bolus et assez souvent à la mine. On a généralement remarqué que les morceaux étant peu développés, les bolus le sont beaucoup; si au contraire les morceaux sont puissants, les bolus le sont moins. Puiss.: 2 à 6 mètres.

d) *La terre visqueuse.* Elle est assez facile à reconnaître par ses argiles compactes, grasses, onctueuses, calcaires, rarement réfractaires. Puiss.: 1 à 3 mètres.

e) *La terre cendrée*. C'est une argile gris cendré, calcaire, d'une épaisseur de 2 à 5 mètres.

f) *La terre jaune*, d'une puissance de 4 à 52 mètres, est formée par des argiles calcaires d'un gris jaune tirant souvent sur le jaune ocreux ou sur le rouge. La terre jaune est beaucoup employée dans la fabrication des tuiles, briques, etc.; elle est recouverte par l'étage tongrien.

Le passage de l'une de ces assises à l'autre est, dans la règle, graduel, rarement brusque et tranché. La stratification de ces argiles prend tantôt le caractère d'amas, de nappes, même de filons irréguliers, tantôt celui de couches uniformes et régulières.

Les assises supérieures de ces argiles contiennent des taches blanches, que les mineurs appellent „*œils*", d'un diamètre de 0,01 à 0,14 centimètres, et renfermant dans leur centre un point vert foncé. Ces taches sont formées de silicate d'alumine.

Ces argiles sont souvent bariolées de blanc, de rouge, de jaune, de rose et de violet. Elles se détachent en blocs ordinairement anguleux, à surface lisse, onctueuse, rude, même raboteuse. Les argiles calcaires alternent quelquefois avec les argiles réfractaires; il en est de même des argiles grasses et onctueuses avec les argiles sèches et rudes.

Accidents du terrain sidérolithique. Le plus important est sans contredit le *Nagelfluh jurassique*, ou les *gompholithes* du terrain sidérolithique. Le nagelfluh jurassique a été signalé dans le Jura bernois par Daubrée (Bullt. de la Soc. géol. T. 5, p. 170), Thurmann et Gressly; en publiant nos „*Notes géologiques*" nous déterminions son âge, et le classions dans le terrain sidérolithique; dans le canton de Bâle et les environs, il a été décrit par MM. A. Rengger, Mousson et P. Merian; nous donnerons la coupe de celui des environs d'Efringen, dans le grand-duché de Bade; dans le canton de Neuchâtel, par MM. Nicolet, Desor, Gressly et Jaccard; au Locle, il atteint une puissance de plus de 30 mètres. Il y est recouvert par l'étage helvétien et il repose sur le calcaire jurassique.

Ce nagelfluh est un poudingue de galets jurassiques et triasiques: portlandiens, kimméridgiens, astartiens, coralliens, oolithiques et conchyliens, jaunâtres, arrondis, marqués à leur surface d'empreintes ou de dépressions assez caractéristiques. Ces galets, agglutinés par un ciment ferrugineux, calcaire, siliceux, alternent en quelques endroits, soit avec des bancs ou amas de sables divers, soit avec de minces couches d'argiles remaniées, comme on peut le voir à l'O. de Delémont, au N., à l'O. de Porrentruy, à Châtelat, à Tramelan. A Develier, à Soulce, au Pichoux, ils sont souvent silicifiés et liés par des oxides de fer, des silicates d'alumine et de fer. Mélangés avec de nombreux grains de fer lavés et très-lisses, ils constituent un véritable conglomérat.

Puissance : 1 à 30 mètres.

A Develier le nagelfluh jurassique est recouvert par l'étage suivant. Au Pichoux, près de la galerie supérieure, il recouvre le sable vitrifiable et le bolus, et comme l'étage tongrien manque dans cette localité, il sert d'assise au grès à feuilles. Dans les puits creusés aux environs de Delémont, les gompholithes ont été rencontrées sur et dans les argiles du terrain sidérolithique. Le puits des prés Greby en a même traversé trois bancs qui, sous la terre jaune, à une profondeur de 20 mètres, alternent avec les argiles, et un quatrième banc à une profondeur de 140 mètres. De manière que le nagelfluh jurassique se relie intimement au terrain sidérolithique. Ce nagelfluh éocène ne doit donc pas être confondu avec le nagelfluh helvétien ou œningien. Les caractères minéralogiques, stratigraphiques et paléontologiques ne le permettent point.

Ces amas considérables de cailloux jurassiques ne laissent pas de doute sur l'existence de forts courants pendant cette époque; nous attribuons, en partie, à ces courants l'*ablation des groupes jurassiques supérieurs;* c'est principalement dans la partie septentrionale du Jura, sur le plateau de Pleigne, où le terrain à chailles est à découvert, que ce phénomène se remarque bien. Plus au nord, il est encore plus sensible, puisqu'entre Stetten et Lörrach, à Röteln, le tongrien recouvre immédiatement le bathonien et le bajocien.

Les eaux avaient une direction N-S. — Les preuves que nous pourrions fournir pour motiver cette opinion sont assez concluantes. Nous verrons, du reste, que plus tard, c'est-à-dire pendant l'époque falunienne, les eaux affectaient encore la même marche.

Le nagelfluh jurassique du terrain sidérolithique a souvent été confondu avec d'autres dépôts cailfouteux. Sans parler encore des caractères stratigraphiques et paléontologiques différentiels, il ne sera jamais possible de commettre des erreurs de ce genre. La nature essentiellement calcaire de la roche qui le constitue, le distinguera toujours *des galets vosgiens à Dinotherium* et des alluvions anciennes ou modernes; les galets à Dinotherium étant riches en *roches vosgiennes* ou *hercyniennes,* et les alluvions anciennes en *roches alpines.*

Le nagelfluh jurassique donne de bons et faciles matériaux pour l'entretien des routes.

Un accident non moins important que le nagelfluh jurassique est la roche que les ouvriers appellent „*raitsche“* : ce sont des assises de bancs calcaires, *hydrauliques* ou siliceux, compactes ou subcompactes, marneux, tufeux, stalactiformes, de couleurs diverses, mais généralement jaunâtres, grisâtres, pointillés de noir, d'une puissance de 1 à 5 mètres. On peut les étudier dans trois ou quatre endroits sur la rive droite de la rivière entre Courcelon et Vicques.

Quatre puits, pratiqués au sud de la route de Delémont à Courroux, ont mis à découvert dans les argiles supérieures du terrain sidérolithique deux assises de ces calcaires, l'une à une profondeur de 14 mètres, et l'autre à une profondeur de 53 mètres. L'assise supérieure nous a offert une flore et une faune fluviatiles des plus remarquables: *Chara*, *Limnées*, *Planorbes* et *Crocodile:* voilà donc un dépôt sédimentaire ordinaire parfaitement constaté dans le terrain sidérolithique. Ce sont ces mêmes calcaires très-puissamment développés et pétris de *Melania Lauræa*, de *Cyclostoma mumia*, qu'on exploite comme pierre de construction aux environs de Mulhouse et à Pritsche, au nord d'Efringen.

Un troisième accident qu'on observe dans le terrain sidérolithique est du *gypse.* La *terre jaune* renferme assez souvent de beaux grands blocs disséminés de gypse fibreux, ou en fer de lance. Du milieu à la base, ces assises sont fréquemment traversées par de minces filons, ou couches de ce même sel. Ce gypse, beaucoup plus développé dans le bassin alsatique, est exploité aux environs de Mulhouse.

Au nord-est de Delémont, le minérai de fer est même souvent empâté dans un beau gypse cristallin, affectant, comme la mine de fer, une forme sphéroïdale.

Des grains de fer pisiformes, disséminés, sont habituels à ces argiles. Elles renferment encore accidentellement des nids et de minces bandes d'hyperoxyde de manganèse, des argiles smectiques, de petits blocs de gneiss, de mica, de cailloux grésiques ou quartzeux assez semblables à ceux des conglomérats du grès vosgien, enfin de beaux jaspes.

Nous ne parlerons pas des roches, marnes et fossiles jurassiques, qu'on rencontre accidentellement dans le terrain sidérolithique, ni des argiles, ni du fer pisolithique *(Flötz)* que nous trouverons plus tard dans des dépôts tertiaires plus récents; ce ne sont que des phénomènes de *remaniement* qui s'observent dans toutes les séries de terrains.

Les calcaires jurassiques, en contact avec le terrain sidérolithique, ont souvent été épigénésés; ils ont subi une jaspisation ou silicification très-curieuse.

Les *cheminées* et *conduits* qui ont servi de passage aux eaux chargées des matériaux que nous venons de passer en revue, ayant souvent été décrits et figurés, nous les passerons sous silence.

Flore et faune du terrain sidérolithique.

Nous avons déjà parlé des débris organiques de la *raitsche;* les personnes qui auront lu nos „*Notes géologiques*" se rappelleront que les argiles sidérolithiques, très-bien en place, à Courrendlin et à Develier-dessus, renferment des ossements de *Palæotherium;* mais il nous reste à enregistrer une découverte beaucoup plus importante faite au N. de Moutier.

Lors de la construction de l'église de ce village, on ouvrit une carrière dans les couches supérieures des terrains jurassiques, soit dans le virgulien, et on y trouva des crevasses remplies de terrains sidérolithiques et *d'ossements éocènes*, et plus bas une couche presque horizontale de marnes gris noirâtre, renfermant le squelette complet du *Megalosaurus Meriani* dont nous avons parlé plus haut. Voici la coupe de cette carrière :

1. Argiles, mine de fer en grains : des lambeaux d'une puissance variable.
2.   „   „   et brèches jurassiques à ossements éocènes remplissant des crevasses de 3 à 5 mètres de profondeur.
3. Calcaire hypovirgulien, formant une assise exploitée de 8 m.
4. Marnes noirâtres à *Megalosaurus* de 0,50 m.
5. Calcaire hypovirgulien.

Nous avons, avec M. Mathey, recueilli avec soin ces débris d'animaux dont la détermination est due à la bienveillance de M. le prof. Rütimeyer. En voici les noms:

Reptiles.	*Mammifères.*
Serpents, vertèbres appartenant probablement au genre *Coluber.*	Dents et os divers de
	Palæotherium medium, Cuv.
Lacerta, une mâchoire.	„ *crassum,* Cuv.
Crocodiles, dents d'un très-jeune sujet.	„ *curtum,* Cuv.

Cainotherium Bravardi. Plusieurs dents.
Hyapotamus Gresslyi, Myr. Une seule dent, identique à celles d'Egerkingen.
Dichodon cuspidatus, Owen. Une dent.
Theridomys siderolithicus, Pictet. Quelques dents.
Hyænodon Requieri, Gerv. Espèce de l'éocène supérieur.

Viverra Parisiensis, Cuv. Deux dents, espèce de Montmartre.
Sciurus. Deux espèces, dont l'une est représentée par une dent beaucoup plus grande que celles de l'autre.

Ces dernières appartiennent bien à l'espèce de St-Loup, que M. Pictet a figurée, sans lui donner un nom.

Après cette nomenclature, le savant paléontologiste de Bâle ajoute :

„Le *Cainotherium* et le *Dichodon* sont les premiers restes de ces espèces trouvés „en Suisse. La faune de Moutier appartient à l'éocène supérieur et correspond à „celle du Mormont et de Gösgen, pendant qu'Egerkingen avec ses *Lophiodon* „et ses *Propalæotherium* est antérieur.

„Il est bien intéressant de rencontrer aussi 4 espèces de *Lophiodon* dans l'éocène „du canton de Vaud. M. Laharpe m'a envoyé une très-belle collection, sans indi-„cation sur la provenance. Il en résulte que le terrain sidérolithique de la Suisse „française embrasse deux faunes éocènes, celle d'Egerkingen et celle de Moutier.“

A la faune de Moutier nous avons encore à ajouter les espèces suivantes :

Palæotherium crassum et *Palæotherium medium* de Develier-dessus.

Enfin les espèces fluviatiles de la *raitsche* et de la *terre jaune* du val de Delémont :

Chara helicteres, Brg.
„ *siderolithica*, Grepp.
„ *Greppini*, H.
  Graines bien conservées et très-abondantes.
Planorbis rotundus, Brg.
„ deux espèces indéterminables.

Limnæus longiscatus, Brgn.
Melanopsis.
Cyclas.
Crocodilus Hastingsiæ, Owen. Quelques dents. C'est une espèce de Mormont et de l'île de Wight.

Nous ne faisons aucune difficulté de placer aussi dans cet étage les calcaires à *Mytilus socialis* d'Istein, à *Melania lauraea*, à *Cyclostoma munia* de Klein Kems, de Brunnstatt, de même que ceux des carrières Nico, sud de Rixheim, et d'autres localités du bassin alsatique. Ces calcaires, inférieurs au grès à feuilles, [1] sont assez riches en fossiles, dont les plus communs sont :

Palæotherium medium. Brunnstatt.
Theridomys. Klein Kems.
Helix occlusa, Edw. Brunnstatt.
„ *labyrinthica.* „
Auricula depressa, Desh. „ Kl. Kems.

Limnæus longiscatus, Brg. Brunnst. Kl. Kems.
„ *substriatus*, Desh. „ „
„ *ovum*, Brg. Rixheim „ „
Planorbis rotundatus, Brard „ „
Pl. discus, Edw. „ „

---

[1] Ed. Koechlin, *Bull. de la Soc. industrielle de Mulhouse*, vol. 2, p. 275.

Auricula Alsatica, Mer. Brunnst., Kl. Kems.
  Syn. *A. Dutemplei*, Desh.
Paludina viviparoides, Bronn. de Bouxweiler,
  Klein Kems.
  „ *circinata*, Mer. Brunnstatt.
Cyclostoma mumia, Lk. „   Kl. Kems.
  Syn. *C. Kœchlinianum*, Mer.
Melanopsis subulata, Sand. De Klein Kems,
  où elle est associée à deux autres es-
  pèces.
Melania laurœa, Marth.
  Syn. *M. Kœchlini*, Grepp.
    Cette dernière espèce se distingue assez fa-
  cilement de la *M. Escheri* par sa taille plus

grande, sa forme moins allongée, son angle
plus ouvert, sa bouche et ses tours plus arrondis, et surtout par ses ornements. Ses plis
noueux, tuberculeux, qui sont même très-apparents sur le dernier tour et sur les moules,
ses fascicules beaucoup moins nombreux, mais
plus réguliers et plus développés, suffisent
pour l'en distinguer. Elle diffère également
de la *M. Escheri* de Zwiefalten, dans le
Wurtemberg, qui est aussi une espèce particulière
Mytilus socialis, A. Br. Istein, Efringen,
  Pritsche.
Cyrena semistriata, Desh. Mêmes loc.
Chara helicteres, Brg. Klein Kems.

Dans nos „*Notes géologiques*," publiées en 1853 et 1856, nous classions déjà le terrain sidérolithique parmi les dépôts éocènes supérieurs, en nous basant sur des observations minéralogiques, stratigraphiques et paléontologiques, recueillies notamment dans le val de Delémont, où ce terrain occupe évidemment sa place naturelle dans la série géologique. Ces observations peuvent se résumer ainsi. Nous reconnaissions dans le val de Delémont :

Ep. en m.

1. Les *terrains modernes et quaternaires ;*
2. Les *calcaires* et les *marnes œningiens;*
3. Les *sables à Dinotherium* et *les grès helvétiens;*
4. Les *calcaires*, les *marnes*, et *les grès de la mollasse d'eau douce inférieure ;*
5. Les *marnes*, les *grès* et les *calcaires tongriens*, et enfin
6. Le *terrain sidérolithique*, composé comme suit :
    a) Argiles jaunes — terre jaune des mineurs — renfermant des blocs dis-
       séminés de gypse fibreux et de légères couches de nagelfluh   .   .   14,00
    b) Bancs de calcaires compactes, marno-compactes, hydrauliques, grisâtres,
       alternant avec de minces bancs de marnes grises, noires et rougeâtres,
       à *Chara hectines*, *C.Greppini*, *C. siderolithica*, *Limnœus longiscalus*, *Crocodilus
       Hastingsiœ*   3,00
    c) Argile jaune; c'est dans cette argile que nous avons recueilli à Châtillon
       et à Develier-dessus des os et des dents bien conservés de *Palœotherium*   5,00
    d) Argile rouge violacée alternant avec l'argile jaune et souvent avec un
       conglomérat calcaire   54,00
    e) Argile cendrée et visqueuse avec veines de gypse cristallin.   .   .   10,00
    f) Argile réfractaire dite „*Morceaux*"   5,00
    g) Bolus   2,00
    h) Mine de fer en grain   2,00
    i) Roche tertiaire siliceuse, reposant sur le terrain jurassique : des traces   —

                                               Total   .   96,00

La puissance du terrain sidérolithique est très-variable dans le Jura central.

Des puits lui ont reconnu une épaisseur de 5 à 140 mètres; mais partout il présente les caractères géologiques qu'il possède en France et en Allemagne.

Coupe de la Rütireingrube, au nord d'Efringen, grand-duché de Bade.   Ep. en m.

1. Detritus et lehm	3,00
2. Calcaire grésiforme, dur, grenu, oolithique, stratifié, renfermant souvent des amas ou des couches de nagelfluh calcaire; c'est le *Rümstein* des carriers	2,00
3. Marnes grises, grumeleuses, dites *Kötsch*	0,70
4. Calc. grésiforme	0,50
5. Marnes grises, grumeleuses	0,70
6. Calc. verdâtre, marno-compacte, à *Mytilus socialis*	0,10
7. Calc. grésiforme avec nagelfluh calcaire	0,70
8. „ „ „	0,50
9. „ „ „	1,20
10. „ „ „	0,60
11. „ verdâtre, compacte, marno-compacte à *Cyrena semistriata* . . .	0,10
12. Calc. grésiforme : *Sandstein* à *Cyrena semistriata* et à *Mytilus socialis* . .	1,00
13. Argiles bleues : *blauer Letten*	1,00

Ces argiles paraissent passer, comme on le voit à Istein même, au calcaire jurassique.

Coupe de Klein Kems.

1. Terre végétale et lehm.   Ep. en m.
2. Marnes vertes et calcaires gris;
3. Calc. brun, marno-compacte, compacte, bitumineux à *Melania lauræa, Limnæus longiscatus, Cyclostoma mumia, Auricula Alsatica, Chara helicteres*. De 20 à 30,00
4. Marnes et calcaires gris à *Paludina viviparoides* 7,00
5. Argiles rouges, grumeleuses 3,00
6. „ „ réfractaires, ou bolus et mine de fer en grains manganésifère, reposant sur le Jura supérieur 4,00

Si dans cette région, on désire voir les terrains qui recouvrent les dépôts éocènes d'Efringen, de Klein Kems, il faut se rendre à Stetten, où le tongrien apparaît, et sur les collines de Fischingen et de Tüllingen, où les grès à feuilles, les marnes et les calcaires de l'étage delémontien ont un grand développement.

Conclusions.

1. Ainsi, la faune, les caractères minéralogiques, même stratigraphiques, nous tiennent le même langage : les dépôts de Brunnstatt, de Rixheim, de Klein Kems, d'Efringen, sont bien éocènes et synchroniques du terrain sidérolithique.

2. Le terrain sidérolithique est un dépôt continental *normal*, aussi puissant qu'important, et occupant la place stratigraphique que nous lui avons assignée : conclusion que n'infirment nullement les faits de remaniement que ce terrain présente.

Ces conclusions, quoique bien justifiées, ne sont pas encore entièrement admises.[1] Cependant comme le différend qui existe encore repose en grande partie sur les phénomènes de la dénudation et du remaniement, phénomènes dont on a exagéré la portée, une prochaine entente est à espérer.

III. Tongrien.

Syn. 1. *Facies marin : Kalkbreccie von Stetten, Lörrach und Dornach* de M. P. Merian [2]; *Marnes tritoniennes* de Thurmann; *Couches à Ostrea cyathula* de M. Hébert; *Myocène inférieur, Sables marins du bassin de Mayence* de M. le prof. Sandberger; *Sables de Fontainebleau* de plusieurs géologues français; *Groupe marin moyen* de Greppin, et probablement la *Couche à Cérites des Diablerets, de Sansfleuron, dans le massif de l'Oldenhorn* de M. Renevier; *Mollasse marine inférieure* de quelques géologues suisses.

2. *Facies terrestre.* Il est problématique. Est-ce la *Formation inférieure des lignites du Hohe-Rhonen, de la Paudèze, de Monod?* Est-ce la *Mollasse rouge* de la Suisse française? Nous posons les questions sans pouvoir les résoudre, et nous arrivons au facies marin, soit au tongrien proprement dit.

Historique. Ce facies marin, observé seulement dans le Jura septentrional, a été très-imparfaitement connu jusqu'en juin 1853. Tour à tour appelé *groupe tritonien* (Thurmann), *nymphéo-tritonien* (Gressly), assimilé plus tard au *Calcaire grossier de Paris* par Thurmann, confondu par d'autres géologues avec l'étage Helvétien sous le nom de *mollasse marine*, on n'avait que des idées vagues et confuses sur son âge, son étendue et sa faune.

---

[1] „Als ein normales Glied der geologischen Altersstufe sind die Bohnerze nicht zu betrachten." V. *Erläuterungen zur 2ten Ausgabe der geol. Karte der Schweiz* von B. Studer, Winterthur, 1869, S. 11.

[2] Beiträge zur Geognosie, 2ter Band, Basel, 1831, p. 240.

Cependant déjà en 1853 (v. les *Mittheilungen* de Berne de 1853, N° 265) MM. Merian et Studer le rapprochaient du dépôt marin des environs de Mayence, d'Alzey, soit de tongrien.

Ayant adjoint nos recherches à celles de Gressly, en 1852, nous avions réuni un bon nombre de fossiles de diverses localités et notamment de Neucul, de Develier, de Brislach, Wahlen, Aesch, Roedersdorf, Miécourt, Alle et Cœuve, et nous les avons adressés à M. le prof. Hébert, à Paris. Ils ne pouvaient être adressés à des mains plus habiles et plus heureuses. Au moyen de 25 espèces très-caractéristiques, ce savant rattachait ces dépôts marins, tout en en fixant l'étendue, aux *marnes marines à Ostrea cyathula* de Montmartre, aux *sables marins* d'Etampes, de Fontainebleau, aux *grès* de Romainville, du Limbourg et des environs d'Alzey, près Mayence. Et ces terrains, d'après la nouvelle nomenclature, prenaient le nom d'*étage tongrien.* (V. le Bulletin de la Soc. géol. de France, Tom. XI, p. 602, et Tom. XII, p. 760, avec une carte des mers du nord de l'Europe aux époques des *sables de Fontainebleau* et du *calcaire grossier*, par M. Ed. Hébert.) C'est donc bien à tort que J. Thurmann a attribué ce long et pénible travail à M. C. Mayer, ce que reconnaît du reste M. Hébert en disant :

„M. Mayer, auquel je communiquai les résultats que j'avais obtenus, avant de „les envoyer à M. Greppin, les transmit à M. Thurmann, qui les a insérés dans „le compte-rendu de la session de la Société helvétique des sciences naturelles qui „eut lieu, en août 1853, à Porrentruy. Mais c'est par erreur que ces résultats et „la détermination des fossiles que renferment les assises en litige ont été attribués „à M. Mayer." (Ouvrage cité de MM. Hébert et Renevier, page 83.)

Nous devons encore ajouter, pour compléter l'historique de ce terrain, que MM. Merian, Jos. Koechlin, Sandberger et Schill, l'étudiaient avec un soin tout particulier aux environs de Bâle, dans le bassin alsatique, dans le grand-duché de Baden, et qu'ils arrivaient aux mêmes résultats que nous.

Limites. Dans la règle, le tongrien repose sur le terrain sidérolithique et il est recouvert par les assises delémontiennes. Cependant on le voit souvent à nu, comme Develier, Brislach, Cœuve, Roedersdorf, Aesch, Stetten, Röteln en offrent des exemples. Dans les vals de Delémont, de Laufon, en Ajoie, il est souvent superposé au calcaire ptérocérien ou astartien; dans le grand-duché de Bade, à Stetten, à Röteln, il est en contact immédiat avec les assises oolithiques. De même que les calcaires du Jura supérieur de l'ouest de Cœuve empâtent de nombreux *Spondylus tenuispina*, *Ostrea callifera*, de même les calcaires bathoniens de Stetten tiennent-ils incrustés les mêmes coquillages.

Division, pétrographie et étendue. En décrivant l'étage tongrien en 1850 (v. nos *Notes géol.*, page 37) nous le divisions déjà en deux dépôts principaux, mais absolument synchroniques : a) *dépôt* ou *facies vaseux*, b) *dépôt* ou *facies sableux et caillouteux.*

a) *Facies vaseux.* Il est formé de marnes stratifiées, grumeleuses, fissiles, se désagrégeant sous l'influence de l'humidité en petits blocs anguleux, qui tombent ensuite en poussière; leur couleur passe du gris-clair au noir.

Les couches inférieures, reposant sur le terrain sidérolithique, sont rougeâtres et sableuses. Les couches moyennes offrent des traînées, des amas de sable ferrugineux, des traces de lignites, des concrétions et des fossiles marins pyriteux ou calcaires, et beaucoup de petits cristaux de chaux sulfatée. Les couches supérieures, généralement plus claires, alternent avec des minces couches de grès sableux, et passent insensiblement aux grès et marnes de l'étage Delémontien.

Nous avons reconnu ces marnes avec les mêmes caractères à Neucul, S. de Delémont; entre cette ville et Develier; au Löwenbourg, à Courgenay; dans le val de Laufon : à Brislach, Wahlen, Blauen et Busserach; dans le bassin du Rhin, entre Aesch et Ettingen, à l'est de Schlatthof et près de Bottmingen. A Bâle même, d'après M. P. Merian, elles prennent un beaucoup plus grand développement. En 1831, M. P. Merian les signalait à Lörrach, duché de Bade, avec quelques fossiles caractéristiques : *Ostrea Annonii*, Mer. (*O. callifera*), *Ostrea arca*, Mer. (*O. cyathula*), *Balanus miser*, Lk., *Cerithium plicatum*, Sk., etc. (V. l'ouvrage cité, p. 245.) On les retrouve en France au-dessous de Strasbourg et à Paris, dans la butte de Montmartre. Partout la couche à *Ostrea cyathula* se présente à la base de l'assise.

Voici la coupe de ces marnes prise à Neucul :

Ep. en m.

		Ep. en m.
	1. Terre végétale	1,50
Et. Delém. {	2. Marnes bigarrées	1,00
	3. Alternances de minces couches de marnes rougeâtres, grises, et de mollasse bigarrée à feuilles avec *Daphnogene polymorpha*, *Acer trilobatum*, *Quercus elœna*	2,00

<table>
<tr><td></td><td></td><td align="right">Ep. en m.</td></tr>
<tr><td>4. Marnes grises, grumeleuses, avec sables ferrugineux, gypses, pyrites .</td><td></td><td align="right">1,50</td></tr>
<tr><td>5. Marnes grises, pétries de Corbula subpisum, Leda acuta, Pecten pictus, Lamna . . . .</td><td></td><td align="right">0,20</td></tr>
<tr><td>6. Marnes grises grumeleuses à Cytherea lœvigata . . . . .</td><td></td><td align="right">0,15</td></tr>
<tr><td>7. „ noires micacées à Lucina Heberti . . . .</td><td></td><td align="right">0,50</td></tr>
<tr><td>8. „ grisâtres à Cytherea incrassata . . . . . .</td><td></td><td align="right">0,50</td></tr>
<tr><td>9. Banc à Ostrea cyathula . . . .</td><td></td><td align="right">0,50</td></tr>
<tr><td>10. Marnes grises, rougeâtres . . . .</td><td></td><td align="right">0,50</td></tr>
<tr><td align="right">Puiss. totale du Tongrien .</td><td></td><td align="right">3,85</td></tr>
</table>

Le long de l'accolade, à gauche : **Et. Tongrien.**

Terre jaune du terrain sidérolithique, soit de l'étage parisien supérieur.

Ces marnes, d'une puissance de 1 à 5 mètres, sont recherchées dans le val de Delémont et dans celui de Laufon pour amender les terres.

Leur mode de stratification par couches régulières et successives, la nature de la faune annoncent qu'elles ont été déposées dans des eaux tranquilles, comme le sont celles des lagunes.

b) *Facies littoral; Calcaires sableux, caillouteux, jaunes.*

Comme le pense A. Gressly, ce facies est essentiellement fiordique, et il caractérise les bords immédiats des baies de la mer de cette époque. Ce rivage maritime, (pour les limites, consulter notre carte géologique), marqué par des rangées de trous de *Lithodomes*, des bancs d'*Ostrea callifera*, de *Spondylus longispina*, se dessine depuis les Brenets, canton de Neuchâtel, à Cœuve, Miécourt, Develier, Delémont, côte du Mettemberg, au N. de la Résel, à Rœdersdorf, Brislach, Breitenbach, Dornach, Lörrach. Dans la plupart de ces localités, il est représenté par une roche calcaréo-sableuse à brèches coquillères, quelquefois siliceuse, à teinte jaunâtre, riche en *Ostrea callifera*, atteignant une puissance de un à deux mètres. A Develier et à la côte du Mettemberg, l'*Ostrea callifera*, empâtée dans une marne jaune, est tellement abondante, qu'elle forme un banc de 30 à 80 centimètres.

Au nord-ouest de Brislach, on remarque d'abord les calcaires astartiens perforés par les *Lithodomes* et conservant des traces du terrain sidérolithique, et pardessus le calcaire jaune sableux ou compacte à *Natica crassatina;* un peu plus loin, ces calcaires sont remplacés par les *marnes à Ostrea cyathula.* A Develier-dessus, l'*Ostrea callifera* et beaucoup de dents de *Lamna* se trouvent mélangées dans des marnes bleuâtres, violacées, et des argiles du terrain sidérolithique remaniées.

Au Mettemberg, l'étage tongrien est représenté par une roche rougeâtre ou jaunâtre très-compacte, formée de brèches jurassiques, de moules de petits acéphales et de gastéropodes liés par un ciment calcaire et ferrugineux très-dur. Cette roche ressemble d'une manière frappante à certaine couche du calcaire grossier parisien : bancs à Cérites.

Du reste, on le trouve sous des formes assez variables dans les environs de Bâle, à Aesch, Dornach, Stetten, Rötcln, au nord de Lörrach, dans le Sundgau, en Ajoie et dans le bassin du Rhin.

La mer tongrienne était dans nos environs très-riche en espèces. D'après M. le prof. Sandberger, elle n'était pas bien chaude ; sa faune rappelle un mélange de types de la Nouvelle-Hollande, des Indes orientales.[1] Les espèces que nous avons pu recueillir, sont :

Faune du Tongrien.

Halianassa Studeri, Myr. Roedersdorf, Develier.
Lamna cuspidata, Ag., Neucul, Develier, Brislach.
„ *rugosa*, Ag. Neucul, Develier, Brislach.
Galeus aduncus, Ag. Neucul, „ „
Myliobates. „ „ „
Anarchicas. „ „ „
Cycloides. „ „ „
Crustacés.
Balanus miser, Lk. Develier, espèce d'Alzey et des sables de Fontainebleau.
Natica crassatina, Desh. Brisl., Eguisheim.
„ *Parisiensis*, Raulin. Neucul.
„ *Nystii*, d'Orb. Mettemberg.
„ *redempta*, Mich. „
Tritonium flandrinum, de Koninck. Stetten, près Lörrach.
Melania subdecussata, Lk. Brislach.
Cerithium plicatum, Lk. Brislach, Neucul, Eguisheim.
„ *dentatum*, Defr. „ Cœuve.
„ *Boblayei*, Desh. „
„ *Diaboli*, Brg. „
Syn. *C. trochoidale*, Desh.

C. conjunctum, Lk. Brislach, Neucul, Cœuve.
„ *lima*, de Stetten, près Lörrach.
„ *dissitum*, Des. Stetten, „
Turritella crispula, Lind. Mettemberg.
Scalaria pusilla, Phil. Terwyler.
Chenopus Margerini, Des. Neucul, Brislach et Cœuve.
Syn. *Ch. tridactylus*, A. Br.
Tornatella striata, Sow. Neucul.
Cassidaria Nystii, Kyck. Neucul, Cœuve, Brislach.
Syn. *C. depressa*, v. Buch.
Trochus rhenanus, Mer. Lörrach.
Buccinum Gosardii, Nyst. „ Neucul.
Pleurotomaria Morreni, Nyst. „ Lörrach.
„ *Selysii*, Nyst. Lörrach, Neucul, Mettemberg.
Delphinula, „ „ „
Nerita rhenana, Thom. Mettemberg.
Neritina fulminifera, Sand. „
Solarium misarum, Duj. „
Bulla conoïdea, Desh. „
Erato lœvis, Sow. „
Oliva. „

[1] *Die Conchylien des Mainzer Tertiärbeckens* von Dr. F. Sandberger, Wiesbaden, 1863.

Calyptræa striatella, Nyst. Neucul, Lörrach, Mettemberg.

Hipponis cornu copiæ, Defr. Lörrach.

Pholadomya pectinata, Mer. Miécourt, Aesch.
Syn. *P. Weissi,* Phil.
„ *P. Greppini,* Desh.

Panopæa Heberti, Bosquet. Aesch, Miécourt, Neucul, Brislach.

Corbula Henkeliusana, Nyst. Cœuve, Brislach.
„ *subpisiformis,* Sandb. Neucul, Stetten.
Syn. *C. subpisum,* d'Orb.

Isocardia.

Cytherea incrassata, Des. Neucul, Cœuve, Brislach, Röteln, nord de Lörrach.
„ *lævigata,* Lk.
„ *splendina,* Mer. Neucul, et d'après M. Merian à Röteln, près Lörrach.
„ *subarata,* Sandb. Terwyler.

Cyprina rotundata, Ag. Neucul, Cœuve et Brislach.
Syn. *C. Nystii.*

Nucula Chastelii, Nyst. Miécourt.
„ *Greppini,* Desh. T. 28, f. 8. Neucul.

Leda gracilis, Desh. „
„ *acuta,* Héb. „

Psammobia. Neucul, espèce de Belgique.

Astarte plicata, Mer. Mettemberg.

Bullina exerta, Desh. Terwyler.

Lucina Thierensi, Héb. Miécourt, Brislach, Röteln.
„ *rotundata,* Mtg. „
„ *Heberti,* Desh. Neucul.
„ *striatula,* Nyst. „
„ *tenuistria,* Héb. „
Tellina Nystii, Desh. „
„ *Heberti,* Desh. „ et Stetten.

Arca umbonata, Lk.
„ *preciosa,* Desh.

Lithodomus. Develier, Cœuve, Brislach, Breitenbach, etc.

Cardita Homaliusana, Nyst. Neucul, Brislach, Miécourt, Röteln.
„ *paucicostata,* Sandb. Mettemberg.

Avicula, nov. sp. Neucul.

Limopsis Goldfussi, Nyst. Neucul.
Syn. *Lima aurita,* Gf.

Cardium Nystii, Héb. Neucul, Miécourt, Brislach.
„ *striatulum,* Phil. Brislach, Neucul, „ Röteln.

Solen. „ „
Pecten pictus, Gf. „ Brislach, Eguisheim.
„ *decussatus,* Münster, „ „
„ *fasciculatus,* Sandb. Aesch.

Pectunculus subterebratularis, Lk. Miécourt, Val près Recollaine, Brislach.
„ *delectus,* Brandes. Miécourt et Brislach.
„ *angusticostatus,* Desh. „
„ *crassus,* Phil. Eguisheim, Bethonvillers, Allwiller.

Modiola angusta, Al. Br. Terwyler.

Spondylus tenuispina, Sandb. Cœuve, Stetten.
Syn. *S. spinosissimus,* Gf.

Ostrea cyathula, Lk. caractérise les dépôts vaseux de Neucul, du Löwenburg, de Roggenburg, Cornol, Cœuve, Courgenay, Brislach, Wahlen, Terwyler.
Syn. *O. crispata,* Gf. *O. arca,* Mer.
„ *callifera,* Lk. caractérise les dépôts sableux et calcaires.
Syn. *O. Collinii,* Mer.
„ *O. Polyphemi,* Gressly.

Terebratula opercularis, Sandb. Cœuve.

Rhynchonella Gresslyi, Grepp. „

Elle se distingue de la *T. fasciculata,* Sandb., par ses côtes plus nombreuses et lisses, qui semblent disparaître avec l'âge, et par une grandeur plus considérable et une forme plus ovale.

Ces assises tongriennes contiennent encore de beaux et nombreux Briozoaires, des Echinides, des Polypiers, mais qui n'ont pas encore été étudiés dans le Jura.

IV. Delémontien ou Mollasse d'eau douce inférieure.

Localité-type : Val de Delémont, dans le Jura bernois. Sur plusieurs points, on voit cet étage intercalé dans deux dépôts marins, qui l'ont immédiatement précédé et suivi : l'un d'eux, le Tongrien, en est recouvert, l'autre, l'Helvétien le recouvre.

SYN. *Terrain nymphéen* de J. Thurmann ; *Groupe nymphéen* de Gressly; *Groupe fluvio-terrestre moyen* de Greppin; la partie supérieure de la *Mollasse d'eau douce inférieure*, soit la *Mollasse grise* de la Suisse: Ruppen, St-Gall, Oberægeri, Aarwangen, Eriz, Delémont, Moudon, Payerne et Lausanne. Pour le bassin bavarois et wurtembergeois : les *Calcaires* de Mœsskirch, d'Ulm, de Zwiefalten ; les *Sables* de Günzburg, la *Mollasse à feuilles bleue et grise.* Pour le bassin de Mayence : le *Calcaire à Cérites et à Hélices* d'Hochheim, Oppenheim, et la *Mollasse à feuilles* de Münzenberg, Seckbach. Pour la France : le *Calcaire de la Beauce* (divis. supér.).

Définition et limites. Réunira-t-on encore à cet étage la mollasse à feuilles du Hohe Rhone, de Monot, et la mollasse rouge de Vevey, de Rallingen : *Untere Braunkohlenformation, aquitanische Stufe* de MM. Heer et C. Meyer ?

M. le prof. Heer, dans son „*Urwelt der Schweiz*", p. 276, après avoir admis dans sa *mollasse d'eau douce inférieure* deux étages, la *formation des lignites inférieure* et la *mollasse grise,* attribue au premier 336 espèces de plantes et au second 211 espèces ; mais page 300 du même ouvrage, en trouvant une ressemblance si frappante entre les deux flores, il se demande s'il ne conviendrait pas de les réunir ? La mollasse rouge étant subordonnée à la mollasse grise, ne peut être confondue avec elle; elle est plus ancienne. Actuellement est elle, ainsi que nous l'avons cru plus haut, le facies continental du tongrien ou bien l'équivalent de notre éocène supérieur ? Les données pour résoudre ces questions nous manquent.

En attendant cette solution, il importe cependant de ne pas confondre ces deux dépôts et de se débarrasser de l'ancienne dénomination de *mollasse d'eau douce inférieure.* La mollasse grise, soit les calcaires, marnes et grès intercalés dans l'helvétien et le tongrien seraient désignés par les mots : *étage delémontien,* tandis que la mollasse rouge, la formation inférieure des lignites serait appelée d'après MM. Meyer et Heer : *étage aquitanien.* L'étage delémontien a été nommé : *étage mayencien,* par

M. Jaccard; ces mots ayant été employés antérieurement par M. Mœsch pour spécifier un dépôt marin tertiaire, ne peuvent plus être servis.

En 1850, en étudiant notre groupe fluvio-terrestre moyen, qui est notre étage delémontien, nous y reconnaissions plusieurs assises très-différentes pétrographiquement parlant. Nous nous sommes alors demandés, si ce groupe ne devrait pas être séparé en deux? Après avoir recueilli dans toutes les assises de cet étage les mêmes fossiles, tels que l'*Helix rugulosa*, *Cyclostoma bisulcatum*, nous n'avons établi qu'un étage qui sera donc appelé *delémontien*.

Distribution géographique, historique et puissance. L'étage delémontien joue un rôle important dans l'orographie suisse. MM. Mousson et Escher de la Linth ont démontré qu'il recouvrait de vastes étendues dans les cantons de Zurich et d'Argovie, où il a une puissance qui dépasse 100 mètres. M. le curé Cartier s'est acquis un grand mérite en reconstituant la faune de la mollasse de ce groupe. Il a recueilli à Aarwangen plus de 15 espèces d'animaux vertébrés, dont les plus intéressants sont: *Rhinoceros minutus*, Cuv., *Palæochœrus typus*, Gerv., *Hypopotamus borbonicus*, Gerv., *Anthracotherium hippoïdeum*, Rüt., *Cainotherium Courtoisi*, Gerv., *Palæomeryx Scheuchzeri*, H. v. M., *Archæomys Laurillardi*, Gerv., *A. chinchilloïdes*, Gerv., *Theridomys Blainvillei*, Gerv., etc. MM. Studer, Fischer-Ooster et Bachmann ont fourni de jolis matériaux sur la mollasse d'eau douce inférieure des environs de Berne et d'Aarberg. Avec une partie de la faune d'Aarwangen, ces géologues ont trouvé des restes de Tortues *(Emys Wyttenbachii)* et de Plantes. M. Gilliéron nous fera bientôt connaître les richesses organiques de la mollasse du canton de Fribourg. Les travaux de MM. Heer, Gaudin et Laharpe, sur les grès à feuilles de Lausanne, sont entre les mains de tout le monde. Ils ont fait connaître de ce terrain 336 espèces de plantes. Dans le Jura, l'étage delémontien intéresse aussi le géologue à un haut degré, ce qui n'a pas échappé à la sagacité de M. P. Merian. Il l'a étudié avec soin dans les cantons de Bâle et de Berne, et la science aurait pu, il y a longtemps, retirer de ces études des données orographiques très-importantes; car bien avant nous, M. Merian avait constaté *la présence de débris tertiaires sur nos chaînes élevées.* Dans le Jura central, dans le val de Delémont, nous avons reconnu à ce groupe une puissance de 30 à 52 m. Dans cette dernière région, non-seulement il remplit les bassins, mais il s'y redresse sur les flancs des montagnes, s'y élève même souvent jusque sur les cols et les sommets les plus hauts, comme on peut le voir à Souboz-Sornetan et ailleurs : faits des plus significatifs pour fixer l'âge du soulèvement jurassique. Si, dans une localité ou dans une autre, on ne trouve plus la mollasse sur des crêts ou des voûtes, cela n'infirme en rien l'opinion que nous défendons depuis vingt ans, que le soulèvement des chaînes jurassiques se rattache à la fin de l'époque tertiaire. A nos yeux, la théorie de M. Mœsch, qui rejette notre opinion, parce que les crêts et les voûtes jurassiques du canton d'Argovie ne sont plus recouverts de tertiaire, n'a pas plus de valeur que celle qui chercherait à établir que l'étage oxfordien n'existe pas dans le Jura, parce que celui-ci n'en offre plus de traces sur les crêts, les voûtes et les plateaux oolithiques. Des théories de cette nature doivent disparaître devant les phénomènes orographiques bien connus.

Division, pétrographie et technologie. Les assises de l'étage delémontien sont au nombre de trois, que nous désignerons en commençant en bas, en assises *inférieure, moyenne* et *supérieure.*

1. L'*assise inférieure* renferme :

a) *Les marnes rouges, micacées ;* b) *les marnes noires ;* c) *les schistes calcaires ;* d) *les schistes bitumineux ;* e) *les sables et grès à feuilles.*

Ces terrains offrant des caractères communs, nous les réunissons dans ce paragraphe. Les marnes noires contiennent les mêmes fossiles que les schistes bitumineux. La faune des sables et grès à feuilles nous paraît aussi contemporaine de celle des marnes noires et schistes bitumineux. Sur la rive droite de la Birse, près de Courrendlin, les marnes noires sont intercalées dans les marnes rouges micacées, avec lesquelles elles forment même une espèce d'alternance. A Develier-dessus, les schistes calcaires alternent avec ces marnes et des grès mollassiques ; dans cette même localité, les schistes bitumineux se trouvent entre des marnes grises, micacées et les calcaires schisteux.

Les marnes noires et les schistes bitumineux manquent souvent ou sont remplacés par de minces bandes de lignites terreux.

Tantôt l'un de ces terrains domine dans une localité, tantôt c'est l'autre ; dans la règle, les grès mollassiques prédominent et forment le passage au dépôt marin sous-jacent. Comme chacun de ces terrains offre des caractères particuliers, nous allons les passer en revue successivement, en commençant par :

a) *Les marnes rouges, micacées.*

Elles se reconnaissent à leur couleur jaune, brune, rouge par place, mais surtout par les nombreuses paillettes de mica argentin. Nous les avons d'abord remarquées au-dessous de Courrendlin, sur la rive droite de la Birse, où elles forment un banc de quelques mètres d'épaisseur, qui passe insensiblement aux marnes tongriennes supérieures. On peut aussi les examiner à Develier-dessus, à Chaud, à Welschenrohr, à Oberbuchsiten et ailleurs. Point de fossiles.

b) *Les marnes noires.* On peut les voir sur la rive droite de la Birse, entre Courroux et Courrendlin, où elles forment une couche atteignant un mètre; elles sont inférieures à la mollasse à feuilles et intercalées dans les marnes grises ou rougeâtres, micacées, dont est formée la berge baignée par la rivière. En voici la coupe :

Ep. en m.

1. Graviers alluviens 3,00
2. Alternances de minces couches de mollasse à mica blanc et de marnes grises à *Daphnogene polymorpha* 2,00
3. Marnes grises, grumeleuses et marnes bigarrées avec concrétions calcaires, blanches 1,50
4. Marnes noires à *Chara Meriani*, *Helix rugulosa*, *Planorbis Mantelli*, *Pl. depressus* 1,00
5. Marnes bigarrées à mica blanc 1,50

Marnes et grès bigarrés formant le lit de la rivière et le passage aux marnes à *Ostrea cyathula.*

Ces marnes sont noirâtres, onctueuses, fissiles, bitumineuses, et riches en fossiles, qui ont conservé l'irisation de leur test. Elles constituent un excellent amendement pour les terres pauvres en humus.

c) Les *schistes calcaires* sont très-développés à Develier-dessus. En y creusant un puits, on a constaté une alternance avec les marnes grises, rouges et les grès à feuilles, de 20 mètres environ; c'est vers la base de cette assise et au-dessous des couches à feuilles qu'on a rencontré les schistes bitumineux.

Ces calcaires se reconnaissent facilement à leur nature marno-compacte, compacte, bitumineuse, à leur texture schisteuse et à leur couleur d'un gris clair. Ils sont pauvres en fossiles.

d) Les *schistes bitumineux* ont été observés à Corban, au lieu dit Bambois, à l'est de Séprais, à Develier-dessus et ailleurs.

L'ensemble des schistes bitumineux se compose de feuillets de calcaires et de lignites bitumineux faiblement ondulés et parallèles. Dans une épaisseur d'un mètre, on peut compter plus de 40 de ces lits à disposition rubannée. Ils sont riches en cérites écrasés et indéterminables et en restes de plantes aquatiques, telles que tiges et graines de *Chara Escheri*. Nous en avons extrait du bitume, qui cependant ne se présente pas en quantité suffisante pour en permettre l'exploitation.

e) *Les sables et grès à feuilles, soit mollasse d'eau douce inférieure ou mollasse grise.*

Cette mollasse d'eau douce est composée de grains de quartz, de feldspath, de paillettes de mica, le tout lié par un ciment calcaire ou siliceux, souvent ferrugineux, faisant effervescence avec les acides. A une chaleur élevée, elle devient rouge. Sa couleur est grise, bleuâtre, souvent jaunâtre, sa dureté très-variable : elle se désagrège sous les doigts, comme elle résiste quelquefois au marteau. Elle a une grande uniformité tant dans le Jura que dans la plaine suisse. Elle alterne souvent avec des couches de marnes de couleurs différentes, grises, rouges, vertes, etc., et avec des schistes calcaires ou bitumineux.

D'après son mode de stratification et d'agrégation, et d'après ces caractères minéralogiques, on l'appelle : *mollasse dallée, plattenförmige Mollasse; mollasse rognoneuse, Knauermollasse; mollasse granitique, rouge, marneuse.*

Accidents. Elle renferme accidentellement des cailloux de quartz, de calcaire et d'autres minéraux, qui quelquefois constituent une nagelfluh disposée, soit en couches, soit en veines, soit en amas.

Des lignites, de nombreux débris de végétaux, des pyrites ne sont pas rares dans les grès à feuilles.

A Chaud, Neucul, Develier-dessus, aux bords de la Birse, entre Courroux et Courrendlin, au-dessus de la grande écluse de Delémont, à Welschenrohr, Breitenbach et Wahlen, les grès à feuilles renferment des plantes très-remarquables. Elles se présentent sous forme d'écorces et de troncs tantôt silicifiés, tantôt à l'état de lignite et même de jais, de fruits et d'empreintes de feuilles, qui ont souvent conservé toute la délicatesse de leurs nervures et de leur parenchyme. Des concrétions pyriteuses empâtant ces végétaux ne sont pas rares.

Les sables sont employés dans la confection des tuiles, le moulage de nos fonderies, et les grès comme pierre à bâtir. La variété jaune résiste bien au feu, conserve la chaleur, et elle est recherchée dans la construction des âtres, des fourneaux.

A Neucul, sud de Delémont, nous avons vu cette assise passer immédiatement à l'Etage tongrien. Puissance: 4 à 12 mètres.

2. L'*assise moyenne* est essentiellement marneuse. Elle comprend: *Les marnes et calcaires bigarrés*, *marnes pisoolithiques à Helix Ramondi* de quelques auteurs.

Ce sont des marnes rougeâtres, jaunes, grises, bigarrées, feuilletées ou grumeleuses, souvent très-compactes, souvent très-douces au toucher *(tripoli)*, apparaissant seules ou alternant avec des calcaires également bigarrés, marno-compactes, souvent feuilletés et carriés, à cellules pleines de substances terreuses, le tout rappelant très-bien certaines divisions keupériennes.

Une autre zone, intimement liée à ces marnes et calcaires, est formée par les *marnes à Helix Ramondi* proprement dites. Celles-ci se reconnaissent facilement par leur couleur rougeâtre, leur forme pisoolithique, et surtout par leur faune, qui est restreinte à l'*Helix Ramondi* et à l'*H. rugulosa*.

Ces marnes, d'une puissance de 1 à 4 mètres, s'observent à l'ouest d'Undervelier, à Chaud, où elle forment une ceinture à cette colline, aux Neufs-Champs, nord de Courfaivre, et dans un grand nombre d'autres endroits du Jura bernois. A l'ouest et tout près du village d'Aedermansdorf, canton de Soleure, ces marnes rouges pisoolithiques recouvrent immédiatement le grès à feuilles et elles renferment également ment l'*H. Ramondi*.

3. L'*assise supérieure* est formée par:

Les calcaires et les marnes d'eau douce inférieurs, [1] de plusieurs géologues.

Au-dessus des marnes rouges à *Helix Ramondi* se trouve une assise de calcaires et de marnes d'une puissance de 10 à 30 mètres. Le bas de l'assise est formé de calcaires gris foncé, poreux, siliceux, souvent bitumineux (calcaire fétide) très-durs, alternant avec des couches de marnes vertes, brunes, jaunes bigarrées, souvent très-onctueuses; le haut se distingue par des calcaires blancs ou grisâtres, compactes ou friables, marneux, alternant aussi avec des couches de marnes grises ou vertes, quelquefois sableuses, même micacées.

Des amas en couches de tripoli, d'ocre, de marnes et de calcaires pisoolithiques, de mollasse marneuse, sont assez communs dans cette assise.

Le plus bel affleurement que nous connaissions de cette subdivision se trouve au

---

[1] Par opposition aux calc. supérieurs de l'étage œningien.

bord gauche de la Thiergarten entre Recollaine et Vermes. Là, ces accidents pisoo-lithiques sont très-remarquables. Ces pisoolithes, très-variables quant à la forme et à la grandeur, sont formées de couches concentriques qui rappellent les formations semblables s'opérant encore de nos jours dans des eaux chaudes qui contiennent des sels solubles. Cet affleurement a une puissance de près de 30 mètres.

Les calcaires et marnes d'eau douce couronnent les monticules de Chaud, de Val, entre Recollaine et Montsevelier, de Sornetan, de Tüllingen, au nord de Bâle. Nous les avons aussi rencontrés dans plusieurs endroits du val de Laufon, dans le village même de Liesberg, à Bellelay, aux environs de Moutier, de Tavannes, de Courte-lary. Ils constituent les collines entre Cortébert et Courtelary, entre Cormoret et Villeret. A St-Imier, au-dessus de l'usine à gaz, on exploite les marnes pour la confection de tuiles, de briques et d'autres objets. Les calcaires affleurent sur la route de Villeret à St-Imier, de même qu'à la sortie occidentale du village de Son-vilier. Certains bancs sont presque entièrement formés de petits gastéropodes, tels que *Limnées, Paludines.* Les espèces de Bellelay sont:

Helix Ramondi, Brg.	*L. torquatus,* Grepp.
„ *rugulosa,* Mart.	„ *depressus,* Grepp.
„ *sublenticulata,* Sandb.	*Chara Escheri,* Al. Br.
Limnœus pachygaster, Thon.	

Ces calcaires d'eau douce, se désagrégeant facilement sous l'influence de l'humi-dité et de la gelée, ne donnent qu'une pierre de construction très-médiocre. En revanche, ils fournissent, surtout les calcaires siliceux, une chaux grasse de bonne qualité. Cette chaux, éteinte, agirait très-favorablement, comme amendement, dans des terrains humides et tourbeux, desséchés.

Ces marnes sont exploitées à St-Imier au-dessus de l'usine à gaz par la Société de la Briqueterie pour la fabrication de drains, de briques et de tuiles.

Les fossiles delémontiens sont nombreux; mais ils n'ont pas encore été recueillis avec soin dans le Jura suisse. Les mollusques sont le plus souvent à l'état de moule; cependant quelquefois le test est si bien conservé, qu'on en reconnaît la couleur na-turelle; mais si l'on n'a pas soin de la recouvrir d'une couche de colle, en l'exposant à l'air, il se fendille et tombe. Nous avons souvent remarqué des traces d'insectes indéterminables.

Les espèces reconnaissables de l'étage sont:

Faune de l'étage delémontien.

Palœomeryx.
La portion d'une mâchoire du grès à feuilles de Matzendorf, canton de Soleure.

Amphitragulus.
Une mâchoire avec plusieurs dents du grès à feuilles de Welschenrohr, aussi du canton de Soleure.
Ces deux objets sont au musée de Bâle.

Microtherium Renggeri, Myr.
Une dent de lait, la dernière molaire de la mâchoire inférieure, au sud de Vicques, dans une mollasse marneuse. Cette dent était associée aux espèces suivantes: *Chara Meriani, Helix rugulosa, Planorbis Mantelli, Limnœus socialis, Paludina globulus.* Ce mammifère se trouve aussi dans la mollasse d'Aarau.
Une jolie petite dent de mammifère, trouvée à Develier-dessus dans le grès à feuilles et à *Cyclostoma bisulcatum,* n'est pas déterminée.
Des dents de poissons non déterminées.

Helix rugulosa, Mart.
Très-fréquente à Glovelier, Undervelier, Bellelay, Courrendlin et Recollaine. Nous en avons recueilli à l'est de cette dernière localité (bord gauche de la rivière) dont le test, d'un brun marron, présente 4 fascicules.
„ *depressa,* Mart. Recollaine et Saicourt.
„ *Ramondi,* Brg.
Commune à Recollaine, à Liesberg, à Bellelay et au Fuet dans le calcaire compacte, et très-abondante dans les marnes rouges pisoolithiques d'Undervelier, de Chaud, des Neufs-Champs, au nord de Courfaivre, de Tüllingen, au nord de Bâle.
„ *sublenticulata,* Sandb. Sornetan, Bellelay. Espèce de Hochheim.

Cyclostoma bisulcatum, Ziet.
Develier-dessus, dans les grès à feuilles;

Courrendlin, dans les marnes noires; Undervelier, dans les calcaires blancs. Nous en possédons avec le test et l'opercule.

Planorbis depressus, Grepp.
Décrite dans les *N. Mém. de la Soc. helv. des Sc. naturelles,* 1856, très-communes dans les marnes noires et dans les calcaires de Courrendlin, de Chaud, Recollaine, Tüllingen.
„ *solidus,* Th. Partout.
M. le prof. Sandberger réunit à cette espèce:
P. Mantelli, Dkr.
P. corniculum.
„ *pseudoammonius,* Voltz.
Nous en possédons une centaine d'exemplaires de Hobel. Cette espèce voisine du *P. euomphalus,* Sow., est peut-être éocène.
„ *torquatus,* Grepp. Recollaine, Tüllingen.
Cette espèce de taille moyenne, se distingue par ses tours de spires gonflés, arrondis, noueux, offrant de profonds sillons irréguliers en forme d'anneaux obliques en arrière, assez semblables à ceux de l'*Ammonites interruptus.* — Tours de spire: 4. Ouverture buccale ronde.
„ *declivis,* Al. Br.

Limnœus subovatus, Hartm. Très-fréquente à Recollaine.
„ *bullatus,* Kl. Sornetan.
„ *socialis,* Schub. Partout.
Var. *elongata.*
intermedia.
striata.

Paludina globulus, Desh.
Constitue des bancs de calcaire et de marnes à Recollaine, Sornetan.
„ *acuta,* Desh.
Très-fréquente à Recollaine.

Pupa quadrigranata, Al. Br. Tüllingen.

Flore de l'étage delémontien.

Chara Meriani, Al. Br.
Marnes noires des bords de la Birse, Recollaine, Tüllingen.
„ *Escheri,* Al. Br.
Schistes bitumineux de Develier-dessus, Corgémont.

Flabellaria raphifolia, Stbg. Develier-dessus.
Cyperites. Bord de la Birse.
Pinus dubia, H. „
Quercus daphnes, Ung. Develier-dessus.
„ *elœna,* Ung. Courroux, „
Salix media, Al. Br. „

S. elongata, Web. Delémont, Develier-dess.
„ *capreola,* H. „ „
„ *longa.* „ „
Daphnogene polymorpha, Al. Br. „
  Syn. *D. latifolia.*
    D. subrotunda, Ung.
„ *Ungeri,* H. Develier-dessus.
Andromeda revoluta, Al. Br. Chaud.
„ *vaccinifolia,* Ung. Develier-dessus.
Vaccinium acheronticum, Ung. „
Diospyros brachysepala, Al. Br. „
„ *longifolia,* Al. Br. „

Echitonium Sophiæ, Web. Develier-dessus,
  Courroux, Neucul.
Cornus rhamnifolia, Web. Chaud.
„ *Rossmässlen,* Ung. Courrendlin.
Terminalia Radobojensis, Ung. Delémont.
Acer trilobatum, Al. Br. Neucul.
Sapindus falcifolius, Al. Br. Develier-dessus.
Zanthoxylon juglandinum, Al.Br. Courrendlin.
Amygdalus. Develier-dessus.
Cæsalpina Proserpinæ, H. Develier-dessus.
Cassia Berenices, Ung. „
Faboïdea Greppini, H. „

Physionomie de l'époque delémontienne. Les recherches en Suisse sur la flore et la faune de cet étage nous donnent une image assez complète de notre pays à cette époque géologique: les eaux douces étaient peuplées de characées, de joncs, d'innombrables mollusques, de poissons, de reptiles; la terre ferme, avec un climat que MM. Sandberger et Heer comparent à celui de la Louisiane, des îles Canaries, du nord de l'Afrique et du sud de la Chine, et une température moyenne de 20 à 21°C., était recouverte d'érables, de noyers, de chênes à feuilles toujours vertes, de figuiers, d'acacias, de lauriers, de palmiers et d'un grand nombre d'animaux mammifères: Tapirs, Rhinocéros, Palæomerix, Microtherium. Dans les marais vivaient l'Anthracotherium, genre voisin de celui du cochon.

Quoique les étages delémontien et œningien soient séparés par un étage marin, nous verrons qu'ils possèdent en commun certaines espèces, ce qui rend souvent leur distinction très-difficile; c'est ainsi que nous sommes embarrassés pour la classification du calcaire de Tramelan. Est-il delémontien, ou est-il œningien? La stratification ne nous dit rien, et la faune nous permet les deux alternatives. Cependant les espèces caractéristiques de l'étage delémontien n'y ayant pas été recontrées, telles que l'*Helix Ramondi, H. rugulosa, Cyclostoma bisulcatum,* etc., nous le rangeons dans l'étage œningien.

V. Helvétien ou Mollasse marine supérieure.

Localité-Type: Helvétie, puisque nulle part il n'est mieux représenté que dans ce pays, où il repose naturellement entre les étages delémontien et œningien.

Syn. *Grès coquillier, Nagelfluh* et *Muschelsandstein* de M. Studer; la *Mollasse marine supérieure de Längenberg, Belpberg, Weinhalde, Lucerne* et de *St-Gall; myocène supérieur* de Lyell; *faluns de la Touraine et de Bordeaux* de MM. Dufrénoy et Elie de Beaumont; dans le bassin de Mayence: *les couches à Corbicula de Dromersheim, de Weissenau, d'Oberrad; les couches à Cérites de Hochheim, de Kleinkorben* de M. Sandberger. En Belgique: *les couches de Boldenberg; die neogenen Schichten* du bassin de Vienne.

Définition. En 1854, en publiant les *Notes géologiques*, nous comprenions dans le même étage les deux derniers dépôts tertiaires sous le nom de *groupe saumâtre*, et nous avions ainsi un étage dans le sens donné à ce mot par M. A. d'Orbigny. Ce groupe, ainsi composé, présentait trois facies: *marin, saumâtre* et *fluvio-terrestre.*

Le facies saumâtre, c'est-à-dire la zone de démarcation entre les facies marin et fluvio-terrestre, ou entre la mer et le continent, se trouvait indiqué depuis la Chaux-de-Fonds sur Undervelier, Glovelier, Chaud, Corban à Girlang, par des rangées de trous de pholades et par la présence d'animaux caractéristiques des eaux saumâtres: *Dinotherium, Nerita, Melanopsis, Congeria, Cyrena, Unio.* (Voir la carte.)

Le nord de cette zone était terre ferme, le sud, mer. Ici habitaient les *Lamna,* les *Squales;* là, les *Rhinocéros* et les *Dinotheriums.*

Ces trois facies avaient pour assise l'étage delémontien. Nos recherches faites à Corban, Undervelier, Glovelier, Chaud, et au bois de Raube, ne laissent pas de doute à cet égard.

Une raison très-plausible qui nous engageait encore à réunir ces trois facies, était celle-ci: Immédiatement après la formation de l'étage delémontien, ou au commencement de la formation helvétienne, des courants gigantesques, dirigés du nord au sud, emportant dans leur marche des roches arrachées aux Vosges et à la Forêt-Noire, laissaient dans ces trois facies les mêmes preuves de leur puissance: d'immenses dépôts de galets vosgiens et hercyniens caractérisent *pétrographiquement* ces trois facies; car il ne nous était jamais arrivé de distinguer les galets de la nagelfluh fluviatile du bassin alsatique de ceux de la nagelfluh saumâtre du val de Delémont ni de ceux de la nagelfluh marin d'Undervelier, de Sorvilier, du bassin suisse.

Nous disions donc: le facies marin, soit le Muschelsandstein, les facies saumâtre et fluvio-terrestre sont synchroniques:

1. Parce qu'ils occupent le même niveau géologique;

2. Parce qu'ils renferment les mêmes caractères pétrographiques;

3. Parce qu'ils possèdent en commun une faune saumâtre.

Aucun fait, à notre connaissance, n'est venu détruire nos idées de 1854.

Plus tard, cet état de choses du Jura bernois s'est profondément modifié. La mer s'est retirée vers le sud et le continent a gagné du terrain. Il s'est formé alors sur les débris de cette mer falunienne le *type œningien*. Il nous reste donc à étudier:

a) Les dépôts marins qui recouvrent l'étage delémontien et qui constituent le type *helvétien*, soit la *mollasse marine supérieure;*

b) le dépôt continental contemporain de cette mer, soit *les sables à Dinotherium,* ou notre *facies œningien inférieur,* et enfin

c) les couches fluvio-terrestres qui recouvrent le type *helvétien.* Les dépôts b et c ayant une certaine ressemblance paléontologique, nous les traiterons dans le même étage que nous appelerons *œningien.*

Nous ne comprendrons donc dans l'étage helvétien qu'un dépôt *marin,* caractérisé par une faune marine, par des grès verts, des sables et de la nagelfluh.

Etendue et observation sur les côtes de la hauteur de l'étage helvétien. Il a été remarqué, à Corban, dans les berges du ruisseau qui traverse ce village. Quelques dalles helvétiennes de la terrasse de l'église de Delémont proviennent probablement de Corban, de la localité dite „Creux au Rouge, ou Champs des meules " au sud-ouest du Clos-Gorgé. Là, on voit d'anciennes carrrières, dans lesquelles on a exploité le grès du Muschelsandstein. Il se rencontre encore à Girlang, entre Erschwyl et Beinwyl, à l'est d'Undervelier, dans les vals de Moutier, de Court-Tavannes, et dans le vallon, à Cortébert.

Il a été décrit par M. le prof. B. Studer dans le bassin suisse, et par M. C. Nicolet aux environs de la Chaux-de-Fonds, où, par exemple à Cerneux-Veusil-dessus, il atteint une hauteur de 1040 mètres; cette observation infirmerait l'opinion de M. Heer, „*Urwelt,* p. 286," qui porte que l'étage helvétien n'existe qu'aux pieds des chaînes jurassiques. A cette époque le Jura était plat ou peu accidenté, et recouvert par la mer helvétienne jusqu'à la ligne Girlang-Chaux-de-Fonds.

Les dépôts helvétiens du Jura, observés sur les hauteurs de la montagne de Courtelary, à Cerneux-Veusil, à la Chaux-de-Fonds et dans les bassins de Delémont,

Undervelier, Tavannes, St-Imier, et cependant si uniformes et si ressemblants minéralogiquement et paléontologiquement parlant, prouvent évidemment que la différence de niveau qui existe entre ces localités, n'avait pas lieu pendant l'époque helvétienne : elle a été produite plus tard par la grande dislocation jurassique que nous rattachons à la fin de l'époque tertiaire. Dans l'orographie nous reviendrons sur cette opinion, qui est bien loin d'être partagée par les géologues, en général.

Pétrographie. A Corban, cette subdivision tertiaire se fait remarquer de loin par sa couleur vive, bigarrée de rouge et de vert ; elle y constitue des couches assez nombreuses, de puissance variable ; le sable, plus ou moins abondant et plus ou moins grossier, passe à des grès et même à des poudingues. Dans certains endroits, on ne voit plus de stratification nette, et la masse arénacéo-argileuse offre le même aspect que présenteraient des granits ou des gneiss désagrégés, dont les éléments auraient été ensuite réunis par l'alumine, l'oxyde de fer et le chlorure de fer. Les petites pierres d'un centimètre de diamètre, à angles émoussés, très-polies et brillantes, noires, brun foncé, vertes, que M. B. Studer indique comme caractéristiques du Muschelsandstein, y sont très-fréquentes. Cette roche contient aussi beaucoup de fragments d'huîtres, de peignes, de balanes et d'autres coquillages. Les dépôts helvétiens des vals de Moutier, de Tavannes, de St-Imier, celui de Cerneux-Veusil, de la Chaux-de-Fonds possèdent les mêmes caractères minéralogiques.

Les cailloux formant la nagelfluh apparaissent tantôt en amas, tantôt en mélange ou en alternance avec le grès coquillier. Ils sont de même nature, de même provenance que ceux de l'étage suivant ; cependant M. Studer pense, selon nous à tort, que les cailloux cristallins de la nagelfluh de Sorvilier proviennent du versant septentrional des Alpes. Nous avons aussi recueilli une série de roches qui constituent, en partie, la nagelfluh du Muschelsandstein des vallées méridionales du Jura, de la plaine suisse, de Thoune ; M. Gilliéron a bien voulu nous faire voir celles qu'il a trouvées dans la mollasse marine supérieure de la Combe, à l'est du Mont-Combert, canton de Fribourg. Il ne nous a pas été possible de les distinguer de celles de la nagelfluh à Dinotherium que nous allons bientôt étudier. Jusqu'à meilleures preuves, nous leur attribuerons le même âge, la même origine et le même mode de transport ; ils proviennent du nord ou du nord-ouest et point du sud.

Puissance. L'étage helvétien, d'une puissance de 3 à 15 mètres dans le Jura, atteint près de Zofingue, 125 mètres, et 360 mètres au sud de Berne. Il repose, dans la règle, sur l'étage delémontien, dont les couches supérieures sont alors perforées de trous de Lithodomes, recouvertes de polypiers incrustants, polies et creusées par les eaux, comme on peut le voir sur l'ancien rivage dont nous avons parlé: Girlang, Corban, Chaud, Undervelier, Glovelier, Chaux-de-Fonds.

A Corban, Devant-la-Metz, au nord d'Eschert, sur la rive gauche de la Rauss, dans le val de Tavannes, à la Chaux-de-Fonds, au bord du lac de Constance à Höchsten, près Heiligenberg, [1] etc., le Muschelsandstein disparaît insensiblement sous l'étage œningien, qui devient très-puissant.

A Undervelier, le Muschelsandstein présente des particularités assez remarquables. Un œil exercé ne le distinguerait pas de celui de la Chaux-de-Fonds, tellement les caractères pétrographiques et paléontologiques se ressemblent. Il a subi le soulèvement des couches sous-jacentes, de sorte que le calcaire delémontien, qui, primitivement, lui servait d'assise, le recouvre actuellement. Une conséquence de ce renversement, est que les trous de Pholades percés dans le calcaire helvétien, qui formait le lit de la mer falunienne, sont renversés, et qu'il faut les chercher à la face inférieure de ce calcaire.

La carrière dans l'étage helvétien de Saicourt, près Tavannes, mérite aussi une mention particulière. Sur une surface de trois mètres carrés environ, nous avons recueilli dans une mince couche de sables, jaunes, siliceux, près de 400 dents de poissons. Les bancs inférieurs, de six mètres de puissance, sont stériles.

Les carrières mollassiques au nord de Cortébert ne sont pas moins intéressantes que celles du val de Tavannes. Dans moins de vingt minutes, nous y avons recueilli 35 dents de squales!

Utilité. Les grès de l'étage helvétien sont partout recherchés comme pierre de construction, celui de Corban a même été exploité comme *meulière*. Une carrière à l'est de ce village s'appelle encore le Creux des meules. La nagelfluh donne de bons matériaux pour l'entretien des routes et les sables sont utilisés dans la confection du mortier.

Dans plusieurs anciennes constructions du Jura, on remarque des grès de l'étage helvétiens qui ont résisté à toutes les intempéries.

[1] Dr. Julius Schill, *die Tertiär- und Quartärbildung am nördlichen Bodensee*.

Faune de l'étage helvétien.

Cétacé de Saicourt.

Deux très-belles dents et des côtes, qui, d'après M. H. de Meyer, n'appartiennent point à l'*Halianassa Studeri*, espèce que nous avons vue dans le tongrien.

Crocodile, une jolie dent de Corban.

Notidanus primigenius, Ag.

Lamna appendiculata, Ag.

„ *contortidens*, Ag.

„ *dubia*, Ag.

Hemipristis serra, Ag.

Dents très-communes à Court, Undervelier, Saicourt, Corban, Riedwyl, au nord de Berthoud, Nidau.

Carcharias megalodon, Ag.

Une belle et gigantesque dent de Saicourt.

Zygobates Studeri, Ag. Saicourt, Undervelier, Riedwyl.

Balanus Tintinabulum, Lin. Corban, Saicourt, la Chaux-de-Fonds, Cortébert.

Pemphix. Corban.

Serpula.

Natica millepunctata, Lk. Saicourt.

Turritella triplicata, Brc. Corban, Saicourt.

„ *biplicata*, Brc. La Chaux-de-Fonds.

Turbo muricatus, Dj.

Conus Brocchii, Br. Court.

Cerithium crassum, Dj.

M. le pasteur Grosjean en a découvert un banc à l'ouest de Court; les exemplaires que nous y avons recueillis sont si bien conservés, qu'on ne les distinguerait pas de ceux des faluns de la Touraine.

Ostrea crassissima, Lk.

Fréquente à Corban, Saicourt, Girlang et à la Chaux-de-Fonds.

„ *emarginata*, Münster. Corban.

„ *foliosa*, Brc. Undervelier.

„ *cymbula*, Lk. La Chaux-de-Fonds.

„ *caudata*, Gf. Corban.

„ *argoviana*, Mey. Corban, Saicourt.

Anomya ephippium, L. La Chaux-de-Fonds.

Lithodomus Duboisi, May. Undervelier.

Gastrochæna gigantea, Desh. La Chaux-de-Fonds.

Pholas rugosa, Brc. Undervelier.

„ *calosa*, Lk. Court.

Pecten elongatus, Lk. Corban, Undervelier, Saicourt, la Chaux-de-Fonds.

„ *ventilabrum*, Gf. (Les mêmes 4 endroits.)

„ *scabrellus*, Lk. „

„ *palmatus*, Lk. „

„ *Beudanti*, Bast. Undervelier.

„ *Puymoriæ*, May. „

„ *opercularis*, L.

„ *pusio*, L.

Lutraria rugosa, Gm. La Chaux-de-Fonds, Riedwyl.

Fragilia fragilis, L. Chaux-de-Fonds.

Panopæa Menardi, Desh. „

Lucina columbella, Lk. „

„ *spuria*, Gm. „

Perna Soldani, Desh. „

Lima nivea, Ben. „

„ *squamosa*, Lk. „

Pectunculus textus, Dj. Corban.

Cardita affinis, Dj. Undervelier.

Cardium echinatum, Lk. Corban, Saicourt, Riedwyl.

„ *commune*, May. „

„ *multicostatum*, Broc.

Cytherea helvetica, May. Undervelier.

Arca diluvii, L. Corban.

Scutella Paulensis, Ag. Riedwyl, Zofingen, où elle est associée à la faune de la Chaux-de-Fonds.

Cidaris Avenionensis, Dml. Chaux-de-Fonds.

Psammechinus mirabilis, Des.

Syn. *Echinus dubius*, Ag.

Spatangus Nicoleti, Ag.

Cellepora pumicosa, Lk. Corban, Undervelier, Saicourt, la Chaux-de-Fonds.

Millepora truncata, Lk. Mêmes lieux.

D'après M. C. Mayer, l'étage helvétien renfermerait en Suisse 220 espèces, dont 22 p. 100 sont encore vivantes. Ces espèces ont un cachet méditerranéen incontestable.

VI. Oeningien.

Localité-type : Oeningen, près de Schaffhouse.

Syn. *Mollasse d'eau douce supérieure du bassin suisse; Oeningerstufe* de M. Heer, *obere Süsswassermollasse* de plusieurs géologues suisses.

Division. Nous distinguons dans cet étage deux facies, l'un *fluviatile* ou *inférieur*, l'autre *fluvio-terrestre* ou *supérieur;* souvent, du reste, ils semblent se confondre.

1. *Le facies fluviatile ou inférieur,* soit les *sables à Dinotherium.*

Syn. *Galets vosgiens à Dinotherium giganteum du bois de Raube, val de Delémont; Galets de la Bresse; dépôt tertiaire supérieur du Sundgau* de MM. Elie de Beaumont et Daubrée; *Sables tertiaires d'Eppelsheim* de Kaupp; *Sables à Dinotherium de la Bavière, du bassin de Vienne;* pour le duché de Baden : *Kalknagelfluh du Randen, Höhgau, jusqu'au Danube, avec Helix deflexa, Testudo antiqua* de MM. Sandberger et Schill.

Historique, provenance. Ce facies, comme nous l'avons vu, se relie par l'âge et la roche d'une manière intime à l'étage helvétien. Son historique, sa provenance, son mode de formation, son étendue, ses caractères minéralogiques ayant été donnés avec assez de détail dans nos *Notes géol.,* p. 17 et suiv., nous nous contenterons ici d'un court résumé de ces matières.

1. Classé tour à tour parmi les terrains diluviens, glaciaires, et parmi les terrains tertiaires, il n'a trouvé sa place naturelle dans le cadre géologique qu'en 1852, lorsque, dans une excursion, nous avons, avec M. le prof. P. Merian, trouvé au bois de Raube, dans les galets vosgiens, une dent de *Dinotherium giganteum,* et des mollusques contemporains de ce grand animal.

Quelques années plus tard, MM. Matthey, Bonanomi et moi, nous récoltions à Montavon, dans ces mêmes galets, des plantes que M. le prof. Heer rattachait à la flore d'Oeningen et du Locle. Depuis, ce terrain, qui promettait cependant de belles récoltes, a été entièrement négligé.

2. Comme nous l'avons dit, ce dépôt exotique nous a été amené du nord, soit des Vosges, soit de la Forêt-Noire, par de grands courants N.-S., dont les anciens

lits, les berges, la faune, se trouvent, à chaque pas que l'on fait, dans le Jura septentrional et dans le bassin alsatique.

Jusqu'à meilleure preuve, nous rejetons toute connexion entre la destruction des collines adossées au pied N. des Alpes et la formation de la nagelfluh du Muschel-sandstein, théorie admise par MM. Escher et Studer. Cette théorie ne nous paraît guère plus admissible que celle des courants souterrains de L. de Buch. Nous trouvons bien plus naturel d'envisager cette nagelfluh comme de simples effets provenant de courants soit N., soit N.-O.

3. Une riche série de roches vosgiennes recueillies et déterminées par M. le Dr. Mougeot, et mises à notre disposition par J. Thurmann, nous a permis d'établir la provenance des *galets à Dinotherium* du Jura : tous, à l'exception des nombreux blocs et cailloux tertiaires et jurassiques de ce facies, proviennent des chaînes vosgiennes ou hercyniennes, et notamment des groupes suivants :

Groupe euritique,	*Groupe de la Grauwacke,*
„ *granitique,*	„ *du grès vosgien.*

23 espèces de roches, dont 8 appartiennent au dernier groupe, ont été recueillies au bois de Raube, dans l'assise à *Dinotherium.*

On rencontre aussi dans ce facies des limons, des sables, des cailloux et des blocs provenant de toute la série des terrains, depuis les groupes porphyrique et granitique jusqu'à l'étage delémontien. Il n'est pas rare de rencontrer dans ces amas de galets de la mine de fer en grains remaniée — *Flötz* des mineurs — soit disséminée, soit en couches plus ou moins considérables, même quelquefois exploitables, comme Montavon en a offert de nombreux cas. Cette mine, généralement lisse, lavée et dégagée des argiles qui l'accompagnaient dans sa position stratigraphique normale, se distingue en cela assez facilement de celle du terrain sidérolithique.

Le mode de stratification de ce facies est tout à fait celui d'un dépôt fluviatile. Dans des endroits, on reconnaîtra l'action des eaux dormantes par des couches successives et régulières de limons et de sables; dans d'autres, des blocs, des cailloux, des graviers, des argiles, sans nulle stratification, sans rapports dans l'agencement, révèleront des courants violents.

Puissance. 1 à 15 mètres.

Distribution géographique. Ce facies est très-étendu. Les galets vosgiens ou hercyniens se rencontrent isolés ou en amas dans toute la plaine alsatique et dans tout le Jura. Ils pénètrent même, comme nous l'avons dit, dans le bassin suisse, où ils se trouvent dans le Muschelsandstein. Les amas fluviatiles principaux sont ceux de Fregiécourt-Charmoille, de Cornol, d'Altkirch-Ferrette, du Bois de Raube, dans le val de Delémont, de Courfaivre, de l'est de Nieder-Riederwald, sur le chemin de la verrerie de Laufon au Greifel, dans le val de Laufon à l'est et au nord de Brislach et de Breitenbach, et dans le canton de Soleure, à Steinenbühl et à Rotris.

Limites. Les galets à *Dinotherium*, ainsi que l'étage helvétien, reposent naturellement sur l'étage delémontien, comme on peut le voir au N. de Courfaivre et ailleurs. Par l'effet de l'ablation des terrains, ils reposent souvent sur des dépôts plus anciens; c'est ainsi que, dans le val de Laufon, on les observe souvent sur le tongrien. A la Verrerie de Laufon, à Nieder-Riederwald, sur le plateau de Pleigne, ils sont placés sur la formation jurassique.

Ils sont rarement recouverts. Entre Bassecourt et Courfaivre, à Montchoisi, et dans la plaine alsatique, ils servent d'assise aux alluvions anciennes, au lœss, aux marnes grises lacustres et aux tourbes. Plus vers le S.-E., à Corban et Devant-la-Metz, nous avons vu la nagelfluh helvétienne recouverte par le grès, les marnes et les calcaires œningiens.

Utilité technique. Les limons, sables, graviers vosgiens, donnent un sol généralement fertile, comme on peut s'en convaincre au S. de Courfaivre, à l'O. de Develier, au bois de Raube. Les cailloux sont assez recherchés pour l'entretien des routes; les plus gros donnent un pavé médiocre, comme les rues de Delémont, de Laufon et de Porrentruy le démontrent.

Ce dépôt renferme des espèces particulières que nous allons énumérer.

Faune des sables à Dinotherium :

Rhinoceros incisivus, Cuv.
Dents et ossements divers, à Fregiécourt, au bois de Raube et à Montchaibeut.

Dinotherium giganteum, Kaupp.
Une magnifique dent, la pénultième molaire de la mâchoire inférieure. MM. de Blainville et F.-J. Pictet croient que le Dinotherium était un animal aquatique, se rapprochant des *Lamantins* et vivant vers les embouchures des fleuves. — Cette dent a été trouvée au Bois de Raube, ouest des Neufs-Champs, dans ce facies fluviatile.

Helix insignis, Schüb. Bois de Raube, Steinenbühl.

„ *inflexa*, Mt. ..

„ *silvestrina*, Ziet. „

H. orbicularis, Kl. Bois de Raube.
„ *Gingensis,* Kr. „
„ *Ehingensis,* Kl. „ et à l'est
du moulin de Meltingen.
„ *gyrorbis,* Kl.
Clausilia antiqua, Schüb.
„ *grandis,* Kl. Bois de Raube.
Peut-être une variété de l'espèce précédente.

Planorbis lœvis, Kl.
Melanopsis subulata, Sandb. Bois de Raube.

Achatina inflata, Reuss. Bois de Raube.
Espèce de Bohême, qu'on retrouve dans les calcaires d'eau douce de Hummel, sud-est de Waldenburg, canton de Bâle.
Paludina ovata, Dkr. Bois de Raube.
Neritina Grateloupana, Ter. „
Non *fluviatilis;* elle s'en distingue par sa columelle dentelée et par la forme du test.
Unio Mandelslohi, Dkr. Bois de Raube.
Cyrena.
Congeria spathula, Dkr. „

Flore des sables à Dinotherium de Montavon :

Populus mutabilis, H.
„ „ var. *laurifolia,* Al. Br.
„ *balsamoïdes,* Gp.
Salix angusta, Al. Br.
„ *varians,* Gp.
Acer brachyphyllum, H.
Carpinus.
Xanthoxylon integrifolium, H.
Cinnamomum polymorphum, Al. Br.
„ *Scheuchzeri,* H.
Planera Ungeri, Ettingh.

Scleroticum populicola, H.
Piruelia Oeningensis, Al. Br.
Podogonium Knorri, H.
„ *Lyellianum,* H. et Al. Br.
Quercus mediterranea, Ung.
Liquidambar europæum, Al. Br.
Echitonium Sophiæ, O. Web.
Laurus princeps, H.
Juglans.
Ficus.

Quoique nous soyons bien loin d'atteindre le chiffre d'Oeningen, qui se monte à 566 espèces, ni même celui du Locle, qui est de 47, M. Heer a pu tirer une conclusion importante de la flore de Montavon, en disant : „Les espèces *Podogonium Knorri* et *Populus mutabilis* sont caractéristiques de la Mollasse d'eau douce supérieure (Oeningien) et actuellement Montavon est identique pour l'âge à Oeningen et au Locle. "

Montavon nous présente aussi une augmentation d'Erables et de Peupliers, et une diminution de plantes qui exigent un climat tropical ou subtropical.

2. *Facies fluvio-terrestre supérieur* ou *Mollasse d'eau douce supérieure.*

SYN. Les *schistes d'Oeningen; terrain d'eau douce supérieur* du Locle; *obere Süsswassermollasse* de Wölfliswyl, de Siggenthal, de Kirchdorf, etc. des géologues des cantons d'Argovie et de Zurich; le *calcaire à Litorinelles* du bassin de Mayence de M. Sandberger; le *calcaire d'eau douce* de Thalsberg, près Engelswies, d'Ulm, de Reisenburg, etc. de M. Schill.

Etendue. Comme cette synonymie l'indique, le facies fluvio-terrestre de l'étage œningien est très-répandu en Europe, et il offre des affleurements assez intéressants dans le Jura bernois, tels que ceux du val de Delémont, de Vermes, de Moutier et de Tavannes. Il se retrouve au N.-E. de notre rayon, au sud-est de Seewen, à Zunzgenfluh, sud de Sissach. Il apparaît aussi dans le grand bassin suisse près de Huttwyl, au nord de Lützelflüh vers Rügsau, Rinderbach, au Grüsisberg, près Thun; il prend alors un grand développement dans l'Albis, à Stein, à Stettfurt, S.-O. de Frauenfeld, et surtout à Oeningen, près de Schaffhouse.

Limites. Partout où nous avons pu l'observer, il repose sur l'étage helvétien et il est recouvert par les dépôts diluviens ou modernes.

Coupe, pétrographie et puissance. Voici comment ce facies se présente à Corban. Un puits creusé dans le haut du village a mis successivement à découvert :

Terre végétale.

		Ep. en m.
Oeningien	1. Calcaire grisâtre, compacte ou marno-compacte, à cassure raboteuse, pointillé ou tacheté de rouge, de bleu, de brun, et alternant avec de minces couches de marnes grises ou marnes bigarrées, souvent sablonneuses et stériles .	4,00
	2. Couches marneuses, noirâtres, bitumineuses, à *Paludina acuta, Unio Lavateri, Planorbis, Chara Escheri,* — espèces bien conservées . .	0,30
	3. Mollasse grise, friable, alternant avec des bancs très-minces de marnes de même couleur	7,00
	4. Calc. marno-compacte	1,50
Helvét.	5. Marnes rougeâtres, sablonneuses; Grès coquillier à *Ostrea crassissima, Cardium echinatum, Lamna dubia* .	3,20
	6. Grès et nagelfluh du Muschelsandstein	3,50

Etage Delémontien : Calc. delémontien perforé par les *Lithodomes.*

Au nord de l'église de ce village, sur la rive gauche de la Scheulte, un bel affleurement fait voir successivement ces mêmes assises, qu'on peut suivre à travers le village jusque du côté de Courchapoix. Entre ces deux villages, la nagelfluh du Muschelsandstein, d'une puissance de 2 mètres, repose directement sur l'étage delémontien.

Devant-la-Metz, ferme à l'E. de Vermes, rive gauche du ruisseau, se trouve aussi un affleurement intéressant des assises tertiaires supérieures. On y remarque successivement du haut en bas :

		Ep. en m.
Oeningien	1. Sables rouges, ferrugineux, avec galets et concrétions calcaires .	5,00
	2. Calc. marno-compacte, gris jaune, à taches rouges	3,00
	3. Argiles rouges, mouchetées de taches vertes	0,20
	4. Calc. pisoolithique rouge	0,20

	Ep. en m.
5. Grès grossier à taches rouges	0,25
6. Nagelfluh du grès coquillier, formé de galets tertiaires, jurassiques, hercyniens ou vosgiens.	1,00
7. Calc. d'eau douce moyen	1,00
8. Marnes grises et rouges	2,25
9. Mollasse rognonneuse	3,00

(Helvétien. — Delémontien.)

Cette localité, quoique stérile, mérite cependant d'être visitée. D'abord les roches de cette nagelfluh marine, de même que celui de l'O. d'Undervelier, si riche en dents de *Lamna*, sont bien celles du dépôt à *Dinotherium* du bois de Raube et de Steinen-bühl; ensuite toute cette série a subi le soulèvement de la formation jurassique. — Cette coupe vient donc confirmer le rapprochement que nous avons fait entre la nagelfluh du Muschelsandstein et les galets vosgiens à Dinothérium du bois de Raube, et elle nous donnera un moyen pour fixer l'âge du soulèvement jurassique.

La localité la plus remarquable pour l'étude de l'étage œningien est bien Vermes. Voici comment ce terrain se présente à l'E. de ce village, sur la rive gauche du ruisseau :

Detritus.

(Et œningien)
1. Calc. à *Helix insignis.*
2. Calc. pisoolithique.
3. Calc. et marnes à *Anchitherium, Palæomerix, Helix gyrorbis, deflexa.*
4. „   „   à Tortues.
5 Marnes noires, bitumineuses, à *Melanopsis.*
6. Calc. et marnes à *Melania Escheri, Melanopsis.*
7. Calc. à *Helix subnitens.*
8. Marnes et sables rouges sans fossiles.

Mollasse friable, grise, passant à l'étage helvétien.

Cette succession de couches, d'une puissance de 12 à 16 mètres, constitue réellement le plus beau type œningien du Jura bernois. Il devra un jour être mieux exploité et mieux connu; c'est à lui que nous devons de posséder quelques notions sur la physionomie de cette époque tertiaire. Vermes seule, dans le Jura, nous rappelle, par sa faune, un climat voisin de celui de Madère, de Malaga, du S. de la Sicile, du S. du Japon et de la Nouvelle-Géorgie.

M. le prof. Sandberger, après en avoir examiné la faune, est arrivé à cette conclusion.

Au nord d'Eschert, sur la rive gauche de la Rauss, se présentent aussi de beaux affleurements de ce dépôt. Les marnes, mollasses et sables rouges et gris, d'une puissance de 15 mètres, d'une ressemblance parfaite avec ceux de Corban, reposent sur le grès coquillier et sont recouverts par des bancs calcaires et marneux, de 6 mètres de puissance, et enfin par le diluvium.

Ce terrain est aussi représenté dans le val de Tavannes.

Faune du facies fluvio-terrestre supérieur de l'étage œningien.

Insectivores, Carnivores et *Rongeurs,* dont une jolie dent de *Castor,* recueillis à Vermes.
Didelphys Blainvillei, Chr.   „
Cricetodon.
Lagomys Meyeri, Ts.   „
Palæomeryx Bojani, Myr.   „
„ *minor,* Myr.   „
Anchitherium aurelianense, Myr.   „
Testudo Escheri, Pictet.   „
Lacerta, non déterminée   „
Neritina Grateloupana, Fer.   „
Testacella Zellii, Kl.   „
aussi de Zwiefalten en Wurtemb. „
Achatina (Glandina) producta, Reuss. „
Espèce de Bohême.
Melanopsis callosa, Al. Br. Vermes.
„ *subulata,* Sand.   „
Olim. *M. praerosa.*
Melania Escheri, Brg.   „
Pupa quadriplicata, Al. Br.   „ Tramelan.
„ *Nouletiana,* Dupuy.   „
Syn. *P. Buchwalderi,* Grepp.
Pomatias (Cyclostoma) labellum, Th. et Sandb. Zunzgenfluh, au sud de Sissach, où il est associé à l'*Helix Moguntina.* C'est aussi une espèce de Bohême.
Paludina acuta, Desh. Corban, Tramelan, Locle, route entre Breitenbach et Fehren, dans le val de Laufon.
Syn. *Litorinella acuta,* Al. Br.

P. globulus, Des. Corban, Tramelan, Locle.
„ *tentaculata,* L.   „   „   „
Syn. *Cyclostoma glabrum.*
Nous avons figuré cette espèce avec son opercule dans les Nouv. Mém. de la Société des Sc. naturelles en 1856.
Clausilia antiqua, Schüb. Vermes.
Limnæus pachygaster, Th. Corban,   „
„ *minor,* Th. Tramelan,   „   „
Syn. *L. minutissimus,* Grepp.
„ *socialis,* Schüb. Locle, Corban, Tramelan.
Var. *elongata,*
intermedia et
striata.
„ *solidus,* Th. Locle,   „   „
„ *torquatus,* Grepp.   „   „
Helix carinulata, Kl. Vermes, „   „
Syn. *H. candiduloïdes,* Grepp.
„ *subnitens,* Kl. Vermes.
„ *costulato-striata,* Grepp. Vermes. Notes géol. Pl. 3, f. 3.
„ *gyrorbis,* Kl.   „
„ *deflexa,* Al. Br. Vermes, Locle, Tramelan.
„ *Moguntina,* Des. Partout commune.
„ *insignis,* Schüb. Vermes.
Nous en possédons de beaux exemplaires de Steinheim, en Wurtemberg.
Unio Lavateri. Corban, Tramelan, Locle.
Acylus deperditus, Desm.   „ de Günzburg en Bavière.

Nous n'avons recueilli dans ces marnes et ces calcaires que deux espèces de plantes :

Chara Meriani, Al. Br.

Chara Escheri, Al. Br.
A Corban, associées à l'*Unio Lavateri.*

M. H. de Meyer, après nous avoir déterminé la faune de Vermes, a bien voulu nous faire la communication suivante :

„La faune de Vermes devient toujours plus riche. L'âge de ce dépôt n'est pas „douteux; il est miocène et doit se rattacher à celui du Locle, d'Oeningen, de la „mollasse de la Souabe, aux couches à Litorinelles et aux lignites du bassin du „Rhin; Vincennes, Wisenau, Sansan sont aussi de cette époque. "

Vermes sera donc associé à la fameuse localité d'Oeningen, qui a fourni une flore si riche, tant d'espèces d'insectes, un grand nombre de poissons, le fameux *Homo diluvii testis*, de Scheuchzer *(Andrias Scheuchzeri)*, gigantesque Salamandre, voisine de celle de Japon *(Andrias japonicus)*, et de si intéressants mammifères.

Quelques mots encore sur le parallélisme des terrains tertiaires du Jura suisse; lettre de M. le prof. Sandberger.

Dans l'étude précédente, il a été reconnu que la plupart des étages tertiaires du Jura central s'identifiaient à ceux des cantons de Neuchâtel, de Fribourg, de Vaud et de la plaine suisse; c'est ainsi que les étages œningien, helvétien, delémontien, éocène supérieur ont été constatés à l'ouest, au sud et à l'est de notre rayon. Les limites du tongrien ont été reconnues et tracées.

Du côté du nord, les travaux précis de MM. P. Merian, J. Koechlin, Sandberger et Schill, nous ont également permis de rattacher nos dépôts tertiaires à ceux de la plaine alsatique et du duché de Baden. Comme pièces justificatives nous reproduirons encore quelques passages de notre correspondance avec M. le prof. Sandberger.

„Carlsruhe, le 12 janvier et 15 avril 1859.

Voici la série complète des terrains tertiaires du Brisgau, prise de haut en bas :

1. Couche marno-calcaire remplie de *Melanopsis callosa*, *Melania Escheri*, *Neritina Grateloupana ;*
   Calcaire et grès sableux à *Helix osculum*, *Limnæus bullatus*, *pachygaster*, *Planorbis declivis* et *solidus.*
2. Couche à feuilles : *Cinnamomum Rossmœssleri.*
3. Sables et conglomérats avec les fossiles de Fontainebleau et d'Alzei.
4. Gypses de Bamlach et de Wasenweiler; terrain sidérolithique.

Votre groupe fluvio-terrestre supérieur (Etage œningien) est l'équivalent du *calcaire à Litorinelles* de Wiesbaden, Weissenau. M. Desor m'a communiqué une très-belle série des calcaires du Locle que vous parallélisez avec votre groupe fluvio-terrestre supérieur. L'identité pétrographique et paléontologique est frappante. C'est là que l'on trouve abondamment la *Litorinella (Paludina) acuta* associée à l'*Helix Moguntina*. Vos galets à

Dinotherium reposent dans le bassin de Mayence sur cet étage et ils finissent toute la série.

Votre Helvétien ou Falunien est pour moi depuis longtemps l'équivalent marin des *couches à Cérites de Hochheim, Kleinkorben.* Il n'en est qu'un facies différent. Nos *couches à Cérites* reposent sur les *calcaires de Hochheim* qui sont identiques à ceux de *votre étage fluvio-terrestre moyen (Etage Delémontien)* et ils sont recouverts par les calcaires de Wiesbaden. La position stratigraphique de nos couches à Cérites est donc celle de votre Helvétien.

Votre Tongrien n'est que la continuation des sables d'Alzey. Le calcaire blanc de Cœuve est rempli de moules de *Cerithium Boblayei, dentatum,* qui abondent aussi dans le bassin du Rhin."

Si, pour compléter la série ci-dessus de M. le prof. Sandberger, nous ajoutons encore 1. Les *calcaires d'eau douce de Tüllingen,* les *grès à Daphnogène* du N.-E. de Fischingen, qui sont bien les mêmes que les *calcaires d'eau douce* et les *grès Delémontiens* du Jura suisse, et 2. Le *calcaire à Melania Laurœa* et à *Paludina circinata, Limnœus longiscatus, Cyclostoma mumia, Auricula depressa, etc.,* de Klein Kems, que nous avons assimilés au *calcaire à Palœotherium de Brunnstatt,* on arrivera ainsi à reconnaître pour le sud de l'Allemagne et l'Alsace tous nos dépôts tertiaires.

Age de la formation des chaînes jurassiques. Nous ne devons pas sortir de la question des terrains tertiaires sans dire un mot d'un phénomène grandiose qui se révèle à la fin de ces terrains ou au commencement de l'époque actuelle; nous voulons parler du soulèvement jurassique.

Certains rivages marins, comme celui de l'étage helvétien, qui se prolongeait sans interruption depuis Undervelier à Glovelier; celui de l'étage tongrien, qui s'étendait de Develier à la côte de Mettemberg, et qui sont actuellement brisés et séparés, le premier par la montagne de la Racine, le second par la Chaîve; le dépôt fluviatile de galets vosgiens à Dinotherium, interrompu par la chaîne du Mont-Terrible; les assises tertiaires partout disloquées, relevées, redressées, renversées et même soulevées jusqu'aux flancs et jusque sur les plateaux de nos montagnes; enfin les dépôts quaternaires qui recouvrent, sans présenter du dérangement, les affleurements des formations antédiluviennes, nous donnent bien la certitude que le relief actuel du Jura date de la fin de la formation tertiaire ou du commencement de l'époque actuelle. Dans l'orographie nous reviendrons sur cette question.

VI. TERRAINS DILUVIENS (QUATERNAIRES) ET MODERNES.

Ces terrains, quoique très-variés, se rattachent cependant à une seule création, mais très-intéressante, l'*homme* y figurant comme le type le plus parfait.

Ils offrent des phases successives, grandioses et longues. Le soulèvement des Alpes et du Jura a lieu; la formation tertiaire entre dans le domaine du passé; une ère nouvelle commence.

MM. Grüner, Venetz, de Charpentier, Agassiz, Escher, Desor, Sartorius, etc., quoique professant parfois des opinions différentes sur la physionomie de cette époque, nous ont donné la clef pour en entrevoir les faits les plus marquants.

Par l'exhaussement des Alpes et du Jura et le déplacement des eaux, la Suisse se refroidit [1]; dans les chaînes élevées de ces premières montagnes, des glaciers se forment et peut-être des moraines; la grande vallée de la Suisse devient un lac intérieur, qui, d'après MM. Grüner et Sartorius, s'étendait dans la direction des Alpes jusqu'à Linz, et dans celle du Jura jusqu'à Ratisbonne, en pénétrant dans les vallées transversales comme les fiords dans la presqu'île scandinave. Les eaux de ce grand lac, atteignant presque la hauteur des chaînes jurassiques meridionales (moins 330 m.), trouvent des issues et prennent la direction que nous leur connaissons aujourd'hui, ce qui est attesté par la présence des blocs erratiques sur certaines hauteurs et par le *premier système de berges*, dont nous parlerons. De véritables radeaux de glaces et de rochers se détachent des sommités alpines, les eaux les emportent et les dé-

[1] Il est hors de doute que le refroidissement, la solidification, les volcans de la terre sont en cause dans la production des révolutions et des catastrophes dont nous avons parlé. Une partie des formes orographiques dont nous nous occuperons dans la seconde partie de ce recueil doit leur être attribuées; mais il est à croire que l'astronomie seule nous expliquera un jour ces grands déplacements des mers, si lentement affectués, que nous avons constatés pendant les époques jurassique, crétacée et tertiaire, de même que le vaste refroidissement qui a eu lieu sur certaines parties de notre globe pendant l'époque dite glaciaire. Car, l'immersion du Sahara dans l'Océan, en diminuant un peu l'effet des vents chauds de l'Afrique, pouvait favoriser le développement glaciaire; mais elle ne pouvait guère exercer des effets plus forts que ceux du grand Océan sur la côte occidentale de l'Amérique, où cependant, derrière des chaînes, qui ne sont guère inférieures aux Alpes, on ne remarque pas d'immenses mers de glace, qui ne sont pas même connues derrière l'Altaï, en Sibérie. Les variations d'axe terrestre, commandées par notre système solaire, nous rendront peut-être plus facilement compte de ces phénomènes.

posent sans ordre avec des limons, de graviers, soit dans la plaine, soit sur les sommités. (Ces faits correspondraient à la *première époque glaciaire* de quelques géologues.)

Dans le fond de ces eaux s'arrangeaient par couches ou par bancs réguliers, par amas, ici des graviers: *Alluvions anciennes*, là des limons: *Lehm*. Les *blocs erratiques* se déposaient indistinctement dans les bas-fonds et sur les hauteurs.

La terre ferme se couvre insensiblement d'une légion de plantes et d'animaux. Parmi les plantes les espèces suivantes se font déjà remarquer: *Pinus abies, P. sylvestris, Taxus baccata, Coryllus avellana, Menyanthes trifoliata, Quercus robur, Phragmites communis*, et trois espèces éteintes, recueillies à Cannstatt, près de Stuttgart: le *Chêne Mammuth*, un peuplier: *Populus Fraasii*, H., et un noyer qui rappelle le *Juglans nigra* d'Amérique.

Les animaux les plus caractéristiques de ce temps sont: *Elephas primigenius*, Blumb., *Rhinoceros trichorhinus*, Cuv., *Bos primigenius*, Boj., *Cervus priscus*, Kaup., *Ursus spelæus, Equus fossilis*, Cuv., et des mollusques, que nous ferons connaître dans un moment.

Les puissants dépôts de *terrains erratiques*, d'*alluvions anciennes*, de *lehm* ou *lœss*, de lignites et de tourbes, — *tourbières anciennes*, — les nombreux restes organiques, ne laissent pas de doute sur la grande durée de cette époque, dite *antéglaciaire* ou *interglaciaire*.

Comment s'est-elle terminée?

Les anciens peuples sont d'accord pour en parler, mais dans un langage plus ou moins allégorique, plus ou moins métaphorique.

Les Iles grecques et une partie de l'Asie sont submergées; le déluge de Noé ou celui de Deucalion a lieu; l'Atlantis de Platon, c'est-à-dire „l'île sise au-delà des „colonnes d'Hercule ou détroit de Gibraltar, plus grande que l'Asie et la Lybie ré-„unies, peuplée d'hommes robustes, recouverte d'une végétation luxuriante et d'un „grand nombre d'animaux, parmi lesquels se font remarquer les troupeaux de „grands éléphants, est engloutie dans les flancs de l'Océan."

D'après les recherches récentes de MM. Escher et Desor, une partie de l'Afrique, notamment le Sahara, a le même sort.

Alors les eaux sont déplacées et portées vers le Sud, tout en formant en Suisse le *deuxième système de berges;* les vents chauds du midi et de l'est cessent d'exercer leur influence salutaire sur notre zone; les glaciers prennent une énorme extension et la faune diluvienne ou antéglaciaire est, en partie, détruite: pour les Alpes et le Jura, c'est la fin de l'époque interglaciaire et le commencement de l'époque glaciaire.

Les caractères principaux de l'*époque glaciaire* sont: la destruction ou la modification profonde de la faune et de la flore de l'époque antéglaciaire et le grand développement des glaciers. Elle se termine comme suit: les eaux se retirent vers l'ouest, c'est-à-dire vers l'Océan atlantique, les déserts du Sahara sont de nouveau émergés. Les vents chauds, le sirocco, le föhn, réagissent sur la température, sur le développement des glaciers, qu'ils diminuent; *le troisième* système de berges est créé; la Suisse prend, à peu de chose près, la physionomie que nous lui connaissons aujourd'hui: c'est l'*époque postglaciaire.*

Les terrains diluviens et modernes comprendraient ainsi les dépôts suivants:

1. Pendant l'époque antéglaciaire ou interglaciaire se sont formés : Les *détritus jurassiques,* les *éboulements,* les *alluvions anciennes,* y compris le *lehm* ou *lœss,* le *terrain erratique,* les *marnes lacustres* et les *tourbières anciennes.*

2. Pendant l'époque glaciaire : Restes douteux.

3. Pendant l'époque postglaciaire : *Terrains modernes,* tels que les *marnes lacustres* ou *cendres des tourbières,* les *tourbes,* les *tufs calcaires,* les *détritus,* les *éboulements* et les *alluvions modernes.*

Passons à la première de ces époques, soit aux

1. *Terrains de l'époque antéglaciaire.*

a) Les *détritus jurassiques,* y compris les *éboulements,* sont la conséquence nécessaire et immédiate du soulèvement jurassique; comme ils sont encore en voie de formation, nous en dirons quelques mots en parlant des terrains modernes.

b) Les *alluvions anciennes,* y compris le *lehm* ou *lœss.*

Ces dépôts, connus depuis très-longtemps en Suisse et en France, ont été étudiés aux environs de Bâle par MM. Meissner et Merian; dans le district de Laufon par A. Gressly. En 1853, dans nos „*Notes géologiques*", en les décrivant dans le Jura central, nous les distinguions des sables à Dinothérium. MM. E. Desor et F. Lang ont fourni d'intéressantes recherches sur les terrains de la partie de la plaine suisse qui nous touche.

Pétrographie. Les alluvions anciennes, composées de blocs, de galets, de sables et d'argiles, sont le plus souvent stratifiées à la manière des dépôts sédimentaires. Les galets, d'une grosseur céphalaire, passent par degrés à l'état de sable fin ; leur grosseur moyenne est celle d'un œuf. Plus on s'approche des gorges aboutissant dans les ruz et plus ils deviennent volumineux et anguleux. Dans ces conditions, il n'est pas rare de rencontrer parmi eux des blocs énormes, dont les angles sont à peine émoussés.

D'une *puissance* de 1 à 30 mètres, ils constituent tantôt une masse meuble ou incohérente, tantôt un conglomérat assez dur.

Ce qui frappe dans les caractères de ces dépôts, c'est qu'ils ne présentent aucune roche particulière à cette époque, mais seulement les débris, confusément accumulés, de presque tous les étages qui les ont précédés. Cependant les roches propres au Jura, et plus particulièrement les calcaires jurassiques des groupes supérieurs, y dominent de beaucoup. Aux environs de Bâle, dans la vallée de la Birse, en Ajoie, dans le val de Delémont, même plus au sud, dans celui d'Orvin, ainsi que dans la plaine suisse, les roches hercyniennes ou vosgiennes des sables à *Dinotherium* ou du *Muschelsandstein* ne sont pas rares dans ces dépôts.

Des roches alpines sont souvent aussi mélangées aux alluvions anciennes. Nous en avons réuni une jolie collection, que nous avons déposée au progymnase de Delémont, et qui a été étudiée par M. Studer. Ces roches peuvent provenir de trois régions différentes, de l'Oberland bernois, du Valais et du Mont-Blanc. Les plus communes sont précisément des détritus de roches que M. Guyot regarde comme caractéristiques du bassin erratique du Rhône ; il les appelle *granit* ou *syénite talqueux, gneiss chloriteux* et *chlorite.* Ces trois roches sont connues sous le nom de *roches pennines;* elles proviennent de la Dent-Blanche, de la Dent d'Erin et du val de Bagnes. (Consulter nos „*Notes géologiques*", p. 10.)

Caractères distinctifs des alluvions anciennes. Comme nos alluvions ont souvent été et sont encore quelquefois confondues avec les conglomérats tertiaires, il ne serait peut-être pas inutile de rappeler encore sommairement leurs caractères distinctifs.

Elles ont, en général, une forme plus aplatie et une couleur plus claire.

On ne les confondra pas avec la nagelfluh jurassique. La faune, la position stratigraphique, la roche entièrement calcaire de celle-ci ne le permettent point.

La nagelfluh de l'étage helvétien, qui est identique à celle des sables à *Dino-therium*, se distingue des alluvions anciennes par l'absence de roches alpines, par sa faune et par sa position stratigraphique.

En tenant compte de ces divers caractères : minéralogiques, paléontologiques et stratigraphiques, il sera presque toujours possible de distinguer ces conglomérats. Pendant quelque temps nous avons été embarrassés de savoir à quelle formation nous rangerions le conglomérat de Bâle, qui s'étend au sud de cette ville, au Bruderholz, au Neue Welt et plus loin. Après y avoir recueilli la faune du lœss, des roches alpines et vosgiennes, après avoir constaté sa présence à la Reutehardt, entre Neue Welt et Mönchenstein, sur un affleurement liaso-keupérien (pendant la formation de la nagelfluh tertiaire, un affleurement de ce genre n'existait pas), nous n'avons plus hésité, nous l'avons classé parmi les dépôts quaternaires.

Pendant que les courants déposaient les alluvions anciennes, les eaux dormantes formaient dans les anses abritées et dans les grands bassins des sables fins, des argiles et un limon fertile connus sous le nom de *lehm* ou de *lœss*.

Etendue des alluvions anciennes. Elles occupent généralement le fond de nos bassins, auxquels elles donnent un cachet de stérilité ou de fertilité, selon que la forme pierreuse ou limoneuse prédomine. On les trouve au fond, au pied et même jusque sur les flancs des dislocations de nos chaînes jurassiques.

Elles forment des amas considérables sur la zone de la plaine suisse qui touche le Jura, où M. le prof. Lang les a vues mélangées au terrain erratique alpin. Elles se présentent bien nettes et bien développées dans le val de Péry, aux bords de la Suze, dans ceux de St-Imier, de Tavannes et de Moutier. On en voit un amas remarquable dans les gorges de Moutier, sur les marnes liaso-keupériennes de Roche; il s'élève à plus de 35 mètres au-dessus du lit de la Birse.

Les graviers de la plaine de Delémont, ceux de la vallée de la Birse, depuis cette ville au Rhin, donnent à cette contrée un aspect souvent stérile. Ces alluvions anciennes, sous forme d'argiles, de lœss, de graviers ou de conglomérats, recouvrent le Muschelkalk des hauteurs du Grenzacherhorn, le lias et le keuper des coteaux qui s'étendent du Grüth au Neue Welt, Muttenz et à Pratteln, et toutes les collines tertiaires, qui s'élèvent à 120 mètres au-dessus du niveau du Rhin, entre Aesch, Ettingen et Bâle; elles recouvrent encore la vallée de l'Ergolz et celle du Rhin. A

Bâle et dans les environs, ces conglomérats, en alternance avec des sables et du lœss, atteignent une puissance de 10 à 30 mètres, et constituent trois systèmes de berges, dont les deux plus anciens, soit les plus élevés, se perdent dans les plaines de l'Alsace.

En Ajoie, les alluvions anciennes sont surtout représentées par des limons et des argiles, qui donnent un sol fertile à ce pays. La vallée du Doubs. n'est pas restée étrangère à ce genre de dépôt. A Goumois suisse, au sud du village, à 20 mètres environ au-dessus du lit du Doubs, se présente un amas intéressant d'alluvions anciennes; elles y reposent sur l'étage bathonien, et elles renferment des cailloux de gneiss blanc qui proviennent probablement du Mont-Blanc.

Les trois systèmes de berges ou de terrasses que les terrains quaternaires, les alluvions anciennes présentent dans les vallées du Doubs, de l'Aar, de la Birse, de l'Ergolz, du Rhin, de la Reuss, de la Limmat et de leurs affluents, sont très-remarquables par la grande uniformité de leur construction, de leur niveau et de leur direction. Il ne peut y avoir de doute à ce sujet: ces terrasses sont l'effet de la même cause, et cette cause ne peut être que les oscillations du sol dont nous venons de parler. Le premier système de berges, soit le plus élevé, se rattacherait, comme nous l'avons dit, à l'époque antéglaciaire, le deuxième, à l'époque glaciaire, et le troisième ou le dernier, à l'époque actuelle.

Pendant la première époque, nos bassins et nos vallées, remplis d'eau, ne recevaient guère que des courants et des dépôts assimilables à ceux de nos lacs. Pour expliquer la cote de hauteur des alluvions anciennes, du lœss, des blocs erratiques, il suffit d'admettre un niveau des eaux plus élevé et l'action des glaces flottantes. Après l'enfoncement de l'Atlantis, les eaux ont baissé en se creusant d'abord le deuxième système de terrasses, qui, en Suisse, est toujours le plus profond, ensuite le troisième, soit le système actuel, qui correspondrait au déplacement des eaux vers l'Océan atlantique et au dessèchement de l'Afrique.

Ces trois systèmes de terrasses affectant, sans dérangement, la même direction, qui est, en général, celle que nous connaissons aujourd'hui, nous rejetons l'idée[1] de M. le prof. Müller, qui admet encore un soulèvement jurassique après le dépôt des

[1] M. Mœsch semble la partager, en disant: „Es ist darum die Annahme, dass eine Continentalhebung Ursache der ersten Terrassebildung war, nicht ganz zu verwerfen." Ouvrage cité, p. 251.

terrains quaternaires, idée qui n'est étayée par aucun fait plausible et qui ne nous expliquerait nullement la présence et la régularité intacte des berges en question.

Lors de la formation des alluvions anciennes et des terrains modernes, les chaînes jurassiques étaient formées. A l'appui de cette opinion, les étages tertiaires et jurassiques nous ayant fourni leur contingent de preuves, les dépôts quaternaires, à leur tour, ne resteront pas muets dans cette question. Ils affirmeront cette manière de voir :

a) Par la présence dans nos montagnes des cavernes à ossements qui ont servi d'asile aux animaux de l'époque interglaciaire.

b) Par le fait que les alluvions anciennes n'atteignent guère que les gradins inférieurs des chaînes extérieures et le fonds des vallées et des gorges dans l'intérieur du Jura, et qu'elles recouvrent indistinctement tous les terrains depuis les dépôts tertiaires jusqu'aux dépôts les plus anciens.

c) Par la grande courbe que les blocs erratiques forment sur le flanc sud du Jura et qui se dessine entre les Bullets, près Yverdon, par Neuchâtel, Bienne et Olten; elle a sans doute été déterminée par les montagnes du Jura: ces dernières existaient par conséquent. Comme tout cet arrangement n'a pas subi de modification importante, que le niveau des berges anciennes est aussi régulier que peut l'être celui de dépôts aqueux, nous n'admettons pas de soulèvement quaternaire.

Utilité technique. Les cailloux, graviers, argiles et limons des alluvions anciennes présentent de l'intérêt à plusieurs points de vue. Les graviers sont le plus souvent arides et ne présentent qu'une maigre végétation, comme on peut le voir dans les plaines de Bellevie, de Bassecourt, d'Aesch à Bâle et ailleurs. Les limons sont au contraire fertiles : l'Ajoie, le bassin alsatique, le prouvent. Les graviers, que le cultivateur intelligent sait rendre productifs, donnent de bons matériaux pour l'entretien des routes, ils alimentent des puits et même d'excellentes sources. Enfin les limons et les argiles sont utilisés dans la fabrication des tuiles, des briques et de la poterie.

c) *Terrains erratiques, terrain de transport, terrain diluvien, terrain glaciaire, diluvium cataclystique.*

La nature et la provenance de ces roches erratiques nous étant suffisamment connues, nous n'avons plus ici que quelques mots à ajouter sur leur position stratigraphique, sur leur dispersion dans le Jura, sur leur caractère comme dépôt et sur leur mode de transport.

Quelle est la position stratigraphique du terrain erratique? Là-dessus, les opinions sont partagées.

Un grand nombre de géologues, Necker en tête, le classent au-dessus des alluvions anciennes, tandis qu'une autre école, celle de M. le prof. Desor, le range au-dessous. (*Études géol. sur le Jura Neuch.* p. 15.)

Dans les vallées du Jura, nous voyons constamment les terrains erratiques nonseulement sur et sous les alluvions anciennes, mais encore mélangés avec elles. M. le prof. Lang a constaté le même état de choses aux environs de Soleure. Près de Saint-Gall, M. le prof. Deicke a aussi vu des blocs erratiques au-dessous et audessus du diluvium stratifié. Comme nous l'avons dit, ces deux dépôts seraient contemporains. Dans l'orographie, nous reviendrons sur cette question.

Les terrains erratiques se distinguent des alluvions anciennes par l'absence de fossiles et par le mode de stratification, qui s'est fait sans ordre. Les blocs grands et petits, jusqu'au plus fin limon, sont mélangés et confondus. Ces roches erratiques apparaissent aussi isolées, sans avoir trop égard à la hauteur et à la position des lieux, ou en dépôts plus ou moins puissants entre et sur toutes les chaînes méridionales du Jura, sans guère dépasser la chaîne du Raimeux. Plus vers l'ouest, M. C. Nicolet leur assigne pour dernière limite la vallée de Dessoubre.

Sur Chasseron, les blocs erratiques atteignent 1400 m. au-dessus du niveau de la mer; dans le Jura bernois, sur Monto, 1338 m. — Plus vers l'E., la hauteur diminue encore. Ils sont fréquents dans les vals de St-Imier, de Tavannes et de Moutier. Nous en avons remarqué un, au sud du village de Courroux et un autre, au sud de Vicques. (Pour les limites du terrain erratique, consulter la carte.)

Un des blocs erratiques les plus curieux est celui du Steinhof, près de Soleure. Il mesure 65,000 pieds cubes et il est probablement originaire du val de Bagnes.

Le *bloc du Diable*, également près de Soleure, est actuellement la pierre tumulaire de l'une de nos célébrités géologiques, A. Gressly.

Ces blocs ont sans doute été amenés à la même époque et par les mêmes causes que le terrain erratique de la Suisse. — Ces causes, qui, par leur effet, ont de tout temps frappé l'imagination, en lui présentant ces masses colossales de granit ou de gneiss des Alpes ou du Mont-Blanc placées sur les pentes rapides, au sommet des crêts, sur les plateaux de nos chaînes de montagnes, ne nous sont pas encore parfaitement connues.

Si d'un côté, l'on ne peut, dans cette question, nier l'action des glaciers, de l'autre, en voyant ces masses erratiques s'étendre en éventail tout autour d'un massif central, et en tenant compte des observations de MM. de Buch et Guyot 1. sur la hauteur de ces roches, qui diminue du S.-O. au N.-E., c'est-à-dire dans le sens du courant, et 2. sur la direction qu'elles affectent relativement aux chaînes méridionales du Jura, on ne rejettera pas l'effet des glaces flottantes. [1]

Pendant que les eaux déposaient les alluvions anciennes, le lehm dans les bas-fonds, les glaces flottantes entraînaient le terrain erratique dans les vallées, sur les flancs et sur quelques sommités, et nos plateaux élevés, comme les Franches-Montagnes, devenaient l'asile de certaines tourbières et de la faune que nous allons bientôt énumérer.

Le phénomène des glaces flottantes s'observe encore de nos jours dans les mers du Nord. A certaines époques de l'année, il n'est pas rare de voir sur les côtes de ces mers des glaces flottantes déposer des matières minérales, des blocs d'un plus ou moins grand volume. Sous le 70° de latitude australe, Weddel a navigué au milieu de glaces flottantes qui avaient une hauteur de 600 pieds et une longueur de 1000 pieds. Il n'y a guère que des masses de glace aussi considérables pour transporter les blocs dont nous venons de parler.

d) Les *marnes lacustres* et les *tourbières* qui peuvent remonter à cette époque sont celles de la Chaux-d'Abel, du Moulin de Chantereine, de Saignelegier, du Pré-Petit-Jean, des Enfers, de Bellelay, etc.

Dans la tourbière du Pré-Petit-Jean, près Montfaucon, à une profondeur de cinq mètres, on a trouvé des troncs de chêne presque passés à l'état de lignite. Il est connu que cet arbre n'arrive plus à une région aussi élevée. En parlant des terrains modernes, nous reviendrons encore sur les marnes lacustres et sur les tourbières.

---

[1] Extrait d'une lettre de M. Hisely, prof. à Neuveville : „Tout ce que j'ai observé à ce sujet dans la plaine suisse et sur les hauteurs de nos environs, prouve bien que ce ne sont pas les glaciers qui ont déposé les terrains erratiques du Jura, mais bien les glaces flottantes.“ Neuveville, le 9 août 1866.

Faune. Les terrains diluviens que nous venons de parcourir, notamment les alluvions anciennes, offrent un intérêt tout particulier. Les dernières découvertes qui y ont été faites, prouveraient que l'homme existait à cette époque, opinion que nous avons déjà émise ci-dessus. Les silex taillés de mains d'homme, trouvés en Angleterre, en France et en Allemagne, dans les alluvions anciennes, ne laissent guère de doute à ce sujet.

Dernièrement, M. le Dr. Faudel, dans une *Note sur la découverte d'ossements fossiles humains dans le lehm de la vallée du Rhin, à Eguisheim, près Colmar,* a constaté la présence de débris humains dans le lœss, et il en conclut que l'homme a vécu en Alsace, à l'époque où ce terrain s'est déposé, et qu'il a été contemporain du Cerf fossile, du Bison, du Mammouth.

Nous n'avons pas été aussi heureux dans notre rayon ; cependant nous y avons constaté les espèces suivantes :

Faune des terrains quaternaires :

Bos primigenius, Boj. Café du Vorburg.
> Dans le lehm à 9 mètres de profondeur, associé aux mollusques habituels à ce dépôt.

Elephas primigenius, Blumb. Plusieurs sujets aux environs de Bâle.
> Les travaux, exécutés à Grellingue par M. le conseiller national N. Kaiser, ont mis à jour dans les alluvions anciennes plusieurs belles pièces de l'*Elephas primigenius.*
> Le progymnase de Delémont doit à la générosité de M. Kaiser une défense très-bien conservée, mesurant en longueur deux mètres environ. Nous avons également reçu de lui une superbe dent molaire. Quatre dents et une partie de la défense de l'Elephas primigenius, ont été recueillies à dix minutes de Porrentruy, au bord de la route de Belfort. Deux de ces dents sont dans la collection du progymnase de Delémont [1]
> Il a encore été observé a Soleure et dans les environs.

Ursus spelæus, Blumb. Soyhière, des cavernes coralliennes au nord-est du village.

Helix arbustorum, L. Alluvions anciennes et lœss : Courrendlin et Café du Vorburg.

Helix hispida, Müller, Café du Vorburg, Courrendlin.

" *pulchella,* Müll. Café du Vorburg, Courrendlin, Locle, Muttenz, Bâle, Riehen.

" *montana,* Studer. Café du Vorburg.

Planorbis spiralis, Drap. Muttenz, Bâle.

" *vortex,* Müller. Muttenz, Bâle, Locle.

Pupa marginata, Drap. Café du Vorburg.

" *secale,* Drap. Café du Vorburg, Bâle.

" *dolium,* Drap. " " Riehen.

Succinea oblonga, Drap. " " Locle.

Clausilia parvula, Studer. Café du Vorburg, Bâle.

Ces espèces sont très-fréquentes dans le lehm de Bâle.

---

[1] A Valence, des restes de cet animal, découverts non loin du Rhône, sur le versant des rochers près de Crussol, ont été pris pour les os de St-Christophe ; à ce titre, une dent a été vénérée comme relique et un fémur a été porté en procession par les chanoines de St-Vincent, pour demander la pluie !

Au nord de notre rayon, près Istein, Rixheim, on a aussi recueilli :

Rhinoceros tichorhinus, Cuv.	*C. priscus*, Kaup.
Equus adamiticus, Schloth.	*Hyœna spelœa*, Gf.
Cervus euryceros, Aldrov.	

Malgré nos courses si fréquentes, nous n'avons rencontré dans notre terrain inter-glaciaire que 11 espèces de mollusques, tandis que la faune moderne du val de Delémont en compte passé 100. Quatre-vingt-neuf espèces seraient autant de caractères positifs pour distinguer ces deux époques. Nos espèces actuelles les plus communes : *Helix pomatia, H. hortensis* et *H. nemoralis* n'ont jamais été rencontrées dans ce dépôt.

Les nombreuses cavernes et tourbières du Jura bernois n'ont encore été l'objet d'aucune recherche scientifique. Elles doivent cependant renfermer les richesses qu'elles présentent ailleurs.

Climat. La faune ci-dessus indiquerait qu'il était à peu de chose près le même qu'aujourd'hui. Etait-il un peu plus chaud? La présence du chêne dans les Franches-Montagnes le ferait croire.

2. *L'époque glaciaire proprement dite.*

Si elle a réellement existé dans le sens de M. Agassiz, elle coïnciderait à l'immersion d'une partie de l'Asie, de l'Afrique et de l'Atlantis, dont nous venons de parler : c'est à elle qu'on rattacherait les anciennes moraines de la Suisse, la disparition du Mammouth de notre zone et les roches *moutonnées* du Jura.

La théorie de l'énorme développement des glaciers, soutenue avec tant d'éclat par M. Agassiz et ses nombreux amis, a été ces derniers temps très-vivement attaquée par M. Sartorius de Waltershausen; le cadre étroit dans lequel nous devons nous renfermer ne nous permet point d'adopter une théorie plutôt que l'autre. Il est possible que les idées incomplètes, professées jusqu'à ce jour sur la véritable physionomie des terrains quaternaires, nous expliquent la divergence d'opinions de ces savants. Nous arrivons donc aux terrains modernes.

3. *Terrains qui se sont formés pendant l'époque postglaciaire ou terrains modernes.*

Ce sont : les *marnes lacustres* ou *cendres des tourbières*, les *tourbes*, les *tufs calcaires*, les *détritus*, les *alluvions modernes* et l'*humus*.

Ces dépôts, notamment les quatre premiers, se relient intimement par l'âge aux terrains quaternaires; mais comme ils sont encore en voie de formation, nous en dirons quelques mots dans ce paragraphe, en commençant par:

Les marnes lacustres ou cendres des tourbières. Elles forment une couche d'argile pure, grise, compacte, imperméable, plus ou moins réfractaire, d'une puissance de 1 à 1$^1/_2$ mètre, servant généralement d'assise aux tourbières, dont elles favorisent le développement par leur imperméabilité.

Nous ne connaissons pas encore bien l'origine de ces argiles, dont l'industrie tirera parti un jour. On les remarque dans le val de Delémont: à la Communance, Courtemelon, Courfaivre, Bellevie, et au Pré-Borbet; aux Franches-Montagnes: à Bellelay, aux Enfers, à Montfaucon, ou Moulin de la Chaux d'Abel, de Chantereine, à la Chaux; dans la chaîne de Chasseral: aux Pontins, et dans plusieurs autres endroits. Elles sont tellement imperméables, que partout où elles se présentent, le sol est plus ou moins marécageux: on remédierait souvent à cet inconvénient, si l'on pratiquait à travers ces marnes des trous ou entonnoirs qui aboutiraient dans les graviers ou dans les terrains perméables sous-jacents.

Ces argiles n'ont pas été suffisamment étudiées.

Les *tourbes* sont formées par les *Sphagnum* et des débris d'autres végétaux. Dans de certaines vallées, la tourbe se compose de l'*Hypnum cuspidatum* associé à quelques espèces de *Bryum*. Elle contient souvent des infusoires, des insectes et des mammifères de l'époque moderne et quaternaire. D'une puissance de 1 à 10 mètres, elle repose sur les cendres des tourbières. Les dépôts les plus importants sont dans les Franches-Montagnes.

Les tourbières desséchées et amendées sont d'une fertilité étonnante. L'utilité de la tourbe, comme combustible, est connue depuis longtemps. Le charbon de tourbe paraît être un bon moyen de fixer l'ammoniaque; on pourrait donc s'en servir dans les écuries comme litière. On extrait de la tourbe divers produits chimiques.

Au point de vue scientifique, nos tourbières n'ont pas été convenablement étudiées.

Les *tufs calcaires* sont des dépôts formés par les eaux douces chargées de chaux carbonatée. Les corps solides, en fixant ce sel, contribuent puissamment à leur développement. Les végétaux que les tufs contiennent sont particulièrement des mousses et des joncées, ensuite des feuilles d'arbres dont les nervures les plus fines, le parenchyme même, sont quelquefois conservés. On y trouve souvent aussi des restes d'animaux divers.

Les tufs sont exploités partout dans le Jura, où ils forment souvent des dépôts de 1 à 10 mètres.

On se sert du tuf pour la maçonnerie légère. Les sables tufeux sont utilisés dans la confection du mortier. En agriculture, ils seraient utiles en les mélangeant aux terres qui manquent de carbonate de chaux; ils rendraient encore meubles et légères les argiles trop compactes.

Les *détritus, éboulis, ravières*, existent principalement le long des flancs de nos montagnes et dans les combes, et sont l'effet tantôt de la dissolution, de la désagrégation des terres, des roches, par les eaux, le dégel, tantôt celui d'éboulements plus ou moins considérables. Le plus souvent ils sont formés de limon, d'argiles et de marnes mélangées à des brèches (groises) ou blocs des étages jurassiques supérieurs, et ils constituent des amas puissants, même des monticules, tels que ceux de Champmeusel, entre Villeret et Saint-Imier, de Chételai, au sud de Courfaivre, de Chètre, au nord de Delémont, de Wartenberg, à l'est de Muttenz, de Ramstein, au sud de Bretzwyl. Des éboulements de cette nature jouent un rôle important dans la configuration de nos vals et de nos combes. Le bassin du Doubs n'est pas resté étranger à ce genre de phénomènes : voir la butte corallienne et astartienne du S. de Bremoncourt, celle au sud de Vaufrey, rive gauche du Doubs.

Ils recouvrent ordinairement les terrains tertiaires, qui, de sols propres à la culture qu'ils étaient, sont convertis en pâturages rocailleux et arides. Les principaux amas de ces détritus ont un caractère d'éboulements si prononcé, que nous ne nous arrêtons pas même à la possibilité d'y voir d'anciennes moraines. Bien que ce terrain se forme sous nos yeux, nous ne devons pas moins croire que son âge remonte à l'époque du dernier grand soulèvement jurassique.

Les alluvions modernes. Ce sont des dépôts de vase (atterrissements), de graviers, de cailloux, de blocs souvent très-grands (grèves), dont la surface, les angles sont plus ou moins émoussés. Après des pluies abondantes et continues, les ruisseaux latéraux qui débouchent des ruz jurassiques, entraînent souvent dans leur cours des amas énormes de matériaux qui s'étalent sur les terres avoisinantes, les recouvrent d'immenses coulées de boue et de pierres, et changent en peu d'instants les prés et les champs les plus fertiles en une grève aride et impropre à la culture. Ces matériaux accumulés, constituent les *cônes de déjection.*

On se rappelle les inondations de la Scheulte et du ruisseau de Soulce dans les années 1849 et 1850, et les dégâts considérables qu'elles occasionnèrent. D'un côté, ces inondations nous font voir les inconvénients, souvent signalés, du déboisement des montagnes abruptes, de l'autre, la force extraordinaire des grands courants.

L'*humus*, ou terre végétale, résultant de la décomposition de restes organiques, se trouve en assez grande quantité, souvent même en amas puissants, tant dans les anciennes forêts que dans les forêts actuelles. L'agriculture en retirerait un parti bien avantageux.

Ici, se termine la première partie de notre travail par le tableau des terrains géologiques du Jura central.

TABLEAU

TERRAINS GÉOLOGIQUES

DU JURA CENTRAL.

Nos matériaux stratigraphiques se sont tellement accumulés qu'il sera impossible à quelques-uns de nos lecteurs très-occupés de les passer tous en revue; nous pensons donc leur être agréable en leur offrant un tableau qui les résume en quelque sorte. A l'aide de ce tableau, un instant suffira pour saisir la stratigraphie de la région comprise dans les feuilles VII et II de l'Atlas fédéral, de même qu'un certain nombre de faits géologiques importants. Il aurait sans doute été bien utile de donner plus de développement au synchronisme des terrains du Jura central et de sortir de cette géologie de clocher; mais si nous avons souvent réussi à l'est et au nord de notre rayon, ailleurs, cela nous a été quelquefois impossible. Le moyen, en effet, de rapprocher notre Jura supérieur du Jura supérieur des cantons d'Argovie et de Soleure, lorsque dans cette dernière région, l'épiastartien est assimilé au dicératien, soit au corallien? Y tenter des rapprochements, serait s'exposer à tomber dans des erreurs; nous avons préféré nous abstenir. Du reste, comme les matériaux géologiques que la science possède sur la contrée sise à notre limite orientale, sont très-importants, ce rapprochement si désiré ne tardera pas à arriver.

Le synchronisme entre les terrains du Jura et ceux des Alpes eut aussi présenté beaucoup d'intérêt; mais les terrains des Alpes revêtant le plus souvent des facies tout différents de ceux du Jura, leur faune étant généralement plus pauvre et le passage de fossiles d'un étage à un autre étant actuellement démontré, ce travail est trop chanceux pour oser l'entreprendre; c'est par ces raisons que dans ce tableau nous nous restreignons dans un cercle assez modeste.

Division: Roches.	Tableau géologique.	Fossiles.
I. Terr. diluv. et modernes. 1. *Terrains modernes:* Alluvions modernes, tufs, détritus, tourbes. 2 *Terr. diluviens ou quaternaires:* *a.* Alluvions anciennes stratifiées, fossilifères, graviers, sables, limon, lehm ou loess, provenant du Jura, des Alpes, des Vosges et de la Forêt-Noire. *b.* Blocs et terrain erratique des Alpes, non stratifié, stérile. *c.* Tourbières anciennes. *d.* Eboulements, détritus, cônes de déjection.	1	1. Flores et faunes actuelles 2. *Elephas primigenius,* Blumb., *Bos primig[enius], Cervus priscus,* Kaup., *Ursus spelaeus, Equus fo[ssilis], Helix arbustorum,* L., *H. hispida,* Mü., *H. pul[chella], Pupa marginata,* Drp., *P. secale,* Drp., *Succin[ea],* Drp., *Clausilia parvula,* Studer, *Pinus abies, Ta[xus], Coryllus arellana, Menianthes trifoliata, Querc[us]*
II. Terrains tertiaires. **I. ŒNINGIEN.** 1. *Facies fluvio-terrestre ou supérieur:* Sables rouges, calcaires, marnes, calcaire marno-compacte, bitumineux; mollasse sableuse. 12 m. 2. *Facies fluviatile ou inférieur:* Galets, sables, limon du Jura, des Vosges et de la Forêt-Noire, nagelfluh d'eau douce. 20 m.	2	1. *Anchitherium aurelianense,* Myr., *Palaeomeryx* Myr., *Lagomys Meyeri,* Ts., *Nerita Gratelou[pi] Testacella Zellii,* Kl., *Achatina producta,* Reus[s] psis callosa, Al. Br., *Melania Escheri,* Brg., *Cla[usilia] gua,* Schübl., *Helix Moguntina,* Desh., *H. insig[nis] H. gyrorbis,* Kl., *H. costulato-striata,* Grepp., acuta, *P. tentaculata.* 2. *Rhinoceros incisivus,* Cuv., *Dinotherium* Kaup., *Clausilia antiqua, Helix insignis, H. gy[rorbis] pulus mutabilis,* H., *P. balsamcides,* Gp., *Podogoni[um] Quercus mediterranea,* Ung., *Laurus princeps,*
II. HELVÉTIEN. *Grès coquillier ou Muschelsandstein:* Mollasse, grès, nagelfluh marine composée de cailloux, de sables, de limons jurassiques, vosgiens et hercyniens.	2	*Lamna dubia, L. contortidens, Carcharias* Ag., *Turritella triplicata,* Brc., *Cerithium cra[ssum?]* *Ostrea crassissima,* Lk., *Pholas calosa,* Lk., *Pec[ten?] tus,* Lk., *P. scabrellus,* Lk., *Cardium echinatum,* mechinus mirabilis, Des., *Scutella Paulensis,* Ag
III. DELÉMONTIEN. 1. *Calcaires et marnes d'eau douce:* Calcaires gris, jaunes, brunâtres, verdâtres, compactes, marno-compactes, siliceux, bitumineux, alternant avec des marnes de mêmes couleurs, onctueuses, sableuses et micacées. 30 m. 2. *Marnes et calcaires bigarrés pisolithiques.* 2 m. 3. *Marnes noires, schistes bitumineux, sables et grès à feuilles: marnes jaunes, rouges, micacées.* 20 m. (1)	3	1. *Helix rugulosa,* Mart., *H. Ramondi,* Brg., depressus, Grepp., *P. solidus,* Thom., *Limnaeus* Hartm., *Paludina globulus,* Desh., *Cyclostoma bisul[catum]* 2. *Helix Ramondi, H. rugulosa.* 3. *Anthracotherium hippoideum,* Rüt., *Cyclost[oma] catum; Chara Meriani,* Al. Br., *Flabellaria raphif[olia] Quercus daphnes,* Ung., *Daphnogene polymorph[a] Terminalia Radobojensis, Sapindus falcifolius, Al[...] sia Berenices,* Ung.
IV. TONGRIEN ou tongrische Stufe. 1. *Facies littoral:* Calc. sableux jaune. 2. *Facies vaseux:* Marnes stratifiées, grumeleuses, grisâtres, noirâtres.	4 2	1. *Halianassa Studeri,* Myr., *Natica crassati[na] Pholadomya pectinata,* Mer., *Lucina Thierensis,* tunculus subterebratularis, Lk., *Spondylus tenuispi[na] Ostrea callifera,* Lk., *Terebratulina Gresslyi,* Gr[...] 2. *Lamna cuspidata,* Ag., *Cerithium plicatum,* nopus Margerini, Desh., *Panopaea Heberti,* Bosq., incrassata, Desh., *Leda gracilis,* Desh., *Ostrea cya[...]*

Localités du Jura central.	Synonymie et Synchronisme.	Observations.
2. Limon de l'Ajoie à *Elephas primigenius*, du café du Vorburg à *Bos primigenius*: lehm et graviers des environs de Soleure, des vals et vallées du Jura. *b. Terrain erratique* des chaînes méridionales. *c. Tourbières* des Franches-Montagnes.	2. *Graviers, loess* ou *lehm* du bassin du Rhin. *Cavernes à ossements* du Jura, de la France et de l'Allemagne. *b. Terrain erratique* de la Suisse.	Oscillation du sol ou déplacement de l'axe terrestre. Déluge historique; formation des trois systèmes de berges. Apparition de l'homme. Soulèvement du Jura.
1. Vermes, Corban, vals de Moutier, de Tavannes, de Tramelan et du Locle. 2. Cornol, Fregiécourt, Leroncourt, Bois de Raube et Montchaibeut, dans le val de Delémont, Brislach, Steinenbühl, dans le val de Laufon.	**I. Obere Süsswasserbildung.** 1. *Mollasse d'eau douce supérieure* de la Suisse: Oeningen, Woelfliswyl, Siggenthal. *Calc. à Littorinelles* du bassin du Rhin. Vincennes, Sansan pour la France. 2. *Mollasse ou sables tertiaires à Dinotherium* d'Eppelsheim, de la Bavière, du bassin de Vienne; *gaiets et lignites* de la Bresse. *Falunien:* facies terrestre.	Température méditerranéenne.
Corban, Undervelier, Court, Sorvilier, Saicourt, Cortébert, Chaux-de-Fonds, Cerneux-Veusil.	**II. Etage falunien: facies marin.** *Miocène supérieur; mollasse marine supérieure* de la Suisse. *Faluns* de la Touraine et de Bordeaux. *Couches à Cérithes* de Hochheim; *couches à Corbicula* de Dromersheim, de Weissenau.	Direction des eaux: N.-S. Les courants N., des Vosges, de la Forêt-Noire au Jura, ont non-seulement charrié une partie des matériaux de cet étage, mais ils en ont encore fourni à l'étage suivant. *Physionomie du Jura Suisse:* Les parties méridionale et centrale sont occupées par la mer helvétienne; tandis que le Jura septentrional, l'Alsace étaient une terre ferme peuplée par les animaux et les plantes du facies fluviatile de l'étage précédent.
1. Dans tous les vals et dans plusieurs bassins élevés du Jura central, tels que Hochwald, Liesberg, Sornetan, Bellelay, Chaux-de-Fonds. 2. Mêmes localités. Aedermannsdorf. 3. Develier-dessus, Neucul, S. de Courroux, aux bords de la Birse, S. de Courgenay, val de Laufon, Arlesheim, St-Imier.	**III. Untere Süsswasserbildung,** pars superior; la partie supérieure de la *mollasse d'eau douce inférieure* de la Suisse. *Miocène moyen.* 1. *Calc.* d'Ulm, de Zwiefalten. *Calc. à Cérithes* et *à Hélices* du bassin de Mayence: Hochheim. Pour la France: *Calc. de la Beauce.* 3. *Mollasse grise* ou *grane Mollasse* de Ruppen, Aarwangen, Eriz, Lausanne. Facies très-répandu en France et en Allemagne.	Le Jura se rattachait à un vaste continent à température subtropicale. (1) *Les Schistes bitumineux à* Cérithes de Develier-dessus, ante page 171, à Poisson de Brislach (Mitth. der Naturf. Ges. in Bern, 1850, p. 77) immédiatement superposés au tongrien, correspondent probablement aux *Schistes à Poissons* du département du Haut-Rhin. Description géol. et minéralog. du département du Haut-Rhin, T. II, page 68. Ils paraissent relier cet étage au suivant.
1. Coeuve, Miécourt, Develier, Brislach, Aesch, Lörrach. 2. Neucul, val de Delémont, Wahlen, Brislach, Ettingen. Le calcaire à *Cyrena semistriata* et à *Mytilus socialis* d'Effingen, v. ante page 161, relie probablement cet étage au suivant.	**IV. Mollasse marine inférieure** ou *Miocène inférieur.* 1. *Sables marins* du bassin de Mayence, de Fontainebleau. 2. *Couches à Ostrea cyathula* du bassin de Paris.	La partie septentrionale seulement du Jura était occupée par la mer tongrienne qui envahissait tout le bassin du Rhin, la Belgique et une grande partie de la France. Physionomie du Jura méridional point connue. Il s'y déposait peut-être la partie inférieure de la *mollasse d'eau douce inférieure,* soit *l'étage aquitanien.*

Division: Roches.	Tableau géologique.	Fossiles.
II. Terrains tertiaires. **V. ÉOCÈNE SUPÉRIEUR.** 1. *Terre jaune et nagelfluh jurassique:* Argiles bariolées; blocs et veines de gypse fibreux; calc. stratifiés, fossilifères; conglomérats jurassiques. 4 à 60 m. 2. *Terre cendrée:* Argile gris cendré. 2 à 15 m. 3. *Terre visqueuse:* Argile onctueuse avec gypse. 1 à 5 m. 4. *Morceaux:* Argiles plus ou moins réfract., jaunes ou rougeâtres. 2 à 6 m. 5. *Bolus:* Argiles réfractaires, rouges, jaunes. 1 à 8 m. 6. *Sables blancs*, rougeâtres, vitrifiables; 7. *Mine de fer en grains;* gypse. 1 à 5 m.		1. *Palaeotherium crassum*, Cuv.. *P. medium*, (potamus Gresslyi, Myr., *Theridomys siderolithi* *Limnaeus longiscatus*, Brg., *Melania Lauraea*, N clostoma mumia, Lk., *Auricula Alsatica*, Mer., licteres, Brg., *C. siderolithica*, Grepp., *C. Greppi*
VI. ÉOCÈNE MOYEN. *Brèches jurassiques à Lophiodon.*		*Cynodon helveticus*, Rüt.. *Proviverra typica*, R bunc *Robertiana*, Gerv., *Lophiodon Prevosti*, Ger tieri, Rüt., *Lophiotherium cervulus*, Rüt., *Hy* Gresslyi, Myr.
III. Terrains crétacés. **I. CÉNOMANIEN.** Calcaire marneux, bigarré ou blanc.		*Nautilus elegans*, Sow., *Ammonites varians*, & nomaniensis, Sow., *Turrilites tuberculatus*, Bosc., latus, Mart., *Rhynch. Martini*, Mant, *Holaster* Ag., *H. carinatus*, Ag.
II. ALBIEN. Marnes argileuses bigarrées, sables jaunes, verts, calcaréo-siliceux.		*Ammonites milletianus*, d'Orb., *A. latidorsatus*, ritella *Faucignyana*, P. et R., *Natica Clementina*, nopaca *acutisulcata*, d'Orb., *Inoceramus concentri* *Arca fibrosa*, Sow., *Plicatula radiola*, Lam., *Jann* costata, d'Orb., *Ostrea Arduennensis*, d'Orb., *Rh* sulcata, d'Orb., *Terebratula Dutempleana*, d'Orb
III. URGONIEN. Marnes et calcaires jaunes, ferrugineux, terreux et friables. Pierre jaune pourrie (Desor).		*Pycnodus Couloni*, Ag., *Anatina Marullensis*, d' *Marullensis*, d'Orb., *Terebr. Russillensis*, de Lor., (peltatus, Ag., *Peltastes Lardyi*, Des., *Hemicidari* Des., *Cidaris Lardyi*, Des.
IV. NÉOCOMIEN. Calcaire jaune clair, blanchâtre, lumachellique ou oolithique, dur. Calcaire chailleux, ocreux, terreux, crasse des carriers, suboolithique. Marnes néocomiennes.		*Nautilus pseudoelegans*, d'Orb., *Ammonites* d'Orb., *A. clypeiformis*, d'Orb., *Pleurotomaria N* d'Orb., *Lima Royeriana*, d'Orb., *Ostrea Couloni*, macroptera, Sow., *Rhynchonella multiformis*, R bratula acuta, Qu., *Echinobrissus Olfersii*, Ag complanatus, Ag.
V. VALANGIEN. Limonite ou calcaire ferrugineux. Calcaire compacte ou marbre bâtard. Marnes et brèches grises, bitumineuses.		*Nerinea Marcousana*, d'Orb., *N. Favrina*, P., *Tyl* harpi, P., *Natica leviathan*, P., *N. helvetica*, P., *Tr* data, Ag., *T. longa*, Ag., *Pygurus rostratus*, Ag., *Tu* nosus, d'Orb., *Salenia depressa*, *Echinobrissus Re*

Localités du Jura central.	Synonymie et Synchronisme.	Observations.
Pour les argiles, les calcaires de minerai de fer: vals de Delémont, de Moutier, de Matzendorf. Pour les sables vitrifiables: Lmliswyl-Guldenthal, Moutier, urt, Bellelay, Pichoux, Fuet. Pour les calcaires et les gypses: bassin alsatique et le val de Delémont.	**V. Parisien supérieur;** ou *Terrain sidérolithique; Bohnerz. Nagelfluh jurassique;* brèches *à Palaeotherium* du Mormont, de Gösgen; *argiles* et *gypses* de Montmartre à Paris; *Bohnerz* de l'Alp à *Palaeotherium. Calcaires, argiles* et *gypses à Palaeotherium* et *à Melania Lauraea* de Klein-Kems et de Brunnstatt.	Physionomie du Jura suisse à cette époque: Continent avec courants d'eau N.-S. Température subtropicale.
Existence probable à Develier, S. de Delémont et au moulin Bourrignon. — Brèches à phiodon d'Egerkingen.	**VI. Éocène moyen.**	Même observation que pour l'éocène supérieur. La Suisse méridionale était probablement occupée par la mer nummulitique.
Ried, à l'E. de Bienne, Moulin rster, près Sonvillier et dans canton de Neuchâtel, où il atteint que 6 m. de puissance.	*Glauconie caverneuse: craie chloritée; craie verte. — Jüngere Kreide, craie marneuse.*	A la fin de cet étage un exhaussement du sol jurassique a lieu et les mers crétacées se retirent vers le S.-O. de la Suisse, où elles laissent de puissants dépôts.
Cimetière de Renan, ferme gnebin, près de ce village.	**II. Gault,** *grès vert supérieur.*	Abaissement du sol jurassique qui est envahi par la mer albienne.
Quelques lambeaux assez importants entre Bienne et Neuchâtel.	**III. Néocomien supérieur,** soit *Urgonien inférieur.*	Oscillation du sol: la mer se retire vers le Sud pendant la formation de cet étage; ainsi le Jura central ne possède que la partie inférieure de l'Urgonien.
Neuveville, Alfermé, Bienne, nan, Sonvillier, Saint-Imier, uchâtel.	**IV. Marnes de Hauterive; Néocomien moyen.**	
De St-Imier aux Convers et Bienne à Neuveville.	**V. Néocomien inférieur.** *Calcaire ferrugineux* ou *limonite; calcaire jaune.*	Abaissement du Jura: envahissement de ce pays par les mers crétacées.

Division: Roches.	Tableau géologique.	Fossiles.
I. PURBECKIEN. Marnes noires, bleues, gypsifères, calcaires foncés fétides ; calcaires dolomitiques caverneux.	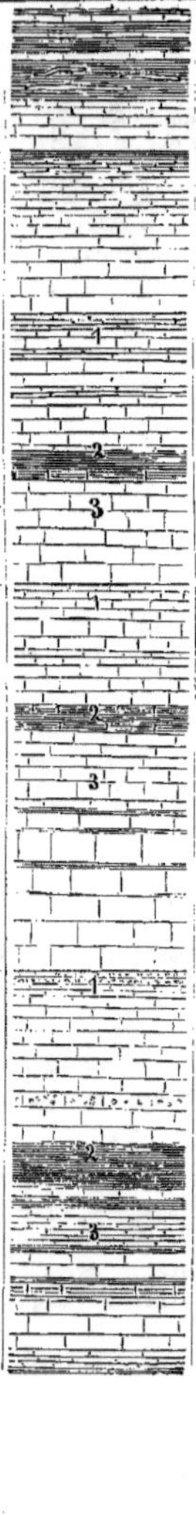	*Neritina Waldensis*, Rœm., *Turritella Gilliero* *Paludina elongata*, Sow., *Physa Bristowi*, Forb. *Loryi*, Coquand, *Modiola lithodomus*, K. et D., *flexa*, Tkr., *Chara Jaccardi*, H.
A. Jura blanc ou supérieur. **II. PORTLANDIEN.** *Calcaires en plaquettes* stériles. Calcaires compactes : *jaluzes*.		*Emys Jaccardi*, Pict., *Lepidotus gigas*, Ag., d'Orb., *Nerinea trinodosa*, Voltz, *Natica Marcous* *Trigonia concentrica*, Ag., *T. Gillieroui*, Gre *suprajurensis*, Buv., *Pseudosalenia a-perg*, Et.
III. VIRGULIEN. 1. Calc. rocailleux, compactes, subcompactes, marno-compactes, dolomitiques, stratifiés, souvent schistoïdes, à teintes claires: jaunes, grises, verdâtres. 2. Marnes grises, jaunes, lumachelliques à *Ostrea virgula*. 3. Calc. blancs et jaunes à taches verdâtres, compactes, grumeleux, dolomitoïdes ; tantôt par bancs puissants, tantôt par dalles lithographiques.		1. Assise généralement stérile. 2. *Mosasaurus Grosjeanni*, Grepp., *Aptychus Fla* *Nautilus Moreanus*, d'Orb., *Ammonites longisp* *Nerinea Danusensis*, d'Orb., *Natica gigas*, Bro *cera Abyssi*, Th., *Pholadomya multicostata*, Ag., *rugosa*, Ag., *Pecten Buchi*, Rœm., *Ostrea virg* *Hypodiadema Gresslyi*, Et. 3. *Megalosaurus Meriani*, Grepp., *Pycnodus* *Trigonia concentrica*, Ag., *Homomya hortulana*, *phillia Thurmanni*, Et., *Thecosmilia Bruntrutan*
IV. KIMMÉRIDGIEN. 1. *Calc. épistrombiens* compactes, subcompactes bréchiformes, schisteux, grisâtres ou jaunâtres. 2. *Marnes strombiennes* de même couleur que les calcaires. 3. *Calc. hypostrombiens*, compactes, sablo-grumeleux à Fucoïdes. Ces calcaires en fortes dalles ou en bancs puissants sont souvent exploités.		1. *Nerin. depressa*, Voltz, *N. Elsgaudiæ*, Th., *N. Br* Th., *Trigonia muricata*, Rœm., *T. subconcentrica*, *tenuistriata*, Desh., *Pygurus Jurensis*, Marc., *T* *portlandica*, Et. Ces polypiers sont associés aux 2. *Pterocera Oceani*, Delab., *Ceromya eccentrica* *lus Jurensis*, Mer., *Perna subplana*, Et., *Pinnigena* d'Orb., *Ostrea semisolitaria*, Et., *Pseudocidaris T* Ag., *Pseudodiadema Bruntrutanum*, Des. 3. *Nautilus giganteus*, d'Orb., *Ammonites Achi* *A. rotundus*, Sow., *Pinnigena Saussurei*, *Lima* *densis*, Ctj., *L. spectabilis*, Ctj., *Pecten Benedicti*, Ct *Rœm.*, *Terebratella Matheyi*, Grepp., *Pseudosalenia* *Pseudocidaris Thurmanni*, Ag., *Holectypus Mer* *Stomechinus Contjeanni*, Et., *Montlivaltia Lesueur* *Meandrina tenuirallata*, Grepp.
V. SÉQUANIEN. 1. *Épiastartien:* Calc. compactes, oolithiques, bréchiformes, lumachelliques, jaunes, blancs, grisâtres, rougeâtres. — Des lumachelles et oolithes plus ou moins grossières les distinguent surtout des roches kimméridgiennes. 2. *Marnes et calcaires* astartiens à Polypiers et lumachelles, grisâtres, souvent hydrauliques. Calc. lithographiques. 3. *Assises marno-calcaires* ou compactes hypoastartiennes, oolithiques, dolomitoïdes, schisteuses, micacées, grisâtres, jaunâtres, violâtres, souvent marbrées.		1. *Nerinea Gosae*, *Natica hemisphærica*, d'Orb., Münst., *Lima astartina*, Th., *L. pygmæa*, Th., *Pec* Gressly, *Cardium corallinum*, Leym., *Mytilus sub* d'Orb., *Terebratula humeralis*, Rœm. 2. *Belemnites astartinus*, Et., *Phasianella stria* *Natica turbiniformis*, Rœm., *Bulla suprajurensis*, R *astartina*, Th., *Pecten rigidus*, Gressly, *Terebratul* *lis*, Rœm., *Hemidiadema stramonium*, Desh., *Pedin* Ag., *Pygurus tenuis*, Des., *P. Blumenbachii*, Ag., *Meriani*, Des., *Confusastrea Burgundiæ*, d'Orb., *St* *naria*, E. et H. 3. *Cerithium Moreanum*, Buv., *Nerinea Bru* *Natica gigantina*, Buv., *Lucina Elsgaudiæ*, Th.

Localités du Jura central.	Synonymie et Synchronisme.	Observations.
Alfermé, Twann, Lignières. Val de St-Imier.	**I. Marnes de Villers-le-Lac;** *Étage Dubisien*, Desor; *Wälderbildung: Weald-clay; Purbeckschichten.*	Le Jura devient terre ferme.
Nord de Bienne, de Neuveville, vals de Ruz, de St-Imier, et de la Chaux-de-Fonds.	**II. Portlandien** du Jura neuchâtelois, vaudois, et du département de l'Yonne. (¹)	(¹) Monographie paléontologique et géologique de l'étage portlandien par MM. P. de Loriol et E. Pellat, Genève 1866.
Pichoux, Court, Tramelan, val de St-Imier, Bienne, les environs de Porrentruy : Alle, Chevenez.	**III. Groupe virgulien** de MM. Thurmann et Etallon. *Virgulastufe* des Allemands.	
1. Banné, Courgenay, Cœuve, Glovelier, Pichoux, Vorburg, sud de Soulce. 2. Mêmes localités et moulin de Plaine-Seigne, à l'Est de Montfaucon. 3. Carrières du Vorburg, près Delémont, de Soleure, d'Egeringen, de Laufon, de Courgenay.	**IV. Groupe strombien** de MM. Thurmann et Etallon. *Ptérocérien* de plusieurs géologues. *Kimmeridgeclay* des Anglais. *Kimmeridgegruppe*, la partie supérieure de M. Oppel.	Un exhaussement lent du sol jurassien du N.-E. au S.-O. commence pendant l'étage séquanien et dure jusqu'à la fin de la formation jurassique, de manière que les étages du Jura supérieur meurent successivement vers le Sud. Fossiles rares dans les dolomies.
Bure, Villars-le-Sec, Montchaibeut, Pics, au sud de Courchivre, Perrefitte, Pichoux, Eschert, val de Laufon, les Breuleux, les Pontins, la Hte-Ferrière. Ste-Vérène pour l'épiastartien.	**V. Groupe astartien** de MM. Thurmann et Etallon. *Étage Séquanien* de MM. Gressly, Marcou, Jourdy: ce dernier géologue pour les environs de Dôle. *Kimmeridgegruppe*, la partie inférieure de M. Oppel. *Étage Corallien*, partie supérieure de M. d'Orbigny; *Astartenstufe* des Allemands.	Ces trois assises séquaniennes se soutiennent avec une grande constance sur toute l'étendue du Jura bernois et des districts voisins.

Division: Roches.	Tableau géologique.	Fossiles.
VI. RAURACIEN. 1. *Calcaire à Nérinées.* Calcaires compactes, lithographiques, saccharoïdes, crayeux, tufeux, de couleurs claires. 2. *Oolithe corallienne.* Calcaires oolithiques, grumeleux, friables, lumachelliques, blanchâtres ou grisâtres. 3. *Terrain à chailles siliceux.* Alternance et mélange de calcaires et de marnes. Les calcaires sont compactes, marneux, sableux, argileux, silicéo-calcaires, hydrauliques, gris-jaunes; les marnes sont grises, noirâtres, souvent jaunâtres. Elles enveloppent souvent des chailles. Cette assise présente deux facies: l'un littoral à Polypiers, l'autre pélagique à Ammonites et à Myacés.	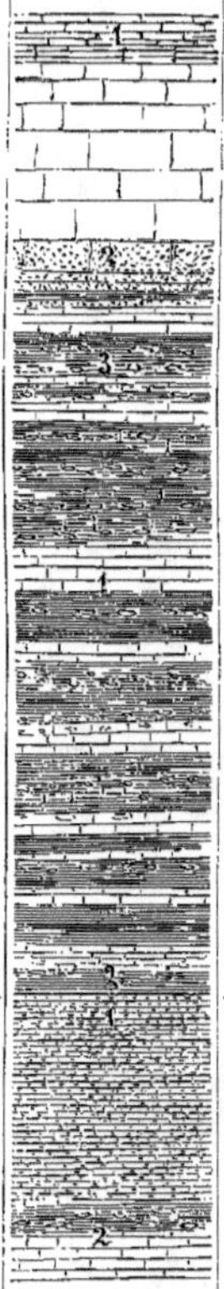	1. *Nerinea nodosa*, Voltz, *N. elegans*, Th., *Ce.forme*, Rœm., *Diceras arietina*, Lk., *Cardium* Leym., *Mytilus triqueter*, Buv., *Anomya foliosa solitaria*, Sow., *Cidaris florigemma*, Phil., *? concinna*, Et., *Stylina Bernensis*, Et. 2. *Chemnitzia athleta*, d'Orb., *Nerinea Defra Trigonia Meriani*, A., *Cardita squamicarina*, *I percrassa*, Et., *Corbis Collardi*, Et., *Pecten solid* 3. *Serpula gordialis*, Gdf., *Phasianella striata, gonia monilifera*, Ag., *Mytilus pectinatus*, Sow., *G culoïdes*, Sow., *Lima Streitbergensis*, *L. Bern Pinna fibrosa*, Mer., *Pecten Verdati*, Voltz, *P. Schl.*, *Ostrea dilatata*, Desh., *Terebratula Delemo T. Galliennei*, d'Orb., *Rhynchonella Thurmann acarus*, Mer., *Cidaris florigemma*, Phil., *Hemi nularis*, Ag., *Stomechinus perlatus*, Dem., *Pyg Ag., Apiocrinus echinatus*, Qu., *Scyphia amica*
B. JURA MOYEN. **I. OXFORDIEN.** 1. *Terrain à chailles marno-calcaire.* Alternance de calcaires bleuâtres, durs, marno-compactes, souvent schisteux, souvent très-hydrauliques, et de marnes jaunes, grises, bleues, noires, schistoïdes, avec chailles (15 à 80 m.). 2. *Calcaire à Scyphies inférieur.* a. *Facies sableux.* b. „ *marneux.*		1. *Ammonites plicatilis*, d'Orb., *A. cordatus*, Sow *sus*, Qu., *A. Goliathus*, d'Orb., *Pleurotomaria Mün Pholadomya exaltata*, Ag., *P. parcicosta*, Ag., *P. Ag., Pleuromya varians*, Ag., *Anatina striata*, A *pinguis*, Ag., *Goniomya constricta*, Ag., *Trigonia Ag., Arca æmula*, Th., *Ostrea dilatata*, Desh., *impressa*, Br., *Rhynchonella Thurmanni*, Voltz, *h Opp., Glypticus hieroglyphicus*, Ag., *Collyrites bic* 2. *Ammonites plicatilis*, d'Orb., *A. crenatus*, Brg., *ternans*, *cordatus*, *Turbo Meriani*, Gf., *Gryphæa dil ris propinqua*, *læviuscula*, *Matheyi*, *Pseudodiadem Scyphia obliqua*, *Ceriopora striata*, *Pentacrinus c*
II. CALLOVIEN. 1. *Marnes à fossiles pyriteux et fer sous-oxfordien.* Marnes bleues, noires, bitumineuses, pyriteuses, gypsifères, feuilletées. 2 m. 2. *Couche à Am. macrocephalus.* Calc. marno-compacte, grumeleux, roux-noirâtre.		1. *Clytia ventrosa*, Myr., *Belemnites canalicu Nautilus granulosus*, d'Orb., *Ammonites crenatu Lamberti*, Sow., *A. Sutherlandiæ*, Murch., *A. p Sow., A. Arduennensis*, d'Orb., *A. athleta* Mil., d'Orb., *A. bullatus*, d'Orb., *Rostellaria Danielis*, Th. *bini*, Th., *Turbo Meriani*, Gf., *Terebratula dorsoplic Rhynchonella triplicata*, Qu., *Rhabdocidaris cop Holectypus Ormoisianus*, *Euterpe Icernoisi*, Th. 2. *Ammonites macrocephalus*, Schloth., *A. bulla A. Backeriæ*, Sow., *Pleuromya gregaria*, Mer., *Alimena*, d'Orb., *Collyrites analis*, Desm.

(Colonne de gauche, sur la tranche : IV. Terrains jurassiques.)

Localités du Jura central.	Synonymie et Synchronisme.	Observations.
1. Caquerelle, Montmelon, Tavache, Villars-le-Sec, environs Saignelegier, Soyhière. 2. Zwingen, Pleigne, Courvre. 3. Thiergarten, Fringuelet, velier-dessus, Saignelegier, ewen, Ring, Clus de Pfeffin-a, Rondchâtel.	**VI. Groupe corallien;** *Korallenkalk, Coralrag.* 1. *Calc. à Nérinées et à Diceras arietina* de MM. Thurmann et Gressly. 2. *Oolithe corallienne* des mêmes auteurs. 3. *Terrain à chailles supérieur. Calc. à Scyphies supérieur.* Couche inférieure de Nattheim, weisser Epsilon de M. Quenstedt.	*La zone littorale à Nérinées et à Diceras,* si développée dans le Jura septentrional, manque ou n'est qu'à l'état rudimentaire dans le Jura méridional. Elle tend à disparaître dans la chaîne du Raimeux.
1. Fringuelet, Thiergarten, choux, Court, Paturatte. 2. Pleigne, Bourrignon, chaîne Chasseral, Langenbruck, bel.	**I. Oxfordien calcaire** ou *Argovien* de MM. Marcou, Desor et Gressly; *Oxfordgruppe.* 1. *Calc. à Pholadomyes; calc. hydrauliques, Lettstein, couches du Geissberg et d'Effingen.* 2. *Couches de Birmensdorf. Calc. à Scyphies inférieur.*	Tandis que les marnes dominent dans les chaînes septentrionales, les calcaires hydrauliques dominent dans les chaînes centrales, méridionales et à leur prolongement oriental. Le calcaire à Scyphies inférieur du Jura méridional et oriental est représenté dans les chaînes centrales et septentrionales par l'assise marneuse à *Cidaris Mattheyi, læviuscula* et *Hemidiadema superbum.*
1. Châtillon, Graitery, Bourmon, Moulin-sous-les-Cras, nord de Lajoux. Cantons Soleure, de Bâle, d'Argovie de Neuchâtel. 2. Movelier, les Enfers, Pouillel, Tramelan, Pfeffingen.	**II. Kellowaygruppe.** 1. *Marnes oxfordiennes pyriteuses* et *fer sous-oxfordien* de M. Marcou. *Zones à Am. biarmatus, à Am. athleta* et *à Am. anceps* de M. Oppel. 2. *Zone à Am. macrocephalus.*	La limite entre l'oxfordien et le callovien est indiquée par un dépôt terrestre. A la mer callovienne aurait succédé un continent, dont la présence est attestée par les lignites et les fruits de Palmier qui recouvrent l'étage callovien.

Division: Roches.	Tableau géologique.	Fossiles.
IV. Terrains jurassiques. C. JURA BRUN. I. BATHONIEN. 1. *Dalle nacrée et calc. roux sableux.* La partie supérieure présente assez souvent des dalles régulières à cassure spathique et rhomboïdale. (30 à 35 m.) — La partie inférieure se compose de calc. sableux, oolithiques ou compactes, jaunes, roux, gris bleuâtre, bleus par taches. (28 m.) 2. *Grande oolithe.* a. *Assise supérieure* ou *grande oolithe* proprement dite. Calc. schistoïdes, subcompactes ou oolithiques, blancs, jaunâtres, gelives. b. *Assise moyenne* ou *Marnes grises de Movelier à Homomya gibbosa et à Hemicidaris Luciensis:* Marnes grises, blanchâtres, jaunâtres, très-fossilifères. (3 m.) c. *Assise inférieure:* Calc. stratifiés compactes, oolithiques, blanchâtres, jaunâtres, à taches bleues. (10 m.) 3. *Marnes à Ostrea acuminata.* Marnes grises, jaunâtres, bleuâtres, grumeleuses alternant avec des calcaires marneux, lumachelliques de même couleur. (3 m.) 4. *Oolithe subcompacte.* Assise marno-calcaire, grumeleuse, brun-grisâtre, avec taches bleues. Bancs de calc. oolithiques, miliaires, canabins, subcompactes, très-spathiques, bruns ou jaunâtres. Roche dure, marno-compacte empâtant des galets, et de nombreux fucoïdes. (50 m.) II. BAJOCIEN. 1. *Couches à Am. Humphriesianus.* Alternances de marnes grises, brunes ou noirâtres avec des calc. compactes, marno-compactes ou oolithiques de même couleur que les marnes. (8 m.) 2. *Zone à Am. Sowerby, jugosus et Sauzei.* Calcaires marneux oolithiques. 3. *Calcaires oolithiques ferrugineux.* Calc. bruns, bleus, noirâtres, durs ou marno-compactes, pétris d'oolithes miliaires de fer hydraté, alternant avec des couches calcaréo-marneuses de la même couleur que les calcaires. (15 m.) 4. *Calcaires, argiles et marnes à Ammonites opalinus.* Calc. micacés, bleus, jaunes, souvent cristallins, souvent marneux. (8 m.) Argiles micacées. Marnes argileuses, noires, grisâtres, micacées, feuilletées, renfermant des zones de sphérites. (40 m.)	*(colonne géologique figurée)*	1. *Eryma Greppini*, Oppel, *Serpula tricarinata keriæ*, Sow., *Am. discus*, Sow., *Natica crithea*, Q… *excavatus*, M. et L., *Pholadomya texta*, Ag., P… Sow., *Trigonia costata*, Park., *Gresslya ovata imbricatus*, Münst., *M. striatulus*, Gdf., *Ostrea Rhynchonella spinosa*, Phil., *R. concinna*, d'Or… *intermedia*, Sow., *Holectypus depressus*, Des. 2. a. *Nerinea Basileensis*, Th., *N. funiculus*, D… *strangulatum*, d'Arch., *Trochus anceus*, Gf… Sow., *Arca pulchra*, Sow., *Cidaris Zschokkei*, *sinuatus*, Lesk. *Anabatia.* b. *Am. Parkinsoni*, Sow., *Homomya gibbosa*, A… *catus*, M. et L., *Terebr. maxillata*, Sow., *Rhynch.* *Cidaris Köchlini*, Cott., *Hemicid. Langrunensi chinus serratus*, Des., *S. Michelini*, Cott., *Isastr.*… c. *Holectypus depressus, Pseudodiadema hom… Clypeopygus Hugii*, Des. 3. *Am. Parkinsoni*, Sow., *Belemnites gigantei cordiformis*, Gdf., *L. duplicata*, Münst., *Pecten v… Ostrea acuminata, Rhynchonella obsoleta*, Sow… *maxillata*, Sow., *Holectypus depressus, Pseudo… stigma*, Des., *Clypeopygus Hugii, Pygaster lag… 4. *Serpula socialis*, Gdf., *Am. Parkinsoni*, Sow… *tior*, Mer., *Pinnigena Bathonica*, d'Orb., *Avicule A. Munsteri*, Br., *Lima modesta*, Mer., *L. dup… Zschokkei*, Des., *C. aspernata*, Des., *Isocrinus Pentacrinus cristagalli*, Qu. 1. *Nautilus lineatus*, Sow., *Belemnites gig… Ammonites Humphriesianus*, Qu., *A. Blagden… ronatus*, Qu., *Pleurotomaria Alduini*, Br., *Ostr… Lk., *Terebratula perovalis*, Sow., *Hemithyris acu… 2. *Ammonites Sowerby, A. jugosus*, Sow., *Ci… fera, C. Zschokkei*, Des., *Rhabdocidaris horrid cosmilia gregaria*, E. et H., *Thamnastrea Defrar… 3. *Ammonites Murchisonæ*, Sow., *A. subro… Belemnites spinatus*, Qu., *Pecten pumilus*, Lam… Phil., *P. cinctus*, Sow., *Ostrea sublobata*, Desh., *quadriplicata*, d'Orb., *Terebratula perovalis*,… *lipsii*, Davidson. 4. *Ammonites opalinus*, von Mandelsloh, *Trigo… Mer., *Posidonomya Suessi*, Oppel, *Astarte opali… chonella Jurensis*, Qu., *Pentacrinus pentagon… Qu., *Caulerpites liasinus*, H., *Zopfplatte*, Qu.

Localités du Jura central.	Synonymie et Synchronisme.	Observations.
	I. Bathgruppe de M. Oppel.	
1. Movelier, Vellerat, Ring, Liesberg, Grellingen, chemin de Metzerlen à Rœschenz.	1. *Cornbrash.*	
2. Movelier, Vorburg, Choindez, Pichoux, Liesberg, Grellingen, cantons de Neuchâtel, de Bâle, etc.	2. *Oberer und mittlerer Rogenstein; Marnes à Homomyes* de M. Gressly; *Great Oolith* des Anglais.	
3. Montagne de Cornol, Rangiers, Saulcy, Movelier, Todtwog sur la route entre Soyhière et Liesberg, Choindez, au sud de Courrendlin.	3. *Marnes Vésuliennes.*	
4. Vorburg, Todtwog, route de Cornol aux Rangiers, Choindez, Grellingen, Clus de Balsthal.	4. *Calc. Lœdonien. Unterer Hauptrogenstein.*	
1. Creux du Vorburg, Grange-Guéron, Envelier, Scheltenmühle.	**II. Oolithe inférieure.** *Unteroolith. Cave Oolith.* 1. *Zone à Ammonites Humphriesianus.*	
2. Scheulte, Raimeux, Vorburg, Combe de Bollmann.	2. Même dénomination. (a)	(a) Cette zone à Polypiers et à Echinides passe avec une grande constance en Allemagne, dans le Jura, en France et en Angleterre. Partout les mêmes espèces.
3. Grange-Guéron, Envelier, Undervelier, Orties.	3. *Oolithe ferrugineuse. Unterer Eisenrogenstein mit Am. Murchisonæ, Pecten pumilus.*	
4. Creux du Vorburg, zone mal observée dans le Jura bernois, mais bien à découvert dans le Jura bâlois à Dürnen.	4. Marnes à *Am. opalinus.*	

Division: Roches.	Tableau géologique.	Fossiles.
IV. Terrains jurassiques. **D. JURA NOIR.** **I. LIAS SUPÉRIEUR.** 1. *Assise supérieure : calcaires, chailles et marnes à Amm. Jurensis et radians.* Calcaires d'un brun foncé, alternant avec des marnes noires, recouverts par des marnes argileuses, micacées, friables, alternant avec des chailles. (10 m.) 2. *Assise inférieure ou les schistes bitumineux à Posidonomya Bronnii.* Marnes feuilletées, grises, noires, friables, micacées, bitumineuses, renfermant des bancs minces de calcaires noirâtres et des chailles. (10 m.)		1. *Belemnites irregularis,* Schl., *Nautilus incar* *Ammonites Jurensis,* Pict., *A. radians,* Schl., *Pe rensis,* Qu. 2. *Leptolepis Bronnii,* Ag., *Inoceramus gryp Posidonomya Bronnii,* Voltz.
II. LIAS MOYEN. 1. Marnes argileuses bleuâtres ou jaunâtres, subschisteuses, micacées. (3 m.) 2. Marnes schisteuses, noires, alternant avec des bancs minces de calcaires bleuâtres. (7 m.) 3. Bancs calcaires, grisâtres (1 m.)		1. *Belemnites umbilicatus,* Blainv., *B. brevi compressus, Ammonites Davoei,* Sow., *Inocera sus,* d'Orb., *Pentacrinus subangularis,* Mill. 2. *Ammonites armatus,* Sow., *A. Ibex,* Qu., *numismalis,* Lam. 3. *Gryphæa obliqua,* Sow., *Pholadomya am Spirifer Munsteri.*
III. LIAS INFÉRIEUR. 1. *Calc. à Gryphées.* Calcaires gris clair, noirâtres, rougeâtres, compactes, sablonneux, dolomitiques, bitumineux, lumachelliques, alternant avec de minces bancs de marnes de la couleur des calcaires. (6 m.)		1. *Ammonites Bucklandi,* Sow., *A. Conybea Kridion,* Hehl., *Pleurotomaria Anglica,* Def., *C cata,* Ag., *C. concinna,* Ag., *C. crassiuscula,* A *gantea,* Desh., *Avicula sinemuriensis,* d'Orb., *cuata,* Sow., *Spirifer Walcotti,* Sow., *Rhyncho bilis,* d'Orb., *Pentacrinus tuberculatus,* Mill.
IV. RHÆTIEN. Assises gréseuses ou marno-calcaires, dolomitiques.		Stériles.

Localités du Jura central.	Synonymie et Synchronisme.	Observations.
1. Vorburg, Cornol, Combe de la Résel, Envelier.	**I. Lias supérieur.** Toarcien. 1. Mêmes caractères.	
2. Rüttehardt, au S.-O. de Bâle, Roche, Cornol, Soyhière.	2. *Schistes bitumineux à Posidonomya Bronnii, Schistes à Poissons, Leptœnabett, Schistes de Boll.*	
1. Roche dans le haut du village, Vorburg, Cornol, Vaufrey, Rüttehardt. 2. Mêmes localités. 3. Mêmes localités et Limmern, au N. de Mümliswyl.	**II. Lias moyen de la France et de l'Allemagne.** Liasien.	
1. Bellerive, Cornol, Vaufrey, Bærschwyl, Roche, Pratteln.	**III. Lias inférieur.** Sinémurien. Zone très-répandue en Europe.	Les marnes de Schambelen qui sont à la base du calc. à Gryphées n'ont pas encore été observées dans notre rayon.
Elles ont été observées dans nos environs à Beinwyl et à Langenbruck.	**Zone à Avicula contorta.**	

V. Terrains triasiques.

Division: Roches.	Tableau géologique.	Fossiles.
I. KEUPÉRIEN. 1. Marnes noires et grès. (2 m.) *Bonebed* à . . . . 2. „ vertes, bigarrées et dolomies (20 m.) à . . 3. Dolomies poreuses, rognonneuses, compactes, stratifiées. (8 m.) 4. Calcaires gris schisteux et marnes; marnes noires schisteuses à feuilles (15 m.) 5. Marnes dolomitiques, grès à lignites, marnes et grès. (25 m.) 6. Gypse rose, blanc, gris, marnes grises, noires, avec sulfate de soude et de magnésie. (50 m.) 7. Dolomies. (1 m.) 8. Gypse. (3 m.) 9. Dolomies compactes, dolomies poreuses et cristallines. (6 m.)		1. *Gresslyosaurus ingens*, Rüt., *Termatosauru*... *Hybodus cloacinus*, Qu., *Sargodon tomicus*, Pl... *minimus*, Ag. 2. Stériles. 3. *Pecopteris Meriani*, Brg., *P. angusta*, H., *Rütimeyeri*, H. *Pterophyllum longifolium*, Brg., *P. Jægeri*, Brg... *arenaceum*, Jacq., *E. Meriani*, Brg. *Taxodites Munsterianus*, Stb., *T. tenuifolius*,... 4—9. Stériles.
II. CONCHYLIEN. 1. Calc. dolomitiques avec silex (20 m.) 2. Calc. conchyliens, stratifiés, d'un noir de fumée, compactes, rarement oolithiques à . . . . 3. Dolomie jaune avec hornstein (20 m.) 4. Argile salifère supérieure avec chaux sulfatée anhydre, gypse et sel gemme. (10 m.) 5. Calc. dolomitique jaune, puissamment stratifié, traversé par des bancs de pétrosilex. 6. Argile salifère inférieure avec gypse fibreux, anhydre. 7. Calc. compacte ondulé, d'un gris de fumée. 8. Dolomie ondulée, très-fossilifère à		1. Stériles. 2. *Placodus Andriani*, Münst., *Pemphix Sueur*... *tites nodosus*, de Haan, *Lima striata*, Schloth. Schloth., *Myophoria Goldfussi*, Alb., *Pecten disc*... *Gervillia socialis*, Schloth., *Terebr. vulgaris*, Sch... *nus liliiformis*, Schloth. 3 — 7. Peu fossilifères. 8. *Ceratites nodosus*, de Haan, *Turritella obsol*... *Lima lineata*, Schloth., *Panopæa Alberti*, Voltz, ...*cialis*, Schloth., *Myophoria lævigata*, Br., *Pecten d*... *Spirifer fragilis*, de Buch, *Terebratula vulgar*... *Cidaris grandævus*, Gdf.
III. GRÈS BIGARRÉ. Calcaires et marnes dolomitiques jaunes, brunes ou violettes. Grès schisteux, micacés, blancs, gris, bruns, rouges, bariolés, alternant souvent avec des marnes de même nature que les précédentes et passant insensiblement à des bancs plus puissants d'un grès plus grossier, — enfin à de véritables conglomérats renfermant des reptiles.		*Calamites Schimperi*, Et., *Labyrinthodon*, B... *Freyi*, Mer., *Sclerosaurus armatus*, Myr.

Localités du Jura central.	Synonymie et Synchronisme.	Observations.
1. Marchmatt, à l'ouest de Reigoldswyl, Schönthal.	**I. Marnes Irisées, Keuper** de la France et de l'Allemagne.	Le Jura est terre ferme.
2—9. Combes de Bellerive, Montterri, Vaufrey, Bærschwyl, Corvelier, Roche, — mais recouvert, peu étudié. Affleurements remarquables par leurs plantes: Neue Welt, près Bâle, Schönthal, Hemmiken, Bâle-Campagne.		
Meltingen, Günsberg (canton de Soleure), Augst (canton de Bâle), Grenzach, Herthen.	**II. Calc. Conchylien**, *Calc.* à *Cératites* et *Muschelkalk* des pays voisins.	Le Jura est occupé par la mer.
Manque, mais touche à notre frontière près de Bâle, à Riehen, Sækingen, Herthen, Rheinfelden.	**III. Bunter Sandstein.**	Les roches de cet étage se trouvent dans le Jura soit à l'état erratique, soit dans les sables à Dinotherium. A cette époque géologique le Jura était probablement terre ferme.

II.

OROGRAPHIE ET CARTE GÉOLOGIQUE

DU JURA CENTRAL.

PRÉLIMINAIRES.

Une carte géologique du Jura bernois! Mais, à quoi bon! M. Thurmann ne l'a-t-il pas publiée en 1836?

Telle fut l'objection que l'on nous fit en 1857, lorsque nous eûmes l'idée de colorier géologiquement la feuille VII de l'atlas fédéral. Avait-on en vue de condamner aussi à l'immobilité la géologie, cette science si pleine de sève et d'avenir? Vingt et un ans de recherches et d'études avaient cependant quelques progrès à signaler. D'un autre côté, J. Thurmann, occupé à sa „*Phytostatique*“, à ses „*Esquisses orographiques*“, à son „*Etude sur le Jura supérieur*“, à la „*Lethæa*“, s'était ainsi trouvé dans l'impossibilité de continuer son œuvre. Dès lors, nous étions en droit de reprendre ce travail et de consigner sur cette carte nos propres observations, en tenant compte, toutefois, du chemin préparé par le célèbre géologue de Porrentruy; nous ne faisions en cela qu'imiter les cantons voisins, qui, emportés par la force du progrès, préparaient de nouvelles études géologiques. C'est ainsi que la carte du Jura bernois, qui a été, à juste titre, si longtemps admirée et qui a rendu de si grands services à la géologie, a dû subir une révision, et ce travail a été exécuté sur des bases nouvelles qui ont été élaborées par la Commission géologique fédérale.

En outre, les idées de J. Thurmann, qui avaient présidé à l'exécution de la *Carte orographique et géologique de l'Evêché*, idées admises par A. Gressly, n'étaient point, à notre avis, en harmonie avec les dernières découvertes, ce qui sera facile à saisir par le premier coup d'œil jeté sur notre carte et par la lecture des lignes suivantes.

1. *Le relief actuel du Jura date de la fin de l'époque tertiaire.* — J. Thurmann et A. Gressly pensaient que le relief actuel du Jura datait de la fin de la formation jurassique, et que le terme de cette longue époque était marqué par les dislocations grandioses, dites *soulèvements jurassiques*, qui, tout en déplaçant les mers, donnaient lieu à la formation du terrain sidérolithique. Dans ses *Observations géologiques sur le Jura Soleurois*, Gressly reliait, comme nous venons de le dire, le soulèvement jurassique à la formation du terrain sidérolithique. Selon lui, des nappes volcaniformes de boue ferrugineuse, limoneuse, argileuse ou sableuse, calcaire, quelquefois gypsifère, s'échappaient avec force des assises jurassiques soulevées et disloquées et remplissaient le fond de nos vallées. Ainsi les mers crétacées et tertiaires auraient trouvé tout formés les vals et les chaînes du Jura, lorsqu'elles les ont envahis. Dans cet état de choses, J. Thurmann et A. Gressly ne voyaient plus, pendant les longues périodes crétacée et tertiaire, que des eaux salés, saumâtres ou douces, remplissant des bassins tantôt isolés, tantôt reliés avec de grandes mers. Comme nous l'avons vu dans la première partie de notre travail, ces idées erronnées, patronnées aussi par M. Elie de Beaumont,[1] ont été encore reproduites dans ces derniers temps par un grand nombre de géologues.

Partant de ce point de vue, les dépôts crétacés et tertiaires, qui apparaissent sur nos chaînes de montagnes, sont une négation. Aussi, fidèles à ce principe, ces deux géologues jurassiens n'indiquaient ces terrains que dans nos vallées. Mais en 1842, en nous basant sur les données de M. le prof. P. Merian, relatives au Jura bâlois et soleurois, nous admettions déjà que le relief du Jura se rattachait à la fin de la formation tertiaire. Cette opinion, suffisamment développée dans le travail précédent, se justifiait entièrement par la présence de dépôts crétacés et tertiaires à des

---

[1] „Les crêtes de Lomont ne traversent en aucun point les mollasses de la Suisse. Elles en sont enveloppées, et leurs dislocations propres n'y pénètrent pas, du moins en général." *Syst. des montagnes,* page 494.

niveaux différents dans les plaines, sur les flancs les plus abrupts de nos montagnes, (voir le profil de Ligsdorf à Soleure), même sur les plateaux les plus élevés. Ainsi les terrains tertiaires se trouvent à Bâle à une hauteur de 275 mètres, à Delémont à 436 m., à Bellelay à 1025 m., à Sonceboz à 670 m., à Renan à 896 m., à l'Ile de St-Pierre et à la Neuveville à 434 m., à Neuchâtel à 450 m., à la Chaux-de-Fonds à 990 m., au Locle à 921 m.

En outre les dépôts post-jurassiques, y compris les étages crétacés, se redressent selon toutes les orientations contre nos chaînes dont ils suivent tous les accidents. Ils sont même souvent divisés par ces chaînes de telle manière que, pour voir les couches primitivement contiguës, il faut souvent faire plus de $1^1/_2$ lieue de chemin; c'est ainsi que pour retrouver les strates disloqués des terrains crétacés, il faut des bords du lac de Bienne ou de Neuchâtel arriver presque jusqu'au pied nord du Chasseral. Pour voir la discontinuation du dépôt fluviatil à *Dinotherium*, un des derniers sédiments tertiaires, on devra, de Fregiécourt, franchir la montagne des Rangiers et arriver jusqu'à Montavon.

Ces exemples, qu'il nous sera facile de multiplier en traitant l'orographie, sont des preuves évidentes que le relief du Jura ne remonte pas à une époque aussi reculée, mais bien à la fin de la formation tertiaire.

Nous avons aussi invoqué les éboulements en faveur de l'âge post-tertiaire du relief actuel du Jura.

Comme nous l'avons dit plus haut, les éboulements jouent un certain rôle dans l'orographie jurassique. Ce fait est confirmé par notre carte et surtout par celle du canton de Bâle, coloriée par M. Alb. Müller. Il n'est pas rare, en effet, de voir des pans entiers d'une montagne qui se sont détachés et qui ont glissé sur un long trajet pour recouvrir enfin des terrains plus récents. Ce phénomène se rattache sans aucun doute à la formation des chaînes du Jura ; il en a même été la consé-quence forcée et souvent immédiate. Or, comme les éboulements sont constamment superposés aux terrains tertiaires, ils sont, ainsi que la formation des chaînes juras-siques, post-tertiaires.

Ces observations, avec les conclusions qui en ressortaient, étaient bien de nature à modifier profondément la physionomie de la carte géologique de Thurmann et à en entraîner la révision.

Pour l'intelligence de la nouvelle carte, il importe de bien saisir toute la portée de ces nouveaux faits.[1]

2. *Agents de dislocation.* Les facteurs du soulèvement jurassique, que Thurmann et Gressly ont tour à tour invoqués, ont pu aussi réagir sur le caractère que ces géologues ont imprimé à leur carte. Ils ont fait intervenir une force énergique, la vapeur, agissant de bas en haut, soulevant et disloquant le sol dans le même sens, de l'est à l'ouest, tout en le brisant dans un sens opposé, c'est-à-dire, du nord au sud ; c'est de là que seraient résulté, d'un côté, les chaînes, les combes, les vals, et de l'autre, les ruz, cluses, cirques et les gorges.

Plus tard, le géologue de la verrerie de Laufon[2] semble abandonner cette idée première et rattacher le soulèvement jurassique à celui des Alpes. Selon cette théorie, les dislocations du Jura ne seraient qu'une réaction du soulèvement alpin,

---

[1] Ils sont encore rejetés par beaucoup de géologues. Les passages suivants le prouveront :

1. „Diejenige Hebung, durch welche das Gebirge seine jetzige Gestalt erhielt, muss zwischen das Ende der jurassischen und den Anfang der Kreideperiode gesetzt werden." *Die Schweiz : Der schweizerische Jura,* von J. Siegfried, 1851, p. 76.

2. „Dasselbe gilt von der Kette des Jura. Sie muss zwar zur miocenen Zeit schon da gewesen sein, indem die Meeresniederschläge sich nur am Fuss derselben angesetzt haben." *Die Urwelt der Schweiz,* S. 286.

3. *Beiträge zur geologischen Karte der Schweiz,* 1867, 4te Lieferung, p. 217, où l'idée première de MM. Thurmann et Gressly est reproduite.

4. *Ueber die Herkunft unserer Thierwelt,* von Prof. Rütimeyer, 1867, pag. 24. „Den ältesten Schauplatz reichern Lebens warmblütiger Landthiere finden wir in der Schweiz, eben an der Küste jenes Meers, das, von Walthieren bewohnt, den Sandstein ablagerte, welcher das grosse von dem Jura und den Alpen begrenzte Thal der mittlern Schweiz ausfüllt."

Ces animaux tertiaires vivaient sur les côtes ou dans les anses profondes „in den tiefen Buchten, welche das Mollasse-Meer zwischen die schon damals vorhandene Jurakette sandte."

Pendant l'époque de l'éocène supérieur, à laquelle se rattachent les animaux mentionnés dans ce paragraphe, une grande partie de la Suisse était terre ferme ; les dépôts, ainsi que les fossiles d'Egerkingen, de Moutier, de Delémont, de Ralligen, de Vevey, de St-Loup, ne laissent pas de doute à cet égard. Pendant la formation de l'étage delémontien, la Suisse présente le même aspect. Ces époques n'ont rien de commun avec l'âge de l'époque helvétienne. Les rivages marins à ces époques, tels qu'ils sont envisagés ici, n'existaient pas.

Nos adversaires, forcés d'admettre les faits et les idées que nous avons développés dans ce travail sur l'âge du soulèvement du Jura, croient sortir d'embarras en soutenant que le Jura offrait déjà des reliefs avant et pendant l'époque tertiaire ; mais les courants N. ou N.-O., dont nous avons parlé, et qui sillonnaient le Jura pendant les âges tertiaires, seront toujours de puissants soutiens de notre opinion portant que les chaînes du Jura n'existaient pas alors et qu'elles remontent à la fin de l'époque tertiaire. Il ne faudrait pas oublier aussi que chaque époque géologique, soit chaque étage tertiaire, a son système orographique et hydrographique particulier, ainsi que nous l'avons démontré dans ce travail, et qu'il doit être étudié et traité séparément, si on ne veut pas tomber dans des anachronismes.

[2] Second rapport géol. sur le réseau des chemins de fer jurassiens, page 37.

que le résultat de la pression latérale de ce gigantesque massif. Ce mode de dislocation a reçu le nom de *soulèvement par refoulement*.

Comme nous l'avons dit au commencement de ce travail, nous n'avons pas à discuter la valeur de ces savantes théories; nous en admettrons purement et simplement une troisième, qu'on trouve clairement exposée dans un bon nombre de manuels de géologie. Cette théorie attribue ces grands bouleversements au refroidissement du globe.

„Supposons, un instant, dit Alcide d'Orbigny dans son *Cours élémentaire de paléontologie et de géologie*, 1re partie, p. 127, que la terre soit, sur quelque partie de son périmètre, refroidie de manière à montrer, Fig. 1, en *aa*, la matière liquide du centre terrestre, en *bb*, la croûte extérieure consolidée et en *dd* le vide compris entre la partie refroidie et la partie à l'état liquide ou pâteux, subissant aussi un retrait par le refroidissement.

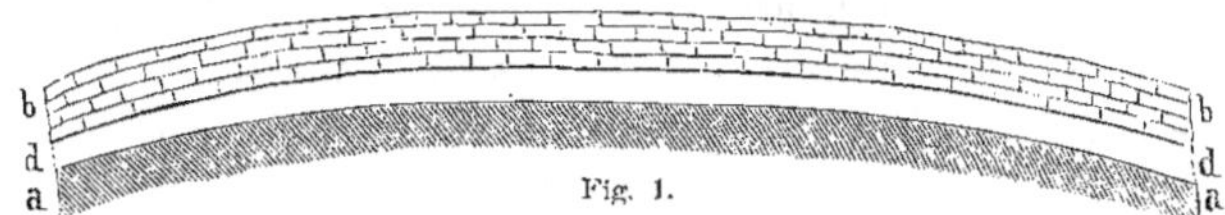

Fig. 1.

Lorsque cette croûte consolidée s'affaissera dans le vide, qu'en résultera-t-il ? Alors, Fig. 2, les couches solides se disloqueront en se divisant plus ou moins.

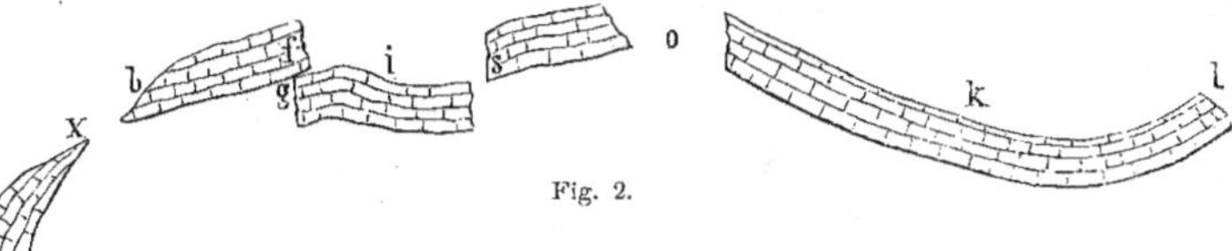

Fig. 2.

Des fragments *bf* de la couche *bl*, subissant l'effet de bascule, s'abîmeront d'un côté dans la masse liquide ou pâteuse, tandis que de l'autre, ils se soulèveront et viendront surgir en dehors et former des chaînes de montagnes en pente douce d'un côté et abrupte de l'autre, comme sur quelques points du Chasseral, Raimeux, Fringuelet et du Monterri. D'autres fois un fragment *gl*, subissant la même pression latérale, s'affaissera aux deux bouts, se voûtera vers le milieu, puis se brisera au point *o* avec un écartement des bouts plus ou moins développé. Il résultera de cette dislocation régulière, selon qu'elle sera profonde :

1. Des soulèvements de 1er, 2e, 3e ou 4e ordre, avec des *flancs*, des *crêts*, des *combes* et des *voûtes*. (V. page 3 et la coupe Ligsdorf-Soleure.) La Chaîve, au nord de Delémont, montre un exemple de ce genre régulier de soulèvement.

2. Un *val d'effondrement* en *i* Exemple : Val de Moutier-Grandval; bassin du Rhin, de Dorneck à Lörrach, en suivant la ligne sinueuse Neue Welt, Rheinfelden, Grenzach.

3. Un val en *k*. Exemple : Val de Delémont.

4. Une *faille* avec *chevauchement* de la croûte consolidée en *g*. Exemple : Cornol.

5. Une *déchirure* du lambeau *tf* et glissement de la partie *xt*, d'où il résulte un *dédoublement* de la chaîne, comme le flanc nord de Chasseral et le Blauenberg (Metzerlen) en offrent des exemples.

Enfin, si une semblable dislocation s'opère dans le sens transversal d'une chaîne, il en résultera un *ruz*, une *gorge*, une *voûte* entière ou brisée ou plusieurs, suivant le développement du facteur disloquant. Exemples : dans toutes les chaînes du Jura.

En suivant ce système d'affaissement et de soulèvement avec toutes les variantes qui en dérivent naturellement, on se rendra facilement compte de tous les reliefs principaux du Jura.

M. le prof. Hisely, dans un intéressant travail, encore inédit, sur la géologie des environs de Neuveville, adopte aussi ce mode de dislocation, en l'appuyant par des données fort plausibles. Cette théorie le sert admirablement pour expliquer une foule de faits sans cela difficiles à comprendre; c'est ainsi que l'effet de bascule, de glissement et d'enfoncement des terrains jurassiques supérieurs, crétacées et tertiaires vers la plaine suisse, a formé d'un côté le vallon de Diesse, et de l'autre l'engouffrement sous le lac d'une partie de ces terrains. L'affaissement étant plus considérable à l'ouest de Neuveville, qu'à l'est, il explique par ce fait la différence de niveau (400') qui existe entre la mollasse marine supérieure de Jolimont et celle de l'île de St-Pierre. Les affleurements moins considérables des étages crétacés inférieurs à l'est de cette ville qu'à l'ouest, sont aussi, en partie, attribués à la même cause.

Cette théorie nous explique naturellement le relief actuel du Jura et tous les faits orographiques qui s'y rattachent. Elle donne une explication concluante de la présence de l'étage oxfordien sous les terrains keupériens, constatée à Cornol pendant les recherches faites en vue de trouver du sel. (V. Fig. 2, lit. g.) Elle n'est pas embarrassée en face de la symétrie ou de la discordance que présentent souvent nos chaînes jurassiques; elle nous dit pourquoi les marnes oxfordiennes d'une même chaîne, sont sur le côté nord très-développées et en pente douce; tandis que sur le côté sud, elles sont à peine dessinées et offrent une pente abrupte.

Enfin, les théories de nos géologues jurassiens ne nous satisfont point quant à l'écartement, aux glissements et enfoncements énormes des strates dont nous avons parlé dans le précédent paragraphe. Les mots *écartement, glissement* et *enfoncement,* qui expriment une idée si capitale dans l'orographie jurassique, se rencontrent à peine dans notre littérature géologique.

En admettant donc cette 3e théorie qui a aussi ses contradicteurs, on trouvera probablement une différence entre la carte géologique de J. Thurmann et la nôtre; cette différence avait besoin de quelque développement pour l'intelligence de notre travail.

3. *Limites dans le Jura pendant les âges géologiques.* Le rôle important du Jura, comme point limitrophe, nécessitait seul une révision de la carte géologique de ce pays. Comme nous l'avons vu dans la première partie de cet ouvrage, peu de contrées offrent à cet égard le même intérêt que la nôtre. Pour bien comprendre la carte, il est utile de revenir brièvement sur ce sujet. Le Jura central n'étant pas très-propre à faire ressortir l'aspect géologique des époques antijurassiques, nous arrivons immédiatement à la formation jurassique.

Pendant la formation des étages bajocien, bathonien, callovien et oxfordien, le Jura était, en général, recouvert par des zones marines, soit subpélagiques, soit côtières. La nature des dépôts de ces étages, leur faune, leurs caractères fournis par les coquilles perforantes, les traces même de flores terrestres, remarquées dans les étages callovien et oxfordien, confirment cette opinion. Gressly nous avait déjà représenté le Jura septentrional comme un rivage pendant la formation de l'étage corallien. Quatre mers jurassiques: séquanienne, kimméridgienne, virgulienne et portlandienne, la plupart des mers crétacées, deux mers tertiaires: tongrienne et helvétienne, ont laissé dans le Jura des preuves grandioses de leurs limites. Toutes ces mers, à l'exception de la mer tongrienne, qui communiquait avec les mers du nord, revêtaient un cachet méditerranéen; mais depuis la formation de la mer astartienne aucune de ces mers n'a plus recouvert entièrement le Jura.

Pendant la formation astartienne, la mer se retire déjà vers le sud, puisque la partie orientale de la chaîne du Blauenberg ne présente plus que les couches inférieures de cet étage.

La limite nord-est de l'étage kimméridgien se dessine de Ligsdorf à Egerkingen par la Richterstuhl et Laufon. Voir la ligne *a. b.* de la carte.

L'étage virgulien ne dépasse guère le nord-ouest de la ligne Charmoille, Boécourt et Soleure: ligne *c. d.*

La ligne *e. f.* détermine la limite des terrains portlandiens et crétacés.

La ligne *g. h.* indique la limite sud de la mer que nous avons appelée tongrienne; tandis que la ligne *i. k.* donne la limite nord de la mer helvétienne.

Ainsi pendant la formation des derniers étages jurassiques, et de toute la série crétacée, une partie du Jura était terre ferme et servait d'asile à d'intéressants reptils que nous avons nommés, tels que les tortues, et les sauriens des carrières de Soleure, de Moutier et de Court.

Quatre dépôts continentaux différents, se rattachant à l'époque tertiaire, ont été signalés dans le Jura: ce sont les étages éocène moyen, éocène supérieur ou parisien supérieur, delémontien et œningien. Les deux premiers de ces dépôts continentaux, dont la présence sera peut-être constaté un jour sur de nombreux points dans le Jura, étaient en voie de formation, lorsque les mers éocènes, à caractères méditerranéens, recouvraient la Suisse méridionale et déposaient ces puissants massifs nummulitiques des Alpes. Pendant ces âges géologiques, le Jura était bien rapproché de la mer.

L'étage delémontien intercalé entre deux dépôts marins, celui de la mer tongrienne en bas, celui de la mer helvétienne en haut, a recouvert la totalité du Jura ; s'il fait défaut dans un endroit ou dans l'autre, il faut en attribuer la cause aux phénomènes de dislocation ou d'ablation.

Quant au cinquième dépôt continental, connu sous les noms d'*étage œningien*, de *mollasse d'eau douce supérieure*, y compris les *sables vosgiens à Dinotherium*, il a d'abord été contemporain de la mer helvétienne et ensuite postérieur à cette mer, dans ce sens, que sa durée a été plus longue, puisqu'il la recouvre. Nous avons donc vu au sud de la ligne *i. k.* la mer helvétienne et au nord le facies fluvio-terrestre à Dinotherium, tout en constatant cependant que les dépôts de ces deux facies occupent le même niveau géologique et possèdent des caractères minéralogiques communs. Plus tard, la mer helvétienne s'étant retirée vers le sud, le facies continental s'est développé dans le même sens et il a recouvert le dépôt de cette mer, comme Corban, les vals de Moutier, de Tavannes en donnent des exemples. Tous les facies continentaux de la formation tertiaire étaient arrosés par des courants à direction du NO. au SE., ce qui nous rend compte de la présence de roches vosgiennes et hercyniennes dans le flysch du pied des Alpes, dans la nagelfluh de l'étage helvétien, dans les sables à *Dinotherium* de l'étage œningien.

Chose curieuse, le Jura continue encore pendant l'époque actuelle à jouer le rôle de démarcation que nous avons essayé de retracer sur notre carte. Nous verrons, en effet, la chaîne du Mont-Terrible être le point de séparation des affluents de la mer du nord et de ceux de la Méditerranée ; nous avons déjà vu que les blocs erratiques avaient pour limite nord la chaîne du Raimeux ; enfin la ligne Lucelle-Pleigne-Soyhière-Montsevelier-Bienne sépare encore la race germanique de la race gallo-romaine.

Ce rôle de démarcation du Jura nous paraît bien remarquable. Une succession de phénomènes géologiques si importants et cependant si uniformes est bien propre à fixer l'attention des savants ; elle pourra difficilement être attribuée à des causes *fortuites*, tels que soulèvements, affaissements, irruptions volcaniques, oscillations du sol. Comme nous l'avons dit plus haut, l'astronomie un jour nous en rendra peut-être compte.

4. *Dénudation de certaines parties du Jura.* L'exhaussement de la région nord-est du Jura, vers la fin de l'époque jurassique et pendant la formation tertiaire, nous donne bien la clef de l'absence de certains étages jurassiques et de toute la série crétacée dans cette partie du Jura ; le soulèvement jurassique, qui a eu lieu à la fin de la formation tertiaire, nous explique également la présence de ces éboulements plus ou moins considérables qu'on remarque dans les vals et qui se sont effectués des chaînes de montagnes en les dénudant. Mais à quelle cause attribuer la disparition, l'ablation d'étages entiers de toute une contrée, tel que l'enlèvement des dépôts des étages delémontien, parisien d'une grande partie du Jura bernois? Ces terrains existaient cependant à en juger par les nombreux lambeaux qu'on rencontre partout, même jusque sur les hauteurs du Hochwald, des Franches-Montagnes. Les affleure-

ments étendus de l'étage rauracien sur ce dernier plateau, les jolies roches de ces mêmes terrains qu'on remarque sur celui de Pleigne et dont l'une, en s'élevant à près de 30 mètres au-dessus du sol, affecte par sa forme arrondie, retrécie et bosselée le corps d'une femme et s'appelle la „*Fille de May*", ne sont point une négation de la présence des étages astartien et kimméridgien dans ces régions, puisqu'aux environs de Moulin de Plaine Saigne, de Saignelegier, de la Richterstuhl, et de Pleigne, on peut facilement constater les faunes astartiennes et ptérocériennes du Banné.

Pour se rendre compte de ces phénomènes, il est impossible d'invoquer l'action d'écartement ou d'éboulement; il ne reste alors guère que celle de *dénudation*.

Nous avons déjà quelque part établi l'existence de courants d'eau gigantesques qui ont eu lieu notamment pendant la formation des étages parisien, helvétien, œningien et au commencement de l'époque actuelle. Ce sont eux, sans doute, qui ont produit ces ablations pour former pendant la durée de l'âge parisien supérieur la nagelfluh jurassique, pendant les âges helvétien et œningien la nagelfluh helvétienne et œningienne, et pendant le commencement de notre époque les graviers alluviens, le lœss et le terrain erratique. Ces courants seuls peuvent nous expliquer les lacunes qui nous frappent lorsque nous jetons un coup d'œil sur la carte. Faut-il aussi attribuer au fait de la dénudation la présence de grands rochers du Jura supérieur, astartiens et kimméridgiens, à habitus erratique, qu'on remarque sur le bathonien au nord-ouest d'Attiswyl et que M. Mathey a aussi observés sur la butte oolithique au nord de Tramelan? Nous posons la question sans la résoudre.

La direction des courants tertiaires était du NO. au SE.; tandis que celle de notre époque est N-S. et S-N., ainsi que nous l'avons démontré plus haut.

Si la direction du NO. au SE. des eaux pendant l'époque tertiaire nous explique facilement la présence dans le Jura et dans la plaine suisse d'amas de sables, de graviers et de gros cailloux provenant des Vosges et de la Forêt-Noire, elle nous rendra peut-être un jour compte de l'apparition de ces énormes blocs erratiques qu'on remarque dans le flysch des Alpes, tels que le bloc granitique de Burgiboden, vis-à-vis le village de Habkern, district de Thun, qui mesure 400,000 pieds cubes environ. Sa composition de feldspath rouge et de mica noir lui assignerait une origine vosgienne. Aurait-il été charrié par des glaces flottantes de l'époque tertiaire?! Nous nous contentons d'en montrer la possibilité, tout en insistant sur le fait que les eaux

en *dénudant* les terrains et en les *remaniant* ont joué un rôle important que l'orographie ne peut passer sous silence.

5. *Difficultés de dresser une carte géologique.* Malgré le bienveillant concours que
nous ont prêté les géologues du Jura, malgré nos courses si fréquentes, la confection
de notre carte présente tellement de difficultés qu'elle doit nécessairement laisser
beaucoup à désirer. D'abord il est impossible à un homme de tout voir et de tout
observer. Ensuite les affleurements venant souvent à manquer, on ne peut y suppléer
que par des moyens trop dispendieux. Dans ce cas, il faut laisser agir le temps et
les circonstances; alors l'exécution d'une route, d'un puits, un éboulement, la fouille
des eaux viendront un jour vous orienter. Souvent aussi les fossiles font complètement défaut et les caractères minéralogiques sont quelquefois si peu sûrs, qu'il serait
hasardeux de s'en servir pour reconnaître un terrain. Il arrive encore que dans un
endroit, les terrains sont si variés que l'échelle de la carte ne permet pas de les rendre
ou bien on se trouvera dans l'indécision, et l'appréciation que l'on fera sur la pré-
pondérance de tel ou tel terrain sera souvent contestée; c'est ainsi que l'étendue
entre Delémont et Develier (sur Chêtre et l'Algérie) sera, pour l'amateur du terrain
sidérolithique colorée en rose. Pour l'amateur de la mer tongrienne, cette étendue
recevra une teinte jaunâtre, pointillée de rose. Enfin un troisième géologue, amateur de mouvements, n'y verra que des éboulements de la montagne, c'est-à-dire
des dépôts rauraciens et séquaniens. Le même embarras se présentera pour la plaine
entre Cornol-Charmoille-Alle et Courgenay. Le pied sud du Weissenstein, depuis
Niederwyl à Oberdorf, Längendorf, Lommiswyl, Selzach et à Granges, a été envisagé par MM. Lang et Bachmann comme mollasse d'eau douce inférieure; tandis que
selon nous, il serait composé de cônes de déjection, d'éboulements, de dépôts quaternaires et de petits lambeaux de mollasse d'eau douce inférieure.

Il est parfois facile de saisir les mouvements de terrains, mais moins facile de les
reporter sur la carte avec une parfaite exactitude, et dans ce genre d'opération, il
nous sera sans doute arrivé de commettre quelques erreurs que le savant aura bientôt rectifiées, mais qui n'échapperont pas à la critique de l'homme minutieux.

En présence du soin tout particulier que nous avons mis à bien définir les étages
aux points de vue de leur étendue générale, de la stratigraphie, de la pétrographie
et de la faune, on voudra bien nous pardonner la négligence ou l'oubli de quelques

détails, car, malgré les imperfections de ce travail, nous croyons, qu'avec les données fournies, soit par la stratigraphie, soit par l'orographie, soit enfin par la carte et les profils, il sera toujours facile de s'orienter.

6. *La carte géologique du Jura central est une œuvre collective.* En donnant la description des étages, nous avons déjà parlé de leur étendue, de leur puissance, de leur allure relative au sol actuel; les pages que nous venons de tracer donnent la clef de l'orographie jurassique. Dans le chapitre suivant, qui traitera de l'orographie du Jura, on nous permettra d'être concis et d'éviter des détails que chacun pourra d'ailleurs facilement suppléer à l'aide de nos coupes et de notre carte, s'il a bien saisi les idées que nous venons d'exposer. Mais, avant d'aborder ce dernier sujet, nous devons avouer que la carte géologique du Jura bernois est une œuvre collective. Le public connaît les importants travaux faits dans cette branche par MM. Merian, Thurmann, Gressly, Nicolet, Desor. A ce groupe d'hommes de science qui ont travaillé à notre carte sont venus se joindre M. Gilliéron, qui a bien voulu mettre à notre disposition ses travaux si soignés sur la chaîne du Lac; M. Jaccard, qui a étendu ses recherches sur une vaste étendue de notre rayon SO.; M. Mathey, à qui nous devons la connaissance du bassin de Tramelan et de plusieurs autres points du Jura, M. Bachmann, que la Commission géologique a chargé de l'étude de la plaine suisse. MM. Hisely, A. Buchwalder, Lang, Grosjean, le Dr. Joliat, ont bien voulu aussi nous prêter leur concours, en nous fournissant des données plus ou moins importantes. Nous nous faisons un devoir de leur exprimer ici notre reconnaissance.

RELIEFS DU JURA.

L'*orographie* d'un pays a pour objet la connaissance détaillée de sa topographie et des affleurements de ses terrains, mis en rapport avec sa structure interne. Envisagée à ce point de vue et appliquée au Jura central, cette branche de la géologie a été traitée avec le plus grand succès par MM. Merian, Thurmann, Gressly, Studer, Desor et Fournet dans leurs nombreuses publications.

En présence des beaux travaux de ces savants, qui ont trouvé un si grand retentissement à l'étranger, nous avons longtemps hésité à aborder ce sujet; cependant des questions de détail qui ont pu leur échapper et l'application des principes que nous venons d'exposer justifieront peut-être ces quelques lignes.

Dans cette dernière étude, nous ne ferons que suivre la marche tracée par J. Thurmann; nous examinerons les divers affleurements, leurs reliefs, leur nature, leurs rapports avec d'autres terrains, en commençant par les formations supérieures; mais avant d'arriver au relief actuel, nous allons jeter un regard rétroactif sur les reliefs antédiluviens du Jura.

Reliefs antédiluviens du Jura. Pendant l'époque triasique, le Jura central a été successivement continent, mer et de nouveau continent. En effet, le grès bigarré avec ses Reptiles et ses Plantes terrestres n'est rien autre qu'un dépôt continental; mais les reliefs de ce continent ne nous sont point connus.

Pendant la formation du conchylien le Jura était positivement occupé par la mer. Ces puissants massifs de marnes et de calcaires remplis de débris d'animaux marins, ces grands amas de gypse et de sel, en fournissent la preuve.

Cette mer affecte tantôt des facies subpélagiques, tantôt pélagiques.

La dernière période de l'époque triasique nous présente le Jura central comme un continent plat ou peu accidenté, animé de plantes et d'animaux qui nous sont connus. Voir plus haut la faune de Neue Welt, de Schönthal.

Une mer variable, c'est-à-dire, tantôt côtière, tantôt subpélagique ou pélagique, avec îlots coralligènes, recouvre le Jura pendant la formation jurassique. Cependant l'étage callovien, par les fruits de palmier et les lignites qu'il renferme, nous révèle dans le Jura même ou dans le voisinage une terre ferme. Vers la fin de l'époque jurassique, le Jura septentrional, devenu continent, abrite les Tortues et les Reptiles dont les musées de Soleure, de Neuchâtel et de Bâle conservent les précieux restes.

A la fin de cette époque, la mer se retirant vers le S., la terre ferme gagne de l'espace et héberge la faune du Purbeck. Cette physionomie du Jura ne semble pas se modifier beaucoup pendant l'époque crétacée; car si la mer crétacée envahit le Jura méridional et détruit la faune du Purbeck de cette région, le Jura septentrional reste terre ferme; du moins aucun fait ne contredit cette supposition.

A l'époque crétacée succède l'époque tertiaire. Au commencement de cette dernière époque, le Jura était terre ferme; mais c'est seulement pendant les périodes éocènes moyenne et supérieure que le relief de ce pays nous est connu : pays plat ou peu accidenté avec des lacs ou marais peuplés de Mollusques et de Reptiles, et des collines servant d'asile aux *Palæotherium* et à d'autres Mammifères.

Ce pays était arrosé par des courants dirigés du N. au S., comme l'amas de nagelfluh éocène adossé contre le flanc nord de la butte du Cras de Franchier, à l'ouest de Delémont, en fournit la preuve. Ces courants N.-S. sont attestés par les traînées et amas de la nagelfluh éocène qu'on observe à Porrentruy, à Chenevez, à Delémont, au Pichoux, à Châtelat, à Tramelan et plus loin. En examinant attentivement cette nagelfluh, on voit évidemment qu'elle a été déposée à peu de chose près sur une ligne horizontale, comme le sont les graviers actuels du Rhin, et non sur le plan si différent, qu'elle affecte aujourd'hui.

L'aspect du Jura, pendant la période tongrienne, nous est en partie connu. La partie septentrionale de cette contrée était occupée par une mer qui s'étendait dans le bassin du Rhin et plus loin encore, tandis que nous ne savons rien sur la partie méridionale. La faune de l'éocène supérieur s'y est-elle encore maintenue? Nous l'ignorons.

La physionomie du Jura central pendant l'étage delémontien est plus clairement esquissée. Elle se présentait comme une terre ferme, peu accidentée, se reliant à un grand continent. Dans les marais ou les lacs, sur les accidents de terrain de cette terre ferme, existaient la flore et la faune que nous avons étudiées plus haut. La nature identique des dépôts delémontiens, qu'on remarque dans les vals du Jura central, sur les flancs et aux sommets de nos chaînes jurassiques, à des niveaux si différents, sont bien des preuves matérielles de l'opinion que le Jura, à cette époque, était peu accidenté, mais point montagneux, comme nous le voyons actuellement.

Plus nous nous approchons de l'époque moderne et mieux le Jura nous laisse entrevoir ses phases géologiques. En effet, c'est bien l'âge helvétien qui apparaît avec le plus de netteté et de détails. Tandis que le Jura septentrional se maintient comme terre ferme et se relie au bassin hydrographique alsatico-vosgien, le Jura méridional est occupé par une mer qui s'identifie à la mer helvétienne de la grande plaine suisse. La ligne de démarcation entre ce continent et cette mer a été reconnue par des rangées de trous de Pholades, des dépôts littoraux et des restes d'animaux saumâtres. Les rapports, ainsi que l'identité d'âge de ces deux facies, sont démontrés aussi par des caractères stratigraphiques et pétrographiques. Les courants d'eau douce de cette époque, à direction N.-S., sortant des Vosges ou du Schwarzwald, déposaient indistinctement sur le continent et dans la mer les matériaux qu'ils tenaient en suspension, comme le prouvent les sables à *Dinotherium* du val de Delémont et les sables à *Ostrea longirostris* de Corban, d'Undervelier, de Court et de Cortébert. Si ces matériaux vosgiens ou hercyniens ont ainsi pénétré dans le Jura, nous en tirons la conséquence bien naturelle que nos chaînes n'existaient pas. Alors le Jura était donc peu accidenté.

Reliefs actuels du Jura. En suite de dislocations survenues à la fin de l'époque tertiaire, d'après le système établi dans le chapitre précédent, cet état de choses a été profondément modifié. Surgit le *Jura, Jurassus, Jurasius* des Grecs et des Romains, soit les chaînes de montagnes qui sortent de la Sardaigne, de la France, de St-Genix, et de Bourgoin, traversent la partie occidentale et septentrionale de la Suisse, pour se continuer sans interruption sur une longueur de 125 lieues (sa largeur est très-variable) jusqu'en Allemagne, à Coburg, S. du Thüringerwald. Sur la superficie qui nous occupe et qui s'étend (Feuilles VII et II de l'Atlas fédéral) depuis le bassin suisse au bassin alsatique, depuis la frontière soleuroise, à l'est, à la frontière française, à l'ouest, le sol, de plat qu'il était donc, s'est vu transformé en 15 chaînes de montagnes principales, se dirigeant, en règle générale, de l'est à l'ouest, et embrassant un grand nombre de vals longitudinaux qu'elles relient par des déchirures transversales. Ces déchirures, dites cluses, ou gorges, dont les parois élevées, souvent taillées à pic, souvent aussi disposées en cirques imposants, font l'admiration des touristes, mettent à nu les flancs de ces montagnes, donnent un passage aux eaux et établissent des communications faciles entre les vals.

Par le même effet de dislocation, le système des eaux a été bien changé; de purement alsatico-vosgien qu'il était, il s'est transformé en deux systèmes : celui du Rhin et celui du Rhône, ou le système de la mer du Nord et celui de la Méditerranée. Les chaînes centrales, orientales et une partie des chaînes septentrionales alimentent le premier système, une partie des chaînes occidentales et septentrionales le second.

Les chaînes[1] de montagnes principales de notre région, soit du Jura central, sont :

1. *La chaîne du Chasseral*, dont le prolongement vers l'ouest est le Mont d'Amin et la Tête de Rang; vers l'est, elle embrasse la montagne d'Orvin, traverse à Frinvilier la cluse de la Reuchenette, forme la montagne de Plagne, de Romont et de Grenchenstierenberg, et se soude à la chaîne suivante à la Tiefmatte, à l'est du Monte de Court. Ses annexes sont : le Chaumont, le Spitzberg, et les montagnes de Neuveville, de Macolin et de Boujean-Romont.

2. *La chaîne du Weissenstein*, qui aboutit vers l'ouest à l'Hasenmatte, au Bruchlein, au Bettlachberg, au Vor der-Grenchenberg, donne naissance à la chaîne précédente et forme le Monte, les montagnes de Corgémont, de Courtelary, de St-Imier, ainsi que le Mont Sagne entre les Convers et la Chaux-de-Fonds. Vers l'est, elle arrive à la Röthifluh, à Günsberg, à Hinter-Egg et au joli cirque de la Klus, entre Balsthal et la plaine suisse, et se soude avec la chaîne suivante au hameau de Bärenwyl, à l'est de Holderbank.

3. *La chaîne du Moron* dont le prolongement vers l'ouest se bifurque aux Bottières; la ramification nord passe par Béroy, Embreux, le Chaumont, le Rosselet, Peux-Chapatte, la Basse-Ferrière, et se termine au ruz de Valanvron, au sud de Biaufond; la ramification sud comprend le Montbotier, la Russille, sur Engosse, Cerneux-Veusil-dessus, et se relie à la montagne de St-Imier; tandis que la continuation orientale, qui semble cesser vers Perfitte, reprend un grand développement

---

[1] *Chaîne*, mot complexe ou générique pour désigner la suite d'une dislocation qui s'effectue sur la même ligne; les dislocations prises isolément s'appellent „*montagnes*".

vers le sud-est au Mont Girod et comprend le Graitery, la cluse de la Rauss, le Probstenberg, le Miescheck, le Zentner, le Sangetel et va aboutir à la cluse entre Mümliswyl et Balsthal; de là, elle se continue par la Wannenfluh, par Langenbruck, jusqu'à Trimbach et à l'Engelberg.

4. *La chaîne du Raimeux*, qui comprend à l'ouest la montagne de Moutier, la Chèvre, le Pichoux, Semplain, les Cerniers de Rebévelier, les Montbovets, le Spiegelberg, les Côtes, et elle arrive dans le cirque oolithique de Biaufond et des Gaillots; vers l'est, elle se relie au Schönenberg, au Hohe Winde, qui, avec le massif de la Rothmatte et de Trogberg, se joint au Passwang pour former le Hauenstein et la Braunegg.

5. *La chaîne de la Rothmatte*, y compris Trogberg et Champre, qui commence à Mervelier et se soude au Hohe Winde.

6. *La chaîne du Mont*, qui s'étend à l'ouest par le Mont, par Frénois, la Racine, Saulcy, le Moulin de Bollmann, jusqu'aux Franches-Montagnes, comme on peut s'en convaincre par les dômes oolithiques de Froidevaux, des Enfers, de Praissallet et par le cirque oolithique de Goumois. Du côté de l'est, elle forme sur Mouton et meurt vers Mervelier.

Le plateau des Franches-Montagnes est formé par les quatre chaînes précédentes et par une partie de la suivante.

7. *La chaîne de la Caquerelle*, qui se détache du Mont-Terrible à la Caquerelle même, arrive à la Combe-Chavatte, à Montmelon, à Sceut-dessus, à St-Braix, à Montfavergier et à Vautenaivre.

8. *La chaîne du Clos du Doubs*, qui suit la dislocation de Montmelon, Montenol, les Piquerez et Montnoiron.

9. *Le Mont-Terrible ou Lomont.* Il comprend vers l'est les Rangiers, les Côtes, la Chaîve, le Fringuelet, Grindel, Meltingen, Reigoldswyl, Schinznach, Habsburg et le Lägerberg, et vers l'ouest Monterri, Roche d'Or et sa prolongation jusque près de Besançon.

10. *La chaîne de Movelier*, entre Soyhière et le moulin de Liesberg.

11. *La chaîne du Bueberg*, entre Liesberg, Klein-Lützel et Laufon.

12. *La chaîne de Schauenburg*, qui, du val de Laufon par le Platten, Homberg, Säge, Nuglar, Schauenburg, arrive à Meyenfels-Pratteln.

13. *La chaîne du Blauenberg,* entre le val de Laufon et le bassin alsatique. Nous en indiquerons plus loin la direction et l'étendue.

14. *La Flühen,* au nord du Blauenberg, et enfin :

15. *Le Burger-Wald,* qui, de Levoncourt, s'étend par Ferrette jusqu'à Oltingen.

Telles sont les principales lignes de dislocation qui ont donné lieu à des reliefs ou à des chaînes de montagnes.

Nous avons dit que des vals longitudinaux existaient dans les flancs plus ou moins abrupts de ces chaînes. Ces vals principaux sont :

a. *La plaine suisse,* avec ses annexes, *les vals d'Orvin* et *de Ruz.*

b. *Le val d'Erguel* ou *de St-Imier,* comprenant le bassin du vallon et celui de Péry.

c. *Le val de Tavannes* et ses dépendances, les bassins de Tramelan, de Gänsbrunnen, de Matzendorf-Balsthal.

d. *Le val de Moutier-Grandval,* avec le bassin de ce nom et ceux de Sornetan, de Seehof et de Gulden Thal.

e. *Le val d'Undervelier* avec deux bassins : Undervelier-Soulce et Rebeuvelier-Vermes.

f. *Le val de Delémont.*

g. *Le val de Laufon.*

h. *L'Ajoie,* avec la zone diluvienne et tertiaire, au nord de la chaîne du Blauenberg ; elle fait partie du bassin alsatique.

Les *cluses* ou *gorges* qui coupent transversalement ces chaînes et qui relient directement ces vals d'abord entre eux, ensuite soit au bassin suisse, soit au bassin alsatique, soit enfin au bassin rhodanien, sont :

1. *Les gorges de la Suze* qui relient avec le bassin suisse :

Le val d'Orvin ;

Le val St-Imier-Péry.

2. *Les gorges de la vallée de la Birse,* qui rattachent au bassin alsatique :

Le bassin de Tramelan et celui de Tavannes-Court ;

Le bassin de Moutier-Grandval et celui de Sornetan ;

Le bassin de Vermes et celui d'Undervelier ;

Le val de Delémont;

Le val de Laufon.

3. Le bassin de Mümliswyl, qui se relie au val de Moutier-Grandval, et celui de Matzendorf-Balsthal, qui fait partie du val de Tavannes, communiquent avec le bassin suisse par *les gorges de la Klus de Balsthal*.

4. Une grande partie des Franches-Montagnes, de la plaine d'Ajoie et de la vallée de St-Ursanne-Ocourt, appartient au bassin du Doubs et se relie avec cette rivière par un grand nombre de cluses.

Nous avons négligé plusieurs vals très-secondaires, comme ceux du Mettemberg, de Liesberg et de Kiffis. Ce dernier arrive de Löwenburg à Saalhof en passant au N. de Roggenbourg. Ces vals versent directement leurs eaux dans la Birse. Nous négligeons aussi un très-grand nombre de cluses qu'il serait trop long d'énumérer.

Les cotes de hauteur ont également été souvent négligées, parce qu'elles figurent sur la carte.

Tels sont sommairement les reliefs du Jura central que nous allons examiner plus en détail, en procédant successivement du sud au nord, et en commençant par la partie de la plaine suisse qui se rattache à notre champ d'étude.

A. Zone jurassique de la plaine suisse avec ses annexes les vals d'Orvin et de Ruz.

La *zone jurassique de la plaine suisse* possède une uniformité désespérante pour le géologue amateur de reliefs et de terrains variés. Si on voulait s'attacher à la méthode suivie dans le Jura et n'indiquer que les terrains qui y affleurent, on n'en aurait guère que deux dépôts à tracer : les dépôts modernes dans les lits ou les anciens lits des cours d'eau et dans les vallées, et le diluvium sur les collines. On pourrait encore leur adjoindre les détritus, les cônes de déjection, les éboulements jurassiques au pied de la chaîne du Weissenstein, qui, de Soleure à Granges par Längendorf, Lommiswyl, constituent quelques petits reliefs. Cependant les étages supérieurs de la formation tertiaire, l'helvétien et le delémontien, y sont bien représentés. Ils constituent une grande partie des nombreuses collines sises dans le rayon que nous décrivons, et qui est compris dans la ligne presque triangulaire, qui, de l'Untere Klus, arrive à St-Blaise en suivant les chaînes du Weissenstein et du Chasseral, et de St-Blaise à Lützelfluh pour se rejoindre à son point de départ.

La constitution géologique est donc facile à saisir. En la traitant nous serons court, pouvant nous en référer aux développements que nous avons donnés plus haut sur ces terrains et aux écrits de MM. F. Lang, B. Studer et surtout de M. le prof. Bachmann, que la Commission géologique fédérale a chargé de l'étude de ce rayon.

Les terrains de cette contrée seront donc :

1. *Les dépôts modernes et quaternaires.* Leur nature nous est déjà connue par la première partie de ce travail.

Nous devons seulement faire remarquer que le terrain erratique alpin y est bien développé; les énormes blocs erratiques y ont élu leur domicile. Les plus remarquables étant cités dans la plupart de nos ouvrages géologiques, nous n'en mentionnerons que quelques-uns.

Nous avons déjà cité dans notre travail stratigraphique celui de Steinhof, près Soleure, qui mesure 65,000 pieds cubes, et qui est probablement originaire du val de Bagnes, en Valais. Le bloc du diable de Soleure est devenu la pierre tumulaire du célèbre géologue jurassien, A. Gressly; la *Pierre-à-Bot*, au N. de Neuchâtel. La *Pierre grise*, au N. de Bienne, le petit et le grand *Heidenstein*, au sud-est de Madretsch, étant également très-remarquables, on prendra probablement des mesures pour les conserver.

Le terrain erratique alpin se relie d'une manière intime au diluvium avec lequel il est même mélangé. A la réunion de la Société helvétique des sciences naturelles, en 1869, MM. Mühlberger, S. Chavannes, Vouga, en se basant sur des observations rigoureuses, recueillies sur divers points en Suisse, se sont prononcés pour le mélange et la contemporanéité de ces terrains; de manière que cette question, continuellement agitée depuis plus d'un quart de siècle, devrait une fois être rangée parmi les causes jugées. Voir p. 198.

Le diluvium de cette région est composé d'argiles, de sables, de graviers, souvent amorphes ou formant une véritable nagelfluh, souvent stratifiée, comme le sont les dépôts formés par les eaux.

Comme nous l'avons déjà observé, et comme nous l'observerons encore dans les bassins de la Birse et du Rhin, M. le prof. F. Lang a remarqué trois systèmes de berges ou de terrasses propres aux cours d'eau de cette région. Il a donné d'intéressants détails sur les terrasses de l'Aar; c'est à leur pied qu'on voit sortir une quantité de sources que nous avons appelées *diluviennes* ou *alluviennes*.

Les débris organiques de ces terrains semblent être plus rares dans le bassin suisse que dans le bassin alsatique. Cependant on en a remarqué assez d'espèces pour fixer leur âge. Les restes de Mammouth recueillis dans la ville de Soleure même, l'Ours des cavernes, trouvé dans les environs de cette ville, établissent qu'ils sont contemporains des alluvions anciennes de Grellingen et du lehm du Rhin.

L'étage œningien. Comme ce terrain existe dans le Jura, puisque nous l'avons décrit dans les bassins de Delémont, de Vermes, de Moutier et de Tavannes, et qu'il a été observé à Huttwyl, où il recouvre le Muschelsandstein, et à Grüsisberg, près de Thun, où, avec M. Meyrat, nous l'avons également vu superposé à la nagelfluh du Muschelsandstein, il faut bien admettre qu'il existe dans notre zone du Seeland. En effet, M. Bachmann l'a reconnu sur une assez grande surface dans les collines au nord de Lützelflüh, vers Rügsbach.

Étages helvétien et delémontien. Sur la ligne Wiedlisbach, Wangen, Gemsberg, Wangenried, Herzogenbuchsee, nous n'avons point observé l'étage helvétien. Dans l'ancienne berge de l'Aar, qui depuis Moos s'étend vers l'est au-delà de Walliswyl, et vers l'ouest jusqu'à Flumenthal, on voit affleurer les grès à feuilles de l'étage delémontien, qui sont recouverts de puissants dépôts diluviens.

Mêmes observations au sud de Wangen, au pied du Gemsberg, à Wangenried jusqu'à Herzogenbuchsee.

Par contre l'étage helvétien apparaît sur quelques points entre Hermiswyl et Burgdorf. Il est même exploité comme pierre de construction au N.-E. de Riedtwyl et de Burgdorf. C'est dans les carrières de Riedtwyl, dans un facies semblable à celui de Cortébert et de la Chaux-de-Fonds, que nous avons recueilli un grand nombre de fossiles : *Notidanus primigenius, Lamna dubia, Hemipristis serra,*

Zygobates Studeri. Turritella triplicata, Cytherea helvetica, Pecten elongatus, P. scabrellus, P. palmatus, Scutella Paulensis.

Dans cette suite de collines, qui s'étendent de Soleure à Lyss par Schnottwyl et le Buchcggberg, ces deux étagcs sont connus depuis longtemps.

La nagelfluh du Muschelsandstein est formée par des cailloux rouges et verts de granit, de porphyre, de quartz, de schistes siliceux, de roches paléozoïques et jurassiques, liés par des sables, des débris de fossiles et par un ciment calcaréo-siliceux. Elle devient quelquefois tellement dure et fine qu'elle est exploitée comme pierre meulière, pierre de construction, bassin de fontaine, ainsi qu'on peut le constater dans les carrières de Mühldorf, de Schnottwyl et de quelques autres localités du Seeland : près de Buren, de Nidau, près de Bienne, entre Brügg et Mett, à Bruttelen et à Jolimont.

Comme nous l'avons déjà dit, lorsque cette nagelfluh était en voie de formation, les chaînes du Jura n'existaient point; dès lors rien ne s'opposait à ce que ces grands courants d'eau qui nous arrivaient du nord ou du nord-ouest, et aux bords desquels vivait le gigantesque *Dinotherium*, prissent ces roches erratiques sur leur passage, soit à Lure, Faucogney, Giromagny, soit dans le Schwarzwald, pour les disperser dans le Jura et dans la plaine suisse. S'il en est ainsi, il est fort à désirer que les idées erronées que l'on a encore, et que l'on professe dans les publications les plus récentes, sur l'âge du soulèvement jurassique et sur la physionomie de l'époque falunienne, puissent une fois faire place à la réalité des faits.

Le Muschelsandstein a à peine une puissance de 25 m. au Frienisberg et dans les collines du Seeland, tandis qu'au sud de Berne il atteint 360 m.

La mollasse sableuse, alternant avec des marnes rouges et jaunes, se trouve aussi au Frienisberg, près de Seedorf, à Schüpfen, à Wohlen, à Lopsingen. Entre Frienisberg et Dampfwyl, on a exploité de l'anthracite. A Rappenfluh, près d'Aarberg, dans une mollasse marneuse, on a recueilli des restes de mollusques, de tortues d'eau douce et de mammifères : *Hyotherium Meissneri,* v. M., *Palæomeryx Scheuchzeri,* v. M., *Emys Wyttenbachii,* Board. Cette mollasse sableuse se retrouve à notre limite est, au nord et tout près de la ferme Hoch-Rute, au nord-ouest d'Attiswyl et au nord d'Oensingen et d'Oberbuchsiten. C'est dans la mollasse d'Oensingen que M. le curé Cartier a recueilli les espèces suivantes : *Helix Ramondi, rugulosa,*

Cyclostoma bisulcatum, espèces caractéristiques de l'étage delémontien. De Soleure vers Oberdorf, Lommiswyl, Selzach, Bettlach, Granges, les grès à feuilles sont recouverts des détritus jurassiques, des cônes de déjection des ruz jurassiques, de diluvium et de puissants éboulements jurassiques; cependant ces grès affleurent au S. de Bäriswyl, près Selzach et à l'ouest de Granges.

Il résulte de ces observations que les étages helvétien et delémontien sont bien représentés dans la région au sud du Jura, quoique nous n'y ayons point remarqué (si ce n'est à Oensingen) les calcaires d'eau douce de ce dernier étage, qui sont si développés dans les vals du Jura.

L'étage parisien avec ses argiles réfractaires, son *hupper*, son fer pisolithique, a déjà été signalé au pied de la chaîne du Weissenstein. A Riedholz, N.-E. de Soleure, on exploite le hupper. Il est recouvert par des marnes noires renfermant des rognons de calcaire d'eau douce avec Limnées et Planorbes, enfin des marnes bigarrées et des grès à feuilles.

Au nord de Soleure, à Martinsfluh, à Balm, de même qu'à l'Untere Klus, nord de Nieder-Bipp, se trouve le terrain sidérolithique. Dans ce dernier endroit, il est adossé au calcaire jurassique et il s'enfonce presque verticalement dans la plaine.

Les *Lophiodon* d'Egerkingen, recueillis avec tant de zèle par M. le curé Cartier, sont bien une preuve que l'étage parisien inférieur existe dans cette région.

Les vals d'Orvin et de Ruz ont encore un cachet géologique calqué sur celui de la plaine suisse. L'élément erratique et diluvien y est dominant. Comme ils sont bien encaissés par des montagnes élevées, ils abondent aussi en roches détritiques; d'où il résulte que ces deux vals sont plutôt des vals *détritiques* et *diluviens* que des vals *tertiaires*.

Malgré des recherches assidues, tant de la part de M. Gilliéron que de la nôtre, c'est à peine si dans *le val d'Orvin et dans ses dépendances*, le couloir de Vauffelin-Romont, et dans *le bassin de Lamboing*, nous avons pu constater quelques lambeaux tertiaires. Le fond est encombré par des détritus et par le terrain diluvien erratique, composé de cailloux, de sables et de nombreux blocs granitiques alpins. Des traces de l'étage delémontien y apparaissent à l'est de Frinvilier, au tournant de la route de Bienne, à l'est d'Orvin, entre ce village et Lamboing. Des lambeaux, même des zones de terrains crétacés, se rattachant aux étages inférieurs, n'y sont pas rares.

Les bords sont généralement formés par les assises supérieures de l'étage virgulien, qui se développent souvent jusque sur les hauteurs.

Le val de Ruz a à peu près la même physionomie géologique que celui d'Orvin. Les roches détritiques et diluviennes en recouvrent le fond à un tel point que toute exploration géologique devient bien difficile, et la partie médiane et supérieure étant très-marécageuse se prêterait bien mieux à une étude de dessèchement que de géologie.

Cependant ce val renferme des blocs erratiques qui méritent d'être signalés. On en remarque un de gneiss, d'un gris verdâtre, sis sur la rive gauche du Seyon, à cinquante pas au-dessous du pont de la route qui relie Fenin à la Borcarderie. En voici les dimensions : longueur 7 mètres, largeur 6 mètres et hauteur 4 mètres. Au-dessus et tout près se trouve une assez forte source diluvienne. Entre Clémesin et Pâquier, à droite de la route en montant, se présente un autre bloc de même nature ; il a six mètres de longueur et trois de largeur et de hauteur. On a fait grâce à ces deux colosses diluviens, parce que leur composition minéralogique ne les fait pas apprécier autant que leurs contemporains, qui sont formés de beau granit blanc et solide. Ceux-ci ont déjà disparu en grande partie. Des tailleurs de pierres italiens les achètent aux particuliers et aux communes pour en faire des pierres de démarcation, des marches d'escaliers, des voûtes de ponts et des colonnes pour de grandes constructions. Les jolis piliers du bâtiment de l'Ecole secondaire de St-Imier proviennent en partie du Pâquier. Dernièrement encore ces ouvriers étaient en instance auprès de la commune du Pâquier pour acheter les beaux blocs restants. Cette commune, par la raison qu'elle pourrait un jour ou l'autre en avoir besoin, refuse de les céder.

Aux bords et dans le lit du Seyon, et surtout à la partie inférieure du val, entre Valengin et Engollon, se trouvent des grès à feuilles et des marnes qui appartiennent évidemment à l'étage delémontien; mais ces dépôts sont tellement recouverts par le diluvium qu'une étude sérieuse des terrains tertiaires est difficile dans ce val. Par contre *les terrains crétacés inférieurs* y présentent le plus grand intérêt. *Les marnes et les calcaires néocomiens* y forment des zones étendues avec des affleurements fossilifères importants. Au nord-ouest de Dombresson les espèces suivantes nous paraissent très-fréquentes : *Ammonites Leopoldinus, Astierianus, Pleurotomaria*

Neocomiensis, *Pterocera Moreausiana*, *Pholadomya elongata*, *Mytilus subsimplex*, *Terebratula acuta*, *Rhynchonella depressa*, *Toxaster complanatus*, etc.

Valangin est devenu la localité-type de l'*étage valangien*.

Les *roches caverneuses dolomitiques*, les *jaluzes supérieures et inférieures*, le *roc* de l'étage portlandien avec *Pycnodus Hugii*, *Natica Marcousana*, *Trigonia Gillieroni*, *Pecten suprajurensis*, jouent un assez grand rôle dans la constitution géologique du Val-de-Ruz. Le fond et les bords sont formés de cette subdivision jurassique. Depuis le nord de Neuchâtel, le Plain jusqu'à Villiers, on voit des carrières établies dans ces mêmes assises portlandiennes, qui se retrouvent au N.-O. de ce val, depuis le nord de Villiers jusqu'au-delà de Malvilliers, où l'on rencontre encore des couches marno-calcaires, riches en *Nerinea trinodosa*. Ces calcaires portlandiens arrivent même jusque sur les hauteurs des Planches et de l'hôtel des Loges.

1. La chaîne du Chasseral et ses annexes, la montagne du Lac, le Spitzberg et le Chaumont.

Cette chaîne, telle que nous l'avons définie ci-dessus, contribue à former le bassin suisse qui relie le Jura aux Alpes. Elle se rattache au deuxième ordre de dislocation de J. Thurmann; elle présente donc une voûte oolithique entière ou avec failles, flanquée de deux massifs crétacés et jurassiques supérieurs, et interceptant deux combes oxfordiennes.

Le Chasseral semble offrir des particularités que le géologue-voyageur retrouvera, quoique moins accentuées, dans les chaînes intérieures. Tandis que celles-ci ont souvent une construction régulière, les flancs nord du Chasseral sont très-abrupts et souvent étroits, les flancs sud, au contraire, sont, en général, moins inclinés, beaucoup plus larges et présentent des dépressions souvent accompagnées de déchirures, de glissements et de failles, tellement fortes, qu'elles constituent de véritables vals, comme ceux d'Orvin, de Lamboing et de Ruz, et des chaînes adjacentes, comme celles du Chaumont, du Spitzberg et du Lac; ce sont en quelque sorte des chaînes secondaires qui se sont détachées de la chaîne-mère par l'effet de l'affaissement et souvent du glissement d'une de ses parties, soit dans le sens vertical, soit dans le sens oblique. Ces grands mouvements de terrains, soit l'affaissement du bassin suisse, ont sans doute favorisé et déterminé les dislocations du sud du Chasseral, qu'on ne retrouve plus sur une aussi vaste échelle dans les chaînes intérieures plus resserrées, et qui, sans doute, sont la cause de l'apparente complication de la chaîne du Chasseral.

Cette chaîne présente les affleurements suivants :

Le diluvium. S'il nous était permis d'appliquer les idées émises plus loin en traitant des terrains quaternaires et d'invoquer l'action simultanée des eaux charriant du S.-O. au N.-E. (c'est-à-dire des Alpes au Jura), des graviers et des glaces flottantes, le Chasseral, plus que toute chaîne jurassique, devrait fournir des témoignages de ce remarquable phénomène. C'est précisément ce que démontre le champ de l'observation, puisqu'aucune chaîne du Jura ne renferme autant de preuves de lavage, autant de terrain erratique, autant de dépôts diluviens que le flanc sud du Chasseral; nou-seulement le terrain erratique se remarque au pied sud de cette chaîne, mais sur les flancs, sur les cols et même jusqu'au revers nord et dans le val de St-Imier. Les dépressions ou vals en sont remplis à tel point que nous n'appellerons pas les vals de Ruz et d'Orvin, *vals tertiaires;* ils doivent plutôt recevoir la dénomination de *vals diluviens et détritiques,* se groupant au système de la plaine suisse. En effet, c'est à peine, comme nous l'avons vu, si dans un endroit ou dans un autre de ces vals on rencontre des traces de terrain tertiaire, tandis que partout le diluvium et les roches détritiques y dominent.

Un des plus importants dépôts diluviens du sud du Chasseral est celui qui, à 20 minutes à l'est de Neuveville, a été coupé par la ligne du chemin de fer. Puissance du massif : 30 m. ; composition : roches jurassiques, crétacées, tertiaires et alpines. Les deux tiers de ces roches ayant une origine jurassique, ce dépôt ne peut être une moraine. Cet amas s'élève à une hauteur de 40 m. au-dessus du lac.

Les terrains tertiaires ne jouent qu'un rôle effacé dans la constitution du Chasseral. Ils ne s'observent guère qu'au pied de cette montagne. En le suivant de St-Blaise à Bienne [1], on voit sur plusieurs points les terrains crétacés et jurassiques s'enfoncer sous les terrains tertiaires, qui, après avoir souvent offert une grande

---

[1] Une grande partie de ces renseignements sont dus à l'obligeance de M. le prof. Hisely.

puissance, meurent bien vite vers le flanc et se cachent sous les eaux du lac pour reparaître sur la rive droite.

A St-Blaise, les tranchées du chemin de fer en ont mis à nu les assises inférieures; si, à partir de cette localité on ne les retrouve plus qu'à 10 et à 20 minutes à l'est de Neuveville, c'est que sur cette distance, ils sont recouverts par le diluvium. A 20 minutes, à l'est de Neuveville, lorsque les eaux du lac sont basses, on voit la mollasse, très-puissante, 80 m., se perdre dans le lac et se retrouver de l'autre côté avec les mêmes caractères.

De là, à Bienne, on ne remarque plus d'affleurement tertiaire que dans le lac, où la mollasse apparaît de nouveau, comme à l'Ile de St-Pierre. Entre les deux îles se trouve la mollasse d'eau douce inférieure; l'Ile de St-Pierre est formée de la mollasse marine supérieure. Jolimont offre la même composition géologique que l'Ile de St-Pierre. La surface est une couche argilo-siliceuse sans galets, de 2 à 4 m., reposant sur le Muschelsandstein avec fossiles marins, lequel à son tour recouvre la mollasse d'eau douce inférieure.

Entre Jolimont et le village d'Anet, entre Anet et Champion, dans la plus grande dépression du sol, apparaît la mollasse marine supérieure, à peu près au même niveau qu'à l'Ile.

Au nord-ouest de Jolimont l'étage delémontien, recouvert en partie de l'étage helvétien, forme une colline arrondie, presque indépendante de Jolimont, sur laquelle s'élèvent quelques maisons du village de Chales (Gals). Cette colline se perd insensiblement en s'approchant de la Thièle; mais à 40 m. de cette rivière, dans un aqueduc de deux pieds de profondeur, on voit apparaître l'étage delémontien, qui doit passer sous la rivière et remonter un peu au-delà pour former la base de la colline diluvienne de Wavre, puisqu'on la retrouve dans les falaises de Préfargier, à Marin, vis-à-vis de Chales, à Bois-Rond et un peu plus à l'est, à Saint-Blaise. Elle doit même s'étendre jusqu'au-devant de Cornaux.

Les terrains crétacés. En donnant plus haut la description de la formation crétacée, nous avons démontré que la mer de cette époque s'était insensiblement retirée vers le sud, en ne laissant dans le Jura que des dépôts peu puissants et peu nombreux. Quoique ce pays ne possède pas la série complète et puissante (1100 m.) des terrains crétacés du midi de la France, il est néanmoins intéressant d'étudier les formes orographiques que ces dépôts rudimentaires revêtent dans le Jura. Nous savons déjà que ces dépôts se rattachent aux étages inférieurs, et nous savons enfin qu'ils ont suivi les diverses phases des dislocations jurassiques. Il ne nous reste donc qu'à observer leurs allures locales.

Les géologues neuchâtelois ayant suffisamment étudié les affleurements crétacés et jurassiques existant de Neuchâtel à St-Blaise et au val de Ruz, nous n'avons pas à nous en occuper ici; nous commencerons par les environs de ce dernier village.

Au nord de St-Blaise s'élèvent les couches de l'étage valangien, couronnant une colline parallèle à la chaîne du Chaumont et formant une partie du petit vallon de Voëns. De l'autre côté de ce vallon, au pied du Chaumont, le néocomien moyen et le valangien, recouverts dans ce vallon par le diluvium, affleurent de nouveau et s'appuient contre le Jura supérieur pour bientôt y mourir. Ce petit val diluvien s'étend plus à l'est jusqu'au Roc, campagne au-dessus de Cornaux, tout en conservant son encaissement. On voit donc au sud les couches du valangien redressées et brisées et au nord les marnes néocomiennes jaunes et bleues s'appuyer avec le valangien contre le pied du Chaumont et s'y maintenir jusqu'au nord de Trochau.

A Cressier, où se trouve encore de l'urgonien inférieur, le calcaire néocomien avec ses marnes forme une colline derrière laquelle se présente une combe dont le fond est formé des marnes bleues de Hauterive. Le valangien monte un peu plus haut, mettant à jour un marbre bâtard et ensuite le Jura supérieur.

Dans le voisinage du village d'Enges apparaissent les marnes bleues de Hauterive, au pied du Chaumont, à une hauteur de 333 m. environ au-dessus du marais du Landeron.

Au Landeron, les terrains crétacés s'inclinent d'abord sous un angle de 30 à 50°, plongent ensuite au pied de la montagne sous le diluvium avec un angle de 45 à 50°.

Le valangien s'élève au-dessus de Lignières jusqu'à la forêt de Sarron, où il forme une combe remplie de diluvium. Plus haut, on voit mourir successivement les strates jurassiques.

Du Landeron à la Neuveville, le néocomien moyen ne se montre que dans un ravin au-dessus du moulin de la Tour, tandis que le marbre bâtard borde toute cette longueur et s'élève à la hauteur des vignes sous un angle de 60°, puis, avec une pente moins forte, jusque près de l'église de Lignières.

A Neuveville, au pied du Schlossberg, une grande partie du néocomien et le valangien s'appuient contre le pied de la montagne, le marbre bâtard, base du valangien, arrive même à la hauteur du Schlossberg et de la Maison blanche.

Du Schlossberg, le marbre bâtard seul passe sous les débris de la montagne et reparaît au Moulin du haut de Neuveville, où il forme un escarpement rapide qui reçoit la route de Neuveville-Lignières.

Plus à l'est, le valangien ne se voit qu'en lambeaux, à deux endroits qu'on peut constater en suivant dans les vignes la direction O.-E. A la Maison blanche, il monte de nouveau et sert de mur de soutènement à la longue terrasse qui borde le pied de la montagne jusqu'à Chavannes.

Un peu à l'ouest de cette localité, le calcaire néocomien à *Toxaster* passe sous la route et se perd quelques pas plus bas dans les eaux du lac.

De Chavannes jusqu'un peu au-delà de Gléresse, les bancs du marbre bâtard, très-redressés, arrivent à la hauteur des vignes, mais un grand lambeau valangien semble s'être détaché de la montagne pour recouvrir les marnes bleues de Haute-rive : on peut le voir un peu à l'est de Gléresse, à quelques mètres de la route.

Dix minutes plus loin, les eaux du lac, lorsqu'elles sont basses, permettent de voir les marnes bleues plonger sous les eaux pour ne plus reparaître vers l'est.

De cet endroit à Bienne, les lambeaux crétacés plus récents que le valangien, ne sont que des débris arrêtés par les mouvements de terrains qui se sont produits lors de l'affaissement de la plaine suisse.

Depuis le Petit-Douanne, où la cluse de ce nom débouche dans le lac, le valangien remonte contre Jugie (Gaicht) et appuie ses bancs de marbre bâtard, à plusieurs endroits, contre les jaluzes jurassiques.

A l'est du village de Douanne, il reprend la direction du pied de la montagne, puis disparaît près d'Engelberg, où affleure le terrain jurassique.

En s'approchant de Tüscherz, on voit le marbre bâtard, qui paraît avoir été brisé du nord au sud, se redresser et s'approcher davantage du lac. Avec une inclinaison de 70 à 90°, il s'enfonce sur une longueur d'environ une lieue sous la bande étroite de vignes qui forme le rivage du lac. A Vigneules, il se relève un peu et borde le pied de la montagne jusqu'à Boujean. Les dernières traces des terrains crétacés que nous avons observées vers l'est, sont les calcaires et les sables siliceux de Lengnau à *Lima Royeriana, Terebratula acuta, Echinobrissus Olfersii.*

Après avoir, avec le plus vif intérêt, suivi M. le prof. Hisely sur la lisière du lac, qu'il nous soit permis de l'accompagner encore dans ses courses à travers le flanc sud du Chasseral.

1re ligne. De Neuveville, le valangien s'élève jusqu'au Moulin du haut. Il se retrouve au-dessus du village de Lignières, au bord nord du marais, sous lequel il plonge. Le Moulin Junod est construit sur le marbre bâtard.

2e ligne; comme point de départ, 20 minutes à l'est de Neuveville. Nous constatons encore au bord du lac la mollasse et le dépôt diluvien que nous venons de mentionner, puis le valangien qui borde le haut des vignes, et à 600 pas au-dessus du niveau du lac, le terrain jurassique à *Nerinea depressa* et *Hemicidaris mitra.* On traverse alors une petite combe de 8 à 10 minutes de largeur, remplie de diluvium, et on arrive au sommet de la chaîne du lac, qui est jurassique; mais en descendant le versant nord, on se retrouve sur le valangien qui, déjà vers le milieu, est très-développé. Il semble se continuer vers l'ouest jusqu'à Lignières (quoiqu'on ne le voie pas sur toute cette étendue) et vers l'est jusqu'à cinq minutes du village de Prêles; c'est dans cet endroit qu'une jolie carrière de marbre bâtard a fourni les meilleurs matériaux pour la reconstruction des maisons incendiées de ce village. Enfin le valangien avec des traces de néocomien plonge sous la tourbe du marais de Prêles. Ces tourbes traversées, on arrive au pied du Spitzberg, qui appartient au Jura supérieur.

3e ligne. Gléresse sera notre point de départ. Au bord du lac : marnes bleues de Hauterive, recouvertes par un éboulement considérable de marbre bâtard; cet éboulement s'étend des dernières maisons de Chavannes au petit Douanne et remonte jusqu'au haut des vignes. En suivant la nouvelle route de Gléresse à la montagne, on rencontre alternativement le Jura supérieur et le marbre bâtard; mais arrivé au milieu du versant, le marbre bâtard devient puissant et se soutient jusque vers le sommet de la montagne; au revers nord, on voit les jaluzes s'enfoncer sous le diluvium. Près du moulin de Lamboing, le marbre bâtard est bien développé : il doit être la continuation de celui que nous avons vu à l'ouest du village de Prêles.

De ce moulin à Diesse : terrains modernes, recouvrant probablement le marbre bâtard. A la base du Spitzberg, un peu au-dessus de Diesse, on se retrouve sur le marbre bâtard qui se prolonge vers l'ouest jusqu'à l'entrée des Prés-Vaillons, où il se perd un instant pour reparaître au pied du Chasseral. En continuant cette ligne jusqu'au vallon de St-Imier, après avoir traversé le Jura supérieur, les combes oxfordiennes, le dôme oolithique et la seconde série, savoir la combe oxfordienne et le Jura supérieur, au sud de Villeret, on rencontrera le marbre bâtard bien développé, appuyé contre le versant nord du Chasseral.

4ᵉ ligne. Départ de l'église de Douanne. Au bord de la route, à quelques pas du lac, se trouve une roche compacte, appartenant au néocomien moyen. Quelques pas plus bas, on voit le calcaire à *Toxaster* avec ses marnes jaunes, reposant immédiatement sur le marbre bâtard, puis le Jura supérieur; mais celui-ci est bientôt recouvert par le marbre bâtard qui s'incline au nord et forme le flanc sud du petit vallon néocomien de Douanne à Jugie.

Un bel exemple de lambeau crétacé, arrêté dans son glissement par une petite combe longitudinale sur le versant de la montagne, se rencontre ici, où nous trouvons une bande de *calcaire à Toxaster* et de *marnes jaunes à Ammonites radiatus*, de quelques centaines de pieds de longueur et de largeur, adossée au valangien et formant le flanc nord de cette combe.

Dans la forêt au-dessus de Jugie se trouve le diluvium, qui repose sur les jaluzes ou d'autres roches jurassiques dénudées.

Vers le milieu de la montagne de Douanne, le marbre bâtard, puissamment développé, présente ses couches presque verticales qui s'élèvent sans interruption jusque vers la métairie de Douanne; de là, il s'étend plus à l'est.

La roche qui borde le lac, de Tuscherz à Vigneules, n'est qu'un énorme lambeau de ce même marbre bâtard qui, dans son mouvement de bascule et de glissement vers la grande plaine, s'est redressé au pied de la montagne.

Si, sur plusieurs points de cette chaîne, tels qu'à Alfermé, à Vigneules, à Ried, on rencontre des roches et des fossiles des groupes crétacés supérieurs au marbre bâtard, ce sont, nous le répétons, des lambeaux qui ont été arrêtés dans leur glissement par des accidents de terrain.

Dans le vallon de St-Imier, les dépôts crétacés offrent tous les caractères que nous leur avons vus sur le sud du Chasseral. Ils se rattachent aussi aux étages inférieurs: valangien, néocomien et albien. — L'étage purbeckien accompagne constamment le valangien; dès qu'on indique l'un sur la carte, on indique implicitement aussi l'autre. Nous avons décrit l'albien aux environs de Renan. Dans ce val, les lambeaux crétacés, brisés par la chaîne du Chasseral, apparaissent, comme nous l'avons indiqué sur la carte, au pied nord de cette chaîne, plongent sur la formation tertiaire du bassin et se redressent au sud de la chaîne de St-Imier avec des affleurements très-variables en étendue et en puissance; leur limite nord-est est tracée sur la carte. Après ce que nous en avons dit, il nous semble oiseux de nous en occuper davantage; nous arrivons donc à la formation jurassique.

Terrains jurassiques. Les étages jurassiques prennent de beaucoup la plus large part dans la constitution du Chasseral; mais comme leur mode d'affleurement est tout à fait élémentaire et par conséquent connu, et qu'en outre il se traduit facilement et clairement sur la carte, nous n'en parlerons que très-brièvement.

Les *étages jurassiques supérieurs* y sont bien représentés sur les deux flancs. C'est dans cette chaîne que l'*étage portlandien* fait son apparition avec les terrains crétacés. Sa limite NE. nous paraît suivre la ligne qui de Ried, au nord de Bienne, passe par le Jorat, St-Imier, pour arriver au bassin de la Chaux-de-Fonds. Gressly a décrit en plusieurs endroits les dolomies de l'étage portlandien, notamment de Bienne à la Reuchenette. Nous avons fait connaître plus haut les diverses assises de cet étage plus à l'ouest.

Les *calcaires et les marnes à Ostrea virgula* se font remarquer sur toute la longueur du versant nord. En suivant la charrière de Cortébert pour arriver aux Prés de Cortébert, on peut, par les caractères pétrographiques et paléontologiques, s'assurer que cet étage arrive jusqu'à la hauteur de ces Prés. Quelques stations nous ont permis de recueillir sur ce chemin des *Ostrea virgula* et des *Terebratula suprajurensis.* Les assises virguliennes du versant sud ont été mentionnées.

Les *étages kimméridgien* et *astartien* jouent par leur étendue un rôle très-considérable dans la chaîne du Chasseral; mais leurs roches, dénudées et stériles, surtout au revers sud, offrent un triste aspect. Elles sont souvent nues ou recouvertes seulement d'un maigre gazon ou de quelques coudriers.

L'*étage rauracien* y est moins développé; cependant il n'y fait pas défaut; car, au sud du Ligerzberg, on peut très-bien étudier *l'oolithe corallienne,* qui ne se distingue guère de celle du Jura central.

Le *terrain à chailles* du cirque de Rondchâtel a tous les caractères qu'on lui a reconnus dans les chaînes septentrionales.

Les *combes oxfordiennes* y sont un peu moins larges que dans les chaînes centrales. La combe sud, comme on peut s'en assurer de Mittlerberg à Choberg, est si peu accentuée qu'on aurait de la peine à en reconnaître la direction, si elle n'était donnée par un sol plus humide et une jolie série d'*emposieux,* sis sur la limite du bathonien. — La combe nord est plus profonde et plus basse.

Du Peltz à Combeloch, une déchirure met à découvert l'oxfordien supérieur qui renferme de beaux fossiles oxfordiens et coralliens : *Ammonites plicatilis, Belemnites hastatus, Pholadomya exaltata, P. concinna, Goniomya constricta, Anatina striatula, Isoarca texata, Ostrea dilatata,* var. *caprina, Terebratula insignis, Stomechinus perlatus, Pentacrinus pentagonalis, Asterias Jurensis.* Cependant cette déchirure, souvent gazonnée ou boisée, se prête peu à des recherches géologiques.

Il y a longtemps que M. le prof. Gilliéron a observé le *calcaire à Scyphies inférieur* dans la partie occidentale de la chaîne du Chasseral, à Agrisboden, à Feuerstein, avec la faune suivante :

Ammonites plicatilis.	*Apiocrinites sulus,* Qu. (Jura, Pl. 87, f. 35.)
„ *Henrici.*	*Scyphia obliqua,* Gf.
Terebratula insignis.	*Tragos acetabulum,* Gf.
Rhynchonella helvetica.	*Spongites reticulatus.*
Hemipedina Guerangeri, Cot.	

Le *fer sous-oxfordien,* réduit à quelques pouces de puissance, se trouve également dans les mêmes stations que le calcaire à Scyphies inférieur. Les *marnes sableuses jaunes à Rhynchonella minuta* affleurent dans le haut de la gorge de Villeret et reposent sur la dalle nacrée. Le dôme oolithique, souvent recouvert d'un riche gazon, n'offre guère d'affleurements bien intéressants. Vers Flue, le gazon ne nous a pas permis de reconnaître d'une manière bien positive le bajocien ou le toarcien.

Nous ne quitterons pas cette intéressante chaîne sans mentionner encore la cluse de la Reuchenette. Cette cluse oolithico-virgulienne est une des cluses les plus curieuses du Jura bernois au double point de vue stratigraphique et paléontologique.

Les assises oolithiques jusqu'aux assises virguliennes y sont mises à nu. On peut donc successivement y étudier :

1. *Le virgulien*, c'est-à-dire, l'assise moyenne à *Ostrea virgula* et l'assise inférieure, soit les calcaires dolomitiques.

2. *Le ptérocérien.*

3. *L'astartien.*

4. *Le corallien*, soit le facies méridional. D'après M. Gressly le Jura supérieur y affecte une puissance de plus de 1000 pieds et chaque subdivision s'y présente très-distinctement.

5. *L'Oxfordien.*

6 et 7. *Le bathonien* et les assises supérieures *du bajocien.*

Pour plus de détails sur les gorges de la Reuchenette, nous renvoyons à l'excellent *„ Rapport géologique sur les terrains parcourus par les lignes du réseau des chemins de fer jurassiens"* par A. Gressly, dernière production scientifique de ce savant géologue, pages 7 et suivantes.

B. Le val de St-Imier.

Le val de St-Imier, un des plus pittoresques du Jura bernois, est encaissé au sud par le Chasseral et au nord par la montagne de Corgémont-St-Imier; à l'ouest, il finit aux Convers, et à l'est, sur les hauteurs de Pierre-Pertuis. La cluse du sud de Sonceboz le relie au bassin de Péry. La Suze le traverse vers le milieu sur toute sa longueur. Cette petite rivière sort au-dessus des Convers, sur un lit de marnes tertiaires, reçoit toutes les eaux du vallon, traverse la cluse de Sonceboz, une partie du val de Péry, se dirige ensuite vers le sud à travers les gorges de Rondchâtel et de Boujean, pour arriver dans le grand bassin suisse. Les ruisseaux qui l'alimentent dans le val de St-Imier, proviennent presque tous des ruz profonds du versant nord du Chasseral. Le versant sud de la chaîne de Corgémont-St-Imier, moins déchiré, retient mieux les eaux et n'alimente guère que la source du Torrent; la grande partie de ses eaux arrive sur le versant opposé et entretient la source de Tavannes.

Le val de St-Imier offre des caractères géologiques intermédiaires entre celui d'Orvin et celui de Tavannes. Il n'est plus essentiellement détritique et diluvien comme le premier; plus rapproché de la plaine suisse et plus resserré que le dernier, il renferme beaucoup plus de dépôts diluviens, et les terrains tertiaires y sont beaucoup plus recouverts par les éboulements. Néanmoins ce val possède plus d'un phénomène digne d'attirer l'attention des géologues. Rappelons la dislocation du dépôt falunien, facile à constater entre Cortébert et les hauteurs de Cerneux-Veusil-dessus, et les rivages de la mer crétacée.

Les roches *détritiques* et *diluviennes* recouvrent une grande partie de ce bassin et cachent ainsi très-souvent les terrains tertiaires. L'éboulement de Champmeusel, à l'ouest de Villeret, est remarquable; il forme un monticule d'un diamètre de 1000 pieds environ. En se détachant des terrains jurassiques supérieurs de la montagne de St-Imier, il a produit un vaste cirque dans les flancs de cette chaîne, en mettant à jour les étages séquanien et corallien et une source pérenne.

Les *blocs erratiques alpins* ne sont pas rares dans le val de St-Imier.

L'*étage œningien* n'y a pas encore été constaté, tandis que l'*étage helvétien* y existe avec des caractères orographiques et paléontologiques importants. Les petites collines qui s'étendent du nord de Cortébert jusque vers Courtelary sont formées de Muschelsandstein très-fossilifère et souvent exploité. Comme nous l'avons déjà dit, si on veut poursuivre ce dépôt marin vers le nord-ouest, il faut gravir les hauteurs de Cerneux-Veusil-dessus et de la Chaux-de-Fonds. La grande différence de niveau de ce même facies marin, qu'on observe dans ces trois localités, est une des meilleures preuves à invoquer pour fixer solidement l'âge du soulèvement jurassique.

Les calcaires, les marnes et les grès ou sables de l'*étage delémontien* existent entre Cortébert et Courtelary, entre Cormoret et Villeret, dans le pâturage au-dessus de la Tuilerie. Les calcaires affleurent sur la route de Villeret à St-Imier, à la sortie occidentale de Sonvilier et au-dessus de l'église de ce village. A St-Imier, au-dessus de l'usine à gaz, les marnes sont exploitées pour la confection de tuiles, de briques et d'articles de poterie. Le forage d'un puits dans le village de St-Imier, dirigé par MM. Froté et Gressly, y a révélé l'existence des grès à feuilles et des marnes rouges micacées.

Etage tongrien. Point de trace.

Terrain sidérolithique. Il ne joue aucun rôle technique ou orographique bien apparent dans le vallon.

Terrains crétacés. Trois étages sont représentés dans le val de Saint-Imier : *Albien, Néocomien* et *Valangien.* Dans toute la partie basse du vallon jusqu'à St-Imier, nous n'avons pas rencontré de traces du terrain crétacé, observation qu'avait déjà consignée J. Thurmann dans les *Mittheilungen* de Berne, en 1853, page 42. (Cependant Gressly en a encore observé plus bas, comme la carte l'indique.) Ce point, comme limite nord-est de la mer crétacée, est digne de remarque. La distribution, les caractères minéralogiques et paléontologiques de ces étages crétacés nous étant connues, nous arrivons aux terrains jurassiques.

Etage purbeckien. MM. Nicolet et Gressly nous l'ont fait remarquer au-dessus du Stand de St-Imier, ensuite près de la maison d'école des Convers, au-dessous de Micôte, où il est traversé par la route. Dans cette dernière localité, il est formé de marnes violacées, renfermant des cristaux de chaux sulfatée et de minces bancs de calcaire gris, friable, marno-compacte. Ces marnes, qui se délitent facilement, sont bonnes comme amendement, et les calcaires donneraient probablement de la chaux hydraulique.

Les *étages virgulien, ptérocérien* et *astartien* constituent les massifs qui entourent le vallon. L'étage virgulien y est à découvert sur de vastes étendues. Il se montre au nord-ouest de Sonceboz, forme les pentes abruptes de la montagne de Corgémont, s'avance jusqu'à Sonvilier et paraît diminuer à mesure qu'on s'approche du Roc Mil-Deux, où apparaît le ptérocérien. Il nous est déjà connu sur le revers nord du Chasseral, où il arrive jusqu'à la hauteur des prés de Cortébert. Il s'avance aussi vers l'ouest jusque vers la partie supérieure du vallon.

Pour plus de détails géologiques sur le val de St-Imier, nous renvoyons au „*2e Rapport géologique*" de Gressly, dont cette partie a été rédigée par nous d'après des notes recueillies par M. Bonanomi.

Le vallon ou bassin de Péry. Il n'est que la prolongation orientale du val de St-Imier. Assez étroit, il se trouve encaissé entre le Monto au nord et le Chasseral au sud. Le fond de ce bassin est comblé par des alluvions, par de puissants éboulements des chaînes adjacentes et par du tertiaire. Un exemple bien remarquable d'éboulement s'est produit, il y a quelques années, un peu au-dessus de la Hutte, où la route a été complètement détruite. Cet éboulement a pris naissance dans les roches virguliennes du crêt méridional du Monto. Le terrain sidérolithique y joue un rôle important par ses argiles réfractaires et ses sables vitrifiables. Les sables et les marnes mollassiques ont été particulièrement mis à découvert sur plusieurs points par les sondages opérés pour la recherche de terres réfractaires.

II. La chaîne du Weissenstein.

Cette chaîne comprend à l'ouest Monto, le col de Pierre-Pertuis, les montagnes de Corgémont, de Courtelary et de St-Imier jusqu'au Mont-Sagne; à l'est, elle se soude bientôt à la chaîne du Chasseral pour former la Hasenmatte, le Weissenstein, la Röthifluh, le Hinter-Egg, etc. Ainsi envisagée, elle doit être groupée dans le quatrième ordre de dislocation de Thurmann. La partie ouest se rattacherait au premier ordre, le Monto au deuxième, le Bettlachberg au troisième, Günsberg au quatrième.

Le *diluvium* n'est point étranger à cette chaîne, non-seulement il en recouvre le pied sud, soit à l'état erratique, soit en amas plus ou moins puissants (ce qu'on peut vérifier en parcourant la lisière de la plaine suisse de Granges à Ober-Bipp), mais il en garnit encore le flanc et arrive même à une certaine hauteur. Il y a en effet longtemps que M. le pasteur Grosjean a signalé de grands blocs erratiques sur la hauteur du Monto.

Nous avons déjà parlé des terrains *tertiaires* de cette chaîne en étudiant la plaine suisse et le Chasseral; nous ajouterons seulement que ceux qui se trouvent au sud, c'est-à-dire sur la ligne Granges-Nieder-Bipp, appartiennent aux étages *helvétien, delémontien* et *parisien;* mais comme ils sont mélangés aux détritus, aux éboulements et au diluvium, ou recouverts par eux, ils se prêtent assez mal à un examen rigoureux, si l'on en excepte le huper du nord de Lengnau, de Riedholz, le terrain sidérolithique au sud de l'Aeusserc Klus et les assises delémontiennes d'Oensingen. Les dépôts helvétiens des hauteurs de la montagne de St-Imier, à Cerneux-Veusil, si semblables, quant à la forme et au facies marin, à ceux de Cortébert et de Saicourt, prouvent bien que la différence de niveau qui existe entre ces localités n'avait pas lieu à l'époque helvétienne : elle a été le résultat de dislocations posttertiaires, comme nous l'avons établi.

Nous n'avons plus à revenir sur les terrains *crétacés* du sud du Jura. Il nous reste seulement à ajouter que c'est vers la jonction du Monto et du Chasseral avec le Weissenstein qu'on observe les dernières limites orientales des terrains crétacés. *C'est près de Frinvilier, à l'extrémité du val de Vauffelin, que se remarque le dernier lambeau de cette formation.* M. Gilliéron, qui a aussi dirigé des recherches attentives dans ce val et depuis Boujean jusqu'à Granges, n'a plus rien observé. Les quelques fossiles crétacés, soit néocomiens, recueillis dans le huper de Lengnau font une exception.

Passant aux étages *jurassiques*, la seule inspection de la carte démontrera qu'ils forment presque à eux seuls ce massif. Le *virgulien*, peu développé à l'ouest de Soleure, prend une grande puissance au nord du lac de Bienne. En 1863, M. le prof. Lang (*Geol. Skizze der Umgebung von Solothurn*, p. 22) avait reconnu les calcaires virguliens à l'ouest des carrières sises au nord de Lommiswyl et de Granges. Nous avons retrouvé ces mêmes calcaires, pétris d'*Ostrea virgula*, à l'est de Ried, au tournant de la route de la Reuchenette vers Bienne. C'est dans ce dernier endroit que l'on voit, en descendant sur Bienne, les marnes et calcaires virguliens recouverts par un massif dolomitique qui constituerait la première apparition orientale du véritable *portlandien*.

Le même phénomène se reproduit un peu plus au nord dans les vals de Vauffelin, de Péry et de St-Imier. En parcourant cette zone de l'est à l'ouest, on trouve d'abord des lambeaux de virgulien qui insensiblement augmentent et prennent un grand développement vers Sonceboz et Cortébert. Puis au N. et à l'O. de St-Imier apparaissent les assises dolomitiques du portlandien recouverts de quelques étages crétacés que nous avons étudiés. A la partie supérieure du val de St-Imier, ces dépôts crétacés et jurassiques supérieurs diminuent et même le virgulien meurt vers le roc Mille-deux. Il résulterait de ces observations que le vrai portlandien finit à l'est de Ried et le virgulien vers le NE. de Lommiswyl.

L'*étage kimméridgien* conserve son importance dans la chaîne du Weissenstein.

Il y a longtemps que MM. Gressly et Lang ont constaté au nord de Granges et de Lommiswyl les calcaires *épistrombiens* à Nérinées : *Nerinea depressa, Bruntrutana;* ensuite les couches *strombiennes* à *Pterocera Oceani, Isocardia excentrica.* Les carrières *hypostrombiennes* de Soleure et d'Egerkingen ont une réputation aussi bien méritée par leurs excellents matériaux que par les beaux fossiles qu'elles fournissent. Si les assises supérieures de l'étage kimméridgien semblent disparaître vers le nord-est de Soleure, l'assise inférieure se continue même au-delà de notre limite orientale, c'est-à-dire vers Buchsiten, Egerkingen, Hägendorf et Olten. A l'ouest de cette chaîne, les calcaires kimméridgiens et notamment l'assise hypoptérocérienne des carrières de Pierre-Pertuis nous sont déjà connus.

L'*étage séquanien* s'y soutient, comme en général dans tout le Jura central.

Les *calcaires épiastartiens* de Ste-Vérène, qu'on retrouve dans toutes les cluses de cette chaîne, ont été étudiés plus haut, p. 96. Nous les avons également observés sur notre limite orientale sous les ruines de Falkenstein, au sud de Balsthal. Dans un calcaire compacte ou oolithique, blanchâtre, d'une ressemblance parfaite avec l'*oolithe astartienne* de Laufon, nous avons recueilli les espèces suivantes : *Nerinea Gosae, Lima astartina, pygmaea, Ostrea Sequana, Rhynchonella helvetica.* Ainsi que nous l'avons fait observer, il est souvent difficile de ne pas confondre l'oolithe astartienne avec l'oolithe corallienne. La roche, comme les fossiles, favorisent des erreurs de ce genre, et pour ne pas y tomber, il faut souvent consulter la stratigraphie et tous les moyens que nous avons indiqués ci-dessus, pages 96 et suiv.

Au-dessous de ces calcaires épiastartiens se trouve encore un puissant massif, qui, quoique peu fossilifère dans certaines régions, a évidemment un cachet astartien, ainsi que nous l'avons démontré plus haut.

Comme dans les chaînes méridionales, l'*étage corallien* est représenté dans la chaîne du Weissenstein. Au-dessous de ce puissant massif astartien, se trouve un petit massif de calcaire grisâtre, compacte ou oolithique, grumeleux, marno-compacte, qui n'est rien autre que l'étage corallien, tel que nous avons appris à le connaître dans les chaînes méridionales du Jura. Il renferme surtout les fossiles habituels à l'hypocorallien : *Cidaris florigemma, cervicalis, Stomechinus lineatus, Isastrea, Montlivaltia, Apiocrinus rosaceus.* Ce faciès corallien existe sur toute la longueur de cette chaîne.

Les *calcaires hydrauliques* de l'*Oxfordien* avec leur faune habituelle y atteignent un grand développement : 180 à 200 m. Ils ont souvent été exploités. Ils reposent sur le *Calcaire à Scyphies* inférieur.

Conformément à nos observations sur d'autres points, M. Mathey a pu s'assurer que le *facies pyriteux de l'étage callovien* de Günsberg n'était rien d'autre que l'assise supérieure de l'étage callovien proprement dit avec ses fossiles caractéristiques : *Am. athleta, anceps, Lamberti, Rhabdocidaris spatula*. L'étage callovien ne fait donc point défaut dans cette chaîne. Les couches à *Am. macrocephalus*, qui paraissent manquer à la partie occidentale du Weissenstein, existent dans les déchirures de Günsberg, au nord d'Hägendorf.

Les autres *étages jurassiques inférieurs* et *triasiques* n'ont ici rien de particulier. Cependant l'affleurement de quatrième ordre de Günsberg est d'une rare beauté. MM. Hugi, Gressly, Lang l'ont souvent visité et rendu célèbre en faisant connaître, soit les fossiles, soit la riche succession de ses assises. Là, pendant que le flanc nord, constitué par les étages corallien et astartien, se soutient par le Hinter-Egg, 1236 m., Rossfluh, Schwendimatte, 1108 m., à une grande élévation, le flanc sud, depuis le nord-ouest d'Attiswyl à l'est de Walden, s'est presque entièrement enfoncé dans la plaine. Le Jura supérieur et moyen y ont presque totalement disparu. L'oolithe ne s'y remarque plus que par une légère crête dont le pied et les flancs sont souvent recouverts de détritus et de diluvium. Sur cette crête oolithique se trouve le château d'Ober-Bipp. C'est à l'est du signal de la Röthifluh que la voûte bathonienne se brise ; alors le cirque oolithique se forme, la combe s'ouvre, s'élargit, et le lias, le keuper et le calcaire conchylien sont mis à jour. Ce mouvement de terrain se prolonge jusqu'au-dessus de Günsberg, où le lias se réunit de nouveau ; vers Farnern et au-dessus de Rümisberg le keuper apparaît encore une fois, mais il est bientôt recouvert par le lias, qui, à son tour, disparaît sous le massif oolithique au nord-est de Walden. Un sondage a encore mis à découvert le calcaire conchylien à Luchern, au-dessus d'Ober-Bipp, à une profondeur de 24 m. Ce sondage, après avoir traversé les diverses assises conchyliennes, a été abandonné, à une profondeur de 155 m., sans avoir fourni de résultats avantageux pour l'industrie. Voyez *Geol. Skizze der Umgebung von Solothurn, von F. Lang*, p. 26. Ainsi que nous l'avons dit, d'autres travaux ont été entrepris dans cette région en vue de découvrir des gypses et du sel, mais comme les terrains y sont très-bouleversés, ils n'ont pas eu beaucoup de succès. La voûte oolithique, reconstituée au nord-est de Walden, se prolonge, avec ses deux combes oxfordiennes, bordées de crêts coralliens, jusqu'au pittoresque cirque de la Klus.

Avant de pénétrer dans l'intérieur du Jura, qu'il nous soit permis de faire une petite digression vers le sud.

Si des hauteurs du Chasseral, on voit successivement les étages crétacés s'enfoncer dans la plaine suisse et reparaître avec beaucoup plus de puissance dans les Alpes, les étages jurassiques des hauteurs du Weissenstein présentent le même phénomène. En effet, si de cette dernière chaîne on désire poursuivre les terrains jurassiques, il faut traverser le bassin suisse et arriver aux Alpes. Dans les Alpes fribourgeoises et vaudoises MM. Lardy, Renevier et Gilliéron montreront, celui-ci les étages oxfordien et callovien au col de la Metzgera, ceux-là le bajocien et le lias près de Bex. M. Fischer-Oster fera voir presque toute la série jurassique dans la chaîne du Stockhorn, série qui a également été étudiée par MM. Studer et Escher dans le massif du Finsteraarhorn et dans le canton de Glaris.

C.- Le val de Tavannes et ses dépendances les bassins de Tramelan, de Gänsbrunnen et de Matzendorf.

Ce val tantôt très-évasé, tantôt très-resserré, est un des plus intéressants du Jura. Le bassin de Matzendorf s'étend vers l'est jusqu'au-delà de Balsthal, à Holderbank et Bärenwyl; celui de Tramelan se perd sur le plateau des Franches-Montagnes du côté de la Chaux, où l'on voit des lambeaux delémontiens, et du côté des Breuleux et de Cerneux-Veusil, où se trouve encore l'helvétien.

Des *éboulements* considérables existent dans ce val; nous citerons comme exemple celui qu'on voit entre Court et Chaluat et qui, d'après M. le pasteur Grosjean, proviendrait du flanc nord du Monto; celui du versant septentrional de la montagne de Bévilard, qui date de 1806 à 1807.

Le *diluvium alpin*, soit à l'état erratique, soit incorporé aux roches aborigènes, y est fréquent sur toute l'étendue du val, sans toutefois y constituer des reliefs de quelque importance. Le plus grand dépôt que nous y avons observé se trouve à l'est de la montagne sise au nord de Reconvilier. Les chaînes que nous venons de décrire ne l'ont point protégé contre les blocs erratiques proprement dits. Ils y sont partout assez communs. Ceux qui, d'après M. le pasteur Grosjean, méritent le plus d'intérêt, sont ceux du Fuet, du moulin de Loveresse, de Bévilard, de Sorvilier. Le plus grand, désigné sur la carte par une croix, se trouve au nord-est du hameau de la montagne de Sorvilier.

Les étages tertiaires supérieurs y sont développés avec une netteté parfaite, particulièrement dans le bassin de Tavannes.

Ainsi que nous l'avons indiqué sur la carte et dans une de nos coupes, toutes les collines de ce bassin sont tertiaires, et ces dépôts tertiaires se rattachent aux trois étages supérieurs : *œningien*, *helvétien* et *delémontien*.

Les traces du *terrain sidérolithique* se révèlent fréquemment aux pieds des chaînes qui l'encaissent. Souvent le sable vitrifiable y remplace la mine de fer en grain, ce que l'on peut vérifier au nord et à l'est du Fuet, à Champoz, au sud de Court et au nord de Chaluat. La même observation a été faite au nord de ce bassin à Lajoux, à Bellelay, à Moron et au Pichoux.

Les argiles et les sables vitrifiables du bassin de Tavannes alimentent la fabrique de tuiles, de briques réfractaires, de drains, de tuyaux de fontaine de Reconvilier, et en partie la verrerie de Moutier.

Le bassin de Tavannes donne le jour à deux des plus fortes sources du Jura: le Torrent de Court, qui sort du Monto, la source de la Birse à Tavannes, qui est alimentée par le flanc nord de la montagne de Corgémont-Courtelary.

La constitution géologique du *bassin de Tramelan* est à peu près la même que celle du bassin de Tavannes. Si les étages tertiaires supérieurs y sont moins développés, ils y existent néanmoins. Les calcaires *œningiens* du nord-est de Tramelan-dessous ont une faune fluvio-terrestre riche et bien conservée. Les lambeaux *helvétiens* n'y sont pas rares. La *nagelfluh jurassique* éocène y est représentée par des amas assez puissants.

Les bassins de Gänsbrunnen et de Matzendorf sont recouverts de roches *détritiques* et *diluviennes*, de quelques lambeaux *tertiaires*, soit *delémontiens* soit *parisiens*.

Les argiles réfractaires du sud de Matzendorf sont exploitées et expédiées dans l'intérieur de la Suisse, où elles servent à la confection de briques très-réfractaires. Les détritus, soit éboulements jurassiques, rendent souvent l'exploitation de ces matières très-difficile, même impossible. Des parties considérables des montagnes encaissantes se sont détachées et recouvrent les calcaires, les marnes, les grès de l'étage delémontien, de même que les dépôts de sables réfractaires; c'est ainsi que sur le bord sud de la route de Balsthal à Holderbank des buttes séquano-kimmé-ridgiennes, en glissant sur les marnes delémontiennes, sont arrivées jusqu'à la route même. A l'est d'Holderbank, ces éboulements, en s'effectuant des flancs des deux chaînes, qui bordent ce bassin, se rapprochent tellement, qu'il ne reste plus qu'un couloir pour le passage de la route et du ruisseau. Au nord de ce village le Jura supérieur s'est tellement affaissé qu'il ne forme plus qu'une pente régulière avec le Jura moyen; les marnes oxfordiennes n'y présentent plus leur combe ordinaire.

III. La chaîne de Moron (1340 m.)

Cette chaîne sépare le val de Tavannes de celui de Moutier.

Ses affleurements se groupent aux trois premiers ordres de dislocation établis par Thurmann. Les gorges de Court, soulèvement de deuxième ordre si renommé par son aspect imposant et pittoresque, offrent probablement le point du Jura le plus favorable pour l'étude du Jura moyen et supérieur. Si nous en exceptons l'étage rauracien, qui n'est que médiocrement représenté, tous les autres étages y sont très-développés et parfaitement mis en relief; de manière qu'on peut étudier chaque couche depuis le callovien jusqu'aux marnes et calcaires à *Ostrea virgula*.

Le *virgulien* affleure sur les deux versants de cette chaîne. Sur le versant sud, on l'observe depuis l'est de Chaluat jusqu'au nord-est de Tramelan, et au versant nord, depuis le sud de la verrerie de Moutier jusqu'au sud de Bellelay.

Le *ptérocérien* y affecte les mêmes dispositions, seulement il se développe un peu plus vers l'est. M. Gressly, qui l'a étudié avec un soin particulier dans les roches de Court, y a positivement reconnu les trois sous-divisions constatées en Ajoie par Thurmann.

L'*astartien* y est largement représenté. Les calcaires épiastartiens compacts ou oolithiques avec les couches à Echinides et à Polypiers, les marnes astartiennes à *Melania striata*, les oolithes marneuses ou calcaires, dolomitiques, à Natices, à Comatules et *Apiocrinus Meriani*, soit l'assise hypoastartienne, rien n'y manque. „Dans ces gorges, dit M. Gressly, nous observons les grandes cavernes ou les grottes de l'ermitage de Ste-Vérène, près de Soleure, qui se trouvent justement dans le même terrain.“ Dans notre stratigraphie, nous avons déjà cité les couches marneuses à Echinides de la Combe d'Eschert.

Le *corallien* s'y présente comme dans les chaînes méridionales. Ce terrain peu fossilifère et réduit à quelques mètres n'est qu'un faible trait d'union entre l'astartien et l'oxfordien. Ce peu de développement du corallien donne un caractère orographique particulier aux chaînes méridionales. Dans ces chaînes, les combes astartiennes se confondent pour ainsi dire avec les combes oxfordiennes; tandis que dans les chaînes septentrionales, ces combes, séparées par le puissant massif corallien, sont entièrement distinctes.

Par contre l'*oxfordien*, avec ses calcaires hydrauliques, y est tellement développé que Gressly en estime la puissance à plus de 70 mètres.

Les *marnes calloviennes pyriteuses* de Graitery, soit de la Combe d'Eschert, déjà connues par les naturalistes du siècle dernier, ont souvent été visitées et exploitées par nos géologues jurassiens : MM. Pagnard et Mathey. La faune inépuisable de ses marnes a été, en partie, publiée par J. Thurmann. C'est dans cette localité que l'on a recueilli les *Rostellaria Gagnebini, R. Danielis, Trochus Cartieri, Acteon Johannis-Jacobi,* avec plusieurs autres qui rappellent les noms des premiers naturalistes du Jura. V. *Abraham Gagnebin,* par J. Thurmann, 1851.

Les *assises bathoniennes* qui affleurent à Graitery, à l'est de ces marnes pyriteuses, sont aussi intéressantes; elles ont fourni à M. Mathey une belle série d'Echinides.

Le *Jura inférieur* prend un grand développement horizontal sur les hauteurs du Sangetel, du Laupersdorfer Stierenberg. Si pour l'étude du Jura supérieur et moyen le cirque des gorges de Court peut être envisagé comme *classique,* celui de 3e ordre d'Eschenholz, entre Mümliswyl et Balsthal, ne lui cède en rien par la beauté de ses affleurements. On rencontrera difficilement dans le Jura les étages bathonien et bajocien aussi nettement et aussi fortement accentués que dans cet endroit. Le Moron, par ses cirques, occupe donc le premier rang parmi nos chaînes jurassiques.

D. Le val de Moutier-Grandval, avec ses dépendances le bassin de Sornetan ou Petit-Val et celui de Seehof-Guldenthal.

Considéré au point de vue géologique, ce val se divise en plusieurs petits bassins : celui de Sornetan, dit le Petit-Val, qui se termine à l'ouest sur le plateau des Franches-Montagnes, vers Bellelay et Fornet; celui de Moutier-Grandval, celui de Seehof et enfin celui de Guldenthal, qui tous communiquent ensemble par des couloirs plus ou moins évasés et à des vals voisins par des cluses toujours admirées par les touristes.

Ces cluses sont :

1. Celle du Pichoux à Undervelier;
2. Celle de Moutier à Courrendlin;
3. Celle de Moutier à Court;
4. Celle de la Rauss, de Crémine à Gänsbrunnen;
5. Celle du Bächle à Envelier;
6. Enfin celle de Mümliswyl à Balsthal.

Ce val reproduit assez fidèlement les terrains de celui de Tavannes. Malgré la différence considérable de niveau (487 m.) de ces divers bassins, on est forcé de leur reconnaître une certaine homogénéité, une origine commune, déterminées par des conditions à peu de chose près identiques. Nous devons cependant faire quelques réserves. Les *terrains quaternaires*, très-développés dans le bassin de Moutier, disparaissent à l'ouest vers Souboz, Sornetan. On s'efforcerait en vain de retrouver dans ces derniers endroits les amas d'alluvions anciennes, de quelques mètres de puissance, qui affleurent au nord d'Eschert, sur la rive gauche de la Rauss, qui se continuent sur le territoire d'Eschert même, et que nous avons eu occasion de voir au village de Corcelles. Les hauteurs de Souboz ne reproduisent plus les beaux blocs erratiques des environs de Crémine.

Les *étages œningien* et *helvétien* de l'est de Moutier, si bien mis à jour par les berges de la Rauss, au nord d'Eschert, semblent se limiter dans le bassin de Moutier. Par contre les calcaires et les mollasses de l'*étage delémontien* se retrouvent avec la même uniformité de caractères sur toute l'étendue de ce val. Ils forment des reliefs assez étendus et même des monticules. Les monticules sur lesquels sont bâtis Souboz et Sornetan appartiennent à cet étage. (Voir la coupe de ce bassin, page 116.)

Ce val offre encore une particularité curieuse, qu'il partage du reste, comme nous l'avons dit, avec le val de Tavannes. Sous les argiles du *terrain sidérolithique* on rencontre dans le bassin d'Elay et dans celui de Mümliswyl la mine de fer en grains et dans ceux de Moutier et de Sornetan les sables vitrifiables. Les sables des environs de Perrefitte alimentent les verreries de Moutier et de Roche ; ceux des environs de Bellelay celle de cet endroit.

Comme preuve de la continuité qui a jadis existé entre les dépôts du val de Moutier et celui de Tavannes, nous mentionnerons encore les lambeaux tertiaires qu'on remarque sur la ligne Perrefitte, Petit-Champoz, Champoz et Pontenet. La différence de niveau des mêmes terrains qu'on observe sur le territoire de Perrefitte et sur la hauteur de Champoz, s'explique seulement, d'une manière logique, par la dislocation qui s'est effectuée à la fin de la formation tertiaire.

Le Guldenthal, bassin de Mümliswyl, très-resserré par le Passwang et le Beinwylberg, massifs fort élevés, est en grande partie recouvert par des éboulements et des détritus jurassiques. Le *terrain erratique* n'y est pas rare. Entre Mümliswyl et Langenbruck, près de Breiten et de Bachthalen, se trouvent encore de grands blocs erratiques. Les *terrains tertiaires* y sont représentés par des calcaires, des marnes, des grès de l'étage delémontien, ainsi que par le terrain sidérolithique et de beaux sables vitrifiables. Ces grès renferment des plantes et des animaux intéressants ; ces sables vitrifiables sont exploités au nord de Mümliswyl et envoyés à l'étranger par les chemins de fer.

IV. La chaîne de Raimeux, 1312 m.

La chaîne de Raimeux, telle que nous l'avons envisagée plus haut, montre les quatre ordres de dislocation de Thurmann. Etant à la fois très-élevée et très-large, elle est souvent une répétition des faits déjà observés.

La ligne de dislocation se maintient sur le flanc nord du Passwang, de la Rothmatte, de Raimeux, et elle passe au flanc sud à l'ouest de Tramont, au Coulou. Les premiers massifs ont ainsi le *regard* au nord et le second au sud. Les bassins au pied du Raimeux n'étant généralement que des *vals d'effondrement*, ses flancs sont très-souvent raides, même abrupts, offrant des roches fortement inclinées, verticales et même renversées. Ce phénomène, plus ou moins prononcé, se reproduit du reste dans toutes les chaînes du Jura. Lorsque les plateaux, comme celui du Raimeux, sont très-larges, on y observe souvent des dépressions à angles plus ou moins ouverts, qui ont l'aspect de petits bassins ou vals. Un bel exemple de ce genre de dislocation se trouve à 100 mètres au-dessous des Elos de St-Germain, dans les gorges de Moutier. Là, les couches jurassiques supérieures constituent un joli petit bassin, dont les bords, d'abord à angles presque droits, ensuite plus inclinés, forment les flancs des deux chaînes adjacentes. Plus haut, ce petit val s'évase à l'ouest et à l'est. Du côté de l'est, il se perd sur les hauteurs du Raimeux, et du côté de l'ouest, il traverse la basse montagne de Moutier pour déboucher dans le bassin principal de Moutier-Perrefitte. Ce petit val longitudinal conserve encore des lambeaux de terrain sidérolithique. Ce genre de phénomène, que Gressly a appelé *dédoublement d'une montagne,* n'est pas rare dans le Jura. Il s'observe à la chaîne du Moron, dans le vallon de Champoz, et à celle du Chasseral, dans le vallon d'Orvin-Nods.

Le Raimeux se fait remarquer par ses déchirures profondes à la fois longitudinales et transversales, par l'écartement souvent prodigieux des assises disloquées. Il résulte de ces dispositions des ruz grandioses, des cirques brutalement taillés qui, ainsi qu'on le remarque dans les gorges de Moutier, baignent leur base dans la Birse, s'élancent dans les airs et forment les cyclopéennes voûtes du val de Moutier, tant admirées par les voyageurs. En outre, ces gigantesques dislocations ont mis à découvert toute la série jurassique et une grande partie de la série triasique. Ces déchirures très-remarquables sont le Pichoux, le Coulou, Roche, Envelier, la Schür, au sud de Scheltenmühle, le Passwang. Pour se faire une idée nette de l'écartement des strates, on n'a qu'à jeter un coup d'œil sur la carte et admettre que les rochers coralliens du crêt du Matzendorfer Stierenberg étaient un jour réunis aux rochers coralliens redressés à l'ouest de Scheltenmühle. En ligne droite leur distance est de près d'une demi-lieue! Un peu plus à l'ouest de cette énorme dislocation, les étages jurassiques supérieurs n'ont pas pu être rejetés sur les deux flancs de cette chaîne, ils sont restés vers le milieu de l'écartement, en formant ainsi une espèce de promontoire qui se détache de Montaigu, se prolonge au sud de Monnat jusqu'à la Muelten supérieure. Par cet arrangement, on voit de chaque côté, au nord et au sud de ce promontoire, un soulèvement du deuxième ordre. Voir la carte.

Ce fait orographique, qui se reproduit dans le Jura, peut être considéré, par sa beauté, comme type dans son genre.

Il résulte de ces données qu'un très-grand nombre de terrains affleurent dans cette chaîne, et que, si on voulait les décrire tous, avec l'intérêt qu'ils méritent, il y aurait matière à faire un grand livre; mais cela ne rentre pas dans notre cadre, car nous n'avons à mentionner que les massifs les plus importants, qui sont :

Les alluvions anciennes. Le dépôt considérable d'alluvions anciennes, reposant sur les marnes liasiques au nord de Roche, nous est déjà connu. Il ne manque pas d'intérêt pour préciser l'âge du dernier soulèvement jurassique.

Le *diluvium erratique* devient rare dans cette région.

L'*étage helvétien.* Sur le sentier de Roche-dessus à la Montagne de Moutier, nous avons recueilli des galets vosgiens sur l'étage bathonien. Ils proviennent probablement du flanc nord de cette chaîne qui domine cet affleurement.

Les *étages delémontien* et *parisien :* Lambeaux fréquents sur les deux flancs.

L'*étage virgulien.* Les marnes et les calcaires à *Ostrea virgula* sont assez développés sur le versant sud depuis la Charrue, à l'est de Moutier, jusqu'au Pichoux et à Bellelay. A l'est de la Charrue et sur le revers nord, ils diminuent insensiblement pour disparaître bientôt.

Les *étages kimméridgien* et *séquanien* s'y maintiennent assez bien. Les marnes ptérocériennes du Banné y sont représentées par des calcaires d'un noir de fumée, comme on peut le voir au Pichoux, entre la galerie inférieure et l'auberge. A l'est et au nord du Raimeux, nous n'avons plus observé l'étage kimméridgien.

La faune et la roche de l'étage séquanien de la Hölle, ferme au sud du Bächle, sont, comme nous l'avons déjà dit, aussi intéressantes que celles du terrain à chailles.

L'étage rauracien. Nulle part nous n'avons remarqué les calcaires crayeux à Nérinées de la Caquerelle; mais les calcaires de l'oolithe corallienne, d'une puissance de 25 à 30 mètres, avec *Pecten solidus*, se trouvent dans les gorges de Moutier à la scierie Gobat, ainsi qu'au Pichoux et probablement sur toute la longueur de la chaîne. Le *terrain à chailles* y est bien représenté.

C'est encore dans cette chaîne que nous voyons apparaître avec un grand développement les calcaires hydrauliques de l'*oxfordien*, A la scierie Gobat, ils n'ont pas moins de 80 mètres et ils renferment les fossiles habituels à ce niveau : *Ammonites plicatilis, Pholadomya paucicosta, Gryphœa dilatata, Terebratula Galiennei.* On peut les voir avec le même développement et les mêmes caractères au Pichoux et depuis la Louvière à la Muelten supérieure, où ils forment une série de failles bien curieuses.

L'étage callovien. Au-dessous de ces calcaires se trouvent les marnes oxfordiennes pyriteuses et le callovien. Le callovien, avec ses fossiles habituels, peut être étudié dans la combe oxfordienne au nord de Monnat et au sud et tout près de la ferme de Wolfsberg.

Le *terrain oolithique* de cette chaîne, avec ses dômes, ses déchirures, ses crêts, nous est déjà en partie connu.

Peu de chaînes possèdent des affleurements *bajociens* aussi nets et aussi complets. Nous nous contenterons de rappeler ceux du Coulou, de Roche-dessus, de l'est d'Envelier, de l'est de la Schür, qui renferment fréquemment les espèces suivantes :

Serpula flaccida, Gf.	*Pecten personatus.*
Ammonites serpentinus.	„ *Phyllis.*
„ *jugosus.*	*Hinnites tuberculosus.*
Belemnites giganteus.	*Ostrea Bachmanni.*
Turbo ornatus.	*Hemithyris aculeata.*
„ *canaliculatus.*	*Cidaris cucumifera.*

Les *terrains liasiques*, autant qu'on peut les étudier, n'offrent rien de particulier. Constatons seulement que les trois étages liasiques existent dans la chaîne de Raimeux avec leur habitus ordinaire.

Le *keuper*, généralement gazonné, se prête peu aux recherches géologiques. Les carrières des grès keupériens du Passwang ayant été décrites par Gressly et par d'autres géologues, nous n'avons pas à nous en occuper.

La combe liaso-keupérienne de Roche peut être envisagée comme type des combes de cette chaîne.

Dans son plus grand évasement, elle est coupée transversalement par la Birse et elle reçoit le village de Roche. Quoiqu'elle soit en pente très-abrupte, elle sert encore d'asile à Roche-dessus. Au sud-ouest de ce hameau, elle forme un joli cirque complet avec affleurement bathonien, bajocien et liasien.

Au sud de Roche-dessus, près de la maison de la Combe, sont mis à jour : le *calcaire à Gryphæa arcuata* et à *Rhynchonella triplicata*, le *keuper* avec ses marnes, ses gypses et ses dolomies.

Entre ces deux petits villages se trouve le *calcaire à Belemnites du lias moyen*.

Vers l'est, cette combe, après avoir formé des crets et un cirque moins réguliers que ceux de l'ouest, se dirige légèrement vers le nord-est, se reconstitue en dôme oolithique, sur lequel est bâti le château de Raimeux. Au sud de ce dôme, sur la combe oxfordienne sud, se trouvent les deux maisons des Terras.

Plus à l'est, l'oolithe se bifurque de nouveau pour encaisser la combe liaso-keupérienne d'Envelier.

Cette combe, de même que celle de la Schür, n'est que la répétition de celle de Roche.

La combe de Coulou, quoique très-profonde, est moins évasée que ses congénères de l'est.

Si l'on admet que les maisons de Tramont reposent sur les marnes à *Ostrea acuminata* — ce qui est hors de doute — et si l'on tient compte de la différence de niveau qui existe entre ces maisons et le Coulou, on arrivera bien à la conclusion que ce dernier endroit est keupérien.

La combe liaso-keupérienne de Limmern, au flanc sud du Passwang, est aussi remarquable. Les étages bathonien, bajocien, toarcien, liasien et sinémurien y ont de beaux affleurements assez riches en fossiles. Les gypses du keuper y sont exploités.

Outre l'intérêt local que présente la chaîne de Raimeux, elle est bien digne de fixer l'attention des savants qui s'occupent de géologie à un point de vue plus général. Elle offre des faits d'une grande portée; qu'on nous permette de revenir sur les plus importants :

a) C'est dans cette chaîne, entre Roche et Moutier, à la scierie Gobat et au Pichoux, que les calcaires hydrauliques oxfordiens commencent, en prenant une grande puissance, qu'ils conservent et augmentent même vers l'est; c'est là que les mers littorales oxfordienne et rauracienne du Fringuelet et de la Caquerelle deviennent pélagiques; c'est là que le facies vaseux du calcaire à Scyphies inférieur devient sableux; c'est là que cessent de paraître les zones à Nérinées, à Dicéras et à Polypiers de la Caquerelle.

b) Cette étude géologique nous a fourni des preuves d'un mouvement d'exhaussement dans le Jura pendant la formation jurassique : les mers kimméridgienne, virgulienne et portlandienne se sont retirées vers le sud-ouest.

En effet, les étages kimméridgien et virgulien sont bien développées à Raimeux même, tandis qu'au nord-est de ce massif, ils ne sont plus que rudimentaires ou ils manquent. Une portion de la chaîne du Raimeux a donc été rivage pendant les formations de ces deux étages.

c) Un phénomène presque semblable se reproduit à l'époque tertiaire. Les mers tongrienne et helvétienne sont aussi délimitées par la ligne Raimeux. La première de ces mers y a sa limite sud, la seconde sa limite nord.

d) Enfin nous avons déjà parlé du parallélisme qui existe entre le Jura et les Alpes. On sait que les chaînes des Alpes et du Mont-Blanc et celles du Jura affectent la même direction, et que cette direction d'abord E.-O. devient SO. Ce changement de direction s'observe d'une manière bien nette dans la chaîne du Raimeux, au point Saulcy, où on la voit abandonner assez brusquement sa direction E.-O. pour prendre celle de SO.

Ce sont là des données tellement intéressantes qu'on nous pardonnera de les avoir encore rappelées.

V. La chaîne de la Rothmatte.

Cette chaîne n'est que la bifurcation du Passwang; elle s'en détache au nord-est du Hohe-Winde, vers la Grosse Rothmatte, se dirige immédiatement vers le nord-ouest avec son dôme oolithique, qui, en se bifurquant, forme le petit cirque liaso-oolithique de St-Böst, remarquable par ses gradins très-abrupts et très-élevés. Ce dôme, s'étant bientôt reformé, passe à Trogberg, entre Greyèrly et Champre, qu'il laisse sur ces deux combes oxfordiennes et se termine à l'ouest de ces deux fermes. La chaîne s'étend jusqu'à Mervelier.

Une déchirure transversale et longitudinale de Scheltenmühle vers la Mittlere et la Kleine Rothmatte met à jour, d'abord les bancs astartiens et coralliens redressés de la chaîne précédente, ensuite un petit val tertiaire rempli de terrain sidérolithique, puis le Jura supérieur, l'oxfordien et le bathonien; elle se referme, en partie, vers le sud de la Rothmättly; c'est dans cette déchirure ou petit cirque que se trouve la Mittlere Rothmatte.

Les flancs de la Rothmatte sont souvent recouverts de dépôts tertiaires. Il y a très-longtemps que Gressly a signalé la *mollasse marine supérieure* au Girlang. Les nombreuses *Ostrea crassissima* de cette localité établissent des rapports bien intimes entre ce dépôt et celui de Clos Gorgé et de Corban, qui renferment aussi cette huître. Des lambeaux de *sidérolithique* se trouvent sur les flancs de cette chaîne. Quelques-uns ont été indiqués sur la carte. Le *terrain à chailles* au-dessus de Mervelier se rapproche par ses fossiles et ses roches de celui de Seewen. — Les *marnes oxfordiennes pyriteuses* se découvrent au sud de la ferme de Trogberg. Les autres étages n'ont rien de particulier.

E. Le val d'Undervelier.

Ce val, resserré entre la chaîne précédente et le Mont, ne renferme que deux bassins, celui de Vermes-Rebeuvelier et celui de Soulce-Undervelier. Le long couloir qui s'étend depuis le moulin de Rebeuvelier par la verrerie de Roche jusqu'à

Folpolat, les réunit. La configuration de ce val est nettement rendue sur la carte ; à l'est, il s'ouvre dans la direction de Devant-la-Melt, Mervelier, sur le val de Delémont; à l'ouest, il se perd vers la Blanche-Maison, à l'ouest d'Undervelier.

Par ses dépôts, le val d'Undervelier tient encore au grand bassin suisse. Ce rapprochement se justifie par la présence, dans ce val, de la mollasse marine supérieure et de l'absence de la mollasse marine inférieure ou tongrienne.

Le *diluvium alpin* y est très-rare. Dans le bassin de Vermes, il se rencontre encore quelques galets alpins disséminés.

L'*étage œningien* de ce dernier bassin a déjà été décrit. Il constitue, en partie, les collines qu'on remarque depuis le village de Vermes jusqu'au nord-est de Devant-la-Melt. Par ses caractères stratigraphiques et minéralogiques, ce dépôt se rattache d'une manière frappante à ceux du même âge qui se rencontrent dans les vals voisins, à Corban et à Eschert. Il est évident que ces assises, jadis réunies, ont été disloquées par le dernier grand bouleversement jurassique.

Sous l'étage œningien de Vermes, se présente la *mollasse marine supérieure*. — A l'ouest de Vermes, elle disparaît pour n'affleurer qu'à l'ouest du village d'Undervelier, vers la Blanche-Maison. La nagelfluh helvétienne de Devant-la-Metz et d'Undervelier est riche en débris de roches vosgiennes ou hercyniennes. Les conglomérats de l'ouest d'Undervelier, avec leurs dents de squales, nous sont déjà connus.

Les calcaires et les grès de l'*étage delémontien* ne sont pas sans importance dans le relief de ces deux bassins : ils forment plusieurs collines dans le bassin de Vermes. Les berges du ruisseau de Soulce à Undervelier, rive gauche, montrent un grand développement de cet étage : là, une alternance de calcaires, de marnes, de mollasse sableuse, atteint une puissance de près de 20 mètres.

Le *terrain sidérolithique* existe dans le bassin de Vermes-Rebeuvelier, où il a même été exploité. Dans celui d'Undervelier, il paraît avoir été, en partie, enlevé par les eaux. Au nord et à l'ouest du village de Soulce, le minerai de fer lavé constitue avec la nagelfluh jurassique un véritable conglomérat.

Le bassin d'Undervelier possède une des plus fortes sources du Jura, celle des Corbez, qui sort, à l'ouest d'Undervelier, du pied nord de la montagne de Rebévelier et se jette dans la Sorne à Undervelier.

VI. La chaîne du Mont.

Cette chaîne, qui prend son nom d'une de ses sommités, le *Mont,* sis au sud de Courtételle, doit être à peine compté parmi les chaînes du troisième ordre de soulèvement. Nous disons à peine, parce que le lias y est très-peu mis à jour dans les cirques de Choindez et des Forges d'Undervelier. Son relief, ou plutôt sa ligne de dislocation, présente cependant un grand intérêt : elle a été la ligne de démarcation entre la mollasse marine supérieure et les sables à *Dinotherium.* En outre, il n'est pas encore prouvé que la mer tongrienne ait dépassé cette chaîne.

A ce double point de vue, ce petit massif mérite d'être connu des géologues. D'un autre côté, nous avons souvent eu l'occasion de parler du soulèvement lent du Jura qui s'est effectué du NE. au SO. vers la fin de la formation jurassique, pour se continuer pendant la formation crétacée. La chaîne du Mont confirme la réalité de ce mouvement. En effet, pendant que la partie occidentale est encore recouverte de *virgulien,* la partie orientale ne présente plus que de l'*hypostrombien* ou de l'*astartien,* sans que le phénomène de la dénudation puisse expliquer ce fait.

Les *marnes astartiennes* y forment des combes tellement accentuées que de loin, on les confondrait facilement avec les combes oxfordiennes. Nulle part dans le Jura, nous n'avons remarqué dans les assises astartiennes des bancs de coraux plus nets.

Les *calcaires à Nérinées* et *à Coraux* de l'*étage rauracien*, l'*oolithe corallienne* de Zwingen, le *terrain à chailles siliceux* et l'*oxfordien marno-compacte* y prennent les caractères qu'ont si bien décrits Thurmann et Gressly.

Les *marnes calloviennes pyriteuses* de Châtillon, dont la réputation est européenne, appartiennent à cette chaîne. Elles ont fourni des fossiles à la plupart des musées du continent ; c'est dans ces mêmes marnes qu'on a recueilli des fruits du genre *Euterpe,* palmiers de l'Amérique méridionale.

Avant de quitter cette chaîne, disons encore que nous avons procédé à un examen particulier de la montagne de Saulcy et de la combe de Bollmann, et que nous avons acquis la certitude que cette montagne se relie à l'ouest, comme nous l'avons dit plus haut, mais point à la chaîne de la Caquerelle-St-Braix.

La montagne de Saulcy appartient au 2ᵉ ordre de dislocation.

La combe oxfordienne nord de l'affleurement oolithique de cette montagne commence à l'est, sur la hauteur de Bohnenberg (Bonambé), arrive à cette ferme même, ensuite sur Cerneux, au pré Varmey, dans la combe de Bollmann, au sud de la Roche percée, traverse cette combe et atteint la maison méridionale du Fond-du-Val, où nous avons recueilli le *Pecten octocostatus* et la *Gryphœa dilatata* du terrain à chailles. De là, elle se maintient sur le versant nord de la combe de Bollmann et débouche sur l'étang du moulin de Bollmann. Sur la rive gauche de cet étang, nous avons remarqué le terrain à chailles avec ses fossiles habituels : *Pecten Verdati, Terebratula Delemontana, T. Galliennei, Cidaris Blumenbachii.* Du moulin de Bollmann, qui se trouve à la limite nord-ouest du bathonien, la combe oxfordienne se dirige vers l'est, passe au sud de Saulcy et revient à son point de départ au-dessus de Bohnenberg, en formant un cirque un peu allongé vers l'est. — A l'ouest, cette chaîne se prolonge, comme nous venons de le dire, vers Froidevaux, Praissallet et peut-être vers le cirque de Goumois. (V. M. Fournet, *Aperçu sur la structure du Jura septentrional,* p. 35.)

Dans la combe de Bollmann, sur la rive droite du ruisseau, un peu à l'est de la ligne Saulcy-Fond-du-Val, se trouve un affleurement oolithique intéressant et riche en fossiles : *Pecten Phyllis, Rhynchonella triplicata, Terebratula perovalis, Cidaris cucumifera, C. Zschokkei, Hypodiadema asperum.* Ce terrain et cette faune sont évidemment bajociens.

Cette localité étant indiquée comme oxfordienne par Thurmann, il importe de rectifier cette erreur.

F. Val de Delémont.

Ce val, le plus grand et le plus important du Jura bernois, ayant déjà été l'objet d'une monographie de notre part, nous ne nous y arrêterons plus longtemps; nous nous en sommes du reste déjà beaucoup occupés dans la première partie de ce travail. Ses terrains ont servi de base à notre division tertiaire ; nous ne reviendrons donc pas sur leur étendue, leur puissance, leur utilité agricole et technique. On se rappelle le rôle curieux que ce bassin a joué pendant l'époque tertiaire. Il n'a pas échappé aux désastres généraux du commencement de l'époque quaternaire. Recevant les affluents d'une partie des Franches-Montagnes, des vals d'Undervelier, de Moutier, de Tavannes, et enfin des massifs du Raimeux et de la Rothmatte, il a vu une grande partie de ses terrains emportés par les eaux ; plus des trois quarts de ceux de la plaine ont disparu et ont été remplacés par des alluvions, soit anciennes, soit modernes ; c'est particulièrement aux débouchés des affluents dans le val que ces dénudations sont considérables, comme on peut le voir dans la plaine de Bellevie et dans celle de Bassecourt, où la Birse et la Sorne débouchent.

Dans des endroits plus abrités, les terrains tertiaires se sont mieux conservés. Il y en est resté des massifs assez puissants, comme ceux du Bois de Raube, des collines de Chaud, de Recollaine à Montsevelier et à Mervelier.

Les *alluvions anciennes*, le *lœss* de ce bassin nous sont connus. Il serait aussi superflu de revenir sur les nombreuses petites collines du Bois de Raube, formées par les *galets vosgiens à Dinotherium*. Rappelons cependant que des restes non remaniés du *Dinotherium giganteum* ont été constatés aux Neux-Champs, nord-ouest de Courfaivre, dans un dépôt fluvio-terrestre, sis presqu'au bord immédiat de la mer falunienne, bord qui se reconnaît par un terrain marin littoral, des rangées de trous de pholades, sur la ligne Glovelier, Chaud, Corban et Girlang. Voir la carte. L'endroit même, où les débris de ce grand animal ont été recueillis, présente la physionomie habituelle de l'embouchure des fleuves.

Une découverte bien plus importante vient d'être faite à l'ouest et au pied de la butte de Montchaibeut, près de Rossemaison, dans des dispositions géologiques analogues. La mâchoire inférieure presque complète du *Dinotherium giganteum* y a été recueillie dans les sables vosgiens. Cette pièce, dont les dents et les défenses sont surtout bien conservées, mesure depuis l'angle de la mâchoire au bout de la défense 1 mètre 40 centimètres. Associée à des débris du *Rhinoceros incisivus*, telles que des dents molaires, elle reposait immédiatement sur les grès à feuilles de l'étage delémontien ; elle était donc à la base des sables vosgiens. Espérons que d'autres découvertes dans ce terrain suivront bientôt celles que nous signalons.

Une dent très-grande et bien conservée du *Rhinoceros incisivus* de Montchaibeut a été donnée au musée du progymnase de Delémont par M. l'inspecteur Péquignot. La mâchoire du *Dinotherium* fait partie de notre collection.

A la page 186, nous avons donné la coupe de la nagelfluh, des grès, des sables *helvétiens* de Corban. Ce dépôt littoral à *Ostrea crassissima*, à *Lithodomes*, se prolonge depuis l'est de Courchapoix jusqu'au Girlang, en passant par Corban au Clos Gorgé. Observons toutefois qu'il a été brisé et séparé par la Rothmatte.

Les calcaires, les marnes et les grès de l'*étage delémontien*, parfaitement développés, très-fossilifères, délimités par deux dépôts marins, sont devenus un type géologique. Nous n'avons rien à ajouter à ce que nous avons dit des étages *tongrien* et *parisien*. Voir plus haut, pages 151 et 162.

Les grands courants d'eau, que nous avons vus pendant l'époque parisienne avec leur direction du nord-ouest au sud-est, nous ont expliqué la formation de la nagelfluh jurassique, ainsi que la dénudation de certaines régions du Jura.

En traitant l'*étage séquanien*, nous avons déjà mentionné la butte de Montchaibeut, ce petit cône jurassique qui, pour se faire jour, a percé le tertiaire tout en présentant ses flancs nus.

Cette localité, par ses nombreux et beaux échinides, recueillis avec soin par M. Mathey, est devenue une station astartienne bien remarquable.

Le val de Delémont renferme aussi des failles intéressantes. Il nous suffira de citer celle au sud et à l'est de Develier. Un puits creusé à l'est de ce village, à 200 mètres environ des carrières ptérocériennes, a démontré que le rocher jurassique s'est affaissé à une profondeur qui dépasse 60 mètres.

Ce val se prête aussi bien pour suivre le retrait, vers le sud-ouest, de la mer pendant l'âge de l'étage ptérocérien. En effet, point de trace ptérocérienne à la partie orientale, tandis que vers le milieu, à Recollaine, au Vorburg, l'*hypoptérocérien* est bien représenté. A la limite occidentale, à Séprais, à Glovelier, cet étage est complet. On voit même apparaître au-dessus de Séprais *les marnes virguliennes*.

Pour le changement du facies corallien littoral de la Caquerelle en facies pélagique, qu'on observe aussi dans cette région, nous renvoyons aux travaux de Gressly et à ce que nous avons dit plus haut, à la page 76 et suiv., et nous quitterons le val de Delémont pour nous diriger vers les Franches-Montagnes.

Le plateau des Franches-Montagnes.

Le val de Delémont nous conduit tout naturellement par la combe de Bollmann sur le plateau des Franches-Montagnes. Accompagné du Dr. Joliat, nous examinerons cette contrée inculte, et après l'avoir fait, nous continuerons notre course en passant à une région adjacente, la chaîne de la Caquerelle.

Guidé par un homme initié comme M. Joliat à la géologie et connaissant bien le pays, il nous sera sans doute possible de jeter quelques jalons dans cette contrée dont la plupart des données géologiques sont incertaines.

On s'attendra peut-être à rencontrer dans cette région élevée des faits isolés, des particularités curieuses, des données qui ne s'enchaînent point avec les connaissances que nous possédons sur les districts voisins. Il n'en est rien. La géologie des Franches-Montagnes est celle des contrées que nous avons déjà visitées. Il est vrai que le diluvium et les alluvions modernes y sont souvent mal représentés; cela tient à la position centrale et élevée de ce plateau, puis à la perméabilité exceptionnelle de sa constitution géologique, qui le prive de tout courant d'eau important. Mais si l'époque quaternaire n'y est pas bien représentée par des alluvions, des roches erratiques, elle l'est largement par un autre élément, les *tourbières*. Dans une quantité d'endroits, le sol déprimé, enfoncé en guise de petits bassins, est devenu marécageux et le lieu de prédilection des mousses et d'autres plantes qui forment la tourbe. Parmi ces bassins tourbeux, nous citerons ceux de Bellelay, des Genevez, de Lajoux, de la Chaux, de la Gruyère, de Saignelegier, des Enfers, de Chantereine, de la Chaux d'Abel.

M. Mathey nous a fait connaître les lambeaux *helvétiens* et *delémontiens* des Breuleux et de la Chaux.

Des lambeaux de *terrains sidérolithiques*, notamment les sables vitrifiables, ont été signalés à Bellelay, dans le bassin de Lajoux, à Cernil. Il y a plus d'un quart de siècle que M. Nicolet a reconnu les dépôts tertiaires du bassin de la Chaux-de-Fonds. Ce savant a même constaté la présence de dépôts des *mers crétacées* jusque sur ce plateau, aux environs de la Chaux-de-Fonds. Ces dépôts sont identiques à ceux que nous avons décrits dans le Vallon et sur les flancs du Chasseral.

Abordant les *terrains jurassiques*, nous avons déjà dit que la chaîne du Mont jetait des ramifications jusque dans les Franches-Montagnes.

Ces ramifications sont les dômes oolithiques des Mottes-Froidevaux, de Praissallet, et probablement le grand cirque oolithico-oxfordien de Goumois. Nous avons également vu la chaîne de Raimeux s'étendre par Rebévelier jusqu'aux Montbovets et plus loin.

Les mouvements de terrains de ces lignes étant faciles à saisir sur la carte, nous les abandonnerons pour nous transporter vers le milieu du plateau. Nous suivrons le ruisseau du moulin de Bollmann et nous passerons successivement par la Combe, le Moulin de Plaine-Seigne, le Pré-Petit-Jean, les Communances, le Bémont et Saignelegier.

La petite cascade du ruisseau de Bollmann, à 1000 pas environ au-dessus du moulin, se trouve sur des bancs astartiens.

Un peu plus loin que cette cascade, les marnes astartiennes à *Natica turbiniformis* affleurent sur la rive gauche du ruisseau. La Combe est également sur l'astartien. Au sud de la maison se trouve une *fondrière* dans laquelle s'engouffre un petit ruisseau qui arrive de l'est. La dépression du sol, entre la Combe et le Moulin de Plaine-Saigne, est astartienne. De l'oolithe astartienne blanche, à gros grains, très-désagrégeable, constitue les flancs de cette dépression.

Moulin de Plaine-Saigne. Deux étangs superposés, alimentés par les petites hauteurs qui les entourent et par la tourbière, conservent assez d'eau pour faire mouvoir le moulin et la scie ; cette eau se perd ensuite dans une fondrière sous le toit même du bâtiment.

Sur la rive droite de l'étang supérieur, se trouve un petit affleurement de marnes strombiennes avec de beaux et de nombreux fossiles : *Pterocera Oceani, Mytilus jurensis, Cardium Bannesianum, Ostrea solitaria, Terebratula suprajurensis;* c'est la faune du Banné près de Porrentruy. Le fond de ces étangs est formé par ces marnes, et les roches sous-jacentes, soit les calcaires strombiens, jouent le rôle de fondrière ou de gouffre.

Les autres localités que nous parcourons plus loin sont ou boisées ou gazonnées ; cependant, au sud du Péché, nous avons positivement reconnu *les calcaires et les marnes à Ostrea virgula,* le *ptérocérien,* l'*astartien,* avec une espèce de conglomérat à labase, le *corallien*, avec ses nombreux Polypiers, et même l'*oxfordien* vers Saignelegier.

Saignelegier. Une heureuse circonstance nous a permis de bien reconnaître un horizon géologique dans ce village. En creusant les caves de l'hôpital, on a mis à jour le *terrain à chailles siliceux* rempli de beaux fossiles : *Pecten Verdati, P. vimineus, P. rauraciensis, Ostrea conica, Rhynchonella coarctata, Terebratula Galiennei, Cidaris cervicalis, Pseudodiadema versipora.* A l'est du village, les marnes oxfordiennes affleurent, de même qu'au nord-ouest. Ici il y a une petite déchirure dans le fond de laquelle est une fontaine. Cette déchirure met à nu l'oxfordien supérieur, mais se perd bien vite en contournant vers Muriaux.

Le nord et le sud de Saignelegier se trouvent placés sur le corallien. Pour y obtenir de bons puits, il faut traverser cet étage sur une profondeur de 10 à 15 mètres et arriver sur les couches marneuses du terrain à chailles.

Le petit bassin de Muriaux est astartien. Un puits creusé dans ce village a mis à découvert les plaquettes astartiennes. L'eau de ce bassin se perd dans des emposieux astartiens, sis dans le village même. La montagne qui sépare Muriaux du Noirmont, le Spiegelberg, appartient enfin au corallien et à l'astartien.

Près de la scierie d'Emibois se trouvent des marnières oxfordiennes avec *Belemnites hastatus, Terebratula depressa* et *Rhynchonella Thurmanni.* Ces marnes oxfordiennes supérieures arrivent, par la Tranchée, jusqu'à la Neuve-Vie. Au sud-ouest d'Emibois, vers le Noirmont, elles sont bientôt recouvertes par l'étage rauracien.

De la Tranchée à Emibois et au Noirmont, on trouve un grand nombre d'emposieux qui aboutissent soit dans l'astartien, soit dans le terrain à chailles. Un de ces creux engouffre les eaux de la scierie d'Emibois.

La combe entre Emibois et Noirmont est corallienne et oxfordienne supérieure. La montagne au nord des Chenevières est un soulèvement du deuxième ordre, avec affleurement oxfordien seulement. Les marnes oxfordiennes découvertes vers le sommet se rejoignent presque à celle de la montagne oolithico-oxfordienne des Rouges Terres. Ces deux montagnes nous semblent être la continuation de la chaîne de Raimeux, qui embrasserait encore, plus à l'ouest, la montagne de 2e ordre qui s'étend depuis le nord-ouest de Noirmont jusqu'au-dessous de l'Aiguille, ainsi que le beau cirque oolithico-oxfordien de Biaufond.

En quittant le sommet de la petite montagne au nord des Chenevières, pour prendre une direction sud, on franchit d'abord le corallien, qui est peu développé, ensuite l'astartien. Ce dernier étage constitue le bassin de Chenevières; nous le traversons également, ainsi qu'une petite cluse corallienne, et nous nous trouvons au Moulin des Seignes. La maison est au pied des rochers coralliens redressés. Un gouffre, attenant à ce bâtiment, reçoit les eaux de ce moulin et les perd dans le corallien. Au sud du moulin sont les marnes oxfordiennes, qui servent de réceptacle aux eaux de l'étang et de la tourbière. Au sud-est, ces marnes entourent un joli petit dôme oolithique d'une largeur de 1000 mètres environ, avec une belle carrière pratiquée dans la dalle nacrée. Vers l'est, ces marnes ont peu de développement; vers l'ouest, elles meurent déjà au nord-ouest de Rosselet.

Le Chaumont ainsi que le Rosselet sont sur le Jura supérieur, soit l'astartien et le corallien. La route d'Emibois au Rosselet et aux Breuleux a mis à jour tantôt l'astartien, tantôt le corallien. Des carrières sont ouvertes entre ces dernières localités dans ce premier terrain, soit dans l'hypoptérocérien.

Nous renvoyons à ce que nous avons dit dans la première partie de ce travail sur les allures de l'étage corallien dans cette région. Voir page 86.

En suivant la charrière depuis Sous-le-Terra à la Pautelle, on remarque d'abord l'astartien avec les marnes à *Lucina Elsgaudiæ,* puis, vers le haut, le corallien qui abrite la ferme de la Pautelle. Au sud et à 30 mètres de cette maison, se présente un joli dôme oolithique. Du côté de l'est, cet affleurement oolithique se termine à 600 mètres environ de la Pautelle, vers les Seignes, où se trouve encore une carrière dans la dalle nacrée, tandis qu'à l'ouest, quoique mal accentué par place, il se prolonge jusqu'au-delà du Boéchet. Ce chaînon oolithique de la Pautelle au Boéchet ayant été étudié, nous prenons une direction sud-est, du Creux des Biches à Peux-Chapatte. Entre ces deux endroits, nous ne remarquons que du corallien et de l'astartien. Mais arrivés au sud de Peux-Chapatte, une carrière nous indique que nous sommes sur le terrain oolithique.

Dans cette région, l'état ordinaire des mouvements de terrain s'est prodigieusement modifié. Plus de crêts du Jura supérieur, plus de combes oxfordiennes pour nous guider; les uns, comme les autres, ne se présentent plus que sous une forme rudimentaire. Il faut donc chercher un autre moyen d'orientation, et ce moyen nous est fourni par les carrières. Ainsi, en allant de carrière en carrière, nous reconnaissons la présence d'un affleurement oolithique, qui s'étend depuis le sud-ouest de Peux-Chapatte jusqu'au sud-ouest de la Basse-Ferrière, par le sud de Peux-Claude, où est ouverte une grande carrière, par le Cras brûlé et par chez Claude. Au tournant de la route de la Basse-Ferrière vers la Ferrière, on traverse successivement le bathonien, l'oxfordien, le corallien et l'astartien. Ce dernier étage sert d'assise à la Ferrière et à une grande partie de son territoire; il s'étend même au-delà de la Haute-Ferrière.

De la Ferrière, nous dirigeant à l'ouest, nous arrivons dans la combe de Biaufond. Cette combe sinueuse, mais dont la direction principale est bien celle du sud au nord, commence au nord-est de la Chaux-de-Fonds et débouche seulement sur la rive droite du Doubs, à Biaufond même. Cette profonde déchirure n'est en réalité qu'une gorge transversale, ou une succession d'affleurements divers, mais se rattachant tous aux dislocations de premier et de deuxième ordre. La description de toutes les beautés géologiques de cette gorge suffirait à occuper plusieurs mois un habile géologue; ce n'est donc pas là notre tâche, puisque nous n'avons à signaler ici que les faits orographiques les plus généraux.

Dans le fond de cette déchirure, sur la ligne Ferrière-Vallanvron, affleurent, sur le bord E., les chailles de l'oxfordien supérieur. Plus bas, entre la Scierie et le Fief, se présente un bel affleurement de marnes astartiennes. Les caractères minéralogiques et paléontologiques de ces marnes sont les mêmes que ceux que nous avons reconnus à l'Angolat, près Soyhière, à Laufon et ailleurs. On y trouve même les bancs de coraux de Montchaibeut formés par la *Stylina octonaria*, *Confusastrea Burgundiæ*, et d'autres espèces. Même affleurement au-dessous des Planches.

Cul du Pré : Dislocation du 2e ordre : voûte oolithique coupée transversalement, combes oxfordiennes, cirque corallien et astartien bien régulier.

Cluse au nord du Cul du Pré : Rien de plus pittoresque que cette cluse. Les rochers coralliens, astartiens et ptérocériens, s'y déploient deux fois en voûte soit entière, soit brisée. Dans le premier cas, ces rochers, revêtus de leurs assises marneuses, présentent des cirques grandioses et d'une régularité parfaite; dans le second, dépouillés des assises molles et placés verticalement, comme de hardis géants, ils étalent leur beauté naturelle dans ces sites sauvages.

Combe de Biaufond proprement dite : Cirque prenant naissance dans le haut de cette combe et se développant avec un ordre admirable sur les deux côtés du ruisseau pour se fermer d'une manière incomplète vers Biaufond. Ce mouvement grandiose met à découvert le Jura supérieur jusqu'aux couches à *Hemicidaris crenularis*.

Sources oxfordiennes et Bie de la combe de Biaufond. Si la combe de Biaufond présente un grand intérêt au géologue et au touriste, elle est encore un sujet admirable d'études pour l'hydroscope.

Celui-ci, placé à la partie supérieure du cirque, le regard tourné du côté de l'est, verra plusieurs sources jaillir des rochers coralliens et grossir la *Bie* (ruisseau) de cette combe; descendant ensuite à Biaufond, il remarquera, à sa gauche et sous ses pieds, deux sources émissives et profondes (10 m.), rejetant par de larges ouvertures circulaires deux nappes d'eau, dont la réunion forme une rivière ordinaire qui débouche immédiatement dans le Doubs. Alors se reportant plus haut, jusque sur les hauteurs des Franches-Montagnes, il se rappellera l'aridité de cette contrée, ses roches facilement perméables, leur propension à laisser échapper les eaux que la nature leur a confiées. Toutes ces observations l'amèneront à conclure que la combe de Biaufond est le réservoir d'une partie des eaux des Franches-Montagnes.

Cirque de Biaufond : Dislocation de 2e ordre, avec affleurement oolithique. Cirque ouvert du côté du nord-ouest et offrant un léger passage aux marnes oxfordiennes qui vont se souder à celles qui entourent l'oolithe depuis l'Aiguille au Noirmont. Au-dessous, et tout près des Gaillets, des rochers coralliens taillés à pic resserrent le lit du Doubs, tout en séparant le cirque de Biaufond de celui du Refrain. Une cluse corallienne les relie cependant tout en donnant passage au Doubs. Pour arriver au Refrain, il faut le franchir dans une barque qui vous transporte bientôt au Moulin du Refrain.

Cirque du Refrain. La base de ce beau cirque, sise sur la rive gauche du Doubs, étant recouverte de gazon, de forêts et de puissants éboulements, est d'une étude difficile. Nous y avons cependant recueilli quelques fossiles oxfordiens. Le bathonien étant recouvert par des éboulements, on ne peut guère l'y étudier.

Depuis le Moulin du Refrain jusqu'au cirque de Goumois, le Doubs est encaissé dans des cluses du Jura supérieur; il est probable que dans quelques endroits, par exemple, au-dessus de la Charbonnière, l'oxfordien peut affleurer; mais il est alors recouvert, soit par des éboulements, soit par les eaux du Doubs. Cette rivière coule généralement au pied des rochers coralliens.

Le cirque corallien de la Roche désappondue, au-dessus et tout près du Moulin de la Mort, s'appelle le Mortier. Au-dessous du Moulin de la Mort, sur la rive gauche du Doubs, se trouve le sentier des Echelles. Celles-ci, adossées contre les rochers coralliens, servent de passage pour arriver du bassin du Doubs sur la hauteur du côté de Cerneux-Tissot.

La Goule est sur le calcaire à Nérinées; cette roche est identique à celle de la Caquerelle.

Si de la Goule, on fait une excursion dans le Jura français, sur les hauteurs de Damprichard, Charquemont, Maiche, les Breseux, Montandon, on y retrouve la constitution géologique des Franches-Montagnes.

Terrains quaternaires et tertiaires : De rares traces.

Jura supérieur : Affleurements étendus et importants. Le corallien, bien développé vers Maiche, diminue assez rapidement de puissance en se dirigeant vers le sud. Au sud de Prélat, on voit encore le calcaire à Nérinées, tandis que plus au sud, on ne rencontre plus que les calcaires grisâtres à *Cerithium corallense, Arca reticulata, Pecten solidus, Gryphœa dilatata.*

Oxfordien. Les calcaires et marnes de la Paturatte, du Moulin des Royes, sud-est de Saignelegier, affleurent au moulin de Prélat, sud de Maiche. Cette assise de Prélat renferme, comme celle des Franches-Montagnes, de nombreuses *Ammonites cordatus, Pholadomya læviuscula, Cardita tetragona,* *Mactromya globosa, Arca aemula, Rhynchonella Thurmanni.* Cette même assise marno-calcaire se trouve à Maiche. — L'assise inférieure de l'oxfordien, soit la *zone à Scyphies,* est représentée à Maiche même et au sud de Vacheresse par les marnes à *Belemnites hastatus, Ammonites plicatilis, Terebratula impressa, Anthophyllum Erguelense, Turbinolia Delemontana, Pentacrinus cingulatus.* Les grandes espèces de Scyphies manqueraient donc dans cette localité.

Le *callovien* affecte dans cette région le type que nous lui avons reconnu à Châtillon, à Graitery et à Movelier.

De Maiche, en se dirigeant avec la route vers les Breseux, on peut successivement étudier la dalle nacrée, la faune callovienne pyriteuse, l'oxfordien, les trois assises coralliennes, toute la série astartienne, y compris même l'épiastartien, et enfin les calcaires hypoptérocériens avec *Trichites Saussuri, Isocardia excentrica.*

Cette similitude dans la constitution géologique des bords du Doubs étant constatée, nous continuerons notre itinéraire.

Cirque oolithico-oxfordien de Goumois. Ce beau cirque s'ouvre au Moulin sous le château de Franquemont. Il nous rappelle par ses formes hardies et pittoresques celui de Grellingen; la série des terrains y est plus complète et les couches n'en sont point autant brisées. Sur la route de Goumois à Saignelegier, au sud et tout près de Goumois suisse, se trouve un affleurement de la dalle nacrée recouvert par les alluvions anciennes. Ces alluvions, qui sont d'environ 15 mètres plus élevées que les eaux du Doubs, renferment des galets de gneiss blanc, dont on fait remonter l'origine au Mont-Blanc. Un peu plus haut, en suivant la route, on arrive sur les marnes oxfordiennes et le terrain à chailles, le tout dominé par le massif du Jura supérieur. Ces terrains n'étant pas recouverts, nous ramassons un bon nombre de beaux fossiles. Dans les marnes, on trouve la faune pyriteuse de Graitery, dans les calcaires marno-compactes, les *Pholadomyes,* les *Ammonites cordatus,* les *Rhynchonella spinulosa, Thurmanni,* les *Terebratula impressa* de Châtillon, et enfin, dans le terrain à chailles siliceux, les *Terebratula nutans, Delemontana,* et les Echinides habituels à cet horizon.

Comme on l'observe à Bellerive et ailleurs, le crêt oolithique nord, sur la rive gauche du Doubs, est plus en aval que sur la rive droite.

Le cirque de Goumois est séparé de celui de Gourgouton-Vautenaivre par le massif du Jura supérieur, qui, sur la rive droite du Doubs, au-dessus du moulin de la Vauchotte, offre un affleurement de toute beauté.

Nous touchons ici à la chaîne de la Caquerelle-St-Braix; nos excursions sur le plateau des Franches-Montagnes seraient donc terminées; dans ce résumé, nous croyons avoir démontré que ce plateau ne possède aucun caractère particulier de quelque importance. La nature de ses terrains, le mode de leur affleurement, se rattachent naturellement à ce que nous avons vu dans les autres parties du Jura. Nous en abandonnons les détails à quelque géologue domicilié, auquel il sera facile de les recueillir, de les coordonner pour les joindre à la géologie du Jura, et nous arrivons à la 7e chaîne.

VII. La chaîne de la Caquerelle.

Cette chaîne est bien la plus intéressante du Jura, dans ce sens qu'elle sépare la vallée du Doubs de celle de la Birse, le bassin du Rhône de celui du Rhin, qu'elle partage ses eaux entre la mer Méditerranée et celle du Nord.

La considération suivante la rend encore digne de l'attention des géologues. Dans leur partie orientale, les chaînes du Jura, comme celles des Alpes, affectent la direction est-ouest; mais arrivées sur la ligne Caquerelle, Bienne, Mont-Blanc, elles changent de direction et s'étendent vers le sud-ouest. La Caquerelle est précisément pour le Jura le point où cette déviation est la plus apparente. Cette identité de configuration qu'affectent le Jura et les Alpes est de la plus haute importance. Elle peut bien être admise comme une preuve que ces deux chaînes de montagnes ont été formées à la même époque et par les mêmes causes. [1]

La chaîne de la Caquerelle se détache de celle des Rangiers par le flanc sud, presqu'à angle droit, et prenant une direction du nord au sud, elle arrive, par la Caquerelle, Basuel et Sceut-dessus à la Roche. Ici, elle reprend à peu de chose près la direction normale des chaînes jurassiques et elle se continue vers St-Braix, Montfavergier et Vautenaivre.

Cette déflexion, que M. le prof. Fournet a décrite et dans le Jura et dans les Alpes, est moins sensible dans nos chaînes méridionales.

Cette 7e chaîne est classée parmi les dislocations du troisième ordre. Au nord, elle a généralement le bassin du Doubs pour limite, vers le sud, elle se soude au plateau des Franches-Montagnes. Dans ce court aperçu nous commencerons par la partie occidentale.

Gourgouton-Vautenaivre est une déchirure longitudinale et transversale du deuxième ordre, avec un affleurement oolithique puissant que nous rattachons à l'axe de dislocation de la Caquerelle et non à celui du Raimeux, comme l'a fait

---

[1] L'on croit apercevoir, dans les principales cassures transversales du Jura, la continuation des principales cassures des Alpes.

„Le système des dislocations jurassiques se lie, sans discontinuité orographique, aux Alpes sardes et françaises par le prolongement des mêmes lignes de dislocation, offrant le même regard." (M. Fournet : Aperçu sur la structure du Jura septentrional, page 4.)

M. Fournet (*Aperçus sur la structure du Jura septentrional*, p. 33). Nous la quittons pour suivre le Doubs un moment.

En passant par la Combe-Chabrouillotte et par le Moulin de Plain, nous constatons que ces localités sont placées sur le Jura supérieur. La rive droite de l'écluse du Moulin est corallienne.

Comme l'avait déjà reconnu Thurmann, les Genévriers sont sur les marnes oxfordiennes.

Les côtes du Doubs, depuis Caborde au Moulin-Jeannotat, appartiennent au Jura supérieur, de même que les hauteurs d'Essert-Pierre.

La Vieille Verrerie est placée sur la combe oxfordienne au nord de la chaîne que nous décrivons. Depuis la Vieille Verrerie jusque vers Lobchey, le Doubs est de nouveau encaissé dans le Jura supérieur. A l'ouest de cette dernière localité affleurent les marnes oxfordiennes de la chaîne de dislocation Epauvillers-Montenol. Les quatre maisons de Lobchey et celle de Massaselin sont sur la combe oxfordienne au sud de cette même dislocation. La butte, au nord de ces maisons, que contourne le Doubs pour arriver à Soubey, est oolithique. Au tournant du Doubs, le bajocien et probablement un peu de lias, sont à découvert.

Combe liasique du Moulin de Soubey. Nous avons quitté le cirque oolithique de Vautenaivre pour suivre le Doubs; mais en le quittant, nous savions que l'oolithe réapparaissait plus à l'est, vers Patalours, et qu'il se prolongeait jusqu'à Soubey. Comme nous ne connaissions pas les allures de ce terrain au-dessous de cette dernière localité, nous l'avons étudiée et nous sommes arrivés aux résultats suivants : A l'ouest du Moulin de Soubey, le dôme oolithique se déchire, se bifurque et laisse voir un large affleurement liasique et peut-être keupérien, qui arrive dans la direction du Doubs jusque vers le sud-est de la Rechesse. Le Doubs coule au pied de la bifurcation oolithique nord. La bifurcation sud, déchirée encore dans le sens transversal, ouvre une sortie naturelle aux eaux de cette chaîne. Des sources en sortent et mettent le moulin et d'autres petites usines en mouvement. La combe oxfordienne nord de cet affleurement liasique affecte la direction suivante : elle passe le Doubs à Soubey, traverse ce village, arrive à Chercenay, à Chervillers, à la Charbonnière, au Poye et à l'est de Césais et de St-Braix jusque tout près de la Roche percée; de là, elle décrit un cercle vers le Fond du Val et remonte au sud-ouest de St-Braix pour prendre la direction tracée sur la carte. Quant aux bifurcations oolithiques, elles se rejoignent au sud-ouest de la Rechesse, et le dôme reconstitué passe à Césais, à St-Braix, et vient s'enfoncer un instant sous la Roche percée; mais bientôt il se montre de nouveau au nord de l'auberge de la Roche, à Sceut-dessus et à la Seigne-dessous. Ici, il se déchire une seconde fois pour former deux crêts oolithiques et une légère combe liasique. Celle-ci vient mourir entre Montmelon-dessus et Montmelon-dessous.

Les crêts oolithiques se terminent l'un vers la Couperie, l'autre au nord de Montmelon-dessous.

Avant que de quitter cette chaîne, disons encore un mot de sa limite nord depuis la Charbonnière à Montmelon.

De la Charbonnière aux Rosés, le Doubs coule dans des cluses du Jura supérieur. Les Rosés sont dans un petit cirque astartien et les Planchettes dans un cirque corallien, astartien et ptérocérien. Qu'on nous permette une petite digression dans la chaîne suivante : Châtillon est placé dans une petite combe astartienne. Au-dessous, soit au sud, tout près du Doubs, se trouve une jolie grotte dans les rochers coralliens.

Tariche, qui a fourni un si grand nombre de jolis fossiles aux auteurs de la *Lethæa*, est dans le corallien inférieur.

N'ayant pas à revenir sur les stations virguliennes, kimméridgiennes, séquaniennes de cette chaîne au-dessus du Moulin de Séprais, ni sur les calcaires à Nérinées de la Caquerelle, que Gressly a si bien étudiés, nous abordons la huitième chaîne.

VIII. La chaîne du Clos du Doubs.

Nous avons vu la chaîne des Rangiers jeter un embranchement qui se détache à angles droits, au sud des Rangiers. Cet embranchement est la chaîne de la Caquerelle. A l'angle ouest de cet embranchement naît encore une autre chaîne, celle du Clos du Doubs.

Elle commence légèrement en amont de St-Ursanne, au tournant du clos du Doubs, sur la rive droite de la rivière qu'elle traverse; puis, elle prend immédiatement, sur la rive gauche, des proportions colossales qu'elle conserve sur toute la ligne, qui est Montenol, les Piquerez, Chauvilier; elle se continue encore, à l'ouest, dans le Jura français. Elle est entourée du Doubs de trois côtés; mais en se produisant comme chaîne de deuxième ordre avec son dôme oolithique, central et large, avec ses combes oxfordiennes élevées et protégées par les solides et puissantes assises rocheuses du Jura supérieur, elle résiste bien aux attaques incessantes de cette rivière. Si souvent les étages jurassiques supérieurs de cette chaîne sont dénudés, n'attribuons ce fait qu'à l'action des eaux antéhistoriques. C'est sans doute dans cette direction que les eaux tertiaires auront emporté une partie effective de la nagelfluh jurassique que nous avons vue dans tout le Jura. Ainsi rien d'étonnant, si, sur les sommités du Clos du Doubs, on rencontre, comme cela nous arrivera encore plus tard, le Jura supérieur souvent dénudé. La route de St-Ursanne à Montenol offre quelque intérêt. On y voit successivement le terrain à chailles, l'oxfordien, le callovien, la dalle nacrée, le calcaire roux sableux et les marnes à *Ostrea acuminata*; vers les deux tiers de la hauteur, la série recommence, et Montenol repose sur la dalle nacrée, dans laquelle des carrières ont été établies pour la reconstruction du village incendié, il y a quelques années. La nature des étages jurassiques étant du reste celle des étages de la chaîne suivante, il serait oiseux de s'en occuper, et nous arrivons à la chaîne du Mont-Terrible.

Par la nature de son sol élevé, sec et très-favorable au développement de certaines plantes, telles que la pimprenelle, *Poterium sanguisorba*, L., certaines légumineuses et graminées, la chaîne du Clos du Doubs est probablement celle qui serait la plus propre à l'élève des mérinos.

IX. Le Mont-Terrible ou Lomont, Wiesenbergkette.

Cette chaîne, limitrophe à l'ouest, centrale vers l'est, est comprise parmi les chaînes de quatrième ordre. Elle s'étend depuis la France jusqu'au Lägerberg par le Jura bernois, soleurois, bâlois, argovien. L'étage conchylien y affleure dans notre rayon vers la partie orientale à Meltingen et Reigoldswyl. On y voit plusieurs combes liaso-keupériennes, dont les plus considérables sont : Meltingen-Reigolds-wyl, Bärschwyl, Bellerive, Monterri et Vaufrey. L'oolithe, en voûte soit entière, soit brisée, est à jour sur toute la longueur de cette chaîne. Ainsi, de toutes les chaînes du Jura, c'est elle qui montre les dislocations les plus soutenues et les plus profondes, de même que les sources minérales et thermales les plus nombreuses et les plus importantes. Nous citerons celles de Wildegg, de Schinznach, de Birmens-dorf, de Baden, d'Eptingen, de Meltingen et de Bellerive. C'est encore de cette chaîne que sortent les grandes sources de Delémont, de Recollaine, et une foule d'autres qu'il serait trop long d'énumérer.

Nous avons déjà vu qu'elle a fourni deux ramifications importantes : la chaîne de la Caquerelle et celle du Clos du Doubs. Plus vers l'est, la montagne de deuxième ordre du nord de Beinwyl en est encore une petite ramification. Nous verrons plus tard encore deux souches, la chaîne de Movelier et le Bueberg, s'en détacher au nord-ouest des Rangiers.

C'est bien cette chaîne qui a inspiré les belles productions géologiques de MM. P. Merian, J. Thurmann et A. Gressly. Thurmann, en particulier, y a puisé sa célèbre théorie des soulèvements en ordre.

En constatant en 1844 les perturbations des dépôts tertiaires du Mont-Terrible, notamment l'énorme disjonction des sables fluvio-terrestres à *Dinotherium*, le gigan-tesque désordre du facies littoral de l'étage tongrien, nous reportions à la fin de l'époque tertiaire la dernière grande dislocation du Jura qu'on rattachait alors à la fin de la formation jurassique.

A cette époque, nous avions, en effet, fait l'observation que les dépôts des sables vosgiens à *Dinotherium* étaient divisés et séparés par cette chaîne, et que, pour en constater les lambeaux, il faut du val de Delémont, de Courfaivre, du bois de Raube ou de Montavon, passer la montagne des Rangiers et arriver à Cornol ou Fregiécourt, c'est-à-dire, dans la plaine de l'Ajoie. Pour retrouver la continuation du banc d'*Ostrea callifera* de Develier, il faut également franchir la Chaîve, montagne de troisième ordre, et atteindre la partie moyenne du flanc nord de cette montagne appelée côte du Mettemberg. Là, sur une pente abrupte et élevée, à plus d'une lieue de Deve-lier, on retrouve le banc d'huîtres. Ce banc, brisé une seconde fois sur la ligne même du ruisseau de Mettemberg, ne se retrouve plus qu'en traversant le mouvement de terrain de troisième ordre du sud de la Résel et en gravissant une partie de la pente très-rapide de la montagne sise au nord de la Résel. Des observations de cette nature, portant sur les autres chaînes du Jura et arrivant à de semblables données, fixaient, comme nous venons de le dire, l'âge de la dernière grande dislocation jurassique.

Le point culminant du Mont-Terrible, les Côtes ou *Hyenneché*[1], à l'est des Rangiers, d'une élévation de 1000 m., est bien de nature à intéresser à un haut degré le géologue touriste. Du côté du nord, on voit les Vosges, la Forêt-Noire, la plaine d'Alsace, la combe triaso-jurassique de Cornol-Monterri; à l'ouest, le Clos du Doubs et les Franches-Montagnes; au sud, de jolies pointes des Alpes, Chasseral, Raimeux, cette curieuse limite de quelques mers antéhistoriques, la Caquerelle, si connue par sa faune corallienne et par les travaux de Gressly, le val de Delémont, avec ses riches minières de *Bohnerz* et ses collines de sables à *Dinotherium*, dont les matériaux proviennent des Vosges; enfin, vers l'est, les belles montagnes des cantons de Bâle et de Soleure.

Cette chaîne fort remarquable prend donc à juste titre une large part dans la littérature géologique du Jura. Comme elle est bien étudiée, nous nous dispenserons de nous y arrêter longtemps.

Les roches *détritiques* et *diluviennes* en recouvrent souvent le pied. Les flancs du Mont-Terrible, étant souvent très-abrupts, offrent fréquemment à leur pied des *éboulements* très-considérables. Nous citerons celui du nord de Delémont, qui s'est détaché des roches de Béridie, a glissé sur les argiles du terrain sidérolithique et est arrivé bien avant dans le val de Delémont. La petite ville de Delémont, Mont-Croix, le Haut-fourneau sont, en partie, bâtis sur ces éboulements. D'une puissance de 20 mètres, il laisse couler à sa base la *Doue* de Delémont. Nous avons déjà signalé le *lœss* du café du Vorburg, qui repose sur le kimméridgien, et les *alluvions anciennes* de Bellerive, qui recouvrent les marnes oxfordiennes, l'oolithe et le keuper.

Les *terrains tertiaires* suivent les mouvements des flancs de cette chaîne. Leur composition, en général molle, les empêche d'atteindre une certaine hauteur. Il n'y a que des parties isolées ou des lambeaux qui arrivent à un niveau bien élevé.

---

[1] *Jähe* signifie pente escarpée.

C'est au pied de cette chaîne, dans le val de Delémont, que le *terrain sidéro-lithique* prend le plus grand développement. Vers notre limite orientale, à l'ouest et à 100 mètres environ du moulin de Bretzwyl, il n'est plus qu'à l'état rudimentaire.

Le *Jura supérieur*, réduit aux étages rauracien et astartien dans la partie orientale, augmente insensiblement de l'est à l'ouest, de manière que le ptérocérien et le virgulien ont un développement complet à la partie occidentale.

Les affleurements *rauraciens* et *oxfordiens* du Fringuelet sont généralement connus. En poursuivant cette chaîne de l'ouest à l'est, on voit l'oxfordien du Jura septentrional se changer en *oxfordien argovien*, et à l'est de notre limite orientale, au sud du signal de Bölchenfluh, au sud d'Eptingen, l'oxfordien calcaire renferme les espèces suivantes : *Belemnites hastatus*, *Ammonites virgulatus*, Qu., *A. perarmatus*, Sow., *Terebratula bisuffarcinata*, Schloth, *T. orbis*, *Dysaster capistratus*. Thurmann a publié la faune *callovienne* de Montvoie.

Les étages *bathonien* et *bajocien* y sont bien largement représentés, comme on peut s'en assurer en lisant les nombreux travaux de Thurmann et de Gressly. L'*oolithe ferrugineuse* de Grange-Guéron, au nord des Rangiers, a été quelque temps exploitée. Dans la première partie de ce travail, nous avons fait connaître des affleurements importants de cette chaîne.

Le *lias* et le *keuper* forment des reliefs qui donnent une grande richesse végétale et technique à Vaufrey, Monterri, Cornol, Bellerive, Bärschwyler, Meltingen et Reigoldswyl. On ne voit guère ces terrains que dans le fond des combes, recouverts de gazon ou à découvert au pied des cirques. Vaufrey, sur la rive droite du Doubs, est une localité géologique intéressante. A l'est et tout près du village, le keuper et le lias sont à jour. Le lias moyen, soit les couches à Bélemnites, y renferment une faune riche et d'une ressemblance frappante avec celle de Ruttehardt, au sud de Bâle. La partie sud du village est sur le lias, la partie nord sur le bajocien. C'est là que, dans ce dernier étage, nous avons observé la zone à *Cidaris Courteaudina* et à *Polypiers*, que nous avons signalée plus haut au Vorburg, dans la combe de Bollmann et dans le Jura bâlois. Au sud du village, sur la rive gauche du Doubs, se trouve un monticule oolithique qui n'est rien autre qu'un puissant éboulement effectué sur les marnes liasiques. Les affleurements hardis du Jura inférieur, moyen

et supérieur de cette contrée sont bien de nature à fixer l'attention du géologue et
du touriste.

Un peu plus à l'est de notre frontière orientale, à Nieder-Bölchen, au sud
d'Eptingen, se présente aussi un affleurement du lias inférieur avec les espèces
suivantes : *Belemnites acutus*, *Pleurotomaria anglica*, *Terebratula Rehmanni*, von
Buch, *T. vicinalis arietis*, Qu., *Rhynchonella variabilis*, *Pentacrinus tubercularis*.

Dans la combe triaso-jurassique de Cornol, un sondage a constaté le *muschelkalk* à une profondeur de 15 mètres seulement. Les gypses gris et blancs sont surtout exploités à Cornol, à Bärschwyler et sur plusieurs points entre Meltingen et
Reigoldswyl. L'albâtre a été constaté à Monterri. A Bellerive, les gypses sont trop
profonds pour qu'on puisse en tirer un parti avantageux. Nous avons déjà mentionné la découverte du *bone-bed* faite à Marchmatt par M. le pasteur Laroche. Ce
dépôt, actuellement gazonné, est aussi riche en fossiles que celui de Schönthal.

Le *muschelkalk* n'apparaît positivement qu'à Meltingen et à Reigoldswyl, où il
forme des reliefs assez considérables, se rattachant cependant aux assises supérieures
de cet étage. Les recherches infructueuses faites en vue de découvrir du sel dans
le Muschelkalk de cette chaîne étant publiées, nous arrivons à ses ramifications
nord, soit à la chaîne de Movelier et au Bueberg.

X. La chaîne de Movelier.

Cette chaîne commence à l'est du Moulin de Liesberg, se présente dans cette
localité comme chaîne de deuxième ordre, se dirige à l'ouest vers la Hölle, où
bientôt le dôme oolithique se brise en formant deux crêts, dont le nord est le plus
élevé, et en mettant ainsi à découvert d'abord le terrain liasique, ensuite le large
et profond affleurement liaso-keupérien du sud de la Résel; le dôme oolithique
se reforme bientôt et il arrive au sud-ouest de Movelier. Les terrains oolithiques,
recouverts un instant par les marnes oxfordiennes, au sud de Pleigne, réapparais-
sent bien vite vers l'ouest, dans la direction de Dos-le-Cras et de Bourrignon, où
en contournant vers le sud-ouest, ils viennent enfin se souder à la montagne des

Rangiers, soit à la chaîne du Mont-Terrible. Cette chaîne de troisième ordre serait donc une ramification du Mont-Terrible.

Une déchirure transversale, connue sous le nom de combe de Bavelier, relie cette chaîne à la suivante. La maison de ferme de Bavelier repose sur cette déchirure qui est une dislocation de deuxième ordre. La maison même est assise sur le calcaire roux sableux. C'est dans cette déchirure que sortent les sources qui mettent en mouvement le moulin de Bavelier.

Les deux flancs de cette chaîne, quoique souvent élevés et très-abrupts, sont recouverts de dépôts *tertiaires* qui se rattachent notamment aux étages œningien, tongrien et parisien supérieur. L'amas assez étendu de sables à *Dinotherium* qu'on observe à l'est de Nieder-Riederwald, sur une pente très-raide, vient à l'appui de l'idée émise dans ce travail que le soulèvement jurassique date de la fin de l'époque tertiaire. Une portion du flanc sud de cette chaîne, par son développement large et plat, a reçu le nom de *val du Mettemberg*. Ce petit val, rempli de grès à feuilles, de calcaires tongriens et d'argiles sidérolithiques, s'étend depuis l'est de Mettemberg jusque vers le Moulin de Forme. Avant le soulèvement jurassique, il était une dépendance de celui de Delémont, comme le prouve l'identité des terrains tertiaires que ces vals renferment.

Le val du Mettemberg a fourni beaucoup de minerai de fer aux forges de Lucelle.

Les *terrains jurassiques* de cette chaîne offrent d'assez grandes lacunes. Point de traces de l'étage virgulien. Sur la route de Soyhière à Mettemberg, on voit cependant les assises supérieures de l'étage séquanien recouvertes de quelques bancs appartenant au groupe kimméridgien. Vers l'est, le calcaire à Nérinées a tous les caractères de celui de la Caquerelle et n'est pas recouvert. Comme exemple, nous citerons le lambeau du Jura supérieur qui relie cette chaîne à la précédente, et qui s'étend de Soyhière au bois du Treuil. A l'extrémité orientale de ce lambeau, le calcaire à Nérinées est aussi riche en fossiles que celui de la Caquerelle et il a été exploité, comme le prouvent d'anciennes carrières.

L'intéressante coupe de l'Angolat, au nord-ouest de Soyhière, que nous avons publiée, appartient à la chaîne de Movelier; elle démontre bien la puissance et l'indépendance des étages séquanien et rauracien.

Le *Jura moyen* de cette chaîne ne se distingue point de celui de la chaîne pré-

cédente. Les marnes oxfordiennes et calloviennes de Bourrignon sont très-fossilifères; ce sont celles de Pleigne qui nous ont fourni le plus grand nombre d'échinides. Au point de vue technique et fossilifère, le fer sous-oxfordien du nord-est
de Movelier mérite une mention. Un grand nombre de fossiles, que nous possédons
du fer sous-oxfordien, ont été recueillis dans cette localité. Le fer oolithique
miliaire de Movelier pourrait être exploité.

Dans la première partie de ce travail, nous avons fait connaître les riches stations
bathoniennes de Céphalopodes, de Bivalves et d'Echinides du sud de Movelier.

Il y a quelques années qu'il était possible d'étudier les *schistes à Posidomyes* et
les *calcaires à Gryphées* dans la combe liaso-keupérienne du sud de la Résel; ces
affleurements sont actuellement, en partie, recouverts.

Les sources les plus intéressantes de la chaîne de Movelier sont :

La source des terrains du Jura supérieur de Soyhière, qui, à sa sortie, met un
moulin et une scierie en mouvement.

La source oolithique de Bebrunnen, qui sert à l'irrigation des prés sis entre
Bebrunnen et le moulin de Liesberg.

XI. La chaîne de Bueberg.

Le Bueberg, situé entre Liesberg et Klein-Lutzel, s'étend depuis Laufon, Wahlen
et la Verrerie, par Hoggerwald, Ring, Ritzengrund, Ederschwyler, Bavelier et la
Tuilerie de Lucelle jusqu'à Pleujouse-Asuel, où il se soude à la chaîne du Mont-
Terrible. Avec les chaînes du Mont-Terrible, de Movelier et du Blauenberg, le
Bueberg donne naissance aux sources qui alimentent la Lucelle, un des affluents
de la Birse.

La chaîne du Bueberg est bien la sœur de la précédente, tant elle lui ressemble.
Le bassin *tertiaire* de Liesberg, avec ses calcaires d'eau douce, ses grès de l'étage
delémontien et ses dépôts sidérolithiques, n'est qu'une répétition du val tertiaire
de Mettemberg. Les calcaires d'eau douce de l'étage delémontien sont surtout bien
développés au village de Liesberg. Ils forment un point de repère précieux entre
ceux du val de Delémont et ceux des hauteurs de Tüllingen, au nord de Bâle.

Les flancs sont également recouverts de lambeaux sidérolithiques.

Les *terrains jurassiques* offrent partout les mêmes caractères qui nous sont connus par les autres chaînes. Les beaux bancs de coraux de l'étage rauracien, qu'on remarque au nord de la Pleenhof, sur la route qui relie Pleigne à Lucelle, méritent d'être signalés. Il en est de même des stations coralligènes du plateau de Pleigne, qui souvent ont été mises à nu par l'action de la dénudation. L'antique fille de Mai est là pour raconter ce gigantesque phénomène auquel elle a résisté. Il est aussi intéressant de retrouver sur les hauteurs de Pleigne, à une élévation de plus de 814 m., des sables et des galets à *Dinotherium*. La station kimméridgienne de la Richterstuhl doit jusqu'ici être envisagée comme une des dernières dans la direction orientale. Les éboulements fossilifères du terrain à chailles, à l'est du Ring, sont remarquables; il en est de même des affleurements du calcaire roux sableux du Ring et d'Ederschwyler. Ces derniers dépôts littoraux se retrouvent avec une ressemblance frappante dans la chaîne du Blauenberg, dans le canton de Bâle-Campagne, et plus au nord, dans le duché de Baden.

Le *lias* n'affleure cependant pas dans cette chaîne. Le Bueberg n'étant donc que la répétition des faits que nous avons étudiés, nous né nous y arrêterons pas davantage; nous passons dans le val de Laufon.

G. Le val de Laufon.

Les observations que nous avons faites plus haut, relativement à l'embarras que l'on éprouve dans la fixation sur la carte de telle ou telle couleur géologique, s'appliquent très-bien au val de Laufon. Ce val très-large, très-ouvert et très-exposé aux agents de dénudation et de remaniement, présente quelquefois un tel mélange de terrains, que le géologue reste souvent indécis sur la teinte qu'il doit apposer dans certains endroits. Aussi avons-nous vu Gressly, malgré son coup d'œil admirable pour saisir les formes orographiques, malgré la profonde connaissance qu'il avait du val de Laufon, indiquer dans le même endroit, d'abord des sables à *Dinotherium*, et plus tard du tongrien. Si nous en exceptons l'étage helvétien qui, probablement, n'a jamais existé dans le val de Laufon proprement dit, nos autres terrains tertiaires y étaient assez développés, ce qui n'est plus le cas actuellement. Ici, les eaux en ont emporté une grande partie, là, la totalité, en mettant ainsi à nu le rocher jurassique perforé par les pholades de l'époque tongrienne, comme on peut le voir à Breitenbach et à Büsserach : leur action de nivellement, de mélange, de remaniement, se révèle partout; c'est ainsi que nous expliquons les mouvements peu accidentés de ce val, car, c'est à peine si l'un ou l'autre de ces mouvements peut recevoir le nom de collines.

Outre les *alluvions anciennes,* qui sont très-puissantes sur les rives et dans les lits de la Birse et de la Lützel, les autres terrains qui affleurent dans le val de Laufon sont les *sables et galets à Dinotherium.* Partout ils y existent, soit en petits amas, soit isolés, recouvrant tantôt l'étage delémontien, tantôt l'étage tongrien, quelquefois la roche jurassique. A la Verrerie de Laufon, sur le chemin du Greifel, et à l'est du Nieder-Riederwald, ces galets recouvrent accidentellement, ici, l'oolithe, là, le Jura supérieur. A l'est du bassin de Laufon, on les retrouve jusque sur les hauteurs séquaniennes du Kasten.

Dans le val de Laufon, ces galets vosgiens ou hercyniens sont beaucoup plus grands que dans celui de Delémont. De Brislach vers Himmelried, il n'est pas rare d'en rencontrer du poids de 5 à 10 kilogrammes. Les dépôts les plus considérables que nous avons remarqués se trouvent à Steinenbühl, entre Breitenbach et Meltingen. Sur la route de Breitenbach à Fehren, des calcaires schisteux de l'étage œningien, pétris de *Paludina acuta,* recouvrent ces galets ou alternent avec eux. Il n'est pas rare de voir dans ces sables à *Dinotherium* de minces couches ou de petits amas d'argiles fossilifères : *Helix insignis, gyrorbis, Clausilia antiqua* et des feuilles de Peupliers. A l'est et tout près du Moulin de Meltingen, on exploite dans ces galets, qui constituent une véritable nagelfluh, un sable siliceux fin, qui est très-estimé pour la confection du mortier. Ce sable est frappant de ressemblance avec celui de Montchaibeut, que le village de Rossemaison exploite dans le même but et qui a fourni quelques grandes molaires du *Rhinoceros incisivus,* et de si jolis restes du *Dinotherium giganteum.* Il est recouvert d'un amas de marnes noires, riches en beaux fossiles : *Helix insignis, Ehingensis, Chara Meriani.* Le musée de Bâle en possède un échantillon.

Les calcaires, ainsi que les marnes d'eau douce de l'*étage delémontien* sont aussi représentés dans le val de Laufon.

Les marnes rouges bigarrées, les grès à feuilles, constituent, en grande partie, la colline de Fichten et de St-Fridolin et celle qui s'étend de Schelloch, par l'est de Brislach et de Breitenbach, jusqu'à Büsserach. Le grès à feuilles est également très-développé dans le finage de Wahlen. Il y a quelques années qu'une marnière tongrienne a mis à jour dans ces grès une couche à feuilles très-intéressante : les empreintes étaient d'une conservation remarquable. La mollasse rognonneuse forme des affleurements assez considérables à Fichten et à l'est de Breitenbach.

Les marnes et les calcaires tufeux de l'*étage tongrien* sont généralement répandus dans le val de Laufon. Dans plusieurs endroits (Wahlen, Brislach) les marnes tongriennes fournissent à l'agriculture un agent d'amendement bien précieux. Les calcaires jaunes tufeux à *Cerithium plicatum*, *Natica crassatina*, *Lucina Heberti*, *Ostrea callifera*, sont à jour au nord-est de Brislach, de Breitenbach et au sud de Wahlen.

Le *terrain sidérolithique* y est assez mal représenté. Résistant peu aux agents de dénudation, il a souvent été emporté. Cependant le minerai de fer a été exploité au nord-est de Röschenz, et il est probable qu'on en découvrirait encore tant dans le finage qui entoure ce village que dans celui qui est au sud du moulin de Röschenz. Entre Laufon et Brislach, on remarque sous les marnes tongriennes un sable réfractaire, jaunâtre, que l'industrie utilisera un jour. Ce sable semble recouvrir le calcaire séquanien.

Comme le démontre l'absence des terrains précédents sur de grandes étendues, les dépôts tertiaires du val de Laufon ont souvent été emportés par les eaux; alors les terrains jurassiques, mis à nu, fournissent des indices de dénudation antérieure à l'étage tongrien, ainsi que des preuves évidentes du rôle de facies littoral que le val de Laufon a joué pendant l'époque tongrienne. Ainsi, entre Breitenbach et Fehren, souvent on ne voit plus de terrain sidérolithique, et alors le tongrien recouvre immédiatement le séquanien qui, par ses perforations de pholades, ses incrustations d'huîtres et d'hinnites, prend un cachet littoral des plus frappants. Quelquefois toute la série tertiaire a été enlevée, et dans ce cas le rocher jurassique n'est recouvert que par quelques cailloux se rattachant, soit aux sables à *Dino-*

therium, soit aux alluvions anciennes. Cependant la série complète des terrains tertiaires du val de Laufon se résumerait ainsi :

1. Calc. à *Paludina acuta;*
2. Sable à *Dinotherium* renfermant les fossiles suivants : *Helix insignis*, *gyrorbis*, *Ehingensis*, *Clausilia antiqua*. — Nagelfluh œningienne.

L'étage helvétien semble manquer.

3. Calc. et marnes d'eau douce à *Helix Ramondi*, *H. rugulosa*, *Planorbis solidus*.
4. „ poreux, pisolithique ;
5. Marnes irisées, noires et vertes ;
6. „ bigarrées ;
7. Grès grumeleux, rognonneux, à lignites et à feuilles : *Daphnogene polymorpha*, *Quercus elœna*.
8. Marnes bigarrées et noires passant à l'étage suivant.
9. Facies vaseux à *Ostrea cyathula;*
10. „ littoral à „ *callifera*. — Nagelfluh tongrienne.
11. Argiles diverses ;
12. Sables réfractaires ;
13. Mine de fer en grains et Nagelfluh jurassique ou Eocène supérieur.

Enfin le calc. séquanien perforé par les Pholades.

Gressly évalue la puissance du terrain tertiaire de Laufon à 250 pieds, chiffre que nous trouvons un peu exagéré. Pour la répartition de ce chiffre, nous renvoyons à ce que nous avons établi plus haut dans notre travail stratigraphique.

Point de traces des *étages portlandien* et *virgulien*.

L'assise inférieure de l'*étage kimméridgien* affleure dans le val de Laufon sur un grand nombre de points. Nous l'avons déjà vu exploiter à Laufon, à Röschenz, entre Zwingen et Brislach. Il ne sera pas difficile d'y augmenter le nombre des carrières. Les nouvelles routes, qui relient Nenzlingen, Blauen à la route de Bâle, présentent des affleurements *séquaniens* importants ; il en est de même du chemin direct établi entre Tittingen et le finage de Röschenz. Dans ce dernier endroit, on voit toute la série de l'étage, depuis les marnes et les calcaires à *Nerinea Bruckneri*, *Lucina Elsgaudiæ*, jusqu'à l'oolithe séquanienne blanche. Ces localités, déjà connues et exploitées par A. Gressly, sont très-fossilifères. Sur la route de Tittingen à Laufon, on peut successivement étudier le *terrain à chailles*, les divisions *coralliennes* et *astartiennes*.

Nous n'avons pas à revenir sur l'*oolithe corallienne* de Zwingen ; cette localité, par ses nombreux et beaux fossiles, par son bel affleurement, toujours lavé par les eaux de la Birse, doit être envisagée comme un point classique pour l'étude de ce facies corallien.

A Zwingen même, aux bords de la Birse, les couches supérieures du terrain à chailles sont à jour. La nouvelle route de communication entre Wahlen et la combe liaso-keupérienne de Grindel-Bärschwyler a mis à jour des assises *bathoniennes* assez fossilifères.

XII. La chaîne de Schauenburg.

Cette chaîne se détache du val de Laufon par le Kasten, qui est bientôt coupé par la cluse Baumgarten-Grellingen, où l'on voit un affleurement oxfordien remarquable; elle comprend ensuite le *Homberg*, dislocation de deuxième ordre, sise au nord de Himmelried, la déchirure corallo-oxfordienne de Ingraben, la combe oxfordienne de Balm et enfin la grande dislocation de troisième ordre, dont le dôme oolithique élevé s'ouvre vers la Säge et Schneematt, sud de Seewen, en mettant à découvert le lias; ensuite, comme le Blauenberg, cette chaîne abandonne sa direction O.-E., pour prendre une direction S.-N. et arriver par Büren, Pantaléon, Nuglar, les bains de Schauenburg sur Meyenfels et Pratteln.

En partant du val de Laufon pour arriver sur le Kasten, on voit successivement mourir les dépôts tertiaires; il ne sera cependant pas difficile d'en trouver encore d'assez grands lambeaux sur ses flancs ou plateaux élevés. C'est ainsi que sur les hauteurs du Kasten mêmes, sur celles du nord de Rotris, de Säge-Ingraben, il existe encore des dépôts assez développés de *sables à Dinotherium*. Partout où le Jura supérieur affleure, on remarque des traces du terrain *sidérolithique*. Les étages *astartien* et *corallien* offrent dans la partie occidentale de cette chaîne de larges affleurements. C'est sur le flanc nord, à la ferme Schnetz, que se trouve le terrain à chailles de Seewen, si riche en beaux fossiles, que nous connaissons déjà.

En partant du sud de la Säge pour arriver au nord du village de Seewen, sur le plateau de Hochwald, on peut successivement faire de riches récoltes dans le lias supérieur, le bajocien, le bathonien, le callovien, l'oxfordien, le corallien et l'astartien. Rappelons surtout les îlots de polypiers astartiens et coralliens de ce plateau. L'*oxfordien* de cette chaîne a encore pour type celui des chaînes septentrionales.

Les *terrains oolithiques*, *liasiques* et *keupériens* affleurent sur d'assez larges surfaces de cette chaîne, qui n'est pas moins digne d'attention au point de vue forestier et agricole qu'au point de vue géologique : contrée fertile et riche, localités fossilifères des plus intéressantes, tels que Büren, Nuglar, Schauenburg, Pratteln. Il est rare de visiter les affleurements et les carrières de Schauenburg et de Pratteln, sans en emporter les fossiles caractéristiques des étages oolithiques et liasiques. Le keuper de Meyenfels-Pratteln, étant gazonné, se prête peu à des recherches géologiques.

Comme nous avons déjà parlé des salines de Bâle-Campagne, de même que des autres terrains sur les bords du Rhin, qu'on peut envisager comme dépendant de cette dislocation, nous passons au Blauenberg.

XIII. La chaîne du Blauenberg, Blaumont, Blamont.

Cette chaîne a un très-grand développement. Située entre la vallée de la Lucelle, le val de Laufon et le bassin alsatique, elle s'étend depuis les cantons de Bâle-Campagne, de Soleure, par Neue Welt, Muttenz, le Grüth, le Dornachberg, Hammerschmiede, Hochwald, Grellingen, la Burg, le Blochmond, Larg, Morimont, jusque vers Miécourt, Vendlincourt et Alle. De Muttenz et de Neue Welt, elle affecte une direction N.-S. jusque vers le Dornachberg et les ruines de Pfeffingen. Là, elle reprend la direction normale du Jura, qui est celle de l'E.-O., constitue la montagne de Metzerlen, le Kahl, le Roemel[1], le Blochmont, la montagne de Winkel, dont le flanc nord présente la source de l'Ill, et le Mormont, pour se perdre en Ajoie.

[1] Roemel, *mons Romarinus*, château bâti en 859 et qu'a habité l'empereur *Lothaire*.

A Levoncourt, elle donne naissance à une chaîne de deuxième ordre, le *Burger-Wald*, qui de Levoncourt, Oberlarg, s'étend par Ferrette jusqu'à Oltingen. Cette chaîne étant française, nous n'avons pas à nous en occuper.

Plus à l'est, naît encore du Blauenberg la jolie petite chaîne de 2e ordre de la *Flühen*.

Le *val accessoire de Kiffis*, brisé par la vallée de la Lucelle, se trouve au pied sud de cette chaîne. Comme il a été établi plus haut, il commence à Löwenburg, s'étend par le nord de Roggenburg, par Kiffis jusqu'à Saalhof. Les lambeaux tertiaires de ce petit bassin, tels que les *marnes à Ostrea cyathula* de Löwenburg, du nord de Roggenburg, le *terrain sidérolithique* de Kiffis, nous étant connus, nous ne nous y arrêterons pas davantage.

La chaîne du Blauenberg, classée parmi celles du quatrième ordre, présente des particularités aussi curieuses qu'intéressantes. Les flancs, les sommités de cette chaîne recouverts de terrains quaternaires et tertiaires fournissent aussi des matériaux importants pour établir la hauteur des eaux diluviennes et l'âge du soulèvement jurassique. Au-dessus des vignes de Mönchenstein, au Grüth, se trouvent de puissants dépôts *diluviens*. Un autre dépôt erratique, non moins intéressant, est le *facies à Dinotherium* qu'on observe, comme nous l'avons dit, sur la hauteur à l'est de Rotris et de Säge, et *auf dem Kasten*. Des cailloux de grès vosgien, de huit à douze livres, mélangés à des sables détritiques provenant des Vosges ou de la Forêt-Noire, n'y sont point rares; quoiqu'à une cote de hauteur bien différente, ils ne se distinguent pas de ceux du val de Laufon : ces faits se reproduisent dans la chaîne du Blauenberg, comme les hauteurs qui séparent Charmoille de Levoncourt en fournissent des preuves. C'est sur un de ses plateaux élevés, à la Ziegelhof, sud de Hochwald, que M. le prof. P. Merian a remarqué, il y a bien des années, du terrain sidérolithique, des grès à feuilles et des calcaires delémontiens à *Planorbis pseudoammonius*. Des fouilles faites sur la hauteur, à l'est de Seewen, ont également mis à nu les marnes à *Helix Moguntina*. La dislocation tertiaire qui existe entre le Dorneck-Bruck (300 m.) et le plateau de Hochwald (635 m.) est donc une des preuves les plus convaincantes en faveur de notre opinion sur l'âge du soulèvement jurassique.

L'*étage virgulien* est encore assez développé à la partie occidentale de cette chaîne, entre Alle et Miécourt et entre Charmoille et Levoncourt. Plus à l'est, nous ne l'avons plus observé.

L'*étage kimméridgien*, qui a un si grand développement en Ajoie, vient encore mourir dans cette chaîne, à l'est de Winkel et de Laufon, tandis que le *séquanien* s'y maintient sur toute l'étendue. On peut, en effet, le poursuivre depuis l'Ajoie, la source de l'Ill, à Wolschwyler, Ettingen, Dornachberg, et sur le flanc sud, depuis Lucelle, Kiffis, Röschenz, Laufon, Blauen jusqu'à Rotris, Säge, Himmelried et Hobel. Toutefois vers l'est, au Dornachberg, les assises supérieures semblent manquer. Cependant la station astartienne de Polypiers et d'Echinides de Hobel-Ziegelhof est d'un grand intérêt géologique que MM. Gressly et Heer ont fait connaître. Ces puissants bancs de polypiers séquaniens à *Rabdophyllia flabellum*, *Stylina octonaria*, *Macrophyllia Thurmanni*, Gf. recouverts d'espèces coralligènes, telles que *Cerithium Moreanum*, *Nerinea Bruckneri*, *Lima astartina*, *Terebratula humeralis*, *Hemidiadema stramonium*, *Gagnebini*, et de superbes et abondantes *Acrocidaris nobilis*, sont d'une importance géologique qui n'a pas échappé à ces savants. (*Urwelt*, p. 127.)

Les calcaires *hypoptérocériens* ou *épiastartiens* sont exploités, comme pierre de construction, dans un grand nombre d'endroits : Laufon, Rödersdorf, Ettingen, sur la route entre Rotris et Säge, etc. Dans notre travail stratigraphique, on a déjà cité les deux carrières au sud de Röschenz.

Mentionnons encore en passant les deux sources au sud de ce village; alimentées par le bassin et les hauteurs de Röschenz, elles sortent des rochers du Jura supérieur, arrivent dans la cluse de la Lucelle et entrent dans la rivière de ce nom. La source inférieure donne une eau aussi abondante que constante.

Au sud du village d'Ettingen, une forte source sort des rochers *astartiens* et alimente le Birsing. A l'entrée de la cluse, entre ce village et Hofstetten, se trouve une carrière qui met à jour les couches des étages astartien et corallien. L'astartien y montre ses marnes jaunes avec *Natica turbiniformis*, *Nerinea Santonensis*, *Stylina octonaria* et l'oolithe astartienne blanche à *Nerinea Gosæ*. Cette oolithe miliaire, d'une blancheur éclatante, mais plus foncée et à taches bleues vers la base, a une grande ressemblance avec l'oolithe bathonienne; il faut quelquefois avoir recours à des caractères stratigraphiques et paléontologiques pour les distinguer.

Le *corallien* y est représenté par les bancs à coraux avec le *Rhabdophyllia flabellum*, qui seul forme des couches puissantes. Les assises caverneuses de l'étage rauracien ne sont nulle part aussi belles que dans la chaîne du Blauenberg. Il est étonnant que les jolies cavernes du cirque de Grellingen n'aient point encore été l'objet de recherches de la part des savants qui se vouent à l'étude de l'âge de pierre. Les calcaires à Nérinées, l'oolithe corallienne, s'observent sur toute la longueur du Blauenberg. Un grand nombre de sources apparaissent à la base de cet étage; nous párlerons des plus importantes en nous occupant du cirque de Grellingen.

Les étages *oxfordien* et *callovien* sont généralement recouverts dans la chaîne du Blauenberg. On a cependant recueilli quelques beaux fossiles oxfordiens et calloviens au sud de Pfeffingen et dans le cirque de Grellingen. Le puissant affleurement du terrain à chailles (50 m. environ) qu'on voit sur les deux rives du ruisseau du Baumgarten à Grellingen, est remarquable par ses calcaires hydrauliques et ses fossiles. Comme à Châtillon, les marnes oxfordiennes de cet endroit renferment des traces de lignites. Sur toute l'étendue de cette chaîne, les marnes et les calcaires oxfordiens peuvent être utilisés.

Du NO. de l'auberge de Maria-Stein vers le NO. de Metzerlen, une déchirure avec écartement du flanc nord de cette chaîne met à découvert les étages corallien et oxfordien. Les maisons NO. de ce village reposent sur les marnes et les calcaires à Pholadomyes de l'étage oxfordien.

L'étage *bathonien* s'y montre en voûtes entières ou brisées sur des étendues très-considérables aux ruines de Morimont, entre Levoncourt et Larg, où le calcaire roux sableux, très-fossilifère, peut être étudié au bord nord de la route qui relie ces villages. Il affleure au Blochmond, au Blauenberg même, dans le cirque de Grellingen, et plus à l'est, sur les hauteurs de Winterhalden. Nous avons vu qu'il était exploité à la montagne de Metzerlen, au nord d'Arlesheim et ailleurs.

On peut également étudier et exploiter les étages bathonien et bajocien à Wartenberg, à Schauenburg, à Mönchensteinbruck et à Grellingen. Le grandiose cirque oolithique de ce dernier endroit, traversé par la vallée de la Birse et si apprécié des touristes, possède une source intermittente; ses autres sources, alimentées par les hauteurs d'Angenstein, Herrenmatt, Hochwald, Ziegelhof, Seewen, Homberg, Kasten, et par celles de la chaîne sur la rive gauche du ruisseau d'Ybach, forment

les précieuses et riches sources d'Angenstein, de Pelzmühle, de la cluse d'Ybach, qui
sont conduites à Bâle, où, en remplaçant les eaux des graviers quaternaires infectées
par l'infiltration de matières organiques en décomposition, elles deviendront un bien-
fait d'une immense portée, dès qu'elles seront mieux appréciées et distribuées. C'est
à M. N. Kaiser, membre du Conseil national, à Grellingen, que Bâle doit l'initiative de cette grande et utile entreprise.

Nous avons fait connaître avec M. F. Mieg l'affleurement du lias moyen de la
Ruttehardt, au sud de la Neue Welt, et le lias à l'est de Mönchenstein. En suivant la route de Mönchenstein à Neue Welt, on voit, dans ce premier village même,
l'oolithe inférieure; cette même roche affleure des deux côtés du pont de München-
steinbruck. En avançant vers Brückgut, on rencontre successivement le *lias* et le
keuper. A Brückgut même, on exploite le gypse gris infrakeupérien. Dès que l'on
a traversé le petit ruisseau qui arrive d'Asp, on a sur le bord droit de la route le
milieu de l'axe du soulèvement de la chaîne que nous croyons être un *calcaire
conchylien supérieur*. La coupe et les plantes fossiles du keuper de Neue Welt,
étudiées et publiées par MM. P. Meriau, Brongniart et Heer, sont connues partout;
ces plantes terrestres, au nombre de 25, sont des Prêles, des Fougères et des Conifères, qui recouvraient pendant cette époque une partie du Jura et des pieds de la
Forêt-Noire et des Vosges. Les marnes, les dolomies, les gypses keupériens qui
affleurent entre Mönchenstein et Neue Welt ont une grande valeur, les uns comme
amendement, les autres comme ciment hydraulique.

La zone Dornachbruck, Arlesheim, Neue Welt, Muttenz, Pratteln, a été encore
le théâtre d'un fait orographique important; nous voulons parler de la faille ou dislocation qui s'est produite sur cette ligne à la fin de la formation tertiaire. Sur
cette zone, on voit successivement comment les terrains tertiaires, jurassiques et
triasiques se sont engouffrés dans la plaine et ont mis à jour les mêmes terrains sur
le côté nord-est de cette dislocation. Cet affaissement, souvent accompagné de
failles, s'est étendu sur l'assiette de Bâle et sur une grande partie de la plaine alsatique. C'est un de ces faits fréquents à la lisière des chaînes jurassiques qui n'a
pas échappé à la sagacité de nos géologues. D'après Thurmann, il aurait reçu le
nom de plaine jurassico-tertiaire *faillée* de l'Alsace.

Entre Pratteln et Muttenz se trouve Wartenberg avec ses ruines élevées sur le sommet, soit sur les calcaires bathoniens. Le sud-est de cette petite montagne présente des affleurements de terrains riches en fossiles, qui se rattachent aux étages bathonien, bajocien, liasiques. L'isolement de Wartenberg, sa constitution géologique frappent d'abord, comme un fait anormal, mais en examinant le côté nord abrupt et ondulé, sa stratigraphie irrégulière, sa base, qui est formée de marnes liasiques et keupériennes, ainsi que la forme de la combe liaso-keupérienne de Sultz, on arrive facilement à admettre l'idée que Wartenberg n'est rien autre qu'un vaste éboulement qui s'est détaché des hauteurs de Sultz et de Winterhalde.

XIV. La chaîne de la Flühen et son annexe le val de Hofstetten.

Cette chaîne accessoire, dont le flanc nord-est, dominé par les ruines si connues de Landskron, et le flanc sud par le célèbre et pittoresque couvent de Mariastein, se détache insensiblement du pied nord du Blauenberg, à l'est d'Ettingen, arrive par le village de Flühen, par le sud de Rödersdorf et de Biederthal, pour se rejoindre à sa souche, à la Burg. Elle n'est donc qu'une annexe du Blauenberg, qui forme ainsi une espèce d'hémicycle dans la plaine alsatique, premier gradin nord des chaînes du Jura. Dans son frais cirque oolithico-oxfordien se trouvent le village et les bains de Flühen, avec une source thermale et une source oxfordienne mélangées, dont la température était de 14°, le 19 mai 1869. C'est encore dans ce cirque que sortent les sources de la Birsing, qui sont tellement fortes qu'elles mettent déjà en mouvement le moulin et la scie de Flühen. Elles sont alimentées, en partie, par le petit bassin jurassico-tertiaire qui est formé par cette chaîne accessoire et le flanc nord du Blauenberg, dans lequel se trouvent Hofstetten, Mariastein et Metzerlen.

Les lambeaux détritiques, diluviens, tertiaires et jurassiques du petit bassin de Hofstetten ne nous paraissent présenter d'autre intérêt que celui de former un sol assez fertile. Ce bassin affecte déjà la constitution géologique du grand bassin alsatique, dont il dépend. Le sol est composé de lehm, soit pur, soit mélangé à des détritus jurassiques, et de quelques galets vosgiens ou hercyniens. Au-dessous, se

trouvent quelques lambeaux de grès à feuilles à *Daphnogene polymorpha*, de tongrien et de terrain sidérolithique. Les argiles blanches du terrain sidérolithique
de Hofstetten sont conduites à Bâle, où elles servent à la confection de briques et
de tuyaux réfractaires. Souvent ces terrains tertiaires ont été enlevés pour mettre
à nu les calcaires astartiens et coralliens, comme le nord de Hofstetten en offre un
exemple. A l'ouest et à 300 mètres environ de ce village, on vient d'ouvrir une
petite carrière dans les bancs astartiens à Nérinées qui ne sont recouverts que d'un
peu de terre végétale. Si ces calcaires n'étaient pas aussi fendillés, ils donneraient
un assez joli marbre. Du côté de l'ouest le bassin de Hofstetten se relie sans de
grands mouvements de terrains avec le bassin corallo-oxfordien de Metzerlen.

H. L'Ajoie et la zone du bassin alsatique au pied nord du Blauenberg.

La partie occidentale de cette région, soit la plaine d'*Ajoie*, (*Elsgau, plateau de
Porrentruy*) se relie par l'*Allaine* au bassin du Doubs, tandis que la partie orientale se rattache au bassin du Rhin. Cette contrée, qui a produit quatre de nos
célébrités géologiques, MM. P. Merian, J. Köchlin-Schlumberger, J. Thurmann et
Fournet, le dernier professeur de géologie à Lyon, a été bien plus exposée encore
aux agents de dénudation que le val de Laufon. Elle a vu attaquer et emporter les
terrains tertiaires qui la recouvraient ; c'est à peine si, dans un endroit ou dans un
autre, elle a pu en conserver quelques lambeaux. Il a fallu souvent des preuves
presque indélébiles, comme celles que nous ont laissées les Spondyles, les Pholades,
pour démontrer la présence d'une mer tertiaire dans ce pays.

Les courants du N.-S. de l'époque parisienne ont commencé l'acte de dénudation, et non contents d'avoir emporté en partie les argiles et le fer du terrain sidérolithique, ils ont arraché par place la roche jurassique et l'ont façonnée en nagelfluh
jurassique, telle qu'elle se présente à Lorette, au nord-ouest du château de Porrentruy, à Bressaucourt et ailleurs.

Ce mode de destruction recommence à l'époque helvétienne. Les calcaires, les sables, les grès qui s'y étaient déposés pendant les époques tongrienne et delémontienne, sont à leur tour enlevés par les courants vosgiens qui ont déposé les sables à *Dinotherium* et une partie du Muschelsandstein.

C'est ainsi que l'Ajoie, de même que la partie du bassin alsatique qui longe le nord du Jura, ne renferme souvent plus que du terrain tertiaire *remanié*, à l'exception de quelques lambeaux restés en place.

Il était utile de rappeler ces faits, d'abord pour l'intelligence de la carte, ensuite pour relever la difficulté qu'il y a à établir la prédominance de tel ou tel terrain dans tel ou tel endroit. Du reste, l'exécution d'une carte géologique en Ajoie, c'est-à-dire dans un pays plat, recouvert de culture, présentant des faits orographiques nombreux et variés, est toujours un peu chanceuse. Aussi la carte géologique des environs de Porrentruy par J. Thurmann, rayon si bien connu de ce savant, n'a pas échappé à des critiques qui, à mon sens, ne sont pas sérieuses.

Les terrains qui apparaissent dans cette dernière région, que nous avons à examiner, en suivant notre marche, sont :

Les alluvions anciennes et le lœss. Parmi les alluvions anciennes, nous mentionnerons les graviers, les sables et le lehm à *Elephas primigenius* qui recouvrent le bassin de la Birse depuis Grellingen à Bâle et depuis cette ligne sur toute la zone sise au nord du Blauenberg. Certains limons de la plaine d'Ajoie, dans lesquels on a aussi recueilli des restes de ce gigantesque animal, doivent être envisagés comme faisant partie du lœss.

Ces terrains sont très-puissants et très-variables.

A Bâle même, où ils semblent reposer, soit sur les marnes ou les grès à feuilles de l'étage delémontien, soit sur les marnes tongriennes, ils ont une puissance de 20 à 35 mètres, et de 8 au Petit-Bâle. Tantôt ils se présentent sous forme de nagelfluh, de sables, tantôt sous celle de lehm ou lœss. Ils constituent les collines au sud de Bâle, depuis le Bruderholz, St. Margaretha à Reinach-Therwyl, de même que celles de Binningen, Oberwyler, Schönenbuch, Neuwyler, Benken, Bettwyl, St-Brice, et les hauteurs entre Rüttchardt et Muttenz. Dans le haut de la charrière qui de Muttenz mène à Asp, dans le lœss qui recouvre la nagelfluh, nous avons recueilli les espèces suivantes : *Succinea oblonga*, Drap., *Pupa marginata*, Drap., *Planorbis vortex*, Müller, *P. spirorbis*, Drap., *Helix pulchella*,

Müller, *H. hispida*, Müller. La même observation a été faite sur les hauteurs du Bruderholz.

Lorsque cette nagelfluh alluvienne et le lœss se sont formés, la plaine d'Alsace devait être inondée en partie. Le lœss, qu'on trouve à la hauteur du Grenzacherhorn, *superposé* au Muschelkalk, a plus de 100 mètres au-dessus du lit actuel du Rhin ; la nagelfluh quaternaire, qui est sur les hauteurs keupériennes, liasiques ou oolithiques de Neue Welt, Rüttehardt, Asp, Grüth, et de Wartenberg, ne laissent guère de doute à cet égard. Le même fait se reproduit plus à l'est vers Augst, où on remarque le diluvium jusque sur les hauteurs de Giger, Birch. Plus tard, les eaux s'étant creusé un lit plus profond et des oscillations du sol ayant eu lieu, cette plaine a été émergée.

Les systèmes de berges, que nous avons signalés dans les environs de Soleure et dans le val de Delémont, se reproduisent d'une manière distinguée dans le bassin du Rhin, aux environs de Bâle. Il serait très-intéressant de reprendre l'étude de ces berges qu'avait commencée notre regrettable compatriote M. de Morlot, berges que nous avons rattachées aux grandes oscillations du sol survenues pendant l'époque quaternaire et dont nous avons parlé dans notre „*Essai géologique*, p. 147“, et plus haut, page 191 et suiv.

Nous avons souvent cru reconnaître les sables tertiaires à *Dinotherium* dans les collines quaternaires des environs de Bâle ; mais les quartz jaunâtres, les quartzites talqueux et les autres roches alpines, avec les fossiles du lœss que nous y avons recueillis, nous ont fait abandonner cette idée : ces collines sont bien quaternaires.

Sables et galets à Dinotherium. Nous n'avons rien à ajouter à ce que nous avons précédemment écrit sur ces dépôts. Il nous semble cependant que, d'après ces études, on ne devrait plus, dès qu'on les a trouvés en place, les envisager comme terrains glaciaires ou quaternaires. Les amas très-considérables de l'est de Delle, de Charmoille, du sud-est de Levoncourt, qui ne sont certainement pas remaniés, peuvent devenir un jour ou un autre des localités fossilifères importantes pour l'étage œningien. Il est aussi probable qu'on rattachera à ce dernier étage une partie des sables, galets et nagelfluh vosgiens, qui, avec le lœss, recouvrent les collines mollassiques (delémontiennes) qui s'étendent de Hägenheim à Bettlach par

Folgensburg, et de Bettlach au nord de Binnigen par Hagenthal, Liebenswyler, Neuwyler et Oberwyler.

Cette nagelfluh vosgienne est notamment très-puissante et très-étendue à Schönenbühl, où elle est utilisée pour l'entretien des routes de la contrée. Dans toutes ces localités, cette nagelfluh et les alluvions anciennes, souvent en alternance avec le lœss, recouvrent les grès ou sables delémonticns. Les puissants et vastes dépôts de sables hercyniens ou vosgiens qui recouvrent les calcaires et les grès à feuilles, et qu'on observe dans la colline qui s'étend depuis la croisée des routes, sise entre Binzen et Thumringen, à l'est de Rümmlingen, Wittlingen et de Wollbach, sont probablement, en partie, tertiaires.

A l'ouest du bassin de l'Allaine, depuis Porrentruy à Delle, nous n'avons plus observé de dépôts tertiaires.

Etage delémontien. Les couches supérieures de cet étage ont généralement été emportées par les eaux, de manière que sur de grandes surfaces de cette zone, il ne reste plus que les grès à feuilles et les marnes sous-jacentes, qui, comme nous venons de le dire, sont ordinairement recouverts par les terrains quaternaires et modernes. C'est ainsi que les grès à feuilles avec de jolies empreintes végétales affleurent à Dornachbruck dans le lit de la Birse, entre Bâle et Ettingen dans le lit de la Birsing, à l'est de Binningen, entre Binningen et Therwyl et entre Hägenheim et Buschwyler. Ils sont en outre exploités comme pierre de construction et sables à mortier au sud de Hagenthal, à Neuwyler, à Rüty, nord de Weisskirch et ailleurs. On en voit encore des lambeaux plus à l'ouest, à Wolfschwyler, entre Lutter et Roedersdorf et au sud de Courgenay. Mais pour retrouver bien développés les calcaires d'eau douce qui recouvrent les marnes et les grès à feuilles de l'étage delémontien, il faut passer le Rhin et gravir les hauteurs de Tüllingen. Là, cet étage reprend la faune, la puissance, la physionomie et les assises que nous lui avons reconnues à Chaud, dans le val de Delémont. Ces calcaires de Tüllingen renferment fréquemment les espèces suivantes : *Planorbis solidus, declivis, depressus, torquatus, Limneus socialis, Pupa quadrigranata, Helix Ramondi, Chara Meriani.* Les *grès,* la *mollasse sableuse* et *rognonneuse* à *Daphnogene* ont un grand développement dans les collines au nord et à l'est de Fischingen.

Etage tongrien. M. Gressly a découvert et décrit un très-grand nombre d'affleurements tongriens sur toute cette zone depuis Cœuve, Alle, Miécourt, Courgenay, Roedersdorf, à Aesch. A l'est de Schlatthof, d'Ettingen, de Therwyl, on voit encore les marnes tongriennes à *Ostrea cyathula*. Dans ces localités, où elles sont exploitées pour amender les terres, nous prenons congé d'elles en abandonnant aux géologues français le soin de les poursuivre jusque dans leur capitale, où ils les trouveront dans la butte de Montmartre avec les mêmes caractères que nous leur avons reconnus dans les vals de Laufon et de Delémont. Quant au facies littoral à *Ostrea callifera* de Develier, de la côte de Mettemberg et de la Résel, on le retrouve au sud d'Aesch, de Dorneck et de l'autre côté du Rhin, à l'est et tout près de Stetten, à Röteln, où il recouvre les couches à *Rhynchonella aculeata*, à *Avicula tegulata* de l'étage bajocien.

Etage parisien supérieur. Il n'y existe généralement que remanié ou recouvert; rarement on peut le voir en place. Il se présente cependant avec sa physionomie ordinaire à Winkel, où il a été exploité, à Wolfschwyler et dans d'autres endroits. Actuellement que la position stratigraphique du terrain sidérolithique est établie, que ses argiles réfractaires, ses calcaires hydrauliques, ses gypses, ses sables vitrifiables, son minerai de fer sont si recherchés, il est assez étonnant qu'il n'ait pas encore été le but de quelques recherches sur cette zone alsatique.

Les calcaires d'eau douce à *Palæotherium* et à *Melania lauræa* de Brunnstatt, de Nico, au sud de Rixheim, à *Cyrena semistriata*, *Mytilus socialis*, *Cyclostoma mumia* d'Efringen, de Klein-Kems, d'Istein, d'une puissance de près de 30 mètres, doivent être classés dans l'étage parisien supérieur. Ils établissent alors un trait d'union entre la faune éocène d'Oberbuchsiten, de Moutier et de Delémont, et celle des gypses de Montmartre et du bohnerz du Wurttemberg.

Terrains jurassiques et triasiques. Les terrains jurassiques du Porrentruy ont été étudiées et décrits avec un soin tout particulier par J. Thurmann. Ce rayon a servi de base aux divisions établies dans la *Lethæa Bruntrutana*, tout en fournissant à ce travail important une partie des fossiles-types que possède actuellement l'école cantonale de cette ville.

M. le prof. Fournet a publié de très-intéressantes recherches sur les sources de Porrentruy et des environs. Les terrains modernes et tertiaires de l'Ajoie sont généralement très-remaniés et poreux; les terrains jurassiques supérieurs sont aussi de nature très-perméable. Il en résulte que plusieurs communes de cette région manquent souvent d'eau. Il n'y a guère que les zones marneuses des étages kimméridgien et astartien qui retiennent les eaux; c'est donc à ces niveaux qu'il faut les rechercher. Comme exemples, nous citerons les sources ptérocériennes de Porrentruy, de la Beuchire, de la Boucherie, du Bothry, de Maupertuis, la source astartienne du village de Grandfontaine, les puits astartiens de la Schäferie, de Fahy, de Bure et de beaucoup d'autres localités. C'est à cette constitution géologique, à cette grande perméabilité du sol, que l'Ajoie doit la possession de quelques sources périodiques irrégulières bien curieuses et bien connues. Dans notre not'ce sur *„les sources du Jura“* nous avons mentionné la source des Capucins, le Creux-Bélin, le Creux-Gena, le Pouëche d'Alle. Nous y reviendrons plus tard.

L'observation que nous avons souvent faite dans cette étude que les couches jurassiques diminuent vers l'est, se confirme pleinement sur notre zone alsatique. Les marnes et les calcaires virguliens, qui sont encore assez développés chez Bourquin, c'est-à-dire dans la montagne qui sépare Charmoille de Levoncourt, ne se rencontrent plus un peu plus à l'est. Les dernières traces certaines du kimméridgien avec *Trichites Saussuri, Perna plana, Ostrea cotyledon,* se trouvent sur la route entre Winkel et Ligsdorf. Les calcaires ptérocériens inférieurs à *Pecten Beaumontanus, Ostrea semisolitaria* apparaissent cependant encore plus vers le nord-est. On les remarque de l'autre côté du Rhin entre les tunnels d'Istein. Du reste, les calcaires et les marnes virguliennes n'ont pas une étendue bien grande en Ajoie. Leur limite semble du sud-ouest de Courgenay passer par Villars, le sud-ouest de Chenevez, pour arriver par le nord de Courtedoux et par le finage du nord d'Alle vers Levoncourt.

Comme on peut le voir sur la carte, les autres étages du Jura supérieur sont beaucoup plus répandus. Les calcaires hypoptérocériens, exploités à Courgenay, à Rocourt, à l'est de Fahy et ailleurs, nous étant bien connus, nous ne ferons ici que les mentionner. Les calcaires épicoralliens du sud de Boncourt et surtout ceux du nord de Bure seront un jour l'objet d'une excellente exploitation. C'est dans les rochers du Jura supérieur, dans les calcaires astartiens, que se trouve, au sud de Boncourt, la célèbre grotte de Milandre.

Comme les affleurements jurassiques de la Rüty, au nord de Weisskirch, de l'est de St-Jacques, les anciennes carrières et assises du Muschelkalk, sises sur la rive gauche du Rhin, à l'Au, à Rothhaus et à Augst, ont été signalés et décrits par MM. P. Merian, A. Müller et Moesch; nous ne nous y arrêterons pas; nous arriverons donc aux environs de Bâle et à la région suisse sur la rive droite du Rhin, comprenant Hornfluh, Bettingen, St-Chrischona, Riehen et Meyenbühl. Cette partie présente des traits orographiques curieux et des affleurements, tels que ceux du *grès bigarré*, que nous n'avons pas encore vus dans ce travail orographique.

Il sera donc utile de nous y arrêter un instant.

Le fait de la dénudation nous est déjà connu, mais point à un aussi haut degré qu'ici. Pendant l'époque éocène supérieur, les courants du nord au sud ont mis à découvert et souvent emporté les terrains oolithiques, comme nous l'avons vu plus haut, page 164. Plus tard, à l'époque helvétienne, les terrains triasiques, paléozoïques et primitifs, partageant le sort des terrains triasiques de la Forêt-Noire, ont été partiellement emportés par les eaux pour aller constituer les sables et galets à *Dinotherium* du Jura et la nagelfluh helvétienne.

Si le phénomène de la dénudation a été considérable dans cette zone, nous ne voulons cependant pas lui attribuer les faits orographiques actuels. Quelques-uns, telle que l'apparition du tongrien sur le bajocien, s'expliqueraient peut-être plus facilement par l'idée d'un soulèvement hercynien antérieur au soulèvement jurassique.

Dans la partie de la vallée du Rhin qui nous touche, il y a eu une assez grande faille, qui se rattache probablement à la dislocation de Neue Welt à Arlesheim dont nous venons de parler. Cette faille est démontrée par la différence de niveau qui existe entre les couches conchyliennes de Grenzacherhorn et celles de Grenzach. Plus à l'est, à Basel-Augst, l'assise supérieure du conchylien se présente à une hauteur de 270 m., tandis qu'un peu plus au nord, à Rührberg même, cette assise atteint 494 m.

Hauteur des terrains oolithiques dans le bassin du Rhin, de St-Jacques à la Rothhaus : 275 m. Hauteur des mêmes terrains à la St-Chrischona : 526 m.; au Winterhalden : 622 m.

Ces dislocations rappellent celles que nous avons signalées dans la plaine suisse à Nieder-Bipp, et plus à l'est, entre Bienne et Neuchâtel.

Les environs de Bâle offrent donc un beau cas de *failles avec vallée d'effondre-ment*. Voir, page 225, la fig. 2 g s.

Ainsi, tandis que ces terrains s'affaissaient dans le bassin du Rhin, les assises oolithiques, liasiques et triasiques, restées en place, formaient les hauteurs de Horn-fluh, de St-Chrischona et de Meyenbühl. En effet, l'église de St-Chrischona même repose sur un petit lambeau d'oolithe subcompacte. Au sud, à vingt mètres environ des bâtiments, se trouvent les marnes liasiques, au nord, elles en sont un peu plus éloignées. A l'ouest et à deux cents pas environ de l'église, affleure le grès du keuper, qu'on retrouve à l'est à la limite de la forêt, c'est-à-dire, à une distance de six cents pas de l'église. Tout autour de ce mamelon jurassique, on remarque une légère dépression qui est une combe keupérienne, facile à reconnaître par sa couleur foncée, puis une assez puissante ceinture conchylienne que nous franchissons du côté d'Inzlingen et de Meyenbühl pour y voir les grandes carrières du *grès bigarré*. L'étendue et la puissance du grès bigarré de ces endroits étant données par la carte et dans notre stratigraphie, nous n'avons pas à nous en occuper davantage. Si d'Inzlingen on passe à Stetten, en suivant le sentier, on touche les hauteurs de Meyenbühl, où l'on peut voir le calcaire conchylien avec ses innombrables *Encri-nites liliiformis*. Si, pour sortir d'Inzlingen, on prend la route de Lörrach, on quitte bien vite le grès bigarré pour arriver aux carrières conchyliennes de la Ziegelhütte. On franchit ensuite le keuper pour atteindre les hauteurs liasi-ques du nord de Weidhof. A la descente vers Lörrach, on voit successivement le keuper, le conchylien avec de vastes carrières des deux côtés de la route, puis le keuper et la colline oolithique, à l'est de cette ville, divisée par une petite cluse qui donne passage à la route. Le bassin de Lörrach fait encore partie de la vallée d'effondrement dont nous venons de parler; mais vers le nord-ouest, les dépôts se relèvent et se dénudent graduellement. En effet, à l'ouest et tout près de Thumringen, au nord de la Rötler-Kirch, apparaissent les sables et les galets hercyniens ou vosgiens, les calcaires, les grès et les marnes de l'étage delémon-tien, au sud-ouest des ruines de Röteln, les sables tongriens à *Lucina Herberti*, au nord de Fischingen la mollasse sableuse et rognonneuse avec un grand dévelop-pement; vers Efringen les calcaires grésiformes et les conglomérats à *Mytilus socialis* et à *Cyrena semistriata*, à Klein-Kems, les marnes et les calcaires bitumineux à

Melania Laurœa, les argiles et le bohnerz, et enfin à Istein le Jura supérieur, y compris notamment le corallien et le terrain à chailles siliceux.

Pour les renseignements géologiques au nord de cette ligne, consulter les travaux de MM. P. Merian, Frommherz, Sandberger et de J. Schill.

Course de Delémont à Balsthal par Vermes, Envelier, In der Bächle, Probstenberg, Aedermannsdorf. Géologues et collections du Jura central.

Supposant que le lecteur est muni d'une carte et qu'il a bien compris ce qui précède, il nous sera permis d'être très-laconique.

Visiter les carrières hypoptérocériennes du Vorburg, les minières au sud de Delémont, celles des Rondez, les carrières alluviennes de la Croisée et du Teima, les marnières tongriennes de Neucul, les marnes noires et les grès à feuilles sur la rive droite de la Birse, le petit massif hypoptérocérien qui sépare Vicques de Recollaine, le puissant affleurement de calcaire delémontien à *Helix Ramondi, H. rugulosa*, etc., sur la rive gauche de la Thiergarten, au sud-est de Recollaine, l'affleurement fossilifère des étages oxfordien et corallien du Thiergarten, enfin collecter les nombreuses *Melania Escheri* et *Melanopsis callosa, Helix deflexa* des couches œningiennes qui affleurent, sur la rive gauche du ruisseau, à l'est de Vermes. Si l'on ne craint pas un détour d'une lieue, on verra avec fruit les affleurements tertiaires de Corban. A l'ouest du village, sur la rive gauche du ruisseau, le calcaire delémontien sert d'assise à la nagelfluh vosgienne de l'étage helvétien. Depuis la scierie au nord de l'église, rive gauche du ruisseau, on remarque à la scierie le même calcaire delémontien recouvert du grès helvétien; plus haut, sous l'église, ce grès à son tour est recouvert par les grès, les marnes et les calcaires œningiens.

Envelier, sis dans un cirque liaso-keupérien, présente un assez grand nombre d'affleurements plus ou moins intéressants. Si on épuise ses forces, ou si on se retarde en les étudiant, M. Schmitt, aubergiste, est là pour offrir cordialement les analeptiques nécessaires et, au besoin, un lit. L'auberge Schmitt est encore sur le lias, entourée en partie d'une colossale ceinture de rochers bajociens. Avant de quitter ce cirque, on constatera l'absence du calcaire à Nérinées en visitant la combe oxfordienne sise au sud de ce cirque, sur la rive droite de la rivière. Le massif marneux oxfordien du Thiergarten devient dans cet endroit plus calcaire „*Lettenkalk* ou *calcaire hydraulique*“. Avant d'entrer dans le bassin tertiaire de Seehof-Guldenthal, on notera encore la diminution de l'étage corallien.

Bassin tertiaire de Seehof-Guldenthal. En se dirigeant vers l'est, on remarque bientôt les grès delémontiens à l'état rudimentaire, de même que des traces de bolus et de bohnerz. A l'ouest se trouvent les anciennes minières de bohnerz de Seehof. De Chez Schmidly, un sentier assez raide conduit aux affleurements astartiens et oxfordiens de la Oel, dont nous avons souvent parlé. Au nord de ces affleurements, il sera possible de mesurer sur la nouvelle route les strates du corallien — 15 à 20 m. seulement.

Oel. Les deux maisons de ferme à l'ouest du cirque sont sur la couche oxfordienne nord du Probstenberg. L'Ober-Oel est sur le bathonien. Klein-Rohrgraben est au pied nord du dôme oolithique, tandis que Gross-Rohrgraben est au pied nord du crêt corallien. La ferme de Miescheck repose sur le revers nord de la voûte oolithique, à la limite du callovien. L'Ober-Thannmatt est sur le bathonien. Au sud et tout près de la maison, se trouve la combe oxfordienne sud. La Hintertannmatt est sur l'oxfordien. La Hinter-Fluh est sur le flanc sud du dôme oolithique. En franchissant cette chaîne, il sera facile de rencontrer des stations fossilifères du calcaire roux sableux et du callovien.

Nord-est d'Aedermannsdorf : nombreux et vastes affleurements de *marnes rouges pisolithiques à Helix Ramondi*, reposant sur des massifs de grès à feuilles de l'étage delémontien. Le diluvium erratique, très-répandu dans ce bassin, indique qu'on se rapproche de la plaine suisse. Les éboulements recouvrant le plus souvent le terrain tertiaire de ce val, en rendent l'étude et l'exploitation difficiles. Visiter les carrières de sables réfractaires du sud de Matzendorf et les minières de bohnerz du nord de Laupersdorf.

Balsthal. Là, trois alternatives, présentant le plus grand intérêt, sont en présence. Se dirige-t-on au sud, on a à étudier le pittoresque cirque de 3ᵉ ordre de la Clus et ses puissants et beaux affleurements oolithiques. Au côté droit de la sortie de la cluse, on voit le terrain sidérolithique, redressé contre les rochers astartiens, s'enfoncer dans la plaine. Continue-t-on son itinéraire, on observe bientôt, à droite, les grandioses dislocations du nord de Nieder-Bipp et de Günsberg, et les affleurements de Balmberg. Après avoir pris note de l'enfoncement dans la plaine du Jura supérieur et moyen depuis Attiswyl à Dürrmühle, après avoir examiné le classique affleurement de Balmberg, si on se dirige vers Soleure, on peut, sans faire de grands détours, voir les étages keupérien et conchylien, le diluvium, des lambeaux de tertiaire, et, à Ste-Vérène, les calcaires épiastartiens, assez difficiles à distinguer des calcaires coralliens des chaînes septentrionales, enfin les carrières hypoptérocériennes de Soleure.

Soleure. Consulter les publications de MM. Hugi, Gressly et Lang sur le canton de Soleure et visiter la collection paléontologique créée par ces savants, ainsi que les monuments érigés à la mémoire de MM. Hugi et Gressly. [1] L'esprit scientifique qui animait ces deux naturalistes soleurois, n'est pas perdu dans cette ville : M. Lang, appelé cette année à la présidence de la Société helvétique des sciences naturelles, en est garant.

Si, de l'*Aeussere Clus*, on suit le chemin qui conduit à l'est, l'attention est d'un côté partagée par les dépôts tertiaires qui s'enfoncent dans la plaine, de l'autre, par la belle vue que l'on a sur la plaine suisse et sur les Alpes, jusqu'à ce qu'on arrive à Oberbuchsiten. Là, M. Cartier vous reçoit amicalement, vous montre sa riche collection et vous accompagne au besoin dans les environs qui sont si intéressants. Les carrières d'Egerkingen, de Hägendorf, vous mettent bientôt sur la route de Langenbruck, dont les bords vous faciliteront l'étude des étages jurassiques supérieurs et moyens. La route de Langenbruck à Liestal est aussi très-intéressante : nombreux affleurements oxfordiens, oolithiques, keupériens et conchyliens, fréquentes stations fossilifères, faits orographiques remarquables, rien n'y manque.

Lorsque, en quittant Balsthal, on se décide à franchir le Passwang, on remarque d'abord les marnes et les calcaires delémontiens à l'est du village, ensuite, en se

---

[1] Les héritiers de M. A. Gressly viennent de tirer un parti avantageux de sa collection, en la vendant à Soleure. Tous les travaux de Gressly ont été publiés sous son nom. La prétention, que ses amis ont déloyalement profité de ses recherches et de ses études, est parfaitement controuvée.

dirigeant vers le nord, de puissants éboulements qui gênent l'exploitation des sables vitrifiables, puis le Jura supérieur et moyen, enfin les affleurements oolithiques et liaso-keupériens de Limmern. Au revers nord du Passwang, se trouve Reigoldswyl avec ses puissants massifs de calcaires conchyliens et une foule de faits orographiques curieux et faciles à saisir, dès qu'on est familiarisé avec la théorie de Thurmann sur les soulèvements jurassiques. De Reigoldswyl, en suivant la route de Bubendorf à Liestal, les terrains jurassiques inférieurs et moyens se prêtent également à une étude aussi facile qu'instructive. Visiter à Zyfen M. le pasteur La Roche, qui possède une intéressante collection de fossiles et des connaissances géologiques approfondies sur cette région. Préfère-t-on voir le Jura supérieur, qu'on suive alors le sentier qui par Eichen conduit sur les hauteurs de Seewen. Là, à une élévation de 621 m., on retrouvera les stations coralliennes et astartiennes coralligènes que nous avons appris à connaître dans le Jura central. Sur ce plateau de Hobel même, il ne sera pas difficile de rencontrer des lambeaux tertiaires. De Hobel à Bâle, on peut voir, à Dornach et à Aesch, le tongrien, au Dorneckbruck, les grès à feuilles de l'étage delémontien, dans le village de Mönchenstein, les couches inférieures du bathonien et le bajocien avec les espèces suivantes : *Lima cordiiformis*, *Mytilus furcatus*, *Rhynchonella cynocephala*, Richard, *Cidaris Kœchlini*, *C. Zschokkei*, *Hemicidaris texta*, *Asterias prisca*, *Isastrea explanulata*.

Le calcaire blanchâtre, grumeleux ou bréchiforme, à *Rhynchonella cynocephala*, *Isastrea explanulata*, qui se trouve à la jonction du chemin du Gruth à la route, a été, à tort, pris pour du calcaire corallien.

Le conchylien, le lias de la Reutehardt, le keupérien de Neue Welt, la grande oolithe de Saint-Jacques avec sa faune si intéressante (v. page 45), enfin les alluvions anciennes et le lœss des environs de Bâle, méritent aussi de fixer l'attention des géologues voyageurs.

Il serait aussi facile qu'agréable de continuer des courses de ce genre dans le Jura central ou septentrional; mais les travaux du même genre publiés par MM. Thurmann, Merian et Gressly, nous dispensent d'y accompagner le lecteur. Du reste, dans toutes les parties du Jura central, le géologue voyageur trouvera facilement des guides et des collections locales à consulter.

En Ajoie, à Porrentruy, il y a la classique collection de Thurmann, incorporée à celle de l'école cantonale par M. le prof. Ducret, qui connaît si bien l'Ajoie, ainsi que le Jura septentrional, qu'il lui sera facile de tracer un itinéraire géologique dans cette région.

Delémont possède M. Mathey, à qui la géologie du Jura central doit tant de services. Il n'y a guère de faits paléontologiques ou orographiques connus qui lui soient étrangers. Espérons que sa remarquable collection ornera bientôt le musée d'une de nos capitales. Le progymnase de Delémont a une collection géologique importante; on y voit des Dicéras, des Echinides jurassiques et des restes de Mammouth d'une grande beauté.

Le *Val de Tavannes* a M. le pasteur Grosjean. Sa collection renferme plusieurs pièces intéressantes. A-t-on besoin d'un excellent mentor dans cette partie du Jura, on est sûr de le trouver dans la personne du vénérable pasteur de Court. Il connaît très-bien la géologie du Jura central.

Le Val de St-Imier, jusqu'à présent exclusivement adonné à l'industrie, a aussi senti le besoin de posséder un homme qui cultive les sciences naturelles, et il a fait un excellent choix en appelant à St.-Imier même, comme professeur d'histoire naturelle, M. Pagnard, connu par d'excellentes publications d'histoire naturelle. Actuellement M. Pagnard organise des collections et étudie le Vallon; dans peu de temps, sans doute, ce rayon négligé nous sera mieux connu.

Bienne va suivre, espérons-le, l'exemple de St-Imier.

Les travaux de M. Hisely, professeur à *Neuveville*, ont été souvent mentionnés dans ce travail. Aux connaissances géologiques profondes qu'il possède sur la région du Lac, il a encore ajouté une riche collection qu'on consultera avec fruit.

Grâce à l'initiative prise par M. C. Nicolet *(Description géologique de la vallée de la Chaux-de-Fonds)* dans l'étude géologique du bassin de la *Chaux-de-Fonds*, la science possède sur cette région des données aussi complètes qu'intéressantes. Il y a longtemps que M. C. Nicolet a reconnu dans ce bassin les terrains suivants :

Modernes et *diluviens ;*

Oeningien ;

Helvétien ;

Delémontien ;

Tongrien (aux Brenets) ;

Parisien supérieur, soit le *terrain sidérolithique,* y compris la *nagelfluh jurassique* de cette époque;

Parisien moyen, soit *les couches à Lophiodon.* Enfin

Les *terrains crétacés* et *jurassiques* habituels à ce rayon.

Puissent les *Franches-Montagnes* posséder bientôt un homme capable d'appliquer à cet intéressant plateau si abandonné les savantes et heureuses recherches que M. C. Nicolet a faites sur les montagnes neuchâteloises.

Laufon et *Moutier,* actuellement dotés d'écoles secondaires, ne tarderont pas à accorder aux sciences naturelles et notamment à la géologie, qui est si propre au développement de l'esprit d'observation, une large place dans l'enseignement. Laufon a même déjà fait le premier pas dans ce sens en organisant une collection d'objets d'histoire naturelle. Il imitera, sans doute, bientôt Soleure en conservant avec soin les richesses paléontologiques que ses laborieux carriers découvrent journellement.

LES SOURCES DU JURA CENTRAL.

Une étude d'une très-grande importance, celle des *sources*, se reliant intimement
à nos recherches géologiques sur le Jura, nous nous proposons d'en dire quelques
mots, tout en renvoyant ceux qui veulent mieux approfondir la question aux savants
travaux de MM. les professeurs Fournet et Desor [1] et aux magnifiques études qui
ont été faites en vue de fournir de l'eau à nos grandes villes. [2]

M. Fournet classe les sources comme suit :

Fontaines normales et simples :	continues ou perennes :	uniformes. variables.
	temporaires, accidentelles ou éphémères :	raisins, gouttes, suintements, maïales, diurnes, bramafans.
Fontaines anormales complexes ou singulières :	continues ou perennes :	Abîmes verticaux émissifs, fontaines sans fond. Bouillons. Jets d'eau naturels. Colonnes oscillantes et colonnes à niveaux invariables, sources négatives, orifices absorbants. Scialets. Eaux absorbées reparaissant à l'extrémité des canaux souterrains. Katabothrons.
	périodiques, à peu près régulières :	Intermittentes. Intercalaires, à maxima et minima. Intercalaires composées, alternatives ou récipients.
	périodiques irrégulières, sujettes à des interruptions prolongées. Estavelles.	

[1] J. Fournet, professeur à Lyon : *Hydrographie souterraine.* Travail présenté à l'Académie des sciences
de Lyon le 4 mai 1858.

E. Desor : *Les sources du Jura,* Revue suisse, Tome XXI, p. 15.

[2] Pour Paris, le beau travail de M. Delesse; pour Londres, les mémoires de MM. Prestwich, Braitwater, Mylne; pour Strasbourg, celui de M. Lornier; pour Munich, celui de M. Pettenkofer; pour Vienne,
celui de la commission municipale de cette ville; pour Bâle, les intéressants travaux de M. N. Kaiser,
conseiller national à Grellingue.

Comme on le voit, la classification de M. Fournet repose, de même que celles de ses devanciers, sur le mode d'apparition des eaux plutôt que sur leur mode de formation ou sur leur origine. Au point de vue pratique, elle laisse beaucoup à désirer. Nous préférons une division reposant sur les causes efficientes des sources, en acceptant celle qui joue le rôle principal.

Aussi donnons-nous aux eaux recueillies par les *graviers alluviens*, et qui en sortent à la base, la désignation de : *eaux* ou *sources alluviennes*. Les *sources tertiaires* seront celles dont la provenance est tertiaire et ainsi de suite.

Nous savons parfaitement que ce système ne se justifie pas toujours d'une manière complète et que l'origine des sources peut être complexe; toujours est-il vrai que cette classification est plus logique et surtout plus pratique que les précédentes.

Nos cours d'eau, ruisseaux, rivières, reçoivent directement à peine le sixième de l'eau qui, sous la forme de pluie, de neige, de grêle, de rosée et de brouillard, arrive à la surface de la terre. Avec M. Desor nous pouvons nous demander ce que devient le surplus? La réponse à cette question est bien simple. L'eau ne peut se perdre, pas plus que l'air et les autres éléments de la nature. Elle s'infiltre dans le sol, dans les terrains poreux, fissurés, crevassés ou caverneux, les pénètre, les sature et les remplit même quelquefois, jusqu'à ce qu'enfin, arrêtée par les couches imperméables, telles que marnes ou argiles, elle arrive selon les lois hydrostatiques par filets ou jets, par nappes à la surface de la terre, après avoir parcouru un trajet plus ou moins long, traversé une plus ou moins grande puissance de couches, et après s'être seulement purifiée ou filtrée *(eaux pures ou simples)* ou chargée de gaz *(eaux gazeuses)*, d'éléments simples, d'acides, d'oxydes, de sels *(eaux minérales naturelles)*, ou enfin après s'être chauffée *(eaux thermales)*.

La température des sources dépend de plusieurs facteurs : altitudes, exposition, terrains, profondeur de leur origine. (V. J. Thurmann, *Essai de Phytostatique*, tom. I, p. 53.)

La température moyenne des sources de Porrentruy est de 10°,33 C.

La Doue, la source du pré de la Menelet et la fontaine des Adelles de Delémont ont 11°,33 C.

Les sources du val de Tavannes : la source de la Birse, le Torrent 8°,78 C.

Renan, moyenne de 3 sources, Suze, Ange-du-Bois, Pré-du-Four 7°,32 C.

Les sources de la Chaux-de-Fonds et d'Abelle .   6°,90 C.
Neuchâtel, moyenne de 20 sources   .   .   .   .   10°,00 C.
Les sources alluviennes ou tertiaires de Bâle ont   9°,42 C.
Sept sources aux environs de Moutier   „   9°,73 C.
La source des bains de Meltingen, le 7 avril 1868 11°,00 C.
La source des bains de Flühen, le 19 mai 1869   14°,00 C.

L'étude des sources se relie ainsi étroitement à celle des terrains ; pour être hydroscope, il faut donc être géologue, c'est-à-dire, à même d'apprécier l'inclinaison des couches, leur étendue, leur puissance, leur composition chimique, leur disposition stratigraphique ; il faut surtout savoir distinguer les couches perméables des couches imperméables, les *terrains collecteurs* des *terrains conducteurs* des eaux, il faut aussi savoir faire l'application des lois de l'hydraulique.

L'influence du sol boisé ou découvert sur les sources étant très-grande, l'hydroscope a aussi à l'étudier. Le Jura, comme beaucoup de pays en Europe, a fait à ce sujet de tristes expériences. En ordonnant des coupes blanches étendues, en déboisant ses montagnes, il a souvent amené une diminution considérable de ses cours d'eau, et même quelquefois la perte de quelques sources. Voir l'intéressant travail de M. A. Marchand, intitulé „*Mémoire sur le déboisement des montagnes,*" Porrentruy, 1849.

Cette influence ne sera donc pas négligée dans l'étude des sources.

Placez alors sur des marnes le chercheur d'eau armé de ce bagage de science, et qu'il frappe le rocher qui les recouvre : l'eau en jaillira.

Voyons si cette ancienne maxime peut, dans le Jura, recevoir la sanction de l'expérience.[1]

I. Sources des terrains modernes et alluviens.

Les *graviers modernes*, les *tourbes*, les *détritus*, le *diluvium*, les *alluvions anciennes* jouent, comme nous l'avons dit, un certain rôle orographique. Leur puissance, leur étendue étant souvent assez considérables, leur hydrospicité constante, leur assise

---

[1] Pour pratiquer avec succès l'hydroscopie, il faut toutefois une habileté spéciale, comme la possédait l'abbé Paramelle. En examinant la direction et la nature des couches superficielles, la végétation qui les couvre, l'emplacement des puits ou cours d'eau naturels, il arrivait souvent à deviner le trajet des eaux souterraines

le plus souvent perméable, ils doivent ramasser de l'eau et alimenter des puits et des sources.

En effet, les argiles inférieures aux tourbes — *cendres des tourbières* — fournissent, dans la règle, l'eau recueillie par les tourbes.

Les *sources des tourbières* sont nombreuses dans le Jura central. Nous ne citerons que celles :

1. De la plaine de Bellerive et de la Communance, val de Delémont.
2. Du moulin de la Rouge-Eau, au sud de Bellelay.
3. Du moulin de Plaine-Saigne, au sud-est de Montfaucon.
4. Du moulin des Royes, à l'est de Saignelegier.
5. Du moulin de Chantereine, au sud-ouest de Noirmont.
6. Du moulin de la Chaux-d'Abel.
7. Du sud des Pontins, au sud de St-Imier, enfin celles
8. Du bassin de Nods.

Les *limons* ou *graviers modernes*, les *alluvions anciennes* très-répandues dans les plaines, les *détritus* amoncelés au pied de nos montagnes, reposant dans le val de Delémont et ailleurs sur les argiles du terrain sidérolithique, quelquefois sur les marnes tongriennes, ou sur d'autres marnes et argiles tertiaires, réunissent toujours une certaine quantité d'eau, et ces terrains imperméables l'amènent, d'après les lois de l'hydrostatique, à la surface du sol, ou la retiennent en provision.

C'est ainsi que s'alimentent une partie des fontaines et des puits de Courroux, de Courrendlin, de Courtételle, de Bassecourt, de Bâle et d'une foule d'autres localités du Jura.

Pendant les années pluvieuses, cette eau donne lieu à des suintements superficiels que la sécheresse amoindrit bien vite ou qu'elle tarit.

Ces sources superficielles ou suintements ont été désignés sous les noms de *gouttes* ou de *raisins*.

Les eaux provenant des terrains modernes et alluviens sont ordinairement d'une qualité médiocre, même suspecte, et d'une quantité variable. Traversant des couches ordinairement peu profondes, elles subissent les influences atmosphériques : elles sont chaudes l'été, froides l'hiver, et souvent impures, comme des recherches soigneuses sur celles de Bâle l'ont prouvé ; elles auraient même été une des causes de la fièvre typhoïde qui, ces dernières années, a fait tant de ravages dans cette ville. Les terrains qui les ramassent étant extrêmement désagrégés, l'eau les traverse facilement et s'en échappe de même.

Cependant, si des sources appartenant à ce système tarissent facilement, d'autres se soutiennent pendant les plus longues sécheresses : alors elles sont entretenues par les terrains tertiaires ou jurassiques.

Les puissants détritus, au nord de Delémont, au nord-ouest de Courroux, reçoivent des eaux des terrains jurassiques qui les dominent; ces eaux renforcent celles qu'ils reçoivent directement, et les argiles du terrain sidérolithique, qui servent d'assise à ces détritus, collectent toutes ces eaux, les réunissent et mettent à jour les belles sources au nord et au nord-ouest de ces localités.

La source de Delémont aurait donc une origine très-complexe, étant alimentée :

    1. Par les eaux des détritus jurassiques;

2. et 3. „   „   des terrains jurassiques supérieurs;

    4. „   „   des marnes oxfordiennes;

    5. „   „   des terrains oolithiques et peut-être

    6. „   „   liasiques.

Les eaux des marnes oxfordiennes, celles des terrains oolithiques, peuvent arriver sur la ligne collectrice, les premières par des entonnoirs, les secondes par des canaux naturels existant dans les marnes oxfordiennes.

Nous attribuons à ce même système de formation la source du pré de la Menelet, sise à l'est de Delémont; celle au N.-O. de Courroux dont nous parlerons plus tard; celle du N. de Moutier, celles du village d'Eschert; les cinq sources qui alimentent la ville de Soleure : la *Brüggmossquelle*, les sources de *Längendorf*, de *Belloch*, de *Feldbrunnen* et de *Taubenmösli*, sur la rive droite de l'Aar. L'eau de ces sources arrive en ville par cinq conduits.

Les eaux qui alimentent les localités de la plaine alsatique sont aussi recueillies, en partie, par les terrains modernes et diluviens. Comme exemples, citons les sources de Bâle, de Klein-Hüningen, d'Allschwyler, de Neuwyler, de Hägenheim, de Hagenthal et les importantes sources de l'établissement de pisciculture de Neudorf.

II. Sources tertiaires.

Les *terrains tertiaires*, en général, sont assez poreux pour absorber les eaux pluviales, et en même temps assez compactes pour les retenir prisonnières et ne les égoutter que lentement. Les calcaires et les mollasses jouent le premier rôle, les marnes et les argiles, le second. Aussi, nos vals tertiaires sont-ils appelés par M. Desor „la terre promise des hydroscopes".

a) Les *sables*, la *nagelfluh vosgienne à Dinotherium,* les *grès faluniens marins avec leur nagelfluh* d'une étendue et d'une puissance assez considérables, d'une perméabilité facile, ramassent parfaitement les eaux. Comme ils reposent souvent sur des couches marneuses ou argileuses, se rattachant aux divisions tertiaires, ils présentent à leur base des filets d'eau importants. On peut en voir de nombreux exemples dans le val de Tavannes, dans celui de Laufon et surtout dans celui de Delémont, au N. de la colline du Clos-Gorger, près Corban, et au lieu dit Bois-de-Raube. Dans cette dernière localité, ces sables et galets vosgiens peuvent présenter une puissance de 20 mètres, et ils reposent sur les argiles supérieurs de l'étage parisien. La quantité de sources qui sortent de ces nombreux ravins, et qui grossissent la Rouge-Eau, est remarquable.

b) Les *calcaires d'eau douce*, les *grès mollassiques*, reposant soit sur des couches marneuses intercalées, soit sur les *marnes bigarrées inférieures*, soit enfin sur les *marnes tongriennes*, nourrissent aussi de nombreuses petites sources.

Dans le val de Delémont, nous mentionnerons la source entre Recollaine et le Thiergarten, sur la rive gauche de la rivière de ce nom, celles de Courtemelon, de Chaux, celles au N.-E. de Courfaivre, celles entre Bassecourt et Brelincourt; entre Montsevelier et Recollaine. On peut encore en voir plusieurs dans le Petit-Val, dans les vals d'Undervelier-Vermes, de Moutier et de Tavannes.

c) La *nagelfluh jurassique* est bonne collectrice des eaux, mais elle les laisse facilement sortir; aussi donne-t-elle naissance à quelques sources, telles qu'à celles du Cras de Franchier, près de Delémont.

d) Les *argiles de l'étage parisien* forment une puissante couche imperméable, et elles arrêtent bien les eaux des terrains qui les recouvrent, de même que celles qui s'échappent des flancs jurassiques. Aussi donnent-elles le jour aux grandes sources qui, comme nous l'avons vu, alimentent et embellissent si bien la ville de Delémont, le village de Develier-dessus, celui de Montavon, celui de Moutier.

Les habitants de Courroux regrettent encore les excellentes et fortes sources de Colliard. Elles servaient, il y a quelques années, à l'alimentation des fontaines du bas du village, et la surabondance à l'irrigation des Prés de derrière. Plusieurs puits pratiqués dans les argiles sidérolithiques, et surtout de nombreuses et vastes galeries faites en vue de l'extraction du minerai, — et qui eurent pour résultat immédiat des affaissements et des fissures de ces argiles, firent arriver ces eaux dans les minières mêmes, et les détournèrent ainsi de leur antique destination. Une galerie d'écoulement dut être construite pour sauver les minières noyées.

Les eaux ont bien été retrouvées, mais 20 mètres environ plus profondes!

La ville de Delémont, en laissant établir des minières au N. ou N.-E. et au N.-O. et dans le voisinage de ses sources, est-elle plus soucieuse de ses eaux? L'avenir répondra.

III. Les sources crétacées.

Ainsi que nous l'avons dit précédemment, les terrains crétacés, ne se présentant guère que par lambeaux isolés, et recouvrant à peine le pied de deux chaînes jurassiques, ne sont ici que d'une importance secondaire; cependant, les calcaires crétacés inférieurs, tels que les calcaires néocomiens et urgoniens, ont un certain développement horizontal et vertical le long du lac de Bienne, de même qu'au pied de la montagne de Courtelary. Par leur perméabilité, ils sont très-bons collecteurs des eaux, et les marnes dites de Hauterive, les marnes gypsifères de Villers de l'étage Purbeckien, en les arrêtant, peuvent donner lieu à des sources qui ont leur importance locale.

Comme provenant des marnes de Hauterive, M. Desor cite les sources de Neuchâtel, à l'Ecluse; celles de Corcelles, de Peseux, de St-Aubin et celle de Gorgier. — Nous avons aussi supposé, en décrivant ces terrains, que les sources de

Neuveville, et plusieurs autres le long du lac de Bienne, se rattachaient à cette catégorie de sources.

Ces eaux étant, du reste, subordonnées aux lois hydrostatiques établies, nous n'avons pas à nous en occuper ici d'une manière particulière. Nous passons donc aux sources jurassiques.

IV. Les sources jurassiques.

La formation jurassique joue le rôle le plus important dans l'orographie de l'Evêché. Il suffit de jeter un coup d'œil sur notre carte géologique pour s'assurer de l'étendue des terrains jurassiques. Leur grand développement vertical nous est aussi connu. Nous avons vu leurs nombreux et profonds mouvements. Aussi, leur attribuons-nous d'emblée l'origine de nos plus grandes sources : les eaux sont recueillies par les calcaires virguliens, ptérocériens, astartiens, coralliens et oolithiques, collectées et amenées à la surface du sol par les marnes virguliennes, ptérocériennes, astartiennes, oxfordiennes, oolithiques et liasiques.

a) *Sources des terrains jurassiques supérieurs, soit virguliennes, ptérocériennes, astartiennes et coralliennes.*

Les terrains jurassiques supérieurs, composés presque exclusivement de couches calcaires, absorbent très-facilement les eaux des pluies, quelquefois même celles des ruisseaux : ruisseaux de Mettemberg, celui de la combe de Bolmann ; mais, à raison de leur structure fragmentaire, des fissures, des déchirures, des cavernes très-nombreuses qu'ils renferment, ils ont le grand inconvénient de les laisser échapper, et souvent à une grande profondeur. Cette filtration est souvent tellement rapide, que sur des plateaux étendus, il ne reste pas même assez d'eau pour alimenter la plus petite source, et que toutes les habitations qui sont situées sur ces terrains, doivent recourir à des citernes. Les Franches-Montagnes, une grande partie de l'Ajoie et de nos fermes élevées, doivent à cette fâcheuse circonstance de ne pas être suffisamment pourvues de bonnes eaux ; mais un autre phénomène qui se rattache à la même cause, c'est-à-dire à la perméabilité des couches jurassiennes supérieures, c'est la présence de ces grandes sources (*sources vauclusiennes* de M. Fournet, *doues* de M. Desor), véritables rivières, qui viennent sourdre spontanément et tout d'une pièce au pied ou aux flancs de nos chaînes de montagnes. Ces sources sont très-nombreuses, et elles ont été divisées, comme nous l'avons fait voir :

1. *En fontaines normales, perennes.*

Les plus importantes de cette catégorie sont :

La source de la Birse à Tavannes;

Le torrent de la Doue entre Cormoret et Villeret;

La source des Corbez, près d'Undervelier;

La source de Soyhière, qui, à sa sortie, fait tourner un moulin et une scierie;

Les sources de Kaltbrunnen et de Pelzmühle de la cluse d'Ybach (près de Grellingen), qui, avec celles d'Angenstein, alimentent la ville de Bâle.

La source de l'Ill, qui sort du flanc nord de la chaîne du Blauenberg, à l'est de Winkel.

La source de glace *(Eisbrunnen)*, à l'est de Petit-Lucelle, qui a la réputation d'être chaude l'hiver et de fournir de la glace l'été.

La source de Recollaine;

La source de Neuveville, qui fait marcher le moulin au haut de la ville et pas loin de sa sortie de l'étage virgulien.

La source du moulin de Douanne;

La source de Boujean, dans la cluse au nord du village;

Les sources de Granges, d'Attisholz et de Wietlisbach ;

Celle du Bach à Bienne;

La source au nord de Frinvilier, qui sort du massif du Chasseral;

La source de Gänsbrunnen, au nord de St-Joseph;

La source au sud de la verrerie de Moutier, rive droite de la Birse (comme la précédente, elle sort du massif de Graitery);

La forte source (Torrent) du moulin de Court;

Les sources de St-Ursanne : celle de la Filature et celle du Moulin des Lavoirs;

La source au S.-O. de l'église de Chalière, celle du Torrent de la Pérouse et une quantité prodigieuse de sources moins importantes.

Nous mentionnerons encore celle de Develier-dessus; la Bame, à Courfaivre;

celles de Séprais, de Boécourt; celle de la grotte Ste-Colombe, au N. d'Undervelier; celles de la vallée de Lucelle; celle de Bellefontaine, de Biaufond, celle
qui se trouve sur la rive droite du Doubs, entre chez Bonaparte et la Maison
Monsieur; enfin celles du Voyebœuf, de la Beuchire, celles des bords de la Halle
et celle de Fontenais.

2. *Fontaines normales, temporaires, accidentelles ou éphémères et fontaines anormales, périodiques irrégulières, sujettes à des interruptions prolongées, estavelles ou
sources provenant du trop plein, de l'excès d'eau des sources perennes.*

Le peuple les appelle : *fontaine de disette, fontaine de malheur, fontaine de
famine, fontaine de cher temps, Bramafan, crie la faim.* — Elles apparaissent surtout les années pluvieuses, qui sont ordinairement froides et mauvaises. Les plus
remarquables sont :

La fontaine *du cher temps*, sise au nord de Montsevelier, au lieu dit „derrière
le Môtie." L'année froide et pluvieuse de 1816 a vu couler très-fortement cette
fontaine pendant plusieurs mois; depuis, elle n'a pas reparu. — La source des
Capucins. — Le Creux-Belin, à Porrentruy. — Les Blanches-Fontaines, au
Pichoux. Après la fonte des neiges, ou des pluies abondantes, ces dernières ont plus
d'eau que la Sorne, et après quelques jours de beau temps, elles sont à sec.

3. *Fontaines anormales. Eaux absorbées reparaissant à l'extrémité des canaux
souterrains. Katabothrons.*

La plus renommée, dans cette classe, serait le *Creux-Gena.* La note suivante de
M. le colonel Buchwalder est bien de nature à faire croire que le Creux-Gena n'est
qu'un katabothron :

„En 1819, étant occupé à la levée des plans de la frontière, un octogénaire de
Chenevez que je questionnai sur les débordements du Creux-Gena, me tint ce dis-
cours : „Il y a des personnes qui disent que les eaux du Creux-Gena proviennent
„du Doubs, mais je ne le crois pas. Elles arrivent de Damvant, et en voici la
„preuve. Je me rappelle qu'il y eut un terrible orage à Damvant, et il ne tomba
„pas une goutte de pluie à Chenevez. Une ou deux heures après, le Creux-Gena
„déborda, et les eaux sortirent de tous les petits entonnoirs qui sont dans les prés
„au-dessous du village, et toute la prairie fut inondée."

„Au sud du village de Damvant, il y a quelques entonnoirs, tel que le creux

Ladin, et en dessinant à côté, je me rappelle fort bien avoir vu de l'eau au fond. Damvant est plus élevé que Chenevez et que le Creux-Gena, et j'ai la conviction que le vieillard disait vrai."

Les eaux s'engouffreraient à Damvant pour arriver par des canaux souterrains au Creux-Gena.

Une partie des eaux des Blanches-Fontaines du Pichoux appartiennent aussi à cette catégorie de sources; elles ne sont qu'une réapparition de la Rouge-Eau des environs de Bellelay.

La fontaine St-Germain, dans le bas du village de Courfaivre, est aussi un kata-bothron. L'eau des sources des Chaux-Fours se perd dans les calcaires d'eau douce qui affleurent un peu plus bas, et par des canaux souterrains elles arrivent dans ce village.

Vient encore se placer ici une source intermittente qui se trouve à Hoggerwald, entre la Birse et Petit-Lucelle.

4. *Les abîmes verticaux émissifs, fontaines sans fond, bouillons, jets-d'eau natu-rels* qu'on observe ordinairement aux pieds des chaînes ou plateaux jurassiques, dans le fond de nos vals, sont probablement alimentés par les terrains jurassiques.

Les plus remarquables sont le *got, gour* des cloches de Boécourt; le *Poueche* (puits) près d'Alle, celui de *Biaufond*; les *Creux de la Verrerie*, la *Mer de Fer-rière* sur le plateau du Clos du Doubs; et surtout la *Brunnen-Quelle*, qui alimente la ville de Bienne. La profondeur de ce dernier puits naturel dépasse 30 mètres.

b) *Sources oxfordiennes.*

Les marnes oxfordiennes étant plus ou moins imperméables, retiennent assez bien les eaux que leur fournissent les terrains jurassiques supérieurs. Si les plateaux formés par ces derniers terrains donnent une idée en miniature assez nette des steppes stériles et privées d'eau, les combes oxfordiennes, par leur fraîcheur, leur belle végétation, entretenues par l'abondance des sources, rappellent assez bien les oasis du désert. Aussi, autant les habitations de ces plateaux sont rares et pauvres, autant celles de ces combes sont fréquentes et riches. Les premières sont alimentées par l'eau stagnante, souvent fétide des citernes, les secondes, par des fontaines tou-jours abondantes et toujours fraîches. Voir les sources du Vorburg, celle de la première métairie, celle sous le rocher de la Chapelle, qui traverse la route pour entrer immédiatement dans la Birse; celles de derrière Château, au sud de Courfaivre, des Terras, au nord de Raimeux, et une foule d'autres qu'il est inutile d'énumérer.

Si les marnes oxfordiennes font affleurer dans le Jura bernois une quantité prodigieuse de bonnes sources qui alimentent nos belles et nombreuses fermes placées dans les combes oxfordiennes, elles sont souvent un réceptacle très-infidèle des eaux. Outre que certaines couches de ces marnes sont essentiellement calcaires et par conséquent plus ou moins poreuses, elles offrent des trous ou entonnoirs connus sous les noms d'*emposieux*, de *gouffres*, de *boit-tout*, de *fondrières*, d'*abîmes*, *Trichter*, *Pingen*, etc. Ce sont les *sources négatives*, les *scialets*, les *orifices absorbants* des auteurs.

Ces entonnoirs absorbent les eaux et leur permettent d'arriver dans des couches perméables, soit dans les flancs des terrains jurassiques supérieurs redressés (Develier-dessus et ailleurs), soit dans les calcaires oolithiques sous-jacents.

Ces trous ont généralement la forme d'un cône renversé. Leur diamètre moyen est de 3 mètres. Leur profondeur est variable : 2 à 7 mètres.

On peut reconnaître ces entonnoirs dans toutes nos combes oxfordiennes à leur physionomie toujours constante, disposés souvent sur une ligne régulière.

Ils sont plus rares dans les autres dépôts marneux.

A l'est de Movelier, un de ces gouffres, dit le Grueb, reçoit les eaux du village et les engloutit dans les calcaires bathoniens.

L'étang de la Gruyère ramasse ses eaux dans la combe oxfordienne qui lui sert de bassin. A sa décharge, il fait tourner un moulin et une scierie et il perd ses eaux pour ainsi dire sous la roue du moulin dans les calcaires astartiens. L'eau de l'étang de derrière Gruyère joue le même rôle. Elle met en mouvement deux petites usines et se perd dans un entonnoir.

Il en est de même des eaux du moulin de Chantereine, au sud et près du Noirmont. Les eaux de l'étang, alimentées par les seignes ou tourbières, mettent l'usine en mouvement et s'engouffrent dans une fissure de rocher.

Les eaux du moulin des Royes, à l'est de Saignelegier, celles du moulin des Sagnes, celles, enfin, du moulin du Pré-Dame, à l'ouest des Genevez, présentent le même phénomène.

Ces entonnoirs, qu'on observe donc ailleurs que dans les marnes oxfordiennes, et qui sont le produit de l'effet lent des eaux, sont-ils un bien ou un mal? L'un et l'autre.

S'ils engouffrent de l'eau qui, à bien des égards, serait d'une très-grande utilité à la surface de la terre, ces entonnoirs contribuent puissamment au desséchement de plusieurs petits bassins ou combes qui ne seraient sans eux que marais ou tourbières, comme nous en avons de nombreuses preuves sur le plateau des Franches-Montagnes (à Lajoux, aux Enfers et ailleurs). Par là, la nature nous montre ce qu'il y aurait à faire pour défricher, assainir et rendre plus productifs ces marécages : pratiquer des amposieux ou rascs-sourdes dont le fond arriverait au terrain fissuré, soit à l'étage corallien, soit à l'étage bathonien.

Ce mode de desséchement, comme on l'a fait aux Eplatures, près de la Chaux-de-Fonds, s'appliquerait très-économiquement à d'autres terrains marécageux, et il est certainement plus sûr que l'application des drains.

c) Les sources oolithiques.

Les *crêts, voûtes, plateaux oolithiques* d'une étendue et d'une puissance souvent notables, d'une perméabilité parfaite, réunissent souvent de grandes nappes d'eau d'une qualité excellente. Elles s'échappent quelquefois des flancs de ces terrains mêmes, mais le plus souvent vers la base. Dans ce cas, elles sont arrêtées par les marnes et les argiles liasiques.

La source de Bébrunnen, l'une des plus intéressantes du Jura, celle de Grellingen, qui est intermittente, celle de Roche, celle du Charton près Bellerive, celle du moulin des Lavoirs près St-Ursanne, celle du moulin de Soubey, celle enfin du Lomont ou Pichoux de Courtemautruy, la forte source sur la rive gauche du Doubs, entre Soulce et St-Hippolyte, de même que celle qui se trouve plus haut entre Bourave et Glère, au sud de la route, appartiennent à ce système.

Les deux sources au-dessous des forges d'Undervelier, rive gauche de la Sorne, qu'on voit sortir, sans quitter la route, de dessous des bancs oolithiques, ne sont très-probablement que des katabothrons. Elles seraient alimentées par les eaux du moulin de Bollmann, qui se perdent au-dessous de cette usine dans des bancs de rochers. Il est probable que les villages de Brelincourt et de Bassecourt les utiliseront un jour, mais avant de le faire, il serait prudent de les analyser.

V. Les sources triasiques.

Les *terrains triasiques*, quoique n'affleurant que rarement dans nos chaînes jurassiques, ont cependant, au point de vue des sources, une bien grande importance dans la prolongation vers l'est de la chaîne du Mont-Terrible.

Certaines couches keupériennes et conchyliennes, riches en sulfates de chaux, de soude et de magnésie, en chlorure de sodium (sel), étant traversées par les eaux, celles-ci se saturent plus ou moins de ces sels et arrivent au jour comme eaux *minérales* et quelquefois même *thermales*.

Ces eaux, dont l'utilité, la composition et la température ont été souvent le but de nombreuses publications, sont une source de richesses, notamment pour les cantons d'Argovie et de Bâle-Campagne. Appartiennent à cette série de sources les eaux de Wildegg, de Schinznach, de Birmensdorf, de Baden, d'Eptingen, de Meltingen et de Bellerive.

** * **

Les nappes d'eau souterraines renfermées dans des couches marneuses ou imperméables, et amenées à jour par des forages — *puits artésiens* — ne sont que l'application des principes que nous venons de développer.

Considérations générales sur l'utilité de l'étude des sources.

Ici s'arrête notre tâche avec l'affleurement de nos terrains: — L'étude *des sources* n'a pas seulement un intérêt direct, savoir, de fournir à chacun sa part de bonne eau, mais aussi indirect, en ce sens qu'elle doit être le guide du *draineur* et de l'ingénieur dans plus d'une question.

En leur indiquant l'origine, la provenance de l'eau, cette étude donne à la science une solidité, à leur travail une économie et une application qu'ils n'auraient jamais sans cela.

A un de ces points de vue, nous sommes souvent devancés par certains peuples; c'est ainsi que les Arabes, lorsqu'il s'agit de travaux de desséchement, n'imitent pas certains draineurs qui font des travaux très-coûteux dans la plaine sans arriver à un résultat satisfaisant.

Les Arabes recherchent les eaux au pied des hauteurs; c'est là qu'ils les trouvent, c'est là qu'ils les emprisonnent, c'est là qu'ils s'en rendent facilement les maîtres en les canalisant; alors, la plaine ne nécessite plus de travaux de desséchement.

Pourquoi parler de. la nécessité de cet art pour le mineur, l'homme technique, en général? Personne ne le contestera, si la connaissance des eaux souterraines avait été plus générale, les malheurs irréparables et les dépenses excessives de la percée du Hauenstein n'auraient probablement pas eu lieu.

C'est principalement au point de vue de l'économie domestique et de l'hygiène que la question des sources devient sérieuse, puisque la connexion qui existe entre la qualité de l'eau et certaines maladies épidémiques n'est plus mise en doute. Les observations recueillies à Munich et à Zurich sur le choléra, à Bâle et à Arau sur la fièvre typhoïde, à Berne sur la dyssenterie et la fièvre scarlatine, établissent positivement que les eaux qui renferment des matières organiques à l'état de fermentation et de décomposition, présentent du danger comme eaux potables. L'hygiène exige donc l'éloignement de l'eau destinée à l'économie domestique de toute infiltration résultant d'égoûts, de fosses d'aisance, de fumier, de mares ou marais, d'animaux ou de plantes en décomposition. M. le prof. Max von Pettenkofer a même formulé l'aphorisme suivant : *„Basses eaux, maladies épidémiques hautes"* ; ce qui signifie que l'intensité de ces maladies est en rapport avec le degré de concentration de matières organiques en putréfaction renfermées dans les eaux des sources ou des puits; ainsi plus celles-ci sont basses et impures et plus ces épidémies règnent avec force. Les résultats favorables obtenus par certaines localités qui ont remplacé leurs mauvaises eaux par des meilleures, ont pleinement donné raison à M. de Pettenkofer; ce qui a été si bien compris qu'actuellement on ne recule plus devant des dépenses colossales pour se procurer une eau abondante et saine.

Il ne faut pas croire que le Jura, par la raison qu'il est si richement pourvu d'excellentes sources, n'ait point d'amélioration à apporter dans le régime de ses eaux potables. Ce pays a au contraire beaucoup à faire. Le but de cette notice ne peut être celui d'entrer dans les détails des améliorations à introduire dans cette branche de l'hygiène publique. Qu'il nous soit cependant permis de rappeler des faits qui se sont passés sous nos yeux et d'en tirer des conclusions.

Déjà le siècle passé, quelques médecins du Jura avaient fait la remarque que les eaux stagnantes, les eaux des puits placés près des habitations et pouvant, soit directement, soit par infiltration dans un terrain poreux, recevoir des corps organiques en putréfaction, agissaient d'une manière délétère sur l'organisme animal. Nous citerons le Dr. Helg, qui défendait l'usage de ces eaux dans l'économie domestique; c'est même à son instigation que quelques localités du val de Delémont ont abandonné les puits pour se procurer des fontaines.

Nous avons encore tous le triste souvenir des nombreux deuils occasionnés par la fièvre nerveuse dans les villages d'Undervelier et de Rebeuvelier. Eh bien, la mauvaise eau dont une partie de ces villages s'alimentait ont sans doute produit en miniature ce qu'elle a produit en grand dans les principales villes de l'Europe, savoir la fièvre nerveuse, qui a fait partout bien plus de victimes que le choléra.

En 1853—54, une fièvre typhoïde ayant éclaté à Corban, le gouvernement de Berne nous chargea d'en rechercher les causes. Parmi celles-ci, les eaux des puits de la partie inférieure du village, où la maladie a débuté, ont été classées en première ligne. Disons aussi en passant qu'il est reconnu depuis longtemps que l'évaporation de matières organiques en fermentation est très-nuisible à la santé. Par ce moyen, non-seulement on perd un engrais précieux, mais on vicie l'air et l'eau; c'est dans de pareilles conditions que se développent le choléra et le typhus, comme la fièvre intermittente, sous l'influence des marais.

Une affection typhoïde s'étant déclarée parmi le bétail, en 1834, dans le village de Courfaivre, nous avons toujours pensé que les eaux stagnantes du pâturage pouvaient avoir provoqué cette maladie, qui a enlevé dans ce village plus de 50 pièces de bêtes à cornes. Il importe donc de signaler le danger que de tels marais présentent.

Sur le plateau des Franches-Montagnes, lorsque les eaux des citernes sont basses, comme il arrive souvent en été et en automne pendant la sécheresse, la fièvre typhoïde sévit avec intensité et parmi la population et parmi le bétail. Il est bien probable que la cause de cette maladie doit être recherchée dans ces eaux de mauvaise qualité.

Le pays de Porrentruy a aussi des améliorations à apporter dans l'emploi de ses eaux potables.

Faisons encore la remarque que l'eau *cuite* ne présente plus les dangers que nous signalons. Par la décoction les gaz sont éloignés, les matières organiques rendues inoffensives et les animaux et les plantes détruits; mais en cas d'épidémie, l'eau cuite ne doit pas être conservée longtemps, attendu que, par le moyen de l'air, elle peut bien vite absorber des matières organiques ou inorganiques nuisibles. L'eau très-froide, à un degré voisin de la congélation, peut aussi être la cause de bien des accidents, tels que maladies aiguës, avortements, notamment pour les animaux domestiques. La commune de Bassecourt, qui abreuve en hiver une partie de son bétail dans la Sorne, n'offre que trop d'exemples pour le prouver.

Ces simples considérations suffisent pour faire ressortir l'importance qu'il faut attacher aux sources, et la grande circonspection qu'il y a à apporter dans l'usage de l'eau. Nous nous résumons donc dans les propositions suivantes :

1. L'eau de tous les puits ou citernes dans le Jura devrait être examinée avant de s'en servir comme moyen d'alimentation;

2. Cette recommandation devrait s'appliquer à un grand nombre de sources, notamment à celles qui sont déjà mal notées dans le public;

3. Il y a du danger d'entretenir dans les pâturages des marais, des eaux croupissantes;

4. Il est de toute nécessité d'empêcher l'infiltration de matières organiques dans les eaux qui servent aux usages domestiques; ainsi les emplacements pour les fumiers, les fosses à purin, les fosses d'aisance, les cloaques, seront renfermés dans un *espace imperméable et couvert*, tant pour empêcher toute filtration et évaporation que pour conserver, comme engrais, les matières qu'ils reçoivent.

Cependant, malgré les résultats heureux que l'on peut obtenir de ce sujet, que nous avons à peine osé aborder, il est intéressant de constater qu'il est nouveau pour notre pays, puisque MM. Desor et Fournet ont été les premiers à parler savamment des sources du Jura central, et le dernier de ces géologues a raison de dire que les phénomènes hydrographiques souterrains se trouvent négligemment relégués parmi les récréations des touristes, parmi les distractions agréables qu'un guide peut procurer à l'oisif, dont il se charge de tempérer les vagabonds ennuis.

Espérons que cette légère esquisse attirera l'attention des observateurs sur cette matière, qui est si riche en résultats utiles.

APPENDICE PALÉONTOLOGIQUE.

MEGALOSAURUS MERIANI, Greppin. Pl. I, fig. 1—6.

Saurien gigantesque caractérisé par des vertèbres biconcaves avec trous croto-phidiens plus larges que longs, par les os des extrémités longs et pourvus d'un canal médullaire et surtout par des dents dont la couronne est conique, comprimée laté-ralement, légèrement arquée, cannelée, les bords tranchants et finement dentelés. Les fémurs ne mesurent pas moins de 75 centimètres de longueur, sur près de 20 de largeur. Le corps était protégé par de grandes plaques, disposées de manière que le bord postérieur de chaque écusson recouvrait la base du suivant. Pl. I, fig. 4.

Cette espèce de l'*hypovirgulien* de Moutier se distingue de ses congénères jurassi-ques et crétacés par ses dents à peine arquées, fortement cannelées, plus arrondies, par la plus grande finesse et la disposition différente des dentelures. La dent que nous figurons paraît avoir tout son accroissement; elle est cependant à peine arquée; elle est bien loin d'atteindre la courbature en arrière du *M. Bucklandi.* L'émail dentelé de notre espèce se continue le long de l'arête postérieure, mais du côté op-posé, il est moins développé que dans le *M. Bucklandi.* En outre, la dentelure n'arrive pas jusqu'au sommet de la dent. La dentelure d'un côté se réunit à celle de l'autre côté par une ligne circulaire qui ne touche pas tout à fait le sommet de la dent.

Le *M. Meriani* a la taille du *M. Bucklandi,* qui est portée à 30 pieds de lon-gueur. Une grande partie du squelette de notre espèce se trouve au musée de Bâle. Si ce reptile, par la forme générale de la dent que nous figurons, se rattache au genre *Megalosaurus,* il se rapproche aussi des Téléosaures par ses vertèbres bicon-caves, par les dents, qui sont aussi striées ou canelées, par de grandes plaques tégu-mentaires imbriquées.

MOSASAURUS GROSJEANNI, Greppin. Pl. I, fig. 6 a, b, c.

Ce genre se distingue par des dents larges, supportées par des bourrelets qui partent du bord de la mâchoire; les dents dépourvues de vraies racines sont soudées aux os de la mâchoire. Voir Pl. I, fig. 6 b.

La couronne de notre dent est conique, légèrement recourbée, présentant sur les côtés des arêtes continues et tranchantes; la face externe est subarrondie, la face interne ronde.

Le *M. Grosjeanni* se distingue des espèces crétacées de ce genre par ses dents plus droites, moins arquées et plus arrondies.

Localité : Marnes à *Ostrea virgula* de Mont-Girod, au nord de Court.

Coll. de M. le pasteur Grosjean, à Court.

Les restes de ces deux gigantesques reptiles ont été recueillis sur le littoral nord de la mer virgulienne; ce qui confirmerait l'opinion de quelques naturalistes que ces animaux étaient riverains.

AMMONITES SCAPHITES, Greppin. Pl. II, fig. 2 a, b.

L'exemplaire que nous figurons sous ce nom provient des marnes calloviennes pyriteuses de Seewen. La forme et l'ornementation des premiers tours sont celles de l'*Am. Arduennensis*, Pl. II, fig. 1 a, b; tandis que le dernier tour affecte quelques-uns des caractères des Scaphites : les côtes deviennent très-espacées, irrégulières, arquées en avant, et les tours annulés, *obliquement étranglés*, comme ceux de l'*Am. hircinus*, Schloth. en offre un exemple. Comme nos sujets ne sont pas complets, et qu'on voit encore sur les derniers tours les empreintes de l'avant-dernier, nous devons les rattacher aux Ammonites. Cette forme curieuse et peut-être intermédiaire entre les Ammonites et les Scaphites, ne serait-elle même qu'une variété de l'*Am. Arduennensis*, mérite de fixer l'attention de nos observateurs.

Coll. de MM. Mathey et Greppin.

AMMONITES PATURATTENSIS, Greppin. Pl. 11, fig. 3 a, b.

DIMENSIONS.

Diamètre . . . . . . 26 mm.
„ de l'ombilic . . 2
Largeur du dernier tour . 9
Hauteur 14

A. testa subdiscoïdea, compressa, angusto-umbilicata; anfractibus tribus, involutis, subrotundis, ultimo ad aperturam subquadrato, carinato; costis tenuibus, approximatis, falcatis, non nodosis. Apertura subquadrata, reflexa, medio-mucronata.

Coquille subdiscoïdale, comprimée, ombilic très-étroit; spire composée de trois tours environ, en partie recouverts, subarrondis; le dernier tour subcarré et cariné vers la bouche; côtes faibles, très-rapprochées, falciformes, non tuberculées. Bouche à peu près carrée, réfléchie, comprimée en forme de flèche et munie ainsi d'un rostre médian.

Elle se rapproche beaucoup de l'*Am. Anas*, Oppel; mais elle s'en distingue par sa taille moindre, par sa bouche réfléchie et par ses côtes non noueuses. Elle diffère aussi de l'*Am. Gessneri*, Oppel, par sa bouche subcarrée et par la forme de la carène.

Localité. Des calcaires oxfordiens de la Paturatte. — *Coll.* de M. Mathey.

PLEUROTOMARIA EPICORALLINA, Greppin. Pl. 11, fig. 4 a, b.

DIMENSIONS.

Longueur totale . . . . . 35 mm.
Diamètre 32

P. conica, elongata, umbilicata; spira angulo 55°; anfractibus complanatis, longitudinaliter 10—14 costatis; costis granulosis ornatis, transversim striatis, clathratis; ultimo anfractu externe angulato, supra laevigato, longitudinaliter 16—18 costato, costis granulosis, transversim striatis; apertura depressa, subrhomboïdali.

Coquille conique, allongée, ombiliquée; angle spiral, 55°; spire formée de tours presque plats, ornés de 10 à 14 côtes granulées, formant un treillis avec des stries transverses; dernier tour extérieurement anguleux, presque plat, muni de 16 à 18 côtes subgranulées, coupées par de légères stries d'accroissements; bouche déprimée, rhomboïdale, anguleuse en dehors.

Il a la taille et la forme générale de la *P. Philata,* d'Orb., mais les ornements et les tours sont très-différents. Elle n'a que des rapports éloignés avec la *P. Agassizii,* Münster.

Localité. Des calcaires épicoralliens de Blauen. — Notre collection.

SOLARIUM BATHONICUM, Greppin. Pl. II, fig. 5 a, b, c.

DIMENSIONS.

    Diamètre de la coquille . . . . 17 mm.
        „   de l'ombilic 6
    Hauteur de la coquille et du dernier tour . . 6

S. testa perdepressa, late umbilicata; anfractibus 6 subquadratis, gradatis, longitudinaliter striatis, transversim oblique striatis, costatis, cancellatis; costis externe crenulatis vel tuberculatis; ultimo anfractu biangulato, externe subconcavo, interne convexo, dorso angusto, convexo, tuberculis per series duas instructis; apertura obliqua subquadrata. ·

Coquille très-déprimée, très-largement ombiliquée; six tours de spires subcarrés, disposés en gradins, longitudinalement striés, ornés transversalement par des côtes obliques, extérieurement et supérieurement crénelées ou tuberculeuses et par des stries obliques treillissées; le dernier tour est bianguleux, subconcave extérieurement, convexe intérieurement, et muni de deux rangées de tubercules. Bouche oblique et subcarrée.

Rapports et différences. Elle a, en général, la forme de la *Pleurotomaria aglaia,* d'Orb. du bajocien. La taille de moitié plus petite, la différence dans les ornements, l'absence du sinus de notre espèce, les distinguent assez facilement. L'enroulement des tours ne permet pas de la rapprocher du *Solarium Waltoni,* Lyc.

Localité. M. Mathey en a recueilli trois beaux exemplaires dans le calcaire roux sableux de Movelier, qui sont dans sa collection.

MELANIA SEQUANA, Greppin. Pl. II, fig. 6 a, b.

DIMENSIONS.

    Longueur . . . . 15 mm.
    Largeur 9
    Hauteur. L'exemplaire est un peu déprimé 7

M. testa conica; spira angulo 40°; anfractibus 4 convexis, longitudinaliter sulcatis, ultimo spiram adæquante; apertura ovali.

Coquille conique; angle spiral de 40°; tours de spire au nombre de quatre, concaves, marqués de sillons réguliers, très-apparents sur le dernier tour; la hauteur du dernier tour dépasse la moitié de la longueur de la coquille; bouche ovale.

Localité. Des marnes astartiennes de l'Angolat, près Soyhière.

Coll. de M. Mathey.

BULLA ACTEONINIFORMIS, Greppin. Pl. II, fig. 7 a, b.

DIMENSIONS.

Longueur . . . . . 72 mm.
Largeur 40
Hauteur 30

B. testa pyriformi, depressa, antice attenuata, longitudinaliter striata; anfractibus 4—5 convexis; apice subumbilicato; apertura oviformi, antice angustiore.

Coquille pyriforme, déprimée et atténuée en avant, striée, 4 à 5 tours de spire convexes; spire légèrement umbiliquée; bouche ovale, allongée, plus étroite antérieurement.

La forme particulière de cette espèce se distingue facilement de celles que nous connaissons du Jura supérieur.

Localité. Recueilli à Istein, au nord de Bâle, dans le calc. corallien.

Notre collection.

BULLA MATHEYI, Greppin. Pl. II, fig. 8.

DIMENSIONS.

Longueur . . . . . 60 mm.
Largeur 30
Hauteur 25

Testa oviformi, involuta, umbilicata, longitudinaliter substriata, antice valde angustiore, depressa, postice latiore; apertura elongata, antice latiore, subovali, postice angustiore.

Coquille ovale allongée, à spire ombiliquée, striée dans le sens longitudinal, antérieurement déprimée, étroite, effilée, postérieurement plus large; ouverture allongée, ovale en avant, étroite en arrière.

Elle diffère de la *B. dionysea*, Buv., par sa forme beaucoup plus allongée, plus effilée et plus déprimée vers la partie antérieure.

Localité. Marnes ptérocériennes de Courgenay. Collection Mathey.

PATELLA SEQUANA, Merian. Pl. II, fig. 9 et 10, a, b.

Dimensions.

Longueur . . . . . 34 mm.
Largeur 30
Hauteur 15

P. testa ovato-elongata, conica, radiatim costellata, concentrice striata; costulis sub-æqualibus, interruptis, striarum ad occursum granulosis, apice acuto, postico.

Coquille ovale allongée, conique; côtes rayonnantes, stries concentriques, côtes assez égales, interrompues, granuleuses à la rencontre des stries concentriques; sommet assez aigu, postérieur.

Se distingue de la *P. Mosensis*, Buv. par sa taille plus petite, sa forme ovale, allongée, conique, ses côtes et sa granulation plus grossière.

Localité. Marnes astartiennes de Rœdersdorf, de Graitery, de l'Angolat, au nord-ouest de Soyhière.

Coll. Musée de Bâle, Mathey, Greppin.

TRIGONIA SUPRABATHONICA, Greppin. Pl. III, fig. 1 a, b, c.

Dimensions.

Longueur . . . . 130 mm.
Largeur 118
Hauteur 64

Testa subtrigona, elongata, valde inæquivalvi. Regione buccali brevi, rotundata; regione anali elongata, parum arcuata, attenuata; margine palleali arcuato. Area cardinali compressa, lanceolata, trigona, subdeclivi, tricarinata, tuberculata, concen-trice striata. Superficie valvarum in regione buccali, costis concentricis inflexis plus minusve tuberculatis ante mediam testæ partem evanescentibus, deinde costis obliquis, validis, armatis, tuberculatis ornata. Umbonibus subanticis, elevatis, acutis et appro-ximatis.

Coquille subtriangulaire, allongée, très-inéquivalve. Région buccale courte, arrondie; région anale allongée, peu arquée et rétrécie; bord palléal arqué. Corselet comprimé, lancéolé, triangulaire, aminci vers le bord, tricaréné, tuberculé et transversalement strié. La surface des valves est garnie dans la région buccale de côtes concentriques, étroites, serrées, assez fortement fléchies en chevrons, plus ou moins tuberculées; elles cessent avant le milieu des flancs et sont remplacées par de grosses côtes obliques arquées, tuberculeuses, d'autant plus écartées qu'elles se rapprochent du bord palléal; elles prennent naissance à quelque distance de la carène marginale et s'infléchissent vers la région buccale. Crochets subantérieurs, élevés, aigus et rapprochés.

Cette espèce intermédiaire entre les Clavellées et les Costées se rapproche assez du *Lyrodon litteratum*, Gf. de l'oolithe et de l'oxfordien. Elle s'en distingue par sa taille plus grande, sa lunule plus étroite et sourtout par ses côtes beaucoup plus tuberculées notamment vers la région cardinale. (V. la fig. 56 de M. Goldfuss.) Du reste le nom de M. Goldfuss doit être changé, Phillips l'ayant déjà employé, pour une espèce sinémurienne. Elle diffère également de la *T. clavellata*, Qu. Pl. 60, fig. 13 par le plus grand nombre de tubercules et par la forme de ses côtes vers la région palléale.

Localité. Sceut, à l'ouest de Glovelier, de la partie supérieure du calcaire roux sableux, où elle est associée à la *Trigonia Scarburgensis, Echinobrissus clunicularis, Anabacia hemisphærica.* De notre collection.

TRIGONIA GILLIERONI, Greppin. Pl. IV, fig. 1 a, b. 2. 3.

DIMENSIONS.

Hauteur	68 mm.
Longueur	70
Epaisseur	38

Testa costata, ovato-trigona, transversa, elongata, valde inæquilatera, subinflata, antice et inferne rotundata, postice producta, subtruncata, costis in regione umbonali buccalique acutis, confertis, ad extremitates subtuberculosis, flexuosis, angulosis, deinde plus minusve evanescentibus sulcisque concentricis, remotis, ornata. Area cardinali tricarinata, transversim plicata.

Coquille costée, ovoïde, triangulaire, transverse, allongée, très-inéquilatérale, médiocrement renflée. Côtés antérieur et inférieur arrondis, postérieur allongé, subtronqué. Les côtes vers les extrémités légèrement tuberculeuses, sinueuses, anguleuses, ne sont bien apparentes que dans la région buccale et sur les crochets; elle ne dépasse pas le tiers des flancs; elles sont remplacées alors par des plis d'accroissement plus ou moins saillants et plus ou moins serrés qui se relient à ceux du corcelet. Les carènes sont légèrement tuberculeuses, ou peu écailleuses; le corcelet, presque plat ou peu convexe, est orné transversalement de plis rugueux, assez saillants et de trois carènes souvent peu apparentes.

Localités. Dans le Portlandien des Mées, au nord-est de Neuveville, et des carrières du Plain, au nord de Neuchâtel.

Coll. Gilliéron, Hisely, ma collection.

VENUS PORTLANDICA, Greppin. Pl. IV. fig. 4 a, b, c.

DIMENSIONS.

Hauteur	23 mm.
Longueur	30
Epaisseur	15

Testa ovali, transversata, crassa, inæquilaterali, carina anali acuta, recta, notata atque in regione anali costis radiantibus circa 10 ornata. Umbonibus inflatis, vix incurvis. Regione buccali rotundata, paulo angustata. Regione anali rotundata, paulo longiore. Margine palleali regulariter arcuato.

Coquille ovale, transverse, épaisse, inéquilatérale, région anale marquée d'une carène saillante, droite et ornée de côtes rayonnantes au nombre de 10 environ. Crochets renflés, légèrement recourbés. Région buccale arrondie, un peu rétrécie; région anale arrondie, un peu plus longue. Bord palléal assez régulièrement arqué.

Rapports et différences. Rappelle le *Cardium Bernouilense,* de Lor. par sa forme générale, sa carène anale très-accusée, circonscrivant un corselet étroit à côtes rayonnantes, mais s'en distingue par sa taille plus petite et surtout par les impressions musculaires bien différentes.

Localités. Mées, au nord-est de Neuveville. *Coll.* Hisely.

ANATINA PORTLANDICA, Greppin. Pl. IV, fig. 5 a, b, c.

DIMENSIONS.

Hauteur   . . . . . . 45 mm.
Longueur   65
Epaisseur   18

Testa elongata, angusta, utrinque hianti, sulcis concentricis in regione buccali ma-joribus, ornata; latere ad marginem externum atque ad umbones depressa. Regione buccali brevi, dilatata, rotundata; regione anali perelongata, subarmata, angusta, versus extremitatem attenuata. Umbonibus minimis.

Coquille allongée, étroite, bâillante aux deux extrémités, ornée de sillons concentriques, très-prononcés dans la région buccale et sur les crochets; elle est déprimée latéralement le long du bord externe jusqu'au sommet des crochets. Région buccale plus courte, élargie, arrondie; région anale très-allongée, légèrement arquée, rétrécie et amincie vers son extrémité. Crochets très-petits.

Localité. Des Mées, près Neuveville. *Coll.* Hisely.

MYACITES MATHEYI, Greppin. Pl. IV, fig. 6.

DIMENSIONS.

Longueur   . . . . . . 40 mm.
Largeur 85
Epaisseur 34

Testa ovato-elongata, transversa, subconvexa, inæquilatera, antice rotundata, postice latiore, subtruncata, radiatim striata; striis granulosis, antice confertissimis, postice prominentibus; umbonibus subanticis, prominentibus, approximatis.

Coquille ovale, allongée, transverse, inéquilatérale, ornée de stries d'accroissements très-légères et de stries rayonnantes, granuleuses, très-fines, plus serrées sur la partie antérieure, plus espacées et plus saillantes à la partie postérieure. Crochets antérieurs, saillants, rapprochés.

Le *M. striato-punctatus*, Qu., Jura, Tab. 61, fig. 12, a quelque ressemblance avec notre espèce. Cependant sa forme beaucoup plus allongée, ses ornements l'en distinguent.

La *Panopæa punctifera*, Buv. du coral-rag lui ressemble quant aux ornements; mais notre espèce bathonienne est beaucoup plus grande et plus déprimée.

Localités. Du calcaire roux sableux de Movelier. *Coll.* de M. Mathey.

CUCULLÆA EDOUARDI, Greppin. Pl. V, fig. 2.

DIMENSIONS.

Longueur . . . . 77 mm.
Largeur 45
Epaisseur 31

Testa elongata, valde inæquilaterali, latere buccali brevissimo, paulo inflato, ad extremitatem rostrato, latere anali elongato, ad extremitatem attenuato. Margine palleali leviter arcuato, medio paulo inflexo ; umbonibus arcuatis, approximatis. Area cardinali subrecta, elongata, angusta. Superficie valvarum costis radiantibus, tenuissimis, numerosissimis, transversim striatis.

Coquille allongée, très-inéquilatérale, ayant sa plus grande épaisseur en face des crochets, puis s'amincissant graduellement jusqu'à l'extrémité anale. Flancs régulièrement convexes avec une légère dépression oblique; crochets arqués, très-rapprochés. Aréa ligamentaire presque droite, allongée, étroite. Surface des valves ornée de côtes rayonnantes très-fines, très-serrées et nombreuses, croisées par des plis concentriques.

La lame saillante dont sont munis nos exemplaires, les rapproche bien du genre Cucullæa.

Localités. Recueilli dans le terrain à chailles, soit dans la couche à Echinides de Seewen, par Edouard Greppin. *Coll.* Greppin.

AVICULA ANGULARIS, Greppin. Pl. V, fig. 8.

DIMENSIONS.

Longueur . . . . 40 mm.
Largeur 32

T. perobliqua, angulari, inaequilaterali, valde inaequivalvi. Valva sinistra convexa, radiantibus circa 20 rotundatis, elevatis, intervallis latioribus, 1, 2, 3, costatis separatis, praedita. Regione buccali brevi, rotunda. Regione anali elongata, obliqua, longe auriculata. Auricula striata. Umbonibus rotundatis, incurvis.

Coquille très-oblique, angulaire, inéquilatérale, très-inéquivalve; valve gauche convexe, ornée d'environ 20 côtes rayonnantes, arrondies, élevées, dont les intervalles sont garnies de 1 à 3 petites côtes, dont l'une plus forte que les autres. Région buccale assez courte, arrondie. Région anale oblique, allongée, avec une aile longue et striée. Crochets arrondis et recourbés.

Elle rappelle par la forme générale l'*A. Munsteri*, Br. et l'*A. Octavia*, d'Orb. Elle diffère de ces espèces par le plus grand nombre de côtes, par la forme plus oblique, plus allongée, plus déprimée et moins arquée, et par la structure des ailes.

Localités. Elle se trouve dans le terrain à chailles du Fringuelet, de Bonambé, au sud de Glovelier.

AVICULA PERALATA, Greppin. Pl. V, fig. 3 a, b, c.

DIMENSIONS.

Longueur . . . . 8 mm.
Largeur 7
Epaisseur 4

A. testa elongata-ovata, obliqua, inaequilaterali, valde inaequivalvi. Auriculis rectangularibus, magnis, striatis, granulosis. Valva sinistra convexa, costis radiantibus circa 20 subrotundis, elevatis. Valva dextra depressa, vix costata. Umbonibus parvis, incurvis.

Coquille ovale allongée, oblique, inéquilatérale, très-inéquivalve. Ailes rectangulaires, très-grandes, striées, granulées. Valve gauche convexe, ornée d'environ 20 côtes rayonnantes, élevées. Valve droite plus déprimée dont les côtes sont à peine visibles. Crochets petits, recourbés.

Localités. Assise inférieure de l'étage oxfordien de Bourrignon et de Pleigne. De notre collection.

AVICULA (MONOTIS) TENUICOSTATA, Greppin. Pl. V, fig. 7 a, b.

DIMENSIONS.

Longueur	. . . . 8 mm.
Largeur	 7
Epaisseur	 4

A. testa ovato-obliqua, inaequilaterali, inaequivalvi, subalata. Valva sinistra convexa, costis radiantibus circa 60. Umbonibus parvis, incurvis.

Coquille ovale, oblique, inéquilatérale, inéquivalve; oreillettes très-courtes, rudimentaires. Valve gauche convexe, ornée de côtes très-fines au nombre de 60 environ. Crochets petits, arqués.

La brièveté des oreillettes, l'inflexion brusque du bord où passe le byssus, l'ensemble de la coquille rattache cette espèce aux Monotis.

Localités. Couches inférieures de l'oxfordien de Châtillon. De notre collection.

POSIDONIA TENUISTRIATA, Greppin. Pl. V, fig. 6 a, b, c.

DIMENSIONS.

Longueur	. . . . 14 mm.
Largeur	 10
Epaisseur	 3

P. testa ovato-orbiculari, convexo-plana, subauriculata; lamellis concentricis, subregularibus, confertis, subaequalibus.

Coquille ovale orbiculaire, plane ou légèrement convexe; ailes rudimentaires. Lamelles concentriques, assez régulières, très-rapprochées, très-nombreuses et souvent égales.

Localités. Pas très-rare à Châtillon et à Bourrignon dans l'assise inférieure de l'étage oxfordien.

PERNA PERLÆVIGATA, Greppin. Pl. V, fig. 5.

DIMENSIONS.

Longueur	. . . . 50 mm.
Largeur	 27
Hauteur	 19

Testa ovato-trigona, convexa, laevigata, aequivalvi, inaequilaterali, lamellosa; margine cardinali recto, dorso antice subcarinato; latere inferiori declivi, explanato, margine subarmato. Umbonibus terminalibus, subarmatis, acutis, approximatis.

Coquille ovale triangulaire, convexe, lisse, équivalve, inéquilatère, lamelleuse, presque droite à la région cardinale qui est légèrement carénée vers les crochets; côté inférieur déprimé, subarqué vers le bord. Crochets terminaux, arqués, acuminés et rapprochés. La valve droite paraît avoir un sillon sur le bord cardinal.

Localités. Bajocien, couches à *Am. Humphriesianus* de Böckten.

Coll. de M. Mathey.

MYTILUS MATHEYI, Greppin. Pl. V, fig. 4 a, b.

DIMENSIONS.

Longueur	14 mm.
Largeur	8
Hauteur	5

Testa parva, ovato-acuminata, subcompressa, concentrice striata; margine cardinali subrecto; latere inferiori declivi, subexplanato, margine convexo; umbonibus terminalibus, vix armatis.

Coquille ovale acuminée, subdéprimée, ornée de grosses stries concentriques; bord cardinal presque droit; côté inférieur comprimé, bord convexe; crochets terminaux, à peine arqués.

Si les côtes imbriquées de cette espèce rappellent le *M. tulipeus*, Lk. de l'oxfordien, elle s'en distingue par sa taille plus petite et par sa forme bien différente.

Localités. Marnes calloviennes pyriteuses de Châtillon. *Coll.* de M. Mathey.

MYTILUS RAURACICUS, Greppin. Pl. V, fig. 1.

DIMENSIONS.

Longueur	125 mm.
Largeur	65
Hauteur approximative	40

Testa ovato-acuta, subtrapeziformi, laeviuscula, concentrice sublamelloso-striata; dorso fornicato, obtuse bicarinato; latere antico subsinuato, plano; basi rotundata, margine superiore recto, obliquo; umbonibus subacutis.

Coquille ovale pointue, subtrapézoïde, lisse, ornée de stries et de lamelles concentriques. Le moule présente des stries longitudinales très-fines que met facilement à nu le test très-mince. Dos voûté, légèrement bicaréné; côté antérieur sinueux, plan; bord inférieur arrondi, bord supérieur oblique; crochets subaigus.

Localités. M. Mathey l'a recueilli dans le calcaire à Nérinées de Blauen, et nous, dans le terrain à chailles du Vorburg. C'est cette espèce que nous avions appelée *M. carinatus : Essai géologique,* page 69.

PLICATULA PERECHINA, Greppin. ·Pl. VI, fig. 1.

DIMENSIONS.

Longueur . . . . 20 mm.
Largeur 16
Hauteur 10

P. testa ovato-rotundata, perarcuata, valde echinata; tubis numerosis, confertis, brevibus, granulosis, postice irregularibus, antice costatis, tenuilineatis.

Coquille ovale arrondie, fortement arquée et recouverte de nombreuses écailles tubiformes, granulées, serrées, portées postérieurement sur des côtes irrégulières et régulières, fines, linéaires antérieurement.

Bajocien : Zone à *Ammonites Humphriesianus* de Böckten.

Coll. de M. Mathey.

OSTREA CORALLIGENA, ·Greppin. Pl. 6, fig. 2—4.

DIMENSIONS.

Longueur . . . . 110 mm.
Largeur 68
Epaisseur de la valve inférieure 30
Profondeur 20

Testa magna, ovato-oblonga, subarcuata, valde inaequivalvi ; valva inferiori profunda, crassa, alta, foliaceo-rugosa. Umbonibus incurvis, perelongatis. Impressione musculari elliptica, submediana.

Coquille d'assez grande taille, ovale oblongue, très-inéquivalve; valve inférieure profonde, épaisse, élevée, feuilletée et rugueuse. Crochets recourbés et très-allongés. Impression musculaire élipsoïde, excentrique.

La forme de la charnière, l'ensemble de la coquille ne permettent point de la confondre avec les huîtres coralliennes.

La figure 4, avec le crochet peu allongé, l'impression musculaire assez éloignée de la charnière, dénote évidemment un jeune exemplaire.

Localités. Cette huître accompagne les bancs de coraux et de nérinées de la Caquerelle et de Pleigne. Notre collection.

OSTREA VIRGULINA, Greppin. Pl. VI, fig. 5 et 6.

DIMENSIONS.

Longueur . . . . . 14 mm.
Largeur 10
Hauteur 6

T. parva, subtriangulari, arcuata, plicis (7—9) radiantibus, distantibus, subangustis, nodulosis, concentrice rugosis.

Coquille de petite taille, d'une forme subtriangulaire, arquée, 7 à 9 grosses côtes rayonnantes, espacées, subaigues, noueuses, coupées par des rugosités concentriques.

Elle ressemble beaucoup aux jeunes exemplaires de l'*Ostrea Boussingaulti,* d'Orb., du néocomien.

Localités. Cette petite huître, qui par sa forme voûtée et les crochets recourbés, rappelle les Gryphées, se trouve au Pichoux, où elle est associée à l'*Ostrea virgula.*

TEREBRATULA LONGICOLLIS, Greppin. Pl. VI, fig. 7—9.

DIMENSIONS.

Longueur . . . . . 30 mm.
Largeur 27
Hauteur 13

Testa ovato-depressa, subplicata, subaequaliter convexa, perforata; umbone robusto, elongato, recto vel vix recurvo; foramine rotundo, magno; margine palleali acuto, vel obtuso. Superficie laevi, haud valde rugosa, subtilissime porosa, tenuique clathrata; deltidio magno, bipartito.

Coquille ovale déprimée, légèrement pliée, perforée, dont les valves ont à peu près la même convexité; crochet robuste, allongé, droit ou à peine recourbé; ouverture ronde et grande; bord palléal tranchant ou obtus. Surface des valves lisse ou très-rugueuse, très-finement poreuse, treillissée, semblable à un tissu fin; deltidium assez développé, de deux pièces.

Cette forme est intermédiaire entre la *T. maxillata*, Sow. du *cornbrash* et la *T. sphaeroidalis*, Sow. de *l'oolithe inférieure*. Elle se distingue de ces deux espèces par son rostre plus fort, plus allongé et droit. Elle ne serait qu'une variété de la *T. maxillata*, à laquelle elle est associée à Movelier et à laquelle elle se relie par ses formes extrêmes, qu'elle mérite d'être connue.

Localités. Assez fréquente à Movelier dans les *couches à Echinides* et à *Homomyes* et dans le *calcaire roux sableux* du Wartenberg, à l'est de Bâle.

Coll. M. Mathey et la nôtre.

TEREBRATELLA MATHEYI, Greppin. Pl. VI, fig. 11.

DIMENSIONS.

Longueur	6 mm.
Largeur	6
Hauteur	3

T. testa ovata, depressa, radiatim tenuistriata, costis circiter 50, granulosis, acutis, dichotomis; latere cardinali triangulari, subelongato, leviter armato, latere palleali rotundo, attenuato, acuto; valvis inaequalibus, subaequaliter convexis. Apertura truncata, area magna; deltidio bipartito.

Coquille arrondie, déprimée, ornée de côtes fines, rayonnantes, 50 environ, presque égales sur toute la longueur, granuleuses, assez tranchantes, se formant par dichotomisations; côté cardinal triangulaire, légèrement allongé et arqué, côté palléal circulaire, s'amincissant et devenant tranchants vers le bord; valves inéquilatérales, presque également convexes; la valve supérieure est cependant un peu plus bombée et plus arquée que l'autre et pourvue quelquefois vers le crochet d'une dépression longitudinale; crochet tronqué; aréa bien développée; deltidium composé de deux pièces; c'est donc bien une *Terebratella*.

Localité. Elle est assez abondante dans l'hypoptérocérien du Vorburg, au nord-
est de Delémont, où elle est associée à la faune que nous avons fait connaître
plus haut. *Coll.* M. Mathey et la nôtre.

TEREBRATULINA MEDIO-JURENSIS, Greppin. Pl. VI, fig. 10.

DIMENSIONS.

Longueur . . . . 10 mm.
Largeur 10
Hauteur 5

*T. testa rotundata, depressa, radiatim dense costulata, costis dichotomis, elevatis,
subangulosis, circa 100; latere cardinali angulato, latere palleali rotundo, declivi,
attenuato, acuto; valvis inaequalibus, superiore majore, fornicata, antearcuata, in-
feriore depressa; apertura parva, ovali.*

Coquille arrondie, déprimée, ornée de côtes serrées, divergentes, élevées, sub-
angulaires, au nombre de 100 environ; côté cardinal anguleux; côté palléal rond,
incliné, aminci et tranchant; valves inégales, la supérieure plus grande, voûtée,
arquée en avant et à sommet court, l'inférieure déprimée. Ouverture petite, ovale.

Localité. Callovien de Châtillon, où elle est empâtée dans le fer sous-oxfordien.
Rare. — Notre collection.

TEREBRATULINA GRESSLYI, Greppin. Pl. VII, fig. 1.

DIMENSIONS.

Longueur . . . . 13 mm.
Largeur 11
Hauteur 4

*T. ovata, depressa, perforata, radiatim tenuistriata, costis circiter 60, subrotundis,
dichotomis, inferne trifidis, imbricatis, squamulosis granulosis; latere cardinali
triangulari, leviter armato; latere palleali rotundo, attenuato, acuto; valvis inaequalibus, subaequaliter convexis; valva dorsali auriculis sublatis, nodulis crassioribus,
asperis, subalata; apertura truncata.*

Coquille ovale, déprimée, perforée, ornée de côtes fines, rayonnantes, au nombre de 60 environ, subarrondies, imbriquées, écailleuses, granulées, souvent interrompues par des lignes d'accroissement circulaires; région cardinale triangulaire, légèrement arquée; région palléale arrondie, amincie et tranchante vers le bord; valves inéquilatérales, également convexes, la supérieure présentant des ailes rudimentaires. Ouverture tronquée.

Localité. Cette espèce qui a quelques-uns des caractères de la *T. caput serpentis* et de la *T. tenuistriata* a été recueillie à Miécourt par A. Gressly dans le tongrien, où elle est associée aux *Pholadomya pectinata,* Mer. *Terebratula opercularis,* Sandb. La forme générale, la taille, le nombre des côtes ne permettent pas de la confondre avec la *Terebratulina fasciculata,* Sandb. du même terrain.

Notre collection.

MEANDRINA TENUIVALLATA, Greppin. Pl. VII, fig. 2.

DIMENSIONS DU POLYPIER.

Hauteur	170 mm.
Largeur	220
Longueur	150

Meandrina subplana, sinuata, flabelliformi, multilamellosa, gradatim ordinata. Anfractibus perangustis, longis, nunc rectis, nunc sinuosis, tortuosis, nunc rotundis, angustis et prominentibus collis circummunitis; lamellis remotiusculis, geminis, granulosis.

Polypiers massifs, presque plans ou sinueux, à couches lamelleuses, étagées. Polypiérides réunis en séries méandroïdes, très-étroites, longues, tantôt droites, tantôt sinueuses ou tortueuses, tantôt rondes et entourées de murailles étroites, arrondies et saillantes. Cloisons parallèles, fines, assez rapprochées, géminées, granulées et passant d'une vallée dans une autre sans montrer de columelles apparentes. Comme on le remarque dans les *Microphyllia,* la surface vue à la loupe, paraît souvent granulée, assez semblable à un faisceau d'aiguilles brisé. Une coupe verticale du polypier fait voir les cloisons sous forme de lignes juxtaposées, fines et flabelliformes. V. Pl. VII, fig. 2 d.

Nous réunissons cette espèce aux Méandrines, parce que ses calices perdent toute trace d'individualité et que ses cloisons ne rayonnent plus autour d'un centre distinct.

Localités. Ce joli polypier se trouve dans l'hypoptérocérien du Vorburg, où il est associé à la *Microphyllia Thurmanni*, aux Echinides et aux Mollusques cités pages 109 à 113.

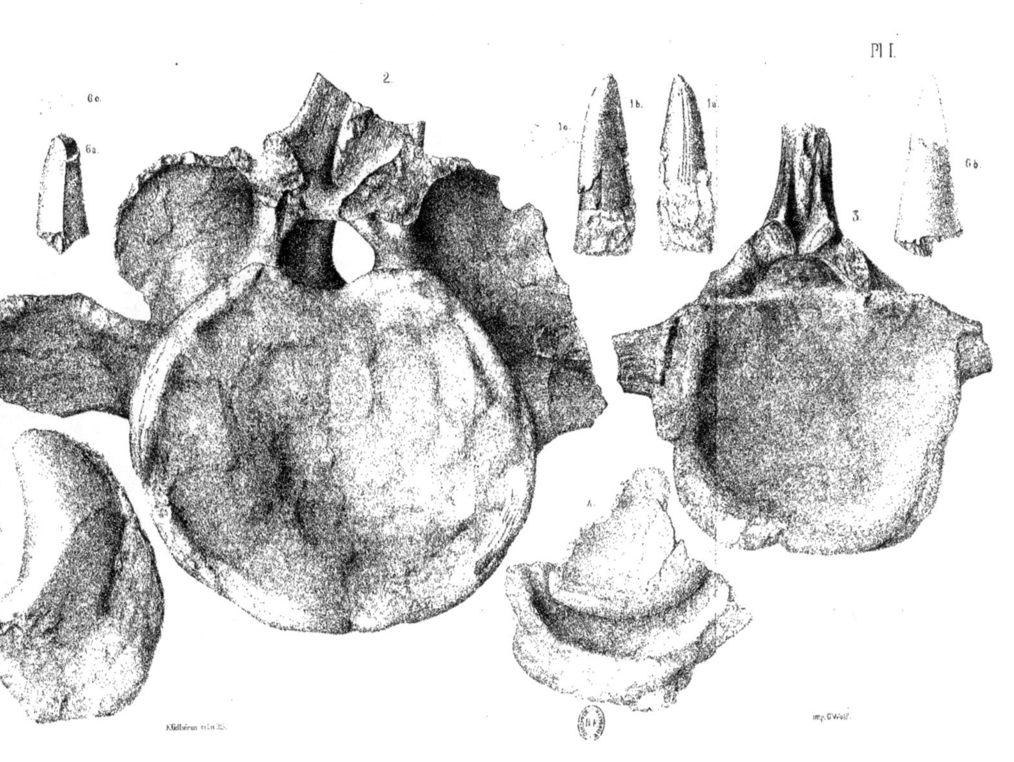
Pl I.
2.
3.
1a.
1b.
1c.
6a.
6c.
6b.

Pl. II.

Fig. 1 a, b. *Ammonites Arduennensis*, d'Orb. Des marnes calloviennes à fossiles pyriteux de Schauenburg et de Seewen.

„ 2 a, b. *Ammonites Scaphites*, Greppin. Des marnes calloviennes à fossiles pyriteux de Schauenburg et de Seewen.

„ 3 a, b. *Ammonites Paturattensis*, Greppin. Des calcaires oxfordiens de la Paturatte, près Tramelan.

„ 4 a, b. *Pleurotomaria epicorallina*, Greppin. Des calcaires épicoralliens de Blauen.

„ 5 a, b, c. *Solarium Bathonicum*, Greppin. Du calcaire roux sableux de Movelier.

„ 6 a, b. *Melania Sequana*, Greppin. Des marnes astartiennes de l'Angolat, à l'ouest de Soyhière.

„ 7 a, b. *Bulla acteoniniformis*, Greppin. Des calcaires hypocoralliens d'Istein.

„ 8.   „ *Matheyi*, Greppin. Marnes ptérocériennes de Courgenay.

„ 9 et 10. *Patella Sequana*, Merian. Marnes astartiennes de Rœdersdorf, de Graitery, et de l'Angolat.

        Fig. 9. Intérieur.

        10 a. Surface.

        10 b. Hauteur de la coquille.

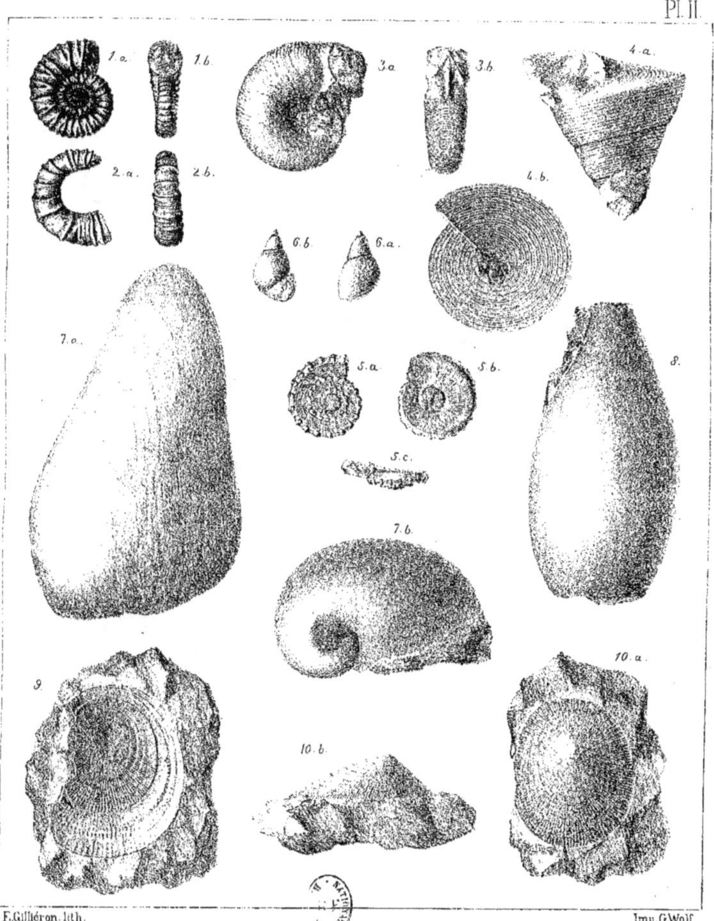

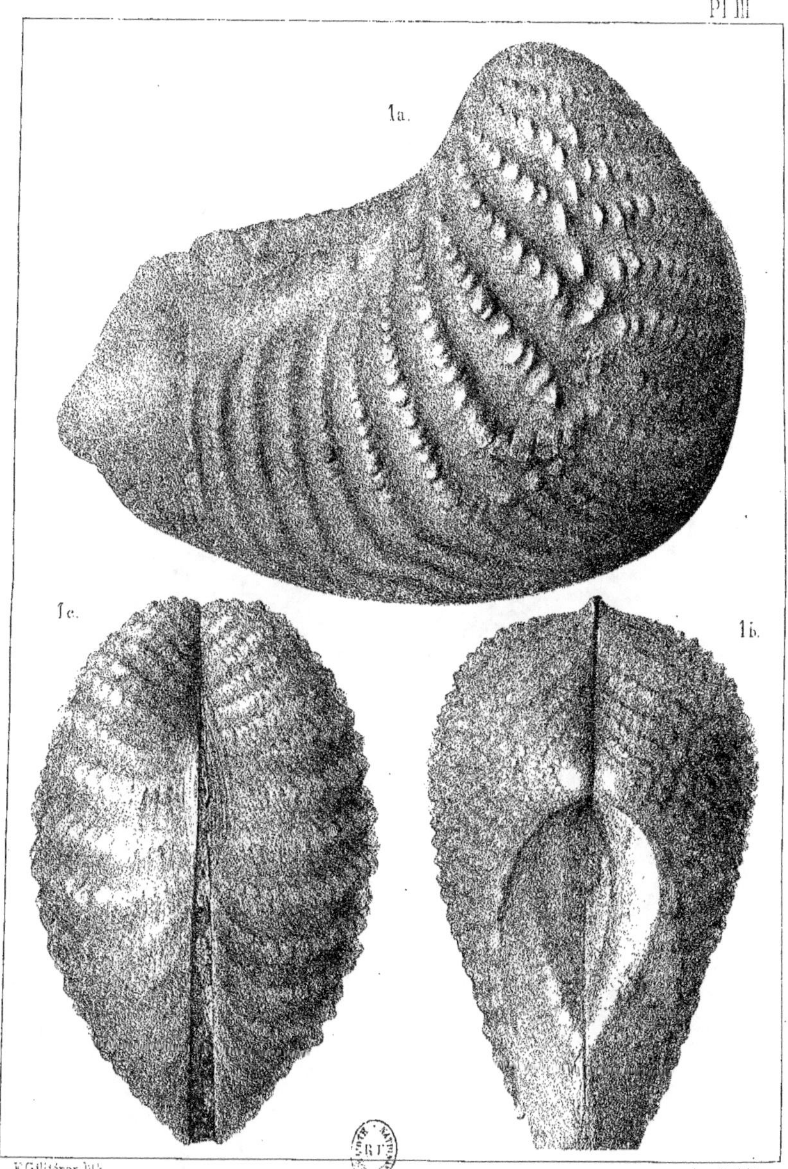

E.Gilliéron lith.

Imp.G.Wolf.

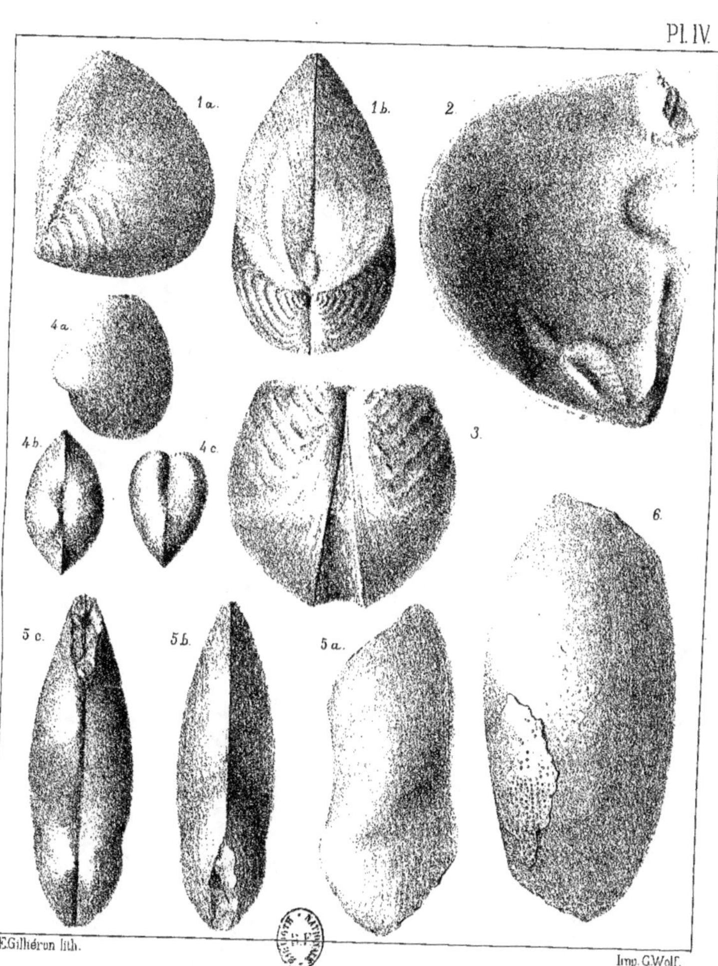

E.Gilliéron lith.

Imp. G.Wolf.

Pl. V.

Fig. 1. *Mytilus Rauraciensis*, Greppin. Epicorallien de Blauen et hypo-corallien du Vorburg.

„ 2. *Cucullæa Edouardi*, Greppin. Terrain à chailles de Seewen.

„ 3 c. *Avicula peralata*, Greppin, de grandeur naturelle. Terrain à chailles de Bourrignon.

„ 3 a, b. Grossissement du même exemplaire.

„ 4 a, b. *Mytilus Matheyi*, Greppin. Marnes calloviennes pyriteuses de Châtillon.

„ 4 b. „ „ Grandeur naturelle; 4 a. Grossissement de la même espèce.

„ 5. *Perna perlaevigata*, Greppin. Bajocien, couche à *Am. Humphriesianus* de Böckten.

„ 6 b. *Posidonia tenuistriata*, Greppin, de grandeur naturelle. Assise oxfordienne inférieure de Châtillon et de Bourrignon.

„ 6 a, c. Grossissement de la même espèce.

„ 7 b. *Avicula (Monotis) tenuicostata*, Greppin, de grandeur naturelle. Mêmes terrains et localités que l'espèce précédente.

„ 7 a. Grossissement du même exemplaire.

„ 8. *Avicula angularis*, Greppin. Terrain à chailles du Fringuelet et de Bonambé, au sud de Glovelier.

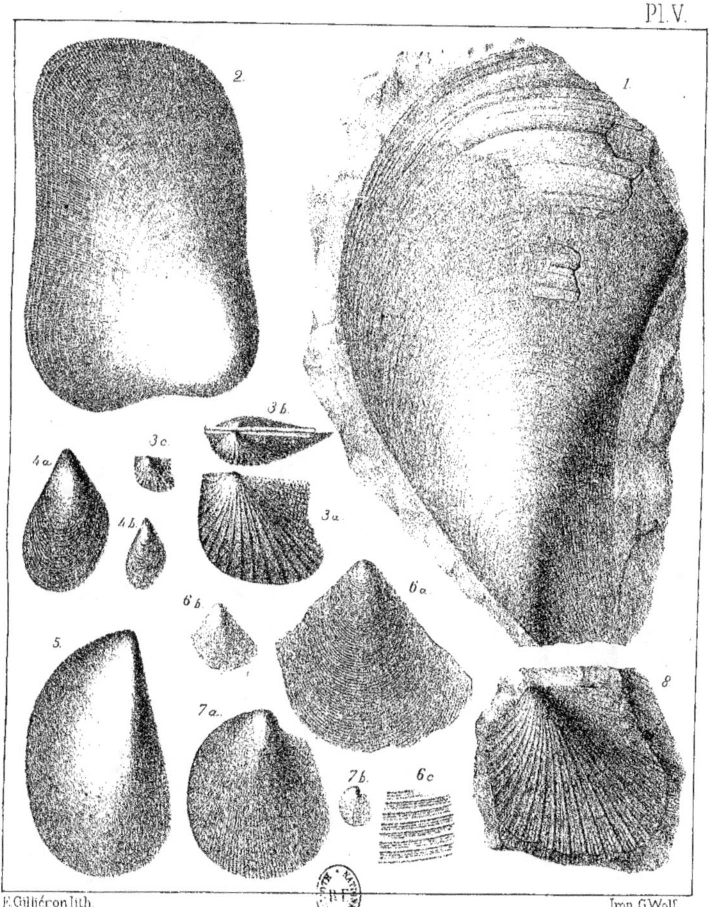

Pl. V.
E. Gilliéron lith.
Imp. G. Wolf.

Pl. VI.

Fig. 1. *Plicatula perechinata*, Greppin. Du bajocien de Böckten.

„ 2—4. *Ostrea coralligena*, Greppin. Du calcaire à Nérinées de la Caquerelle.

„ 5 et 6. *Ostrea virgulina*, Greppin. De la zone virgulienne du Pichoux.

„ 7—9. *Terebratula longicollis*, Greppin. Du bathonien de Movelier, de la Wartenberg.

„ 11 a, b, c. *Terebratella Matheyi*, Greppin. De la zone hypostrombienne du Vorburg.

„ 10 a, b, c. *Terebratulina medio-jurensis*, Greppin. Du callovien de Châtillon.

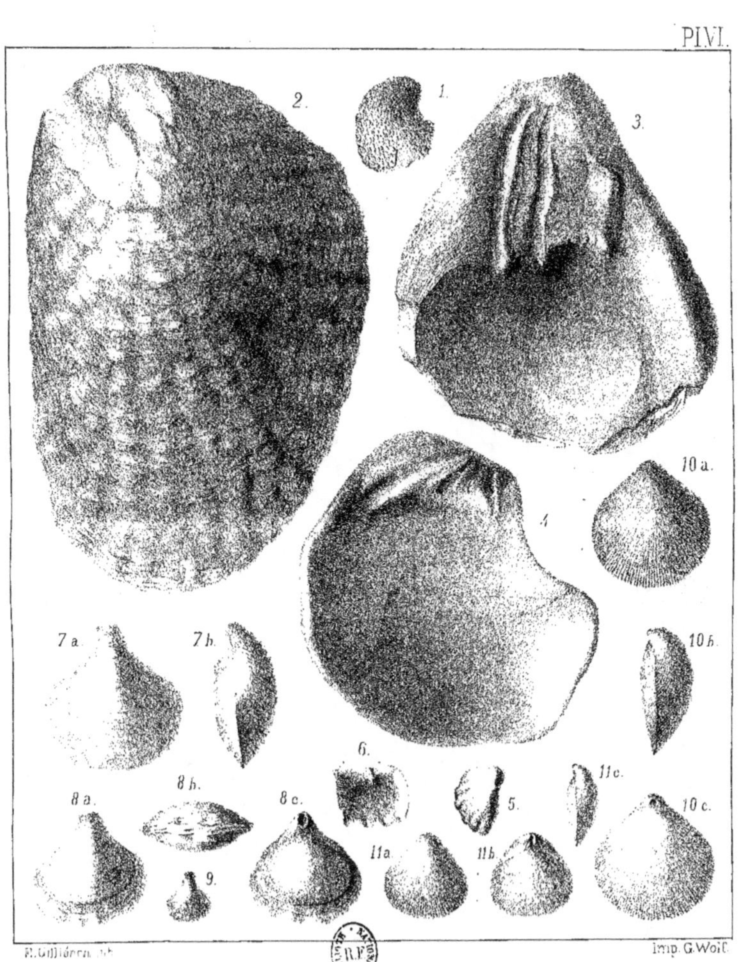
1.
2.
3.
4.
5.
6.
7a.
7b.
8a.
8b.
8c.
9.
10a.
10b.
10c.
11a.
11b.
11c.

Pl. VII.

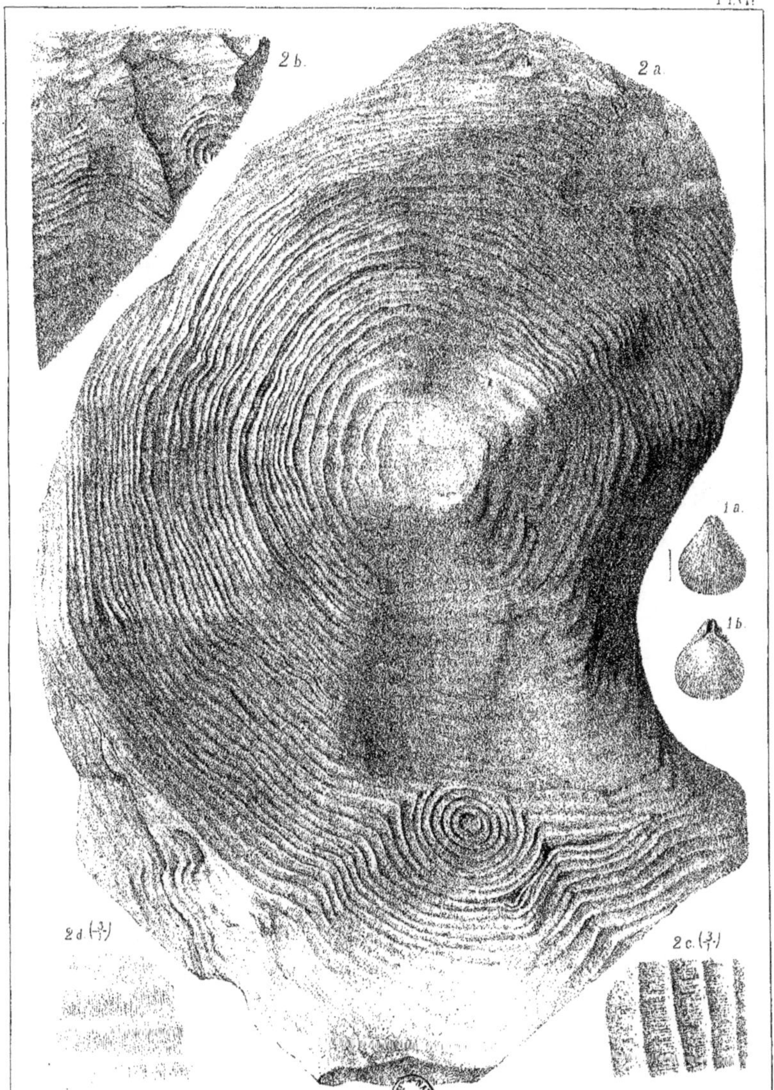

Pl. VII.
2 b.
2 a.
1 a.
1 b.
2 d. (3/1.)
2 c. (3/1.)
E. Gilliéron lith. Bâle.
Imp. G. Wolf.

Profils géologiques du Jura bernois.

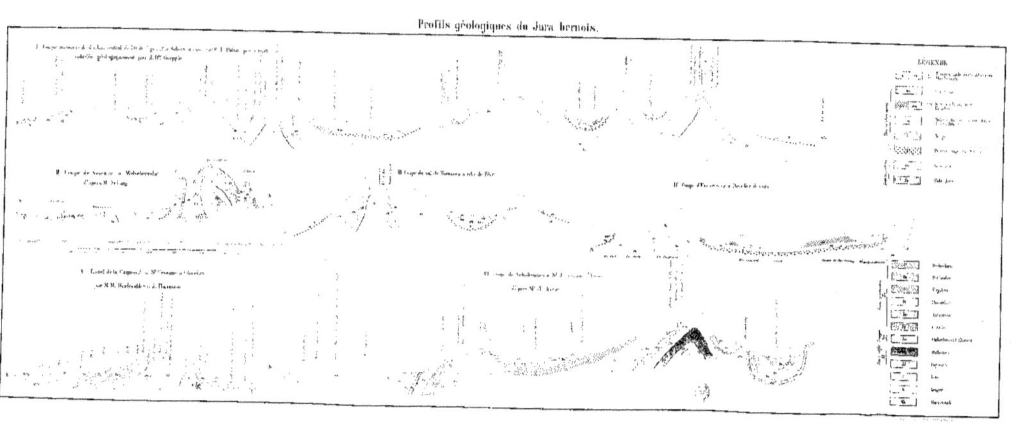

BIBLIOTHEQUE NATIONALE DE FRANCE
3 7531 03287310 2